长江师范学院武陵山片区绿色发展协同创新中心
长江师范学院武陵山区特色资源开发与利用研究中心资助

涪陵榨菜文化研究

FULING ZHACAI WENHUA YANJIU

勤劳睿智的涪陵人民不仅创造了鲜嫩香脆、人见人爱的涪陵榨菜，同时也创造了浓郁醇厚、韵味悠长的榨菜文化。

何侍昌◎编著

新 华 出 版 社

图书在版编目（CIP）数据

涪陵榨菜文化研究 / 何侍昌编著．
北京：新华出版社，2017.7
ISBN 978-7-5166-3369-4
Ⅰ.①涪…　Ⅱ.①何…　Ⅲ.①榨菜—文化研究—涪陵区　Ⅳ.①S637.3
中国版本图书馆 CIP 数据核字（2017）第 173361 号

涪陵榨菜文化研究

作　　者：何侍昌

责任编辑：张　谦　　封面设计：中联华文

出版发行：新华出版社
地　　址：北京石景山区京原路 8 号　　邮　　编：100040
网　　址：http：//www.xinhuapub.com
经　　销：新华书店
购书热线：010-63077122　　中国新闻书店购书热线：010-63072012

照　　排：中联学林
印　　刷：三河市华东印刷有限公司

成品尺寸：170mm×240mm
印　　张：24.5　　字　　数：426 千字
版　　次：2020 年 5 月第二版　　印　　次：2020 年 5 月第一次印刷

书　　号：ISBN 978-7-5166-3369-4
定　　价：69.00 元

图书如有印装问题，请与印刷厂联系调换：010-89587322

序

在长江经济文化带上有一颗璀璨的明珠——涪陵，地处神秘、神奇的北纬30度区域。这里，山川秀丽，武陵山、铜矿山、大梁山、雨台山、黄草山群山连绵；这里，两江交汇，系渝东南门户，乌江流域最大的物资集散地；这里，物华天宝，有榨菜、胭脂萝卜、油醪糟、页岩气等，不胜枚举；这里，人杰地灵，系世界著名女实业家巴清、嘉庆帝师周煌、著名革命者李蔚如故里，系著名文人李白、杜甫、元稹、苏轼、黄庭坚、陆游、王士祯等咏赞之地；这里，历史悠远，早在新石器时代即有人类栖息繁衍，休养生息；这里，文化灿烂，巴都故里、巴王陵寝所在之地，不仅史有明载，更有白涛小田溪实物佐证，进而揭开了巴文化神秘的面纱；程颐谪居涪陵，著成《伊川易传》，不仅开启中国程朱理学之源，而且其弟子谯定随侍悟道，开启理学“涪陵学派”，更重要的是振兴涪陵科举人文；尔朱仙传说悠远，郑令珪镌刻石鱼，水标科技绵延千载，有世界第一古代水文站之称，白鹤悠悠，鉴湖渔笛，骚人墨客，诗书并赞，有水下碑林之誉，举国争相救国宝，世界首座水下博物馆得以建成；邓炳成妙用大头菜工程腌制技术，邱寿安定名涪陵榨菜，开启涪陵榨菜“实业救国”、“裕国”、“富国”之路，成为世界食坛奇葩，名列世界三大名腌菜；英豪聚会，三线建设，造就世界第一军工816工程；太极、宏声、榨菜、三爱海陵、川东造船等，乘改革春风，铸就“涪陵现象”；枳巴文化、理学文化、白鹤梁、涪陵榨菜、816工程、“涪陵现象”等，构成了涪陵文化生成的谱系。这里，区位突出，系千载州府所在之地，今为重庆市区域性中心城市，正谱写着新时代的宏伟蓝图。

涪陵榨菜渊源于芥菜。中国利用芥菜有着6000多年的历史，约在18世纪初，渝东长江沿岸又演化出一个新的变种——茎瘤芥（俗称青菜头）。1898年，邱寿安、邓炳成“化腐朽为神奇”，涪陵榨菜问世。时光荏苒，迄今将近120

载。在此期间，涪陵榨菜一路辉煌。20世纪20～50年代，“地球牌”涪陵榨菜一直是外贸出口的主要品牌。1970年，涪陵榨菜与德国甜酸甘蓝、欧洲酸黄瓜并称世界三大名腌菜。1995年，涪陵被命名为中国榨菜之乡。2003年，涪陵被授予“全国果蔬十强区（市、县)”和“农产品深加工十强区（市、县)”称号。2004年，涪陵榨菜获国家批准进行原产地域保护；2005年，涪陵被认定为“全国无公害农产品（种植业）生产示范基地”和“第二批全国农产品加工业——榨菜加工示范基地”。2008年，“涪陵榨菜传统制作技艺”进入国家级非物质文化遗产名录。2009年，“涪陵榨菜”地理标志证明商标被评为“2009中国最具市场竞争力地理商标、农产品商标60强”。2015年，“涪陵榨菜”品牌价值为138.78亿元，飙居中国区域公用品牌价值百强第一位。因之，总结涪陵榨菜发展的经验教训，探究涪陵榨菜成功的奥秘，寻求涪陵榨菜发展的精神动力，乃现实所需，学人之责。今有幸获侍昌君惠赐大作《涪陵榨菜文化研究》(以下简称《研究》)，拜读之余，聊以言之。

《研究》问世体现了敢于担当之精神。古人云：“天将降大任于斯人也。”又云：“天下舍我其谁。”总览涪陵榨菜研究之成果，大体分为四类：最早、最具历史性的研究是生物性研究，最长、最具持续性的研究是工艺性研究，最多、最具现实性的研究是产业性研究，最少、最为缺失的研究是文化性研究。就涪陵榨菜文化研究而言，虽然有涪陵榨菜简史、简志的编撰，但系方志性质，而非文化研究；虽然有《涪陵榨菜百年》的总结和提炼，但却未有付梓；虽然曾经启动包括涪陵榨菜文化研究的涪陵历史文化丛书的编写，但迄今仍无成果面世。虽然学界亦曾有人进行过涪陵榨菜文化的探索，发表过一定的文章，但迄今仍然缺乏专著。侍昌君作为涪陵区社科联主席，敢于担当、勇挑重担，终至《研究》成为现实，可谓是填补了涪陵榨菜文化研究中迄今尚无系统、全面、深入探索的专著这一空白。

《研究》问世体现了勇于探索之精神。侍昌君擅长经济研究，尝著有《榨菜产业经济学研究》一书，该书融原创性、系统性、科学性、实用性于一体，是涪陵榨菜研究中第一部产业经济学著作。如今，勇挑重担，进军新的学术领域，积极从事涪陵榨菜文化资料的整理与研究，充分体现了学术创新的探索精神。

《研究》一书在历时性考察涪陵榨菜总体发展脉络、展示涪陵榨菜百年辉煌的基础上，分章探索涪陵榨菜发展风雨历程中所凝聚的企业、管理、营销、工艺、科技等文化，总结涪陵榨菜发展的经验教训，凝练涪陵榨菜文化精神，揭示涪陵榨菜发展的规律，提出涪陵榨菜发展的宝贵建议。在书中，既注重物质文化的清理，也关心制度文化的范畴，更不忘非物质文化遗产的浓浓“乡愁”、“乡音”。

学术研究贵在掌握、整理、甄别丰富而翔实的资料，否则无资料，难以进行学术探究；资料过少，难以得出令人信服的结论；资料未加考证，就会得出贻害后人的错误结论。《研究》一书以大量的图表，不仅借以展示了涪陵榨菜的百年辉煌，更重要的是他展示了学术的严谨性，余就曾多次参与其调研论证。《研究》一书，真乃“信史”哉！

学术之贵，贵在学以致用，贵在成果转化。《研究》一书的终极关怀就在于凝聚出“诚信至善，精益求精”的涪陵榨菜文化精神，为涪陵榨菜的产业化提供文化支撑和精神动力。不仅如此，侍昌君还在《研究》的基础上，精心凝练，将涪陵榨菜文化精神与涪陵精神相契合，形成了《关于弘扬榨菜文化精神的几点建议》的资政报告，该报告在《社科研究》（2016 年第 12 期）刊载后产生了重要的影响，获得了涪陵区领导的重要批示。涪陵区委常委、纪委书记常金辉批示云：“这项专题研究很有价值，请江北旅游区管委会和万正公司在榨菜文化小镇的建设中注意吸纳，做出其真正的文化品牌。”时任涪陵区副区长黄华批示称：“榨菜文化精神的研究，填补了涪陵榨菜文化研究并提炼的空白，是对弘扬榨菜文化的贡献，值得充分肯定。请区农委、区榨菜办、区文化委、区旅游局在工作中认真吸纳，宣传弘扬。”涪陵区政协主席徐志红批示说：“该文阐释揭示了榨菜文化精神的内涵，提炼深刻，主题鲜明，定义较为精准。指出‘诚信至善，精益求精’的榨菜文化精神与‘团结求实、文明诚信、艰苦创业、不甘人后’的涪陵精神一脉相承，相得益彰。发扬榨菜文化精神，契合‘再创业，新发展，建设幸福涪陵’的精、气、神。该文有独到之处，是一篇资政的好文章。”

《研究》乃好著，岂容多赘言。朋友们，有兴趣，不妨自己品味。

《长江师范学院学报》执行主编、博士、教授

2017 年 2 月于集贤雅舍

前　言

榨菜（Mustard）起源于1898年涪陵城西下邱家湾邱寿安家，是以茎用芥菜的变种——茎瘤芥的瘤茎（俗称青菜头）为原料，利用食盐的高渗透压作用、微生物的发酵作用、蛋白质的分解作用以及生物化学作用而产生的一种口味嫩脆、风味独特并具有营养保健功能的腌菜，其地理标志产品为“涪陵榨菜”，与德国甜酸甘蓝、欧洲酸黄瓜并称为世界三大名腌菜，2015年品牌价值高达138.78亿元，位居中国区域公用品牌价值百强第一位，体现了涪陵榨菜人的理想抱负、精神风貌和价值观念，形成了绚丽灿烂的涪陵榨菜文化。

涪陵是百年榨菜产业的发祥地，是全国榨菜基地化、集约化、规模化、工业化、现代化最大的产区，榨菜种植面积、产值均占全国总量的50%以上。涪陵榨菜不仅是重庆涪陵城市的名片，更是中国乃至世界腌菜的著名品牌，是世界饮食文化百花园中的一朵奇葩，对世界饮食文化的丰富与发展有着极为重大而深远的影响。我在撰写《榨菜产业经济学研究》（中国经济出版社，2014年）的过程中，强烈地感到，产业是本，文化是魂。研究榨菜问题不能不研究榨菜文化问题。虽然当时也设了榨菜文化专章研究，但是，榨菜文化绝不是一章就可以论述清楚的，而且，榨菜文化也决不仅仅是产业文化。因此，在完成《榨菜产业经济学研究》之后，便产生了继续研究榨菜文化的强烈冲动，着手撰写《涪陵榨菜文化研究》一书。

涪陵榨菜文化是以榨菜产业为基础、加工工艺为依托、品牌培育为载体、产品营销为手段、科技创新为动力、非物质文化遗产为核心，传统文化与现代文化、人文文化与区域文化相结合，展现出与之相关的精神、行为、制度、物质等方面的文化现象，具有十分典型的、厚重的历史文化意蕴，成为推动涪陵榨菜发展的内在动力。因此，系统、全面而深入地开展涪陵榨菜文化研究，对把握涪陵榨菜发展的历史文化脉络，构建涪陵榨菜的历史文化发展谱系，凝练涪陵榨菜文化精神，凝聚涪陵榨菜发展的智力和动力，助推涪陵榨菜产业化发展，具有重要的理论价值与现实意义。

《涪陵榨菜文化研究》主要以榨菜历史、生产、组织、管理、分配、交换、科技、精神等区域文化研究为主要内容，将涪陵榨菜近120年的发展历史进行分期，探究涪陵榨菜的百年辉煌，预测涪陵榨菜的未来发展；以此为基础，分章节具体考察涪陵榨菜文化的丰富内涵，凝练涪陵榨菜所体现的文化精神。具体来说，主要有以下内容：

第一章，涪陵榨菜历史文化。主要研究涪陵榨菜的早期种植、涪陵榨菜的问世、发展等历史文化。通过对涪陵榨菜各个历史时期发展风貌的阶段性考察，从整体上把握涪陵榨菜的历史发展脉络，展示涪陵榨菜的发展史和辉煌成就。

第二章，涪陵榨菜企业文化。主要研究涪陵榨菜企业的历史发展和企业文化。通过对涪陵榨菜企业历史分期，在整体性考察涪陵榨菜企业基础上，进一步探究涪陵榨菜企业的文化，如性质、类别等，凝练榨菜企业文化精神。

第三章，涪陵榨菜管理文化。主要研究涪陵榨菜在我国传统市场经济、计划经济体制、市场经济体制时期的管理文化。通过分析研究不同时期涪陵榨菜管理的不同特质，把握涪陵榨菜管理所取得的显著成效，以及所形成的榨菜管理文化。

第四章，涪陵榨菜营销文化。主要研究涪陵榨菜在传统市场经济、计划经济体制和市场经济体制时期的营销文化。从涪陵榨菜经营、销售、营销以及典型营销角度，分时段考察榨菜营销及其所体现的营销文化。

第五章，涪陵榨菜品牌文化。主要研究涪陵榨菜品牌、名牌及其文化。通过对品牌价值的研究，在系统扫描涪陵榨菜品牌基础上，展示涪陵榨菜品牌的辉煌，探究涪陵榨菜品牌文化意蕴。

第六章，涪陵榨菜工艺文化。主要研究涪陵榨菜的种植工艺、加工工艺和包装工艺文化。通过对涪陵榨菜工艺文化的深度挖掘，彰显涪陵榨菜在产业发展中不断进步的先进的种植工艺、加工工艺和包装工艺文化。

第七章，涪陵榨菜科技文化。主要研究涪陵榨菜的科技实录及其文化意蕴。在充分总结涪陵榨菜科研基础上，揭示涪陵榨菜科技文化的本质。

第八章，涪陵榨菜饮食文化。主要研究涪陵榨菜的功用及其饮食文化。通过对榨菜的传统功能、榨菜功用的影响因素、涪陵榨菜的主要功用以及饮食文化的研究，深刻揭示涪陵榨菜对世界饮食文化的重要贡献。

第九章，涪陵榨菜非物质文化。主要研究涪陵榨菜的文化生态、语汇文化、文学与文化、民间艺术、民俗文化和非物质文化抢救与保护。通过对涪陵榨菜文化生态的界定，以及对涪陵榨菜诗、词、赋、歌、舞、影视、传媒等民间民俗文化的梳理，系统全面地考察涪陵榨菜非物质文化遗产。

第十章，涪陵榨菜文化精神。主要研究涪陵榨菜文化精神的功能和内涵。通过对文化精神与涪陵榨菜文化精神的定义，明确涪陵榨菜文化精神的功能，深度凝练涪陵榨菜文化精神的内涵。

《涪陵榨菜文化研究》，将综合运用历史文献学、文化学、社会学、统计学等多视角、跨学科的理论和方法，对涪陵榨菜文化开展系统研究。具体地说，主要有如下研究方法：

第一，历史文献研究法。运用历史文献研究法，对历史上和学术界关于涪陵榨菜和榨菜文化的史志资料、口传文献以及学术著作与论文进行全面收集与整理，全面分析和把握涪陵榨菜文化发展的历史脉络。

第二，比较分析法。通过比较研究，对涪陵榨菜文化置入国内两大榨菜体系进行比较与分析，总结和分析涪陵榨菜文化的特点与优势，总结涪陵榨菜文化发展的基本规律。

第三，田野调查法。在调查过程中，深入涪陵榨菜产地，通过开座谈会、深入企业和农家访谈、面对面的访问等田野调查手段，收集第一手活生生的涪陵榨菜文化资料，为本书的资料整理与文本撰写积累了宝贵文献。

除上述研究方法外，本书在资料收集与撰写过程中，还运用了统计法、历时性与并时性研究等研究方法。

《涪陵榨菜文化研究》，立足涪陵榨菜传统工艺文明，放眼世界腌菜品牌，基本观点为涪陵榨菜文化是集地域性与行业性为一体的一种特色文化，有着自身独特的发展历史与结构体系。第一，涪陵榨菜历经近120年的发展，积淀了极为丰厚的榨菜文化；第二，涪陵榨菜文化是以涪陵榨菜为承载物的物质文化、制度文化与精神文化的总和；第三，涪陵榨菜文化有着极为丰富的内涵，如工艺文化、管理文化、品牌文化、企业文化、科技文化、非物质文化等；第四，涪陵榨菜文化凝聚着涪陵榨菜人的辛勤、汗水与智慧，体现出涪陵榨菜人思维方式、精神风貌、文化精神，是助推涪陵榨菜产业化发展的动力。总之，涪陵榨菜文化是一笔宝贵的财富，值得深入挖掘，传承弘扬。

《涪陵榨菜文化研究》，作为第一部榨菜文化理论性研究著作，具有如下创新之处：第一，高度关注涪陵榨菜的文化性，对涪陵榨菜文化的深刻内涵进行深度剖析，弥补了涪陵榨菜文化尚无公开出版专著的缺失；第二，充分搜集、梳理和利用各种涪陵榨菜文化资料，总结涪陵榨菜人的文化精神，寻找涪陵榨菜产业化的精神支撑，丰富涪陵榨菜文化的内涵；第三，从涪陵榨菜传统的风脱水和三腌三榨工艺文明，到涪陵榨菜始终引领世界腌菜品牌的价值追求，凝练出“诚信至善，精益求精”的涪陵榨菜文化精神内核，进一步丰富和佐证了“团结求实、文明诚信、艰苦创业、不甘人后”的涪陵精神内涵。

目 录

CONTENTS

第一章

涪陵榨菜历史文化

涪陵榨菜，自1898年问世以来，经过近120年的发展已成为全国乃至全世界著名的特色饮食品牌，蕴含了极其丰富的历史文化内涵，因此，厘清涪陵榨菜发展历史脉络，有利于我们更好地把握涪陵榨菜的历史走向，弘扬涪陵榨菜的历史文化。

第一节 涪陵榨菜的早期种植历史

涪陵榨菜诞生以前，生活在涪陵地域的人们为提升生活品质，积极开发利用包括蔬菜资源在内的各种动、植物资源，为涪陵榨菜的诞生积累了宝贵的文化积淀。

一、芥菜的种植及其历史

榨菜原料茎瘤芥属于芥菜类。芥菜是十字花科芸薹属的重要作物，主要有褐芥、黑芥、埃塞俄比亚芥和白芥等品种，既是油料作物，同时又是鲜食蔬菜和加工蔬菜的原料。

关于芥菜的起源，1935年，苏联植物育种学家和遗传学家瓦维洛夫撰写的《育种的理论基础》认为，中国中部和西部山区及其毗邻低地、中亚即印度西北部、阿富汗、塔吉克、乌兹别克及天山西部是芥菜的原产地。其中，中国是芥菜的东方发源地。1979年，《辞海》芥菜条称芥菜原产于中国。

关于芥菜的种植历史，1954年，西安半坡遗址发掘出新石器时代的碳化菜种，经C14测定，距今6000～7000年；经中国科学院植物研究所鉴定，认为该菜种属于芥菜或白菜一类①。1981 年，李家文根据古籍记载，认为公元前在今陕西、河南、河北、山东、湖北等省已经普遍种植芥菜。同年，卜慕华通过大量历史典籍的分析和近代中外文献的比较，列出中国史前时期土生栽培植物 237 种，其中包括芥菜。

春秋战国时期，《左传》云："季、郈之鸡斗，季氏介（芥）其鸡。"《孟子·告子上》云："君之视臣如手足，则臣视君如腹心；君之视臣如犬马，则臣视君如国人；君之视臣如草芥，则臣视君如寇仇。"《礼记·内则》云："鱼脍芥酱"，将芥菜制作为酱充当调味品。《尹都尉书》有"种芥篇"，称"赵魏之交谓之大芥，其小者谓之辛芥，或谓之幽芥"，表明芥菜有植株大小的差异，当是自然和人工选择的结果。

汉代，据刘向《说苑》记载，在当时，瓜、芥菜、葵、蓼、葱等已普遍栽培。1972～1974 年，在长沙马王堆汉墓出土有大批汉简，在 312 片竹简中，记载粮食作物（稻、小麦、黍稷、粟、大麻）的竹简 24 片，记载果品名称（枣、梨、梅、橘）的竹简 7 片，记载蔬菜名称（芥菜、葵菜、姜、藕、竹笋、芋）的竹简 7 片。同时，还发现有上述作物的果实和种子②。1 世纪，中原地区七八月种芥，次年大暑中伏后收菜籽，芥菜生育期比现在长。据东汉崔寔《四民月令》载，2 世纪，中原地区"七月种芜菁及芥……四月收芜菁及芥"。可见，两汉时期，芥菜已经普遍种植，并与芜菁相区分。

南北朝时，梁代《千家文》有"菜重姜芥"的记载。李璠解释说："这是由于当时农民每天劳作辛苦，风吹雨淋，难免不感受风邪，如果经常吃一点儿芥菜、生姜之类的蔬菜，就可以兼收驱寒散风减少疾病的功效。"这说明，当时人们不仅认识到芥菜的菜用价值，更认识到芥菜的药用功效。北魏贾思勰《齐民要术》"种芥子"、"芸薹、芥子第二十三"节云："蜀芥、芸薹取叶者，皆七月半种，地欲粪熟。蜀芥一亩，用子（籽）一升，芸薹一亩，用子（籽）四升。种法与芜菁同。既生，亦不除之。十月收芜菁。讫时，收蜀芥。芸薹，足霜乃收"，另以小字标注："中为咸淡二菹，亦任为干菜。"又"种芥子及蜀芥、芸薹收子（籽）者，皆二三月好雨泽时种。旱则畦种水浇。五月熟而收子（籽）"。另以小字注曰："三物种不耐寒，经冬则死，故须春种。"这表明，四川盆地有籽芥分化出叶芥，种芥技术更趋成熟，种芥认识已能区分芜菁、芸薹、

① 刘佩瑛，《中国芥菜》，中国农业出版社，1995 年，第 17 页。
② 刘佩瑛，《中国芥菜》，中国农业出版社，1995 年，第 18 页。

蜀芥、芥子（籽）。另《岭表录异》记载，“南土芥、巨芥”，表明六七世纪芥菜在岭南地区变异强烈，产生了“巨芥”。

宋代，据成书于1061年的《图经本草》载：“芥处处有之，味极辣，紫芥，茎叶纯紫可爱，作齑最美。”可见，宋代芥菜的种植更为广泛，还出现了味极辣和紫芥的变异。

明代，《学圃杂书》云：“芥多种……芥之有根者，想即蔓菁……携之归，种城北而能生”，这说明芥菜种类颇多，且又分化出根芥。李时珍《本草纲目》载：“四月食之谓之夏芥，芥心嫩薹，谓之芥兰，沦食脆美。”由于芥菜的普遍种植，芥菜还用于救济充饥。徐光启《农政全书》就云：“水芥菜，水边多生，苗高尺许。叶似家芥叶极小，色微淡绿，叶多花叉，茎叉亦细，开小黄花，结细短小角儿，味辣微辛。救饥，采苗叶讫熟，水浸去辣气，淘洗过，油盐调食。”又云：“山芥菜，生密县山坡及冈野中。苗高一二尺，叶似芥菜菜叶，瘦短而尖而多花。叉开小黄花结小短角儿。味辣，微甜，救饥。采苗叶拣干净，讫熟，油盐调食。”

到18世纪，在四川盆地东部地区芥菜又分化出茎芥。

可见，中国芥菜种植至少有6000多年的悠久历史，前6世纪或更早，芥菜种植出现于黄河流域；前1~2世纪发展到长江中下游地区，5~6世纪传入四川盆地，6~7世纪扩展到岭南地区，11世纪全国已经普遍种植芥菜。从芥菜的发展演变看，史前期至5世纪，主要为“籽芥”，人们仅利用其种子以做调味品。6~15世纪，芥菜的叶色、叶面、辛辣味均发生多种变化，人们将其作为蔬菜食用，亦将其作为加工制品的原料。18世纪中叶出现了茎芥，既是鲜食蔬菜又是加工原料。涪陵榨菜即由这种茎瘤芥加工而成①。

二、芥菜在四川盆地的传播与分化

1988~1989年，学界曾对中国西北地区（新疆特克斯、新源、霍城、阜康、巩留；青海湟中、西宁；甘肃酒泉）被当地人称之为“野油菜”或“野芥菜”的植物资源进行种子收集和鉴定，提出：“在中国的西北地区，存在着芥菜的两个原始亲本种——野生类型的黑芥和芸薹，同时，也有野生芥菜的分布，可以认为，中国西北地区是中国的芥菜起源地。”② 从考古发现来看，在距今6800多

① 刘佩瑛，《中国芥菜》，中国农业出版社，1995年，第20页。

② 刘佩瑛，《中国芥菜》，中国农业出版社，1995年，第23页。

年的仰韶文化西安“半坡遗址”中有白菜或芥菜的种子。从文字记载来说，最早的记载是《诗经》中关于“葑”的记载。可见，黄河流域（陕西、河南、河北、山东）是中国芥菜栽培最早的地区。四川盆地最早栽培的芥菜，来自中原或长江中下游地区的传入。

四川盆地虽然不是中国芥菜的起源地，但却是中国菜用芥菜的分化中心。无论在变异类型的丰富程度上，还是在品种资源的数量分布上，四川菜用芥菜均居中国之首，并主要集中于四川盆地内。据学界研究，在芥菜的类型、变种、品种数量和分布上，四川盆地占四川省的95%以上。

重庆市农业科学研究所和四川涪陵地区农业科学研究所曾对收集于中国境内各地的芥菜1000余份品种资源进行系统的观察、分析与研究，提出了芥菜种的根芥、茎芥、叶芥、薹芥4大类16个变种，而四川盆地内收集的芥菜资源分属于4大类14个变种，共计400余份品种，居全国之冠。芥菜的16个变种，四川盆地内有14个，它们分别是大头芥、茎瘤芥、笋子芥、大叶芥、小叶芥、白花芥、长柄芥、凤尾芥、宽柄芥、叶瘤芥、卷心芥、分蘖芥、薹芥、抱子芥。

通过对全国30个省、市、区进行芥菜资源调查统计分析显示，以四川盆地为中心，周围各省区的变种和品种数量有明显的递减趋势。其中，云南、贵州各有9个变种，品种32~35份；广西有变种7个，品种约10份；湖南、河北、江西等省各有变种9~11个，品种11~72份；广东、福建、浙江等省各有变种8~11个，品种39~64份；甘肃、陕西有变种5~9个，品种14~36份；青海、西藏、新疆各有变种2~4个，品种2~5份；华北诸省各有变种8~11个，品种11~66份；东北三省各有变种3~5个，品种3~10份。这充分说明四川盆地在菜用芥菜分化中的重要地位。

芥菜的16个变种，茎瘤芥、笋子芥、凤尾芥、长柄芥、白花芥、抱子芥6个品种首先发现于四川盆地内。至今凤尾芥、长柄芥、白花芥3个变种仍然局限于盆地内的一定区域。长柄芥主要分布在四川泸州、重庆万州、涪陵地区；白花芥局限于四川泸州地区；凤尾芥主要集中在四川自贡、重庆垫江等地栽培；茎瘤芥于20世纪30年代传入浙江，现在中国诸多省份均有茎瘤芥的引种和栽培；笋子芥、抱子芥也由四川盆地外传至长江中下游地区和毗邻省份。虽然卷心芥、叶瘤芥在云南、贵州、湖南、江苏、浙江、广西、广东等省有分布，大头芥、大叶芥、宽柄芥在中国多数省份有分布，但分布广度和品种数量均不如四川盆地，亦无由其他省份传入四川盆地的痕迹。薹芥虽然主要分布于江苏、浙江、河南、广东、广西、福建等省份，但其薹芥均为单薹型品种，而多薹型品种仅分布于四川。上述情况表明，在芥菜的16个变种中，茎瘤芥、笋子芥、凤尾芥、长柄芥、白花芥、抱子芥6个品种首先在四川盆地分化形成，大头芥、大叶芥、小叶芥、宽柄芥、叶瘤芥、卷心芥、薹芥7个变种是在四川盆地和其他省区多点分化形成。

芥菜在四川盆地分布十分广泛。芥菜既可鲜食又可加工储藏，全年均可食用，是巴蜀地区广大人民不可缺少的基本蔬菜之一。尤其是在远离城镇和交通干道的山区，芥菜更是比大白菜重要得多的蔬菜。同时，历史上偶遇灾歉，农民还大量栽培和进行简单加工，以救饥馑。在漫长的历史发展过程中，巴蜀地区的农民不仅积累了丰富的芥菜栽培经验，而且通过摸索形成了一整套传统的芥菜加工工艺，产生了涪陵榨菜、内江大头菜、南充冬菜、宜宾芽菜四大名特产品。其中，涪陵榨菜更是享誉世界的三大盐腌菜之一[①]。

三、茎瘤芥的史籍记载与探究

作为芥菜的一个新变种，茎瘤芥大约在19世纪分化形成，因时间较晚而文献记载较少。清道光二十五年（1845年），德恩修、石彦恬等撰成《涪州志》12卷。该书《物产》载："又一种名包包菜，渍盐为菹，甚脆。"这是关于榨菜原料茎瘤芥（俗名"包包菜""青菜头"）最早的文献记载，并将其归入菜之属的青菜类。

民国十七年（1928年）8月，王鉴清等主修、施纪云总纂《涪陵县续修涪州志》成书付梓。该书有对涪陵榨菜的相关描述，"近邱氏贩榨菜至上海，行销及海外，乡间多种之。""青菜有包有薹，盐腌，名五香榨菜。"

民国二十五年（1936年）1月，国立四川大学农学院毛宗良教授等利用学校放寒假到到涪陵、丰都等地区考察柑橘和榨菜，回校后做学术报告。4月，在《川大周刊》四卷二十八期上发表《柑橘与榨菜》一文，确认涪陵榨菜（俗名青菜头）为芥菜的一个变种，并给予Brassica Juncea coss Var bulbifera Mao. 的拉丁文命名。同年在《园艺学刊》第二期发表《四川涪陵的榨菜》一文。

民国三十一年（1942年），金陵大学教授曾勉、李署轩对青菜头进行科学鉴定，认定它属于十字科芸薹属芥菜种的变种，并给予植物学的标准命名：Brassica juncea Coss. var. tumida Tsen et Lee。这一鉴定结论和命名，得到国际植物学界认可，一直沿用至今。

---

① 参见刘佩瑛，《中国芥菜》，中国农业出版社，1995年，第20～26页。

第二节 涪陵榨菜的问世与命名

基于特殊的气候、水文、土壤等自然条件，丰富的人文积淀和外来文化的影响，涪陵榨菜得以正式成为一种独特的地方饮食，并为丰富和发展中国乃至世界饮食文化做出了重要的贡献。

一、“涪陵榨菜”的名称

关于涪陵榨菜的名称问题，不少学者进行了探究，榨菜的原料茎瘤芥（青菜头）属于茎用芥菜。何侍昌、李乾德、汤鹏主对“榨菜”词条进行辨析①；张平真更对榨菜相关名称进行了系统考察，见表1-1②。

表1-1 茎用芥菜正名、别称表

正名	别称
茎用芥菜	茎芥菜、鲜榨菜、菜头、芥菜头、茎芥；青菜头、肉芥菜、春菜头、菜头菜、头菜、棒菜、棒笋、青菜、笔架菜、香炉菜、狮头菜、露酒壶、榨菜、榨菜毛、搾菜；羊角菜、棱角菜、菱角菜、笋形菜、笋子菜、羊角青菜、萵笋苦菜

茎瘤芥在学名上属于芥菜类。但真正用于榨菜加工的是茎瘤芥，故有茎芥菜、芥菜头、茎芥、肉芥菜等名称；因其颜色而有青菜头、鲜菜头、菜头、春菜头、菜头菜等名称；因其形状而有棒菜、棒笋、笔架菜、香炉菜、狮头菜、露酒壶、羊角菜、棱角菜、菱角菜、笋形菜、笋子菜、羊角青菜、萵笋苦菜等名称；因其关键性加工工艺是去除水分（“榨”），故名“榨菜”，但在台湾则称之为“搾菜”；因榨菜的国际命名系采用毛宗良的命名，故称为榨菜毛。

同时，因榨菜孕生、发展于特定的地域——涪陵，故称“涪陵榨菜”。在历史上，因涪陵长期隶属于四川省，并以独特的榨菜加工工艺——“风脱水”而成为一大系列，被称之为“四川榨菜”或“川式榨菜”；而今，为正本清源，同时充分肯定涪陵榨菜的源头地位，国家已经正式将“四川榨菜”或“川式榨

① 何侍昌、李乾德、汤鹏主著《榨菜产业经济学研究》，中国经济出版社，2014年，第12~16页。

② 参见张平真主编《中国蔬菜名称考释》，北京燕山出版社，2006年，第408~409页。

菜"更名为"涪陵榨菜"。在20世纪30年代后，浙江海宁引种榨菜成功，并积极开发利用，另创盐脱水榨菜加工工艺，成为榨菜加工的另一大系列，被称之为"浙江榨菜"或"浙式榨菜"。

二、涪陵榨菜的问世

关于涪陵榨菜的问世，《涪陵市志》、《涪陵榨菜（历史志）》、《涪陵辞典》、《涪陵乡土知识读本》、《涪陵历史人物》、《涪陵榨菜百年》等文献均有记载：榨菜起源于1898年涪陵下邱家湾邱寿安家[①]。早年在宜昌开"荣生昌"酱园铺的邱寿安，雇请四川资中人邓炳成为掌脉师，负责干腌菜采办、加工和运输。因加工要用木箱榨去初腌盐水，故邱寿安将新研制的干腌菜取名为"榨菜"。榨菜产于涪陵，故名"涪陵榨菜"。

（一）发明人考释

在涪陵榨菜创生的相关传说中，涪陵榨菜的发明人有三国名臣诸葛亮、唐代高僧涪陵天子殿聚云寺住持、涪陵叫花岩贫苦女黄彩、忠州移居涪州富商邱正富、涪陵下邱家湾邱寿安等。在诸多的现存文献史料和学术研究中，均将邱寿安确定为涪陵榨菜的发明人，但亦有人将涪陵榨菜的发明权归属于四川资中的邓炳成。《涪陵榨菜（历史志）》云："时有涪陵商人邱寿安（笔者注：缺'邱'字）在湖北宜昌开设'荣生昌'酱园，兼营各种腌菜业务。老家住在城郊区荔枝乡（现荔枝街道）田湾村邱家院子，家有一长工邓炳成，资中人，懂得'大头菜'的加工技术，他'仿以资州大头菜制作术，以菜头试作，其味甚之。''有客至，主妇置于席间，宾主皆赞美。''翌年继而制之，数达八十坛……'说明邓炳成是涪陵榨菜的创始人，没有邓，就无人想到用菜头仿制'大头菜'，他为开创涪陵榨菜事业迈出了第一步，给人民创造了宝贵之财富，也给腌制付（当为副）食品增添了光彩。"[②] 这里是将邓炳成作为涪陵榨菜的创始人。

其实，就涪陵榨菜的发明与问世而言，邱寿安才是涪陵榨菜的创始人，不能因为邓炳成首先使用盐榨去水工艺，就将涪陵榨菜的发明权归之于邓炳成，最多也只能说是邱寿安与邓炳成共同发明了涪陵榨菜。

第一，在涪陵榨菜创生的相关传说中，有三大传说均与邱氏有关，其一是

---

① 四川省涪陵市志编纂委员会，《涪陵市志》，四川人民出版社，1995年。

② 《涪陵榨菜（历史志）》，内部资料，1984年，第13～14页。

黄彩发明五香榨菜的传说，其丈夫为邱田；其二为邱正富发明涪陵榨菜；其三为邱寿安发明涪陵榨菜。因此，榨菜的发明权必与邱氏有关。而这也得到调查证实，并为学术界所采用。同时，若按照赵志宵《榨菜的传说》，榨菜工艺的真正发明者则是邱寿安之子邱仁良。

第二，在涪陵榨菜的相关传说中，真正将榨菜定名者是邱寿安，这一点已为人们所充分认同和肯定，而且真正将涪陵榨菜推向市场的也是邱寿安，还有其弟邱汉章。

第三，关于邓炳成在涪陵榨菜发明中的地位，这里有几点值得注意：其一，邓炳成的身份。邓炳成最初是邱寿安家中的长工，他与邱家是一种雇佣关系。在榨菜问世后，成为邱氏榨菜企业的掌脉师。其二，邱家青菜头的丰收。俗话说："巧妇难为无米之炊。"假若没有邱家青菜头的丰收而出现加工困难的问题，根本就不可能出现青菜头加工技艺改进的问题，也就不存在仿制资中大头菜加工的问题，从而也就根本不会存在其后榨菜的发明权之争。其三，青菜头的加工是邓炳成与邱家的妇女、长工们商量仿制大头菜的结果，即使是大头菜仿制技艺的采用也并非是邓炳成的"决断"，而是汇聚众智的"合谋"，在其后榨菜市场化过程中，也是邱寿安与邓炳成精心谋划的结果。

可见，从历史角度考证，邱寿安是涪陵榨菜的发明人，邓炳成是榨菜技师的始祖。从现实的权属论证，邓炳成是涪陵榨菜的原创者，邱寿安是涪陵榨菜的命名者和开发业主。

（二）涪陵榨菜问世的社会文化生态

涪陵榨菜的问世与发展有着特殊的社会文化生态。据《涪陵榨菜百年》研究表明，涪陵榨菜之所以在涪陵问世，主要是因为：

第一，中国近代社会广泛存在的"实业救国"思潮。第二，涪陵独特的地理环境、气候环境、加工环境。第三，涪陵独特的人文环境。第四，涪陵咸菜制作传统的延续①。

这里，我们不再泛论涪陵榨菜在问世过程中的系列特殊性，只是考察一下涪陵的咸菜制作传统。在涪陵地域尤其民间有种植芥菜的习惯，有制作咸菜的传统。据清道光二十五年（1845年）《涪州志》记载："又一种名包包菜，渍盐为菹，甚脆"，菹就是用盐水浸渍而成的泡咸菜。说明在榨菜问世以前，当时的涪陵人就有用包包菜制作泡菜的习惯和传统。涪陵人爱吃爱品爱做咸菜，一般

---

① 曾超、蒲国树、黎文远主编《涪陵榨菜百年》，内部资料，1998年，第14~17页。

人家都储存有好几种咸菜，四季不缺，且每到春天各家妯娌、婆媳和邻居之间往往暗中比赛，看谁做的咸菜品种多，刀工好，味道香。遇到待宾客或是举办宴席，咸菜总是席上最后一道菜，用漂亮的盘碟盛装，盘中咸菜七八种乃至十余种，摆出喜、寿、蝴蝶等字样，块块咸菜总是居于显著地位，以便食者品尝。若谁家的咸菜做得好，这家的家庭主妇就被认为有操持、有教养，赢得人们的尊敬。这种以制作咸菜论持家、以品咸菜论人品的风俗，说明涪陵人对咸菜的重视，咸菜制作是涪陵的一大传统。虽然咸菜与榨菜加工有质的不同，但亦有密切的关系，应当说咸菜制作是榨菜加工的最早源头，榨菜加工则是对咸菜制作的继承、发展和创新，从某种意义上说没有咸菜制作就不会有榨菜的加工和问世。事实上，正是有咸菜制作的传统，有前人经验的积累，才使后人能够站在前人的肩膀上推陈出新，创造出榨菜这一优秀品牌来。

总之，涪陵榨菜是中国文化与西方文化、传统文化与现代文化、资中地域文化与涪陵地域文化、农耕文化与商业文化相互交流、借鉴的产物。其中，主体根基为中国传统文化，特别是涪陵地域文化，比如枳巴文化中的天人思辨、科技精神等。

（三）涪陵榨菜的产业形成

1898 年，涪陵榨菜汇合时代机缘，融汇四方文化，终于在邱寿安、邓炳成手中得以问世，经过涪陵人民世代传承和发展，涪陵榨菜从无到有，从小到大，逐渐发展壮大并成为榨菜产业，从而成为世界饮食百花园中的一朵奇葩，对世界人民做出了重要贡献。

榨菜产业形成的关键是榨菜新技术的产生和推广应用。从榨菜产业发展史看，榨菜技术进步是榨菜产业变革和进化的核心力量，榨菜产业创新与榨菜企业创新是推动榨菜产业形成的重要力量。据《涪陵市志》记载，1935 年，四川省茎瘤芥的种植面积近 6 万亩，产量 2. 7 万吨，成品榨菜近 9000 吨，遍及涪陵、巴县、丰都、长寿、江北、忠县、万县、江津、奉节、内江、成都 11 县市的 38 个乡镇。其中，涪陵青菜头种植面积近 3 万亩，产量 1. 4 万吨，生产榨菜 12 万坛（4500 吨），其种植面积、产量、产品均占四川省的 50% 左右，且正式组建了“涪陵县菜业同业公会”，拥有会员 212 家，提供就业岗位 20000 个左右，实现销售收入 92. 4 万元（以当时涪陵银圆年平均价格计算），扣除费用、税金，净赢利 29. 4 万元，经济效益和社会效益十分可观。同时，涪陵菜业公会派有代表常驻汉口、上海等口岸，负责与厂商联络，榨菜市场迅速扩展，尤其是上海“鑫和”商行经营的“地球牌”涪陵榨菜畅销国内外，深受广大消费者的好评。

涪陵榨菜不仅是涪陵的品牌、区域的象征，而且成为四川（现重庆）、全国、世界级品牌。因此，从生产规模、从业人数、产业品牌、社会影响和经济效益来衡量，1935 年四川省涪陵县菜业同业公会的成立便是涪陵榨菜产业形成的显著标志。随着涪陵榨菜产业的形成，涪陵榨菜以涪陵为中心逐步沿长江、鄱阳湖、洞庭湖流域燎原，到 1935 年，榨菜产业遍及原四川、湖北、浙江等省市，种植面积超过 10 万亩，加工企业超过 220 家，在长江流域一带形成一大产业，产品在宜昌、汉口、上海、重庆等国内大中城市销售的同时，还远销日本、美国、韩国、香港等 10 多个国家和地区。

第三节　涪陵榨菜的历史发展

涪陵榨菜自问世以来，历经工艺的演变发展和时代的变迁，现已成为涪陵地方特色产业与惠农产业。

一、涪陵榨菜历史发展分期诸说

在涪陵榨菜过去的近 120 年中，经过数代榨菜人的不懈努力，铸就了涪陵榨菜的百年辉煌，诚如原涪陵榨菜集团有限公司总经理陈长军在《涪陵榨菜百年颂》中所言：

一百年艰苦创业，一百年名播万邦，
榨菜之乡隆奉献，锦绣中华增辉光。
一百年上下求索，一百年秋露冬霜，
造就巴乡一株菜，凝成榨菜万里香。
一百年市场开拓，一百年风雷激荡，
闯几多漩流险滩，捧出个世纪辉煌。
一百年急流涌进，一百年乘风破浪，
涪州大地金龙飞，乌江品牌美名扬。
一百年历史回顾，一百年前程展望，
继承传统创名牌，乌江集团争领航。

关于涪陵榨菜历史发展的分期，学术界主要有以下几种观点：

1998 年，曾超等在《涪陵榨菜百年》的第二章《涪陵榨菜起源及百年历程》中从历史发展的角度，将涪陵榨菜的发展史分为三个大的历史时段，即近现代中国的涪陵榨菜业阶段，又包括草创探索阶段（1899～1913 年）、发展阶段（1914～1936 年）、曲折发展阶段（1937～1948 年）3 段；新中国涪陵榨菜业的公有化与稳步发展阶段（1949～1977 年），改革开放中涪陵榨菜业的大发展阶段（1978 年至今）。

2014 年，何侍昌等在《榨菜产业经济学研究》中从产业发展的角度，对涪陵榨菜的历史发展进行分期探讨。其一是以生产规模来划分，大致分为五个阶段。即探索发展阶段（1898～1909 年）、曲折发展阶段（1910～1949 年）、计划发展阶段（1950～1977 年）、变革发展阶段（1978～1997 年）、快速发展阶段（1998～2012 年）。其二是以加工技术来划分，大致分为三个阶段。即原始加工阶段（1898～1899 年）、传统加工阶段（1910～1977 年）、现代加工阶段（1978～2010 年）。其三是以销售市场来划分，大致分为三个阶段。即自腌自食阶段（1898 年）、自产自销阶段（1899～1920 年）、商业化销售阶段（1921 年至今）。

现从历史发展的维度，采用大时段与小时期相结合的方式，对涪陵榨菜进行历史分期，大体以 1949 年中华人民共和国成立、1982 年涪陵榨菜调整为时间节点进行区分，主要分为三个时段九个时期：

第一时段：传统市场经济时代（1898～1949 年）。下分四期。第一期：独家经营期（1898～1909 年）；第二期：产业发展期（1910～1936 年）；第三期：产业萎缩期（1937～1945 年）；第四期：产业震荡期（1946～1949 年）。

第二时段：计划经济时代（1950～1982 年）。下分两期。第一期：公私并存期（1950～1958 年）；第二期，计划经济运营期（1959～1982 年）。

第三时段：现代市场经济时代（1983 年至今）。下分三期。第一期：商品经济期（1983～1991 年）；第二期：市场经济期（1992～1997 年）；第三期：产业惠农期（1998 至今）。

二、涪陵榨菜的历史发展

如前所述，涪陵榨菜的发展经历了三个时段九个时期。这里现将涪陵榨菜发展的不同历史时期作如下叙述。

（一）传统市场经济时代（1898～1949 年）

1. 独家经营期（1898～1909 年）

1898～1909 年，为涪陵榨菜的独家经营期。1898 年，涪陵榨菜试制成功，邱寿安为垄断榨菜加工市场，牟取商业厚利，防止涪陵榨菜加工之秘外泄，故此期涪陵榨菜加工及其销售仅有邱氏一家，因此视为独家经营。

在此期间，虽然榨菜原料青菜头产地主要分布在涪陵城西和李渡两地，榨菜加工成品的产量不高，榨菜加工工艺亦处于探索阶段，但在涪陵榨菜发展史上却具有极为重要的地位。

第一，涪陵榨菜的问世。清光绪二十四年（1898 年），涪陵下邱家湾一带青菜头获丰收，邓炳成便试着按加工大头菜腌制方法，将青菜头加工成腌咸菜获得成功。

第二，涪陵"榨菜"的定名。清光绪二十五年（1899 年），邱寿安在涪陵城西洗墨溪老家邱家院主持批量加工青菜头腌菜，并将其产品取名"榨菜"。因起源涪陵，故称"涪陵榨菜"。

第三，涪陵榨菜史上首家企业"荣生昌"问世。荣生昌，涪陵榨菜首家企业，为榨菜创始人邱寿安所创立，主要从事榨菜加工，其产品远销汉口、上海等地。

第四，开辟了涪陵榨菜史上首个销售市场——宜昌市场。清光绪二十五年（1899 年），邱氏共加工涪陵榨菜成品 80 余坛（每坛 25 千克）运往宜昌，货到港口销售一空，每坛获利 32 元大洋。从而开辟了涪陵榨菜史上的首个销售市场——宜昌市场。

第五，确定了传统涪陵榨菜的关键工艺。传统涪陵榨菜的关键工艺是风脱水，风脱水工艺的确立主要应归功于邱寿安和邓炳成。

2. 产业发展期（1910～1936 年）

1910～1936 年为涪陵榨菜的产业发展期。在此期间，涪陵榨菜得到重大发展，并发展成为涪陵一大产业，主要表现在：

第一，榨菜原料青菜头种植面积扩大。民国八年（1919 年），青菜头种植面积达到 3000 亩。民国十五年（1926 年），青菜头种植面积达到 1 万亩。至 1935 年，青菜头种植遍及涪陵、丰都、长寿、江北、巴县、江津、万县、奉节、内江、成都等 11 个县市的 38 个乡镇，其中以涪陵县为集中产地。涪陵青菜头种植面积近 3 万亩，产量 1.4 万吨，种植面积、产量均占四川省的 50% 左右。

第二，涪陵榨菜加工企业猛增。清宣统二年（1910 年），邱家厨师谭治合将加工过程告之欧炳胜（欧秉胜），榨菜加工之密外泄，欧在李渡石马坝设厂仿制成功，成为涪陵第二家榨菜厂，标志着涪陵榨菜开始走出邱氏独家经营的局面。宣统三年（1911 年），邱寿安邻居骆兴合得到邱氏掌门大师邓炳成榨菜技术真传，涪陵商人骆培之在三抚庙开办榨菜厂，骆兴合成为其掌脉师，这是涪陵第三家榨菜厂。民国元年（1912 年），同盟会会员张彤云在涪陵水井湾创办公和兴榨菜厂，这是涪陵第四家榨菜厂。至民国二年（1913 年），涪陵榨菜加工运销企业发展至 5 家。民国八年（1919 年），榨菜厂发展至 50 多家。民国二十年（1931 年），加工户发展至 100 余家。

第三，涪陵榨菜加工产量提高。1899 年、1900 年涪陵榨菜的加工产量是 1 吨；1910 年、1911 年、1913 年涪陵榨菜的加工产量分别为 25 吨、50 吨、52.5 吨；民国八年（1919 年），榨菜产量达 1.5 万多担。民国十五年（1926 年），榨菜产量近 5 万担。民国二十四年（1935 年），生产榨菜 12 万坛（4500 吨），其产量占四川省的 50% 左右。

第四，涪陵榨菜销售市场扩大。民国三年（1914 年），邱寿安在上海望平街东面裕记栈开设"道生恒"榨菜庄，系中国榨菜史上第一个榨菜运销专营企业。1915 年，榨菜畅销到北京、天津、辽宁、福建、广东等国内大城市及部分南洋国家。1919 年开辟汉口市场。1926 年以后进一步打开南洋等地的国外市场。至 1930 年前后，国内已形成上海、汉口、宜昌为中心的长、中、短各路运销网络，并在南北扩散。上海每年吸纳四川榨菜产量的 70% ~80%，年销量 12 万坛左右，其中出口国外 3 万坛左右。20 世纪 30 年代，上海有专门代客介绍货品并供菜商食宿的乾大昌客货栈；有转运华东、华北、东北各路的贩运商；有专营出口榨菜的鑫和、盈丰、协茂、永生、和昌、立生、李保森等商行。这些商行将榨菜销往菲律宾、新加坡等南洋国家以及中国香港、日本、朝鲜、美国旧金山等地，并换取海味等产品。其中，鑫和商行以涪陵榨菜"地球牌"商标运销国外而享有盛名。涪陵菜业公会派有人员常驻上海，专为涪陵商人介绍推销。汉口市场一般年销 5 万坛左右，占四川榨菜销量的 20% ~30%，主要由南货商承销，除批发给武汉三镇的零售商外，南由长江运往赣、皖两省沿江城市。宜昌市场为省外最近的销售市场，本地销量不多，主要集装转运至汉口、上海。其中间商有两种：其一为囤户；其二为商栈。囤户专在宜昌大批收购榨菜囤积，待价而动。商栈代客囤积榨菜收取租费，并开设旅栈，供给菜商膳宿，收取栈费。商栈也代客介绍买主，收取佣金，也收购、转卖、承担经销。

第五，涪陵榨菜加工技艺的变革。民国元年（1912 年）春，有涪陵榨菜加工户开始对传统晾菜法（即连头带叶挂在屋檐下和房前屋后树枝或所扯竹绳上）进行改进，采用河边搭菜架、去菜叶留青菜头并一分为二的晾菜办法，使工效大为提高。此法后为其他加工户普遍仿效，并流传至今。此为榨菜工艺的首次大变革。民国十七年（1928 年）春，涪陵榨菜加工行业在总结外地经验的基础上，对穿菜、腌制等工艺设备进行一系列改进，即改叠块穿菜为排块穿菜，改一次腌制为二次腌制，腌制容器由瓦缸改为水泥菜池，改手搓拌盐为脚踩。使之更有利于提高工效和产品质量，适应大批量商业加工。此为榨菜工艺的第二次大变革。民国二十年（1931 年）春，为适应榨菜出口外销需要，涪陵榨菜加工中开始对菜块进行修剪（剔筋和剪去飞皮、菜匙等），此为榨菜工艺的第三次大变革。民国二十三年（1934 年）巴县木洞镇“聚义长”榨菜掌脉师胡国璋等对过去用石灰、猪血、豆腐等材料混合做涂料给菜坛封口的专项工艺进行改革，试用水泥封口，密封效果甚佳，但菜坛遇气温升高或震动很容易发生爆坛事故。后发明在用水泥封口时打一个小小的出气孔，从而完善了这项装坛工艺的革新，并一直沿用至今。

第六，涪陵榨菜加工技术的外传。民国三年（1914 年），涪陵同盟会会员张彤云把涪陵办榨菜厂的经验带到丰都，与丰都卢景明合办“公和兴”榨菜厂，丰都成为最早引进榨菜生产技术发展榨菜的第二个县。民国四年（1915 年），洛碛商人白绍清等雇请涪陵两名榨菜腌制师傅，在重庆江北区洛碛镇创办 1 万担“聚裕通”榨菜厂，重庆江北区成为引进涪陵榨菜生产加工技术的第三个区县。民国十七年（1928 年），榨菜加工技术传到巴县木洞。民国二十年（1931 年），海宁斜桥镇交界石桥（现仲乐村）农民钱有兴、钱祖兴和莲花庵一位修行的老太太等人从原四川涪陵引入少量种子试种。民国二十四年（1935 年），涪陵榨菜加工技术传到原四川省巴县、丰都、长寿、江北、忠县、万县、奉节、江津、内江、成都等 11 个县市 38 个乡镇。民国二十七年（1938 年），沪商陈春荣（浙江斜桥人）来涪学习榨菜加工工艺，回浙江进行榨菜生产加工。浙江成为发展榨菜的第二大省。

第七，涪陵榨菜品牌的涌现。民国三年（1914 年），邱寿安在上海望平街东面裕记栈开设“道生恒”榨菜庄，系中国榨菜史上第一个榨菜运销专营企业。民国十三年（1924 年），上海市协茂商行附设“益记报关行”专营榨菜批发零售，兼营运输报关和代理业务，系上海人开办的第一家专营榨菜业务的商号。20 世纪 20 ~ 50 年代，“地球牌”涪陵榨菜一直是外贸出口的主要品牌。民国二十三年（1934 年），成都举办四川第十三次劝业会，会上陈列了各地生产的 20 余种榨菜产品。

第八，涪陵榨菜管理机构的出现。民国十五年（1926 年），涪陵县经营榨菜的商人联合成立榨菜帮，受涪陵县商会领导，首任帮董张子奎。榨菜帮系当时涪陵县商会“十三帮”（即 13 个商帮）之一。榨菜帮主要是为了控制市场，保护同行业利益。民国二十年（1931 年），涪陵县榨菜帮改名涪陵县菜业公会，时有会员 212 家。民国二十四年（1935 年），依据国民政府实业部《工商同业公会章程准则》，重新登记会员，成立涪陵县菜业同业公会。选出委员和候补委员、常务委员、主席。主席曾海清，设有常务理事 4 人。时有会员 142 家，会所住西门内协利商店，后迁关帝庙，每坛抽二仙为会费。

3. 产业萎缩期（1937～1945 年）

1937～1945 年，是涪陵榨菜的产业萎缩期。受抗日战争、物价波动、盐荒等因素的影响，榨菜业时而兴旺，时而衰落，产量起伏不定。

1937 年，日本侵华战争全面爆发，长江中下游地区沦陷为敌占区，川江交通阻断，榨菜销售市场急剧萎缩，当年仅加工成品榨菜 2347.5 吨。1938 年，榨菜销地被迫转向湖北宜昌、湖南、贵州、四川重庆等地，因军需供应，本年涪陵榨菜产量首次突破 5000 吨，达 5400 吨。1939 年，因川盐增销湖南、湖北，以致川盐奇缺，结果涪陵榨菜生产 9 万余坛，四川省也仅有 12 万余坛，比战前 1935 年的 25 万多坛减少 64%。其后，省外人士入川增多，省内销量增加，故榨菜加工得到一定的发展。1940 年，涪陵榨菜加工厂户达 671 家。其中，2000 坛以上 10 家，1000 坛以上 6 家，500 坛以上 45 家，200 坛以上 69 家，100 坛以上 73 家，100 坛以上 468 家。本年，涪陵县榨菜产量首次突破 20 万担，达 22 万担（折合 1.1 万吨），创历史最好水平，为民国年间（1911～1949 年）的最高产量。但从 1940 年下半年起，日机轰炸重庆、涪陵、丰都，加之榨菜销售市场进一步萎缩、运输困难、物价上涨等因素，榨菜业萎缩。至 1945 年，榨菜产销量降到最低点，仅为 2 万担左右，是常年的 1/5。

此期，涪陵榨菜受到社会各界的格外关注。1939 年，金陵大学园艺系教授李家文等人到涪陵等榨菜产区调查青菜头种植和榨菜产销情况，并访问榨菜技师和创始人亲属，后形成专题调查报告《榨菜调查报告》。同年，张肖梅在《四川经济参考资料》发表《榨菜》一文。1940 年，傅益永编著的《四川榨菜》（约 6000 字并在每个汉字旁边辅以国音字母注音）出版发行，简要介绍榨菜在涪陵县的缘起、栽培和加工技术，系榨菜史上第一本科普读物。1942 年，金陵大学教授曾勉、李署轩对青菜头进行科学鉴定，认定它属于十字科芸薹属芥菜种的变种，并给予植物学的标准命名：Brassica juncea Coss. var. tumida Tsen et Lee，得到国际植物学界认可并一直沿用至今。1945 年，匡盾曾在《四川经济季刊》第三期撰文论述了榨菜加工工艺改革问题。

4. 产业震荡期（1946～1949年）

1946～1949年是涪陵榨菜的震荡期。一方面，因抗日战争胜利，涪陵榨菜恢复原有市场，销路转旺，故群商蜂起办厂，掀起涪陵榨菜加工的第二次热潮，榨菜加工企业纷纷涌现。1946年，李宪章在清溪场设“李宪章”菜厂，田献骝在瓦窑沱设“复园”菜厂，秦叙良在北岩设“森茂”菜厂，杨正业在石鼓溪设“海北桂”菜厂。张成禄、杨叔轩、叶海峰、余锡昭在涪陵城内分别设“其中”、“怡民”、“复兴胜”、“同庆昌”菜厂。杨海清、袁家胜、易永胜分别设厂于黄桷嘴、黄旗、永安。经营糖业的张富珍在李渡大竹林建立“隆和”菜厂。信义公司的何孝质、秦庆云在叫花岩分别设“信义公司”、“信义公”菜厂。上海“老同兴”酱园的张宇僧建厂于八角亭。到1948年，涪陵加工厂户达500多户，产榨菜1.05万吨。但另一方面，因为解放战争、物价上涨等因素，涪陵榨菜受此影响而剧烈震荡。1948年春，因上年以来菜业盲目发展一哄而上，榨菜加工质量普遍下降，加上货币贬值，榨菜市场暗谈，至年冬厂户大多停业。1949年春，涪陵加工户减至200余户，产量仅为1875吨。

（二）计划经济时代（1950～1982年）

1. 公私并存期（1950～1958年）

1950～1958年是涪陵榨菜的公私并存期，此期的特点是：一方面，党和政府以国家强制力迅速建立社会主义性质的涪陵榨菜企业。另一方面，党和政府将新中国成立前遗留下来的个体私营企业逐步地引导到社会主义公有制轨道。

第一，没收反动资本，建立国营榨菜企业。新中国成立后，对原有榨菜行业进行整顿。没收反动军队和官僚资产阶级经营的榨菜企业，交由涪陵专区土产公司经营管理。其后，接收民生轮船公司及信义公司的榨菜厂坊，建成最初的国营榨菜企业体系，其生产能力占50%左右。

第二，军建菜厂，壮大国营榨菜企业。1951年8月，川东军区积极响应党和政府的号召，军区后勤部着手兴办榨菜企业。军区后勤部业务科科长王戌德率领数十名干部分赴重庆、涪陵、万县等地，分别在长江沿线的江津油溪、钱嘴沱、长寿扇沱，涪陵的蔺市、李渡、瓦窑沱、八角沱、黄旗、永安、百汇、石板滩、丰都、忠县、万县等地恢复和发展15家榨菜厂，全名为“川东军区榨菜厂”，次年春正式投入生产。1952年，川东军区后勤部、省供销社、专区贸易公司、涪陵县联社均兴办榨菜厂，国营榨菜企业生产力占全县80%以上。1953年，国营榨菜厂已发展到8家。

第三，支持私商复业，并为发展榨菜业的菜农和菜商提供贷教。1950年9

月，涪陵县人民政府组织货款小组下乡，向14个乡镇1622户菜农发放施肥贷款1.38万元，次年春收购青菜头5150吨，榨菜产量达5.2万坛。1951年8月，为解除私商顾虑，川东行署在涪陵召开首次榨菜工作会议，决定为私商发放贷款，鼓励非本业商号到产区投资设厂，成立川东区榨菜生产辅导委员会，生产榨菜县成立分会，辅导榨菜的种植、加工和销售工作。这次会议后，许多私商相继复业，省外各地非本业商号也纷纷投资榨菜经营。如上海的“海北桂”南货商号以及重庆银行、盐业、土杂业等均来涪陵投资建厂。1952年春，涪陵榨菜加工户增至753家，收购青菜头20360吨，比1950年增长6.4倍，加工榨菜6489吨。

第四，打击私商，开展“五反”运动。1952年，在私营榨菜企业中开展轰轰烈烈的“五反”运动。对抢购夺料、套购原料、偷工减料、偷税漏税的严重违法厂商从严处理。同时对“榨菜同业公会”进行改组和整顿，选出新的领导人，改变不合理的规章制度，制定为群商服务的新任务，使“榨菜同业公会”的性质从根本上得到改变。

第五，私营榨菜企业的社会主义改造。1953年，对私营榨菜企业执行“利用、限制、改造”的政策，对所有私营菜厂实行委托加工，即加工订货、收购包销，其原材料、生产技术由国营经济单位统筹安排和指导。1955年，私营榨菜厂比重大大缩小，国营菜厂达16家，年加工能力达3400吨，占全县加工量的90%左右。1956年，涪陵县的7个私营榨菜厂全部进入公私合营，并改组为“公私合营涪陵县榨菜厂”，分设3个分厂，由涪陵专区贸易公司直接领导，资方代表潘荣光任总厂厂长，私方人员全部得到妥善安排。1958年，原公私合营菜厂全部就近交给国营菜厂，全体人员随厂转为国营企业职工。自此，涪陵县榨菜业全部纳入国营经济体系。

2. 计划经济运营期（1959～1982年）

1959～1982年是涪陵榨菜的计划经济运营期。在此期间，涪陵榨菜是国家二类战略物资，完全按照计划经济的指令运行，统一管理，统一营运，服从和服务于国家发展大局。

第一，青菜头的种植与加工受“政治性”影响较强。因受1958年“大炼钢铁”影响，1959年青菜头栽种植面积大幅度减少，鲜菜产量只有1958年的19.2%。1960年1月5日，中共涪陵县委召开全县“大战榨菜生产”动员会，号召“全民动员，全力以赴，克服右倾保守，大战榨菜生产”，要求“少用原料，多出产品，一块不烂，块块特级”，规定每担产品用青菜头不超过250斤。

3月，因青菜头收购任务未能完成，县、公社、管理区（相当于村）及菜厂层层搞青菜头反瞒产（俗称“反菜头”）运动，使不少干部、群众受到不应有的伤害。次年10月6~10日，四川省榨菜生产座谈会在涪陵召开，讨论榨菜价格和奖励等问题，以促进榨菜生产尽快恢复发展。1961年，受“虚假浮夸”和“反菜头”运动的影响，青菜头产量下降到新中国成立后的最低点。1962年春，生产青菜头3676吨，收购3493吨。1964年春，产量恢复到1958年的81.6%。20世纪60~70年代中期，全县年平均种植4万亩左右，平均亩产0.935吨；全县年平均加工榨菜10193.8吨，最高年（1972年）达19730吨。1977年，涪陵县青菜头种植41825亩，产量35903吨，加工成品榨菜10549吨，分别比1949年增长707.4%、1229.7%、1734.6%。1978年，青菜头的种植面积为49240亩，总产量为69190吨。1981年，乡镇榨菜企业和社办榨菜企业产量突破1万吨，占涪陵县总量36.9%，至1985年达到60%。

第二，榨菜工艺、质量及其标准。早在1951年2月，涪陵县人民政府发布《关于制定榨菜标准的通告》。1964年，应外商要求，在对出口菜修剪时增修“团鱼边”，使菜块外形质量进一步提高。1968年，受“文化大革命”无政府主义思潮影响，大批“不合理规章制度”出台，榨菜加工的正规经营管理制度被打乱，操作不按工艺标准，榨菜成品质量开始下降。其后数年，涪陵榨菜总体质量每况愈下，退货事件不断发生。1974年12月20日，四川省商业厅以川商副发〔1974〕687号文发出《关于榨菜等级规定的规定》，从1975年榨菜加工时开始，榨菜质量全面执行“整形分级，以块定级”办法，改变以往只分大小块，不重外观形状的分级办法。这是榨菜史上等级规格的一次重大变革。是年，对腌制后的菜坯进行整形分级，按一、二、三级和小菜、碎菜分别包装。这是历史上产品等级的重大改进，以后逐渐推行全川。1978年12月5日，涪陵地县土产公司召开全县榨菜厂厂长、技师会议，讨论通过了《涪陵榨菜工艺标准和操作规程》，并于次年2月榨菜加工时施行。1978~1979年，《川Q27-80四川省出口榨菜标准》执行。这是榨菜史上的第一个标准，1980年由四川省标准计量局颁布实施。对榨菜感官指标、理化指标、卫生指标做出具体规定，并把榨菜术语规范为标准术语。涪陵榨菜始有地方标准。1981年，涪陵县榨菜公司完成“榨菜生产工艺标准和操作规程”，被商业部作为内部资料印发全国榨菜生产企业执行。重庆进出口商品检验局、四川土产进出口公司、省土产果品公司联合在涪召开四川出口榨菜检验专业会议。会议讨论通过了《四川省企业标准川Q27-80号（出口榨菜）》、《标准有关检验项目的解释和检验掌握幅度的说明》

和《四川出口榨菜实施商品检验方案》。

第三，榨菜科研的发展。1959 年，中共涪陵县委召开榨菜机具改革会议，号召“大战一冬春，实现榨菜加工机械化”，积极开展技术革新运动，研究试制辣椒切碎机等 21 种工具，但成功不多。当年，在原涪陵县世忠乡（现涪陵区江北街道）成立涪陵地区农科所，设专职技术人员研究茎瘤芥。1960 年，西南农学院园艺系教师刘兴恕指导的榨菜热风脱水试验获得成功，但由于成本过高，无法推广而停止。是年，在涪陵县石马公社太乙四队重病田选留“三转子”抗病单株 76 个，后经过多年培育，获得耐病品种“63001”。1965 年，国家科委将榨菜研究列为国家科研项目并下达给西南农学院。重庆市农科所、西南农学院、涪陵地区农科所等单位在蔺氏龙门公社胜利二队，从草腰子中挑选培育出榨菜原料新品种——蔺氏草腰子，成为 20 世纪 70 ~ 80 年代涪陵榨菜的优良品种。1972 年，涪陵县革命委员会科技组以《科技简讯》第十一期印发《涪陵榨菜》资料（1.4 万字），详细介绍榨菜加工技术。1973 年，涪陵地区、重庆市两地农业科学研究所出版发行《四川茎用芥菜栽培》一书，对四川榨菜的栽培（以涪陵榨菜为重点内容）做了系统而详细的记述和总结。是年，受参观浙江省榨菜加工机械化启发，设计试制踩池、淘洗、起池等加工机具获得成功，后在部分菜厂推广。1974 年，李新予研究总结出“茎瘤芥病毒病流行程度测报法”。是年，陈材林等研究总结出茎瘤芥栽培“六改”技术方案，1978 年在涪陵县大面积推广，1979 年获四川省科技成果三等奖、涪陵地区科技成果推广一等奖。是年，涪陵县革命委员会批准设立榨菜机具修造厂，集中试制榨菜加工机具，并为各菜厂提供机修服务。1976 年，全国供销合作总社下达榨菜加工机械化生产线项目，涪陵地区土产果品站、县土产公司在韩家沱菜厂联合研制。1977 年，全国第一条榨菜机械加工生产线在韩家沱菜厂研制成功，基本实现踩池机、起池机、淘洗机、拌料机、装坛机及运输车“五机一化”目标，从此，传统榨菜加工生产面貌发生了划时代的变化。1978 年，峨眉电影制片厂在韩家沱菜厂摄制科教片《榨菜气动自控装坛机》，后编入《科技新花》第十号在全国放映。当年，涪陵地区农科所、西南农业大学园艺系、重庆市农科所李新予、陈材林、邓隆秀完成的“榨菜优良品种——‘蔺氏草腰子’63001”被四川省革委会（四川省农牧厅）授予四川省科学大会荣誉奖。是年，西南农学院李友霖教授、刘心恕教授在榨菜公司的配合下研究试制复合塑料薄膜袋方便榨菜。1980 年，成立涪陵榨菜研究所、涪陵县榨菜研究会，1995 年 9 月，涪陵县榨菜研究会改为涪陵市榨菜行业协会。

第四，涪陵榨菜文化开始受到关注。1961 年，四川人民出版社出版。由中共涪陵地委多种经营领导小组主编，何裕文执笔的《涪陵榨菜》一书，全面记述了半个多世纪以来榨菜业的发展演变。1963 年，涪陵县供销合作社编印老工人、老农民、老职员口述资料共 1.5 万字的《涪陵榨菜简史》。1979 年，《人民中国》记者沈大兴撰写的《中国榨菜之乡——涪陵访问记》，刊于同年《人民中国》日文版第八期。1980 年，中央电视台《长江》电视片中日联合摄制组到涪陵拍摄《榨菜之乡》，涪陵县土产公司榨菜技师何裕文、县文化馆干部蒲国树向日方编导介绍涪陵榨菜情况。

第五，涪陵榨菜品牌涌现。1970 年，法国巴黎举行世界酱香菜评比会，涪陵榨菜与德国甜酸甘蓝、欧洲酸黄瓜并称为世界三大名腌菜。1980 年，涪陵县土产公司申报的“乌江牌榨菜”获中华人民共和国国家工商行政管理局商标局批准注册，这是涪陵地域也是新中国首个涪陵榨菜注册商标。自此，涪陵榨菜的注册商标纷纷涌现。乌江牌榨菜和乌江牌商标成为涪陵榨菜的名牌。1981 年，国营涪陵珍溪榨菜厂生产的“乌江”牌榨菜被全国榨菜优质产品鉴评会评为第一名，后被全国第二次优质产品授奖大会授予“中华人民共和国国家质量奖银奖”，成为 2007 年止全国酱腌菜行业中唯一获此殊荣的最高质量奖项。1981 年，四川省榨菜优质产品在成都鉴评，蔺市榨菜厂生产的“古桥牌”榨菜被评为第一名，获省级优质产品称号。韩家沱菜厂和沙溪沟菜厂生产的榨菜分别获得四川省供销系统第一名和第三名。1980 年，涪陵县人民政府批准成立涪陵县榨菜管理办公室。其后名称虽然多有变化，但涪陵榨菜管理办公室却成为涪陵榨菜的常设管理机构。1981 年，涪陵县榨菜公司成立，后演变成为中国最大的涪陵榨菜生产加工企业。

（三）现代市场经济时代（1983 至今）

1983 年，涪陵榨菜正式由国家二级战略物资下调为三级物资，涪陵榨菜逐渐脱离计划经济体制。1991 年邓小平同志“南巡”讲话后，中国逐步建立社会主义市场经济体制。1997 年，国家开始实施产业惠农政策。因此涪陵榨菜在现代市场经济时代，主要分为商品经济期（1983～1991 年）、市场经济期（1992～1997 年）和产业惠农期（1998 年至今）。其实产业惠农期亦属于市场经济期，只是考虑到国家的产业惠农政策，故将其定为产业惠农期。在现代市场经济时代，由于涪陵榨菜的发展与国家的发展战略密切契合，如改革开放、发展商品经济、建立社会主义市场经济、产业惠农政策等，且各时期交叉重叠，因此，虽有具体的时段划分，但为了不至于使涪陵榨菜的发展出现断裂，以便对涪陵榨菜在改革开放 30 多年来的成绩进行整体掌控，我们不再对具体小时段进行总结，而是总体上把握1983年以来涪陵榨菜发展的若干大趋势。

1. 青菜头种植的规模化

1983年以后，榨菜加工原料青菜头的种植总体呈现规模化的趋势。见表1－2。

表1－2　青菜头种植状况表

单位：亩、吨、万元

时间（年）	种植面积	青菜头产量	青菜头产值	备注
1983	93100	156900		
1984	77800	63100		
1985	84400	103200		
1986	83200	103700	893.20	
1987	106000	148000	1731.40	
1988	142800	225300	1946.30	
1989	188300	253800	2459.30	
1990	122200	146400	1156.80	
1991	124200	189000	2311.10	
1992	152700	228100	2674.20	
1993	223800	320700	5295.40	
1994	234800	335500	5409.20	种植面积比1985年增长3.2倍；产量增长3.6倍
1995	186800	245200	4839.60	种植面积比1985年增长2.58倍；产量增长3倍
1996	216220	316848	6336.80	
1997	244524	441864	5302.40	
1998	220940	321910	8047.20	
1999	248200	358200	16477.20	
2000	275100	430155	8172.90	
2001	290800	494568	12601.60	
2002	303000	536695	7352.70	

（续表）

时间（年）	种植面积	青菜头产量	青菜头产值	备注
2003	320310	565440	11365.30	
2004	352575	665310	24065.80	
2005	411300	755082	23161.60	
2006	469082	952138	27036.00	
2007	502620	1053625	26085.70	
2008	539687	968125	53440.20	
2009	587145	1318733	50996.20	
2010	615373	1290903	85097.70	
2011	665440	1455239	101632.90	
2012	709800.7	1276200	88974.90	
2013	706305.6	1408550.5	111420.20	
2014	726682	1506210	126214.60	
2015	724652.79	1502901	112491.80	

备注：1. 1983～1995 年数据来源《涪陵市榨菜志续志》，内部资料，1998 年，第 13 页。2. 其他数据来源于涪陵区榨菜管理办公室。

青菜头种植面积的扩大与规模化，主要原因有三：其一是国家改革开放政策的利好，特别是涪陵地区各级党委和政府在以经济建设为中心的思想指导下，因地制宜调整产业结构，大力发展商品经济，从而使青菜头种植获得了良好的发展机遇。其二是青菜头优良品种的培育和茎瘤芥“六改”栽培技术的推广运用。至 1985 年，涪陵地区实行“六改”技术和使用良种蔺市草腰子的面积已达 60% 以上，其中涪陵市达 70%。主产区平均每公顷产量达 22500 千克，全形菜上升到 70% 以上。进入 20 世纪 90 年代，蔺市草腰子由于种植年代的增长，性状逐步退化，产量和菜形均不如以前。地区农科所又以柿饼菜为原始材料，选育出了“永安小叶”、“涪丰 14”两个新品种。90 年代初以来，先后推广永安小叶和涪丰 14，使涪陵地区青菜头大面积每公顷产量达到 16500～18000 千克，主产区每公顷产量达 30000～33000 千克。1991 年开始，涪陵农科所利用芥菜型油菜不育系“欧新 A”为不育源，培育出 22 个各具特色的茎瘤芥胞质雄性不育系，在全国率先选育出杂交茎瘤芥新品种“涪杂 1 号”，2001 年通过重庆市农作物品种鉴定委员会审定并命名。1999～2006 年，涪陵农科所用 8 年时间又培育出茎瘤芥新一代杂交早熟品种“涪杂2号”，2006年6月通过重庆市农作物鉴定委员会审定并命名。“涪杂1号”、“涪杂2号”杂交良种的育成，填补了我国芥菜类蔬菜不育系利用和优势育种的空白。后续品种“涪杂3号”、“涪杂4号”、“涪杂5号”、“涪杂6号”、“涪杂7号”、“涪杂8号”也于2006~2013年培育成功并通过市级审定。为进一步优化品种结构，涪陵区榨菜办、涪陵区农科所、涪陵榨菜（集团）有限公司共同合作，启动了青菜头航天诱变育种项目工程。2006年9月9日，在酒泉卫星发生中心，“长征二号丙”运载火箭搭载“实践8号”育种卫星将“永安小叶”、“涪丰14”等榨菜种子送入太空，榨菜种子在太空遨游15天后返回地球，涪陵区农科所等机构正在对榨菜良种进一步做优化培育试验。

2. 榨菜加工的规模化

随着社会主义市场经济体制的逐步建立，广大公司、个体加工户的积极性得到极大的激发，使涪陵榨菜的加工呈现出规模化的趋势，且坛装（全形）榨菜比例下降，方便榨菜比例逐年上升。见表1-3。

表1-3　涪陵榨菜加工情况表

单位：吨

时间（年）	加工总量	坛装榨菜	方便榨菜	出口榨菜
1983	49000	48832	168	
1984	47500	46970	530	
1985	27881	26078	1803	
1986	29732	26540	3192	
1987	47750	41301	6449	
1988	74861	61823	13038	
1989	81982	64807	17175	
1990	49268	29566	19702	
1991	67758	43755	24003	
1992	105549	73043	32106	
1993	149839	87839	62000	
1994	133100	90454	42646	
1995	113045	41545	71500	
1996	142518	53230	89288	
1997	152550	50747	101803	
1998	136000	48000	82000	6000

（续表）

时间（年）	加工总量	坛装榨菜	方便榨菜	出口榨菜
1999	125330	40095	75664	9571
2000	155019	41010	105009	9000
2001	169764	42000	113231	14533
2002	162920	30550	116770	15600
2003	186990	39600	131300	16090
2004	203475.80	31100	152240	20135.80
2005	241376	30630	187495	23251
2006	290151	34900	230241	25010
2007	329760	29800	277690	22270
2008	302200	25200	264900	12100
2009	350320	23380	305190	21750
2010	369780	22150	331800	15830
2011	398100	19100	362400	16600
2012	429100	16300	402400	10400
2013	449610	20200	418030	11380
2014	471450	20200	440250	11000
2015	472550	21000	439550	12000

资料备注：1. 1983～1995 年数据来源《涪陵市榨菜志续志》，内部资料，1998 年，第 18 页；2. 1997～2007 年数据来源《涪陵榨菜志》，内部资料，2014 年；3. 1997 年榨菜生产量系涪陵、丰都、垫江、南川、武隆 5 县（市）数，1998～2007 年为涪陵区数；4. 其他数据来源于涪陵区榨菜管理办公室。

榨菜加工的规模化，得益于加工企业的重大发展。至 1997 年 12 月，枳城、李渡两区榨菜加工企业发展到 158 家，其中国有企业 29 家，集体企业 78 家、民营（个体）企业 51 家。年生产能力 14 万多吨，企业注册商标 73 件。1998 年后，国有企业多数转制，大幅减少；集体企业全部转制消失；民营企业蓬勃兴起。1999 年 1 月 20 日涪陵区政府下发《关于印发涪陵榨菜企业基本生产条件的通知》、《涪陵榨菜企业基本生产条件》，对全区方便榨菜企业、坛装榨菜企业、半成品榨菜加工户应具备的生产条件做了具体规定，全区榨菜生产加工得到规范。2007 年，区内有榨菜生产企业 102 家，其中方便榨菜企业 71 家，全形（坛装）榨菜企业 23 家，出口榨菜企业 8 家，国家级产业化龙头企业 1 家，市级产业化龙头企业3家，区级产业化龙头企业12家。

随着加工能力的扩展，加工产量的提高，榨菜产值也呈规模化增长。1985年坛装榨菜国内市场销售价格800元/吨，1995年1000～1200元/吨，2005年1500～2000元/吨，利润15%～20%。1985年国外市场销售价格1100～1200元/吨，1995年3260～3354元/吨，2005年2902～2982元/吨，利润25%～30%，最高30%以上。

方便榨菜国内市场销售价格，1984年2500元/吨，1994年3000元/吨，1998年3600元/吨，1999年3500元/吨，2000年3600元/吨，2005年3900元/吨，利润10%～15%。方便榨菜国外市场销售价格，1995年7500～8500元/吨，2005年10000～12000元/吨，利润25%～30%，最高达40%。

1990年，涪陵市（县级）政府整顿榨菜市场，实行重组，以供销社所属涪陵市榨菜公司为主体，成立涪陵榨菜（集团）有限公司，减少产量，促进价格上扬。1992年，全市榨菜行业复苏。1993年，全市生产方便榨菜77000吨，销售收入14981万元，实现利润739.6万元，入库税金707.2万元。1995年，涪陵市（县级）生产成品榨菜12万吨（方便榨菜7万吨，坛装榨菜5万吨），实现销售收入25000万元，利税2350万元。

1996年，涪陵榨菜行业再入低谷，企业亏损面50%。枳城区生产成品榨菜7万吨（方便榨菜3.5万吨，坛装榨菜3.5万吨），实现销售收入15000万元，入库税金500余万元，亏损500多万元。

1997年，涪陵市（涪陵等2区4县市）生产榨菜21万吨（坛装榨菜9.7万吨，方便榨菜10.6万吨，出口榨菜7000吨），榨菜企业完成产值4亿元，实现销售收入4.7亿元，利润1200万元，入库税金4000万元。涪陵榨菜产值变化，见表1－4。

表1－4　涪陵榨菜产值表

单位：吨、万元、万美元（出口创汇）

时间（年）	半成品盐菜块	成品榨菜	产值	销售收入	出口创汇	折合人民币	利润	税金
1983		49000						
1984		47500						
1985		27881						
1986		29732						
1987		47750						
1988		74861						

（续表）

时间（年）	半成品盐菜块	成品榨菜	产值	销售收入	出口创汇	折合人民币	利润	税金
1989		81982						
1990		49268						
1991		67758						
1992		105549						
1993		149839						
1994		133100						
1995		113045						
1996		142518						
1997		152550						
1998	150000	136000	31300	40000	600		利税 4100	
1999	157868	125330	27686. 90	34225. 80	573. 70	4761. 40	1920. 10	1497. 50
2000	180000	155019	34853. 30	48351. 00	560. 00	4500. 00	4260. 60	1688. 90
2001	230000	169764	39774. 30	50866. 00	875. 40	7240. 00	4488. 80	1785. 40
2002	200800	162920	40047. 50	52436. 60	939. 70	7771. 00	6090. 60	3147. 60
2003	260000	186990	44830. 00	61581. 90	969. 10	8014. 00	7239. 90	3696. 00
2004	307000	203475. 80	51237. 90	72361. 70	1213. 00	10031. 00	8747. 00	4099. 00
2005	387000	241376	61422. 80	86036. 90	1426. 50	11554. 50	9212. 80	4967. 10
2006	460000	290151	73555. 30	95111. 10	1563. 40	12350. 00	10572. 80	5371. 80
2007	534000	329760	83537. 50	108401. 40	1465. 20	10696. 00	10723. 20	6503. 50
2008	449767	302200	74275	116046. 00	889. 70	6010. 00	10996. 00	6265. 70
2009	621492	350320	89513	129812. 00	1599. 00	10873. 20	12560. 00	7425. 70
2010	621236	369780	取消产值	169179. 50	1212. 00	8241. 60	14310. 40	8134. 20
2011	649808	398100	取消产值	182782. 00	1221. 00	8302. 80	15536. 00	9139. 10
2012	493657	429100	取消产值	215154. 00	764. 80	5200. 60	18288. 00	10758. 00
2013	652812	449610	取消产值	237234. 00	931. 20	5689. 60	23723. 00	14234. 00
2014	662272	471450	取消产值	271466. 00	887. 10	5500. 00	27147. 00	16288. 00
2015	668546	472550	取消产值	281952. 00	1548. 30	9599. 50	28195. 00	16917. 00

资料备注：1. 1998～2007 年资料来源于《涪陵榨菜志》，2014 年；2. 其他数据来源于涪陵区榨菜管理办公室。

3. 榨菜加工实体的公司化

随着国家榨菜战略的调整，特别是随着社会主义市场经济的发展与完善，为了应对市场变化，增强抗风险能力，涪陵榨菜加工实体纷纷走上企业化、公司化、集团化的道路。以1998~2007年为例，以公司为名的涪陵榨菜企业，见表1-5。

表1-5　涪陵榨菜公司（集团）表

单位：吨

企业名称	厂址	企业性质	法人代表或负责人	生产规模	产品种类	商标品牌
重庆市涪陵榨菜（集团）有限公司	涪陵区体育					
南路29号	国有	周斌全	50000	方便榨菜	乌江健牌	
重庆市涪陵榨菜（集团）镇安有限责任公司	镇安镇	国有	张大勇		方便榨菜	乌江健牌
重庆市涪陵榨菜（集团）北岩有限责任公司	江北办事处	国有	刘祖彬		方便榨菜	乌江健牌
重庆市涪陵榨菜（集团）南沱有限责任公司	南沱镇	国有	李全新		方便榨菜	乌江健牌
重庆市涪陵榨菜（集团）石沱有限责任公司	石沱镇	国有	姜勇		方便榨菜	乌江健牌
重庆市涪陵榨菜（集团）有限公司华民榨菜厂	南沱镇	国有	王欣		方便榨菜	乌江健牌
重庆市涪陵榨菜（集团）华富榨菜厂	李渡示范区	国有	杨光强		方便榨菜	乌江健牌
重庆市涪陵榨菜（集团）华安榨菜厂	珍溪镇	国有	刘洁		方便榨菜	乌江健牌
重庆市涪陵榨菜（集团）李渡有限责任公司	李渡示范区	国有	朱宗明		方便榨菜	乌江健牌
重庆市涪陵榨菜（集团）华龙榨菜厂	蔺市镇	国有	陈强		方便榨菜	乌江健牌

（续表）

企业名称	厂址	企业性质	法人代表或负责人	生产规模	产品种类	商标品牌
重庆市涪陵榨菜（集团）海椒香料厂	涪陵城内	国有	程勇		方便榨菜	乌江健牌
重庆市涪陵榨菜（集团）太平榨菜厂	百胜镇	国有	何川荣		方便榨菜	乌江健牌
重庆市涪陵辣妹子集团有限公司	珍溪镇	民营	万绍碧	5000	方便榨菜	辣妹子
重庆市涪陵辣妹子集团清溪厂	清溪镇	民营	万绍碧	4000	方便榨菜	辣妹子
太极集团重庆国光绿色食品有限公司	江东办事处	国有	房家明	2000	方便榨菜	巴都
重庆市涪陵德丰食品有限公司	李渡示范区	民营	潘传林	4000	方便榨菜	德丰
重庆涪陵乐味食品有限公司	马武镇	民营	杨盛明	5000	方便榨菜	雲峰
重庆市涪陵三峡物产有限公司	涪陵城内	民营	王学俊	3000	方便榨菜	白龟雾峰
涪陵宏声实业（集团）有限责任公司	丰都县城内	国有	陈雪平		方便榨菜	邱家名山
重庆市涪陵陵黔水榨菜有限公司	涪陵城内	民营	黄国华	1000	方便榨菜	黔水
重庆市涪陵宝巍食品有限公司	百胜镇	民营	况守孝	5000	方便榨菜	川陵亚龙
重庆市涪陵区渝杨榨菜有限公司	百胜镇	民营	杨成文	5000	方便榨菜	杨渝渝杨渝新
重庆市涪陵渝河食品有限公司	百胜镇	民营	况文	5000	方便榨菜	涪沃神猫

（续表）

企业名称	厂址	企业性质	法人代表或负责人	生产规模	产品种类	商标品牌
重庆市涪陵区川涪食品有限责任公司	百胜镇	民营	彭安刚	4000	方便榨菜	川涪 鉴鱼 涪州
重庆市涪陵区剑盛食品有限公司	百胜镇	民营	杨剑	3000	方便榨菜	渝剑 渝盛
重庆市涪陵区紫竹食品有限公司	百胜镇	民营	梁永龙	5000	方便榨菜	涪枳 涪积
重庆市涪陵秋月圆食品有限公司	百胜镇	民营	况刚权	2000	方便榨菜	口口香 明松
重庆市涪陵渝川食品有限责任公司	百胜镇	民营	薛小华	2500	方便榨菜	华富 渝川
重庆市涪陵正乾食品有限公司	百胜镇	民营	张文海	1000	方便榨菜	正乾
重庆市涪陵瑞星食品有限公司	百胜镇	民营	汤维清	3500	方便榨菜	博风 仙妹子
重庆市涪陵区浩阳食品有限公司	百胜镇	民营	杨均显	5000	方便榨菜	奇均 浩阳
重庆市涪陵区红日升食品有限公司	百胜镇	民营	廖怀	8000	方便榨菜	红昇 懒妹子
重庆新盛企业发展有限公司	百胜镇	民营	况守清	2500	方便榨菜	茉莉花 渝雄
重庆市涪陵区东方农副产品有限公司	百胜镇	民营	杨春	1000	方便榨菜	蓝象 味漫漫
重庆市涪陵虹瑜食品有限公司	百胜镇	民营	况守林		方便榨菜	
重庆市涪陵区遨东食品有限公司	百胜镇	民营	况敬文		方便榨菜	遨东

（续表）

企业名称	厂址	企业性质	法人代表或负责人	生产规模	产品种类	商标品牌
重庆市涪陵区百鹿食品有限公司		民营	刘竹		方便榨菜	甘竹
重庆市好男儿食品有限公司	百胜镇	民营	张仁贵		方便榨菜	
重庆市涪陵区来龙食品有限责任公司	江北办事处	民营	孟召友	2000	方便榨菜	招友大板
重庆市涪陵北山食品有限公司	江北办事处	民营	况世余	2000	方便榨菜	北山华涪
重庆市涪陵祥通食品有限责任公司	江北办事处	民营	李卫民	3000	方便榨菜	祥通双乐
重庆市涪陵兴吉祥食品有限公司	江北办事处	民营	周显胜	3000	方便榨菜	吉祥周川星月妹
重庆市涪陵区咸亨食品有限公司	江北办事处	民营	易咸亨	3000	方便榨菜	翠丝
重庆市涪陵区鸿程食品有限公司	江北办事处	民营	黄昌丽	3000	方便榨菜	富利
重庆市涪陵区香妃食品有限公司	丛林乡	民营	赵世伦	2500	方便榨菜	水溪
重庆市涪陵绿洲食品有限公司	义和镇	民营	沈立钿	5000	方便榨菜	绿洲涪佳98
重庆川马食品有限公司	马武镇	民营	蔺小平	4000	方便榨菜	川马
重庆市涪陵区还珠食品有限公司	罗云乡	民营	李毅	3000	方便榨菜	涪渝
涪陵天然食品有限责任公司	清溪镇	民营	吴兴明	2000	方便榨菜	小字辈

（续表）

企业名称	厂址	企业性质	法人代表或负责人	生产规模	产品种类	商标品牌
重庆市涪陵区洪丽食品有限责任公司	南沱镇	民营	李成洪	6000	方便榨菜	灵芝 洪丽 餐餐想
重庆市涪陵区凤娃子食品有限公司	南沱镇	民营	秦大祥	3000	方便榨菜	凤娃子 耕牛 成红
重庆市涪陵区大石鼓食品有限公司	南沱连丰村	民营	谭华林	2500	方便榨菜	川东涪 客多
重庆市涪陵区川香食品有限公司	南沱连丰村	民营	周明福	2000	方便榨菜	川香 渝江 佳事乐
重庆绿皇食品有限公司	江北办事处	民营			方便榨菜	雨光
重庆市涪陵佳鑫食品有限公司	珍溪镇	民营	湛永贵	2500	方便榨菜	鑫禧红 隆太
重庆市涪陵富翔食品有限公司	珍溪镇	民营	湛常茂	3000	方便榨菜	辣妹子
重庆市丽香园食品有限公司	中峰乡	民营	易小云	2500	方便榨菜	丽香园
涪陵正林食品有限公司	中峰乡	民营	王志平	3000	方便榨菜	正林
重庆市涪陵区顶顺榨菜有限公司	仁义乡	民营	郑兴华	3000	方便榨菜	川牌
重庆市涪陵区桂怡食品有限公司	龙桥镇	民营	周德宾	3000	方便榨菜	游辣子 桂怡
重庆市涪陵区九妹子食品有限公司	南沱镇	民营	吴小林	2000	方便榨菜	桃红
重庆市禾承祥食品有限责任公司	马武镇	民营	向戈	1500	方便榨菜	禾承祥

（续表）

企业名称	厂址	企业性质	法人代表或负责人	生产规模	产品种类	商标品牌
重庆野田食品有限公司	中峰乡	民营	野田健	2000	坛装榨菜	
重庆市涪陵区川仙食品有限责任公司	酒店乡	民营	夏先进	2000	坛装榨菜	川仙
连云港源松食品有限公司涪陵梓里榨菜厂	梓里乡	民营	乔志传	1000	坛装榨菜	
重庆市涪陵区碧浪榨菜有限公司	梓里乡	民营		1500	坛装榨菜	
重庆市桐新蔬菜有限公司	新妙镇	民营	余芳清	3000	坛装榨菜	木鱼
重庆市涪陵区佳肴食品有限公司	两汇乡	民营	汤君权	2000	坛装榨菜	

资料备注：来源于《涪陵榨菜志》，2014 年。

据《涪陵榨菜志》所载，1998～2007 年涪陵区榨菜生产企业共有 134 家，其中有公司（集团）名称者就达 69 家，未使用公司（集团）名称者 65 家。需强调的是，即使这些未直接以公司（集团）名称的企业也多采用公司化、集团化的经营模式。

在这些公司化、集团化的企业中，重庆市涪陵榨菜（集团）有限公司和重庆市涪陵辣妹子集团有限公司尤为突出。重庆市涪陵榨菜（集团）有限公司是一家集榨菜科研、生产、销售为一体的农产品深加工综合性高新技术企业，现为中国最大的榨菜生产经营集团。公司总资产额 4.2 亿元，净资产 2 亿元，有员工 3000 多人。公司下设 16 个生产厂和 32 个销售分公司，年生产能力 10 万吨左右。公司主要品牌是“乌江”牌系列榨菜，包括酱腌菜制品、辣椒制品、方便食品 3 大系列，有品种 70 多个，产品畅销全国，远销美国、日本、东南亚、欧洲等 10 多个国家和地区。公司产品多次获奖（参见涪陵榨菜品牌文化一章，下同）。公司奉行“秉承传统精华，服务现代化生活”的企业经营宗旨。企业先后被评为农业产业化国家重点龙头企业、全国农产品深加工 50 强企业、重庆市

66户重点增长型企业、涪陵区重点企业、中国特产之乡优秀企业、全国食品行业诚信企业、全国重合同守信用企业、国家食品放心工程重点宣传单位、银行3A级信用客户。重庆市涪陵辣妹子集团有限公司始建于1995年，是一家以生产、销售、科研、开发"辣妹子"牌系列榨菜为主的企业集团，是中国最大的酱腌菜生产经营企业之一。公司占地面积93338平方米。拥有资产6000多万元，员工600多人，年生产能力1万吨。公司主营"辣妹子"牌系列方便榨菜，兼营泡菜、酱菜、什锦蔬菜和调味品等，主要产品有鲜味中盐榨菜丝、低盐榨菜丝、海带榨菜丝、黄花榨菜丝、芝麻榨菜丝、瓶装红油榨菜丝、低盐手提礼品盒榨菜、泡菜、菜心、碎米榨菜、盐渍罐头、翡翠泡椒等20多种。公司以"创造一流，追求完美"为经营宗旨，注重科技和市场。1995年以来，公司先后获得"中国质量万里行"质量定点单位、重庆市农行"2000年度3A级信用企业"、重庆市重合同守信用企业、中国特产之乡开发建设先进企业、重庆市农业产业化重点龙头企业、涪陵区农业产业化重点龙头企业等殊荣。1998年以来，公司连年获得"涪陵榨菜生产经营先进企业"称号。1999年10月，公司获得商品自营进出口管理权。2000年12月后，公司通过ISO9001：2000国际质量管理体系认证、美国FDA营养注册登记。2000年12月，公司首批获准"涪陵榨菜"证明商标。现公司是涪陵榨菜传统制作工艺保护基地。

4. 榨菜经营方式的多样化

随着涪陵榨菜走向市场，榨菜的经营也走向多样化发展阶段。1980年前，涪陵榨菜经营主要由供销系统的地、县土产公司负责，实行统一计划、统一价格、统一销售。1981年，涪陵地、县乡镇企业局成立农副产品公司，主要经营榨菜，从此打破独家经营格局。1983年后，国家把榨菜从二类物资改为三类物资，不再统一调拨，榨菜经营由市场调节。1990年起，坛装榨菜由经销专业户批量组织，主运长江沿线城市经销。1993年，涪陵方便榨菜企业除榨菜集团公司外，其余均走上自主经营道路。1984～1995年，涪陵榨菜产销各企业、各专业户等自找销路、自定销价、相互竞争。1986年后，涪陵榨菜经营有以下三种形式：

第一，统一经营。如以国有企业为代表的涪陵榨菜（集团）有限公司，对其所有直属生产厂的人、财、物、产、供、销、技改等统一管理。在生产经营上统一计划、统一商标、统一质量、统一价格、统一销售。下属各生产厂相当于公司生产车间。这种经营管理，有利于企业形成规模效益。2007年，涪陵榨菜（集团）有限公司产销在全国榨菜行业中排第一位。1995年，百胜川陵食品厂与百胜榨菜厂合并成立川陵食品有限公司后，也曾实行上述经营模式。

第二，联合经营。一些商标知名度高的企业，生产规模满足不了市场需求，采取与一部分生产规模小、商标知名度不高或自己无商标的企业联合经营。联合经营主要有两种形式：其一是主体方拿出商标供被联营企业使用，被联营企业必须服从主体企业生产计划、物资供应、质量标准、销售价格、并向主体方交纳商标使用费和产品推销费，一般为 120~180 元/吨。其二是联营企业主体提供商标，被联营企业贴牌使用，被联营企业自寻销路，质量自行负责，主体企业收取 50~80 元/吨商标使用费。

第三，自产自销。企业自己拥有商标，具备一定生产能力，占有一定市场，以销定产，价格随行就市。民营企业主要采取这种经营形式，且大部分生产经营较好。

5. 榨菜未来发展的产业化

自 1997 年以来，涪陵榨菜产业纳入重庆市 7 大农业产业化项目之一，国家财政每年给予 3000 万元左右的榨菜产业建设项目扶持，进一步夯实了涪陵榨菜产业基础，推动了涪陵榨菜产业发展。其一是加强榨菜产业化基地建设，合理布局，把全区青菜头种植面积 90% 安排在沿长江一线江北、百胜等 18 个乡镇、街道集中成片种植。其二是推广青菜头良种“涪丰 14”、“永安小叶”，普及面 90% 以上，大力推广“榨菜专用复合肥”。无偿向农户提供青菜头良种和技术服务，举办青菜头种植加工培训班等，提高农户种植加工水平。其三是建立完善榨菜产业化运作机制，建立以市场引导企业、企业带动基地、基地连接农户一体化产业模式，探索出“公司 + 基地 + 农户”、“公司 + 基地 + 大户”、“公司 + 专业合作社”产业化发展方式，实现了青菜头生产“三高”（高产、高质、高效）和“四化”（区域化、规模化、良种化、标准化）目标，呈现出种植面积规模化、生产加工专业化、加工实体公司化、经营方式多样化基本特征，产业化与集约化模式十分明显。截至 2015 年，涪陵青菜头种植面积达到 75 万亩，总产量达到 160 万吨，产销成品榨菜 50 万吨，实现产业总产值 80 亿元、利税 15 亿元，农民人均榨菜纯收入 2000 元。培育驰名商标 5 件。榨菜废水治理率达 70%。

对于涪陵榨菜未来的产业发展，涪陵区委区政府十分重视。2015 年 7 月，中共重庆市涪陵区委、重庆市涪陵区人民政府《关于加快涪陵榨菜产业发展的意见》（涪陵委发〔2014〕21 号）明确提出：“榨菜是我区传统特色优势产业，对涪陵具有重要的战略作用。大力发展榨菜产业，是关系我区广大菜农增收致富、企业发展壮大的民心工程，也是改造提高我区传统农业、发展特色效益农业的内在要求，更是统筹城乡、推动涪陵农业农村经济发展的战略举措”，以合理规划布局，建设优质原料基地；实施价格保护，完善产业运行机制；群力宣传促销，巩固拓展鲜销市场；着力建池建园，改善条件提升形象；大力扶持培育，壮大龙头骨干企业；实施品牌战略，发挥品牌集聚效应；调整产品结构，开发拓宽产业市场；加强科技研发，增强产业发展后劲；健全监管体系，确保榨菜质量安全；加强废水治理，解决产业发展制约 10 项工作为重点，通过建立沿江“万米风脱水长廊”，90% 以上榨菜生产企业与农户种植的青菜头合同收购，扶持培育鲜销 1000 吨/年企业，实施现代农业（榨菜）科技示范园，扶持培育一批企业集团、著名品牌、驰名商标，提高成品榨菜销售价格，建成涪陵榨菜批发市场和历史文化街区，升级改造榨菜生产龙头企业，实施榨菜生产企业标准化、安全化生产，督促榨菜企业完成榨菜废水治理，实现废水达标排放目标，切实解决制约榨菜产业发展的矛盾和问题。到 2020 年，涪陵青菜头种植面积达到 80 万亩，总产量达到 180 万吨，产销成品榨菜 60 万吨，实现产业总产值 100 亿元、利税 20 亿元，农民人均榨菜纯收入 2500 元；培育驰名商标 7 件；榨菜废水治理率达 90%。

第二章

涪陵榨菜企业文化

榨菜企业不仅是涪陵榨菜的重要载体和榨菜文化的重要创造者，而且也是榨菜企业文化品质提升与内涵建设的主体力量。在涪陵榨菜近120年的历史发展过程中，产生了众多榨菜企业，形成了精神文化、制度文化和物质文化为主要内容的榨菜企业文化体系。

第一节　涪陵榨菜企业的历史发展

从企业的管理模式来看，涪陵榨菜企业的发展历程大体分为传统市场经济、计划经济和社会主义市场经济体制三个阶段。

一、涪陵榨菜企业的历史演变

（一）传统市场经济阶段（1898～1949年）

1949年以前，涪陵榨菜企业发展主要处于传统市场经济时期，其企业发展脉络如下：

1898年，涪陵榨菜问世。1898～1909年，从事榨菜生产、加工与营销的企业只有邱寿安的荣生昌一家。1909年以后，邱氏加工榨菜的技术外泄，邱氏垄断榨菜的局面被打破，出现了群商逐鹿榨菜的局面。

1910年，邱家厨师谭治合将榨菜加工过程告之李渡商人欧秉胜，欧便在李渡石马坝设厂仿制，一举成功。

1911年，邱氏邻居骆兴合，经过对榨菜加工的长期探索，常向邓炳成请教榨菜加工制作方法，掌握榨菜加工之秘，成为涪陵商人骆培之所办榨菜厂的掌脉师。

1912 年，同盟会会员张彤云在涪陵城西水井湾建厂。

1910～1913 年，榨菜虽已非邱氏独家经营，但加工运销企业只有 5 家，主要分布于涪陵城西和李渡两地，榨菜产量亦很低。1899～1913 年，每年加工榨菜分别为 1 吨、1 吨、25 吨、50 吨、52.5 吨。

1914 年，张彤云与卢景明在丰都合办“公和兴”榨菜厂。丰都成为最早引进榨菜生产技术的县，即第二个发展涪陵榨菜的县。

1914 年，邱寿安与其弟邱汉章在上海开设“道生恒”榨菜庄，这是涪陵榨菜史上首家专业营销榨菜的商号或榨菜销售企业。

1914 年以后，榨菜加工技术广泛传开，榨菜加工企业如雨后春笋般涌现。

1915 年，原骆培之的经理程汉章在黄旗口（今涪陵区江北街道黄旗社区）设厂加工，叶海峰在城内设立“复兴胜”菜厂，刘庆云在荔枝园设立“同德祥”菜厂，易养初在叫花岩（今涪陵区荔枝街道红光桥）建立“永和长”菜厂。同年，洛碛商人白绍清重金雇请两名涪陵技师到洛碛秘密传授榨菜生产技术，并创办了当时最大的年产万坛的“聚裕通”榨菜厂。

1917 年，易绍祥在叫花岩建立“易绍祥”菜厂，黎炳林在李渡设立“怡亨永”菜厂。

1918 年，世忠乡（今涪陵区江北街道）潘银顺在二蹬岩设立“宗银祥”菜厂。

1919 年张茂云在沙溪沟设立“茂记”菜厂。

1921～1930 年，袁家胜、潘玉顺、辛玉珊、江瑞林、张利贞、况林樵、况凌霄、杨促先、余锡昭分别先后办起了“袁家胜”、“泰和隆”、“辛玉珊”、“瑞记”、“亚美”、“况林樵”、“况凌霄”、“怡园”、“同庆昌”菜厂。

1926 年，涪陵县成立榨菜商业行帮组织——榨菜帮，系当时涪陵工商业“十三帮”之一，隶属涪陵县商会，首任帮董为张子奎。1931 年，榨菜帮改称涪陵县菜业同业公会，入会会员 212 家。这些会员既有从事榨菜加工的厂户，也有从事收购、贩运的蹚水字号、囤户、辛力（即经纪人）和零售商，还有从事原料期货交易的种户。其中，走水字号的资本比较雄厚，大的有二三万银圆，小的有数千银圆，他们都在上海、汉口设有分庄和代售庄。

1928 年，榨菜生产技术由洛碛传到巴县的木洞。

1930 年后，靠贩卖鸦片集聚了雄厚资金的涪陵商人插手经营榨菜厂，于是掀起了兴办榨菜的“狂风猛浪”。如文梅生设厂于蔡加坡、文树堂设厂于袁家溪、夏颂尧设厂于李渡、王益辉设厂于龙安场、向树轩设厂于镇安，全是独资经营，每年产量约在4000~6000坛左右。从此，大型菜厂逐步增多，合资经营者也不断涌现。文德铭及其弟文德修与秦庆云、庞绍禹等在北拱合办“德厚生”菜厂，覃仲钧、何志成、闵陶笙等在荔枝园合办“信义”菜厂，两厂年产榨菜8000~10000坛左右。当时，生产500~1000坛的小菜厂也四处兴办，黄旗办菜厂的有张烈光、张宏太等，龙志乡则有李庆云、潘荣光等。

1931年，在丰部经营鸦片的韩鑫武回到长寿创办了“鑫记”榨菜厂，榨菜加工技术传入长寿。是年，浙江省海宁斜桥镇交界石桥（现仲乐村）农民钱有兴、钱祖兴和莲花庵一位修行的老太太等人从涪陵引入少量种子试种，涪陵榨菜从而发展到省外。

1935年，涪陵县榨菜加工户160余家，年产榨菜4500吨（占四川全省产量的50%左右），比1914年增长29倍。其中年产1000坛以上有25家，年产5000坛以上的有1家（吉泰长菜厂）。同时，榨菜加工遍及涪陵、丰都、长寿、江北、江津、巴县、万县、奉节、内江、成都等11个县市38个乡镇，榨菜厂发展到800余家。其中有名气的大厂有“聚义长”、“聚裕通”、“三江实业社”等。至20世纪80年代初，榨菜生产遍及四川、湖北、湖南、广西、江西、浙江、江苏、安徽、福建、广东、河南等14个省的部分地区，其中以四川省的产量最高，浙江省次之。

1937年，日本侵华战争全面爆发，长江下游沦陷，交通阻断，榨菜市场急剧缩小，当年仅加工成品菜2347.5吨。

1938年，榨菜销地转向宜昌、湖南、贵州、重庆等地，加上供应军需，涪陵县产量首次突破5000吨，达5400吨。

1939年，由于川盐增销湘、鄂，造成川盐奇缺，涪陵县仅生产榨菜9万余坛（四川全省仅产12万余坛），是1935年25万多坛的64%。

1940年，由于省外人士入川增多，省内销量日益增加，涪陵县加工厂户达671家（其中2000坛以上的10家，1000坛以上的6家，500坛以上的45家，200坛以上的69家，100坛以上的73家，100坛以下的468家），加工榨菜1.1万吨，首次突破10000吨大关，为民国年间最高产量。

抗日战争胜利后，榨菜恢复原有市场，销路转旺，群商一时又蜂起办厂，掀起了兴办榨菜业的第二次浪潮，榨菜加工企业如雨后春笋迅速发展。1946年，李宪章在清溪场设“李宪章”菜厂，田献骝在瓦窑沱设“复园”菜厂，秦叙良在北岩寺设“森茂”菜厂，杨正业在石鼓溪设“海北桂”菜厂。张成禄、杨叔轩、叶海峰、余锡昭在城内分别设“其中”、“怡民”、“复兴胜”、“同庆昌”菜厂。杨海清、袁家胜、易永胜分别设厂于黄桷嘴、黄旗、永安。经营糖业的张富珍也在李渡大竹林建立“隆和”菜厂。信义公司的何孝质、秦庆云也在叫花岩分别设“信义公司”、“信义公”菜厂。上海“老同兴”酱园的张宇僧也建厂于八角亭。乡间的榨菜加工户比比皆是。1948 年，涪陵加工厂户达 500 多户，生产榨菜 10500 吨。

总之，在新中国成立前，涪陵榨菜企业生灭不定、兴衰不定，其主要企业见表 2－1。

表 2－1 传统市场经济时期涪陵榨菜主要企业表（1898～1949 年）①

企业名称	企业驻址	企业性质	开业年份	停业年份	业主姓名	备注
荣生昌	荔枝乡	独资	1898	1914	邱寿安	首家涪陵榨菜加工企业
道生恒	荔枝乡	独资	1914	1919	邱寿安	首家涪陵榨菜营销企业
欧秉胜	石马坝	独资	1910	1919	欧秉胜	首家仿制涪陵榨菜企业
骆培之	三抚庙	独资	1911	1936	骆培之	第二家仿制涪陵榨菜企业
公和兴	水井湾	独资	1912	1936	张彤云	
公和兴	丰都	合资	1914	不详	张彤云 卢景明	涪陵县外首家榨菜加工企业
程汉章	黄旗口	独资	1915	1937	程汉章	
聚裕通	洛碛	独资	1915	不详	白绍清	洛碛首家涪陵榨菜加工企业
同德祥	荔枝乡	独资	1915	1949	刘庆云	历时最久的涪陵榨菜企业之一
复兴胜	涪陵城内	独资	1915	1949	叶海峰	历时最久的涪陵榨菜企业之一

① 主要资料来源：四川省《涪陵市志》编纂委员会编《涪陵市志》，四川人民出版社，1995 年。部分企业依据其他资料补充。

（续表）

企业名称	企业驻址	企业性质	开业年份	停业年份	业主姓名	备注
永和长	叫花岩	独资	1915	1936	易养初	
怡亨永	李渡镇	独资	1917	1949	黎炳烈	
易绍祥	叫花岩	独资	1917	1935	易绍祥	
宗银祥	二磴岩	独资	1918	1950	潘银顺	
茂记	沙溪沟	独资	1919	1936	张茂云	
袁家胜	黄旗口	独资	1921	1949	袁家胜	
泰和隆	石谷溪	独资	1922	1950	潘玉顺	
辛玉珊	凉塘	独资	1923	1937	辛玉珊	
瑞记	涪陵城内	独资	1926	1936	江瑞林	
亚美	李渡镇	独资	1926	1936	张利贞	
况林樵	纯子溪	独资	1926	1937	况林樵	
不详	巴县木洞	不详	不详	不详	不详	巴县首家涪陵榨菜加工企业
况凌霄	黄旗口	独资	1929	1950	况凌霄	
怡园	涪陵城内	独资	1929	1950	杨仲先	
同庆昌	涪陵城内	独资	1930	1936	余锡昭	
春记	荔枝园	独资	1931	1937	邓春山	
吉泰长	涪陵城内	合资	1931	1949	余合瑄	
三义公	涪陵城内	合资	1931	1931	未详	
鑫记	长寿	独资	1931	巴县	韩鑫武	
侯双和	韩家沱	独资	1934	1936	侯双和	
易永胜	永安场	独资	1934	1936	易永胜	
何森隆	黄旗口	独资	1934	1936	何森隆	
聚义长	巴县木洞	合资	1934	不详	蒋锡光　张积云	
不详	浙江海宁	独资	1936	不详	不详	省外首家榨菜加工企业
德厚生	北拱	合资	不详	不详	文德铭　文德修 秦庆云　庞绍禹	

（续表）

企业名称	企业驻址	企业性质	开业年份	停业年份	业主姓名	备注
信义	蔡家坡	合资	不详	不详	覃仲钧 何志成 闵陶笙	
聚裕通	原长寿（现渝北区）洛碛	合资	不详	不详	不详	长寿知名榨菜加工企业
三江实业社	丰都高家镇	合资	不详	不详	江秉益 江志道 江志仁	丰都知名榨菜加工企业
吉泰长	不详	不详	不详	不详	不详	涪陵榨菜年加工能力最强企业
不详	黄旗	不详	不详	不详	张烈光	
不详	蔡家坡	独资	不详	不详	文梅生	
不详	袁家溪	独资	不详	不详	文树堂	
不详	李渡	独资	不详	不详	夏颂尧	
不详	龙安场	独资	不详	不详	王益辉	
不详	镇安	独资	不详	不详	向树轩	
不详	黄旗	不详	不详	不详	张宏太	
不详	龙志乡	不详	不详	不详	李庆云	
不详	龙志乡	不详	不详	不详	潘荣光	
隆和	李渡	合资	1941	1968	张富珍	
文奉堂	凉塘	独资	1941	1943	文奉堂	
华大	李渡	合资	1945	1949	秦仲君	
怡民	易家坝	独资	1946	1950	杨叔轩	
复园	瓦窑沱	合资	1946	1949	田献骝	
森茂	北岩寺	合资	1946	1949	秦叙良	
李宪章	清溪场	独资	1946	1949	李宪章	
信义公司	叫花岩	官办	1946	1949	何孝质	
信义公	叫花岩	合资	1946	1949	秦庆云	
海北桂	石鼓溪	独资	1946	不详	杨正业	
济美	叫花岩	合资	1946	1952	梁俊贤	

（续表）

企业名称	企业驻址	企业性质	开业年份	停业年份	业主姓名	备注
其中	涪陵城内	合资	1946	1953	张成禄	
合生	叫花岩	合资	1946	1950	乐建铭	
老同兴	八角亭	合资	1946	1949	张宇僧	
杨海清	黄桷嘴	独资	1946	1947	杨海清	
唐觉怡	鹤凤滩	独资	1947	1949	唐觉怡	
民生公司	龙王嘴	企业	1947	1949	李朋久	
军区后勤	北岩寺	官办	1947	1949	唐文华	
信义公司	李渡	官办	1949	1949	何孝质	

主要资料来源：《涪陵市志》，四川人民出版社，1995年。部分企业依据其他资料补充。

（二）计划经济体制阶段（1950～1982年）

1949年10月1日，中华人民共和国成立，中国共产党和人民政府高度重视榨菜产业发展，将涪陵榨菜及其企业纳入国家统一规制的计划经济体制管理，主要包括以下举措：

第一，进行榨菜企业登记，掌握榨菜企业情况。1950年，涪陵榨菜纳入国家统一购销。同年11月，原涪陵县人民政府工商科开始办理工商登记，至年底结束。其中，榨菜申请登记开业407户，资本最大的1.5万元，最小的20元。1951年，榨菜加工厂户登记，涪陵县有加工厂户337家，其中国营菜厂1家，职员155人，从业人员（不含临时工）743人，资本总额17.4万元。

第二，进行榨菜专题调查，为榨菜业复兴服务。1951年春，川东涪陵土产公司对涪陵榨菜进行专题调查。4月，川东涪陵土产公司在广泛深入调查的基础上编印《榨菜》小册子，对榨菜业历史及青菜头的种植、加工、销售经验做了比较系统的总结和介绍，指导榨菜生产恢复发展。

第三，建立军转民工作组，组建军营榨菜企业。1951年，川东军区成立榨菜企业军转民工作组，8月，后勤部总务科长王戌德等干部分赴江津至万县的长江沿岸榨菜区县考察，筹建榨菜厂。至年底，共建成涪陵义和石板滩菜厂、黄旗菜厂等11个榨菜厂，次年春正式投产。

第四，建立国营榨菜企业，统领榨菜发展。1952年春，四川省供销社、涪陵专区贸易公司、涪陵县供销社联社及川东军区后勤部等单位增加投资建厂，国营榨菜加工能力占涪陵全县的80%以上，榨菜总产量98795担，较上年增长1.2倍。1953年，开办李渡菜厂、石沱菜厂、镇安菜厂、凉塘菜厂、南沱菜厂、珍溪菜厂。

第五，调节公私关系，逐步公私合营。1951年2月，原涪陵县人民政府发布《关于制定榨菜标准的通告》。8月10日，川东人民行政公署在涪陵召开榨菜生产会议，提出私商复业政策，私商由同业公会统一管理，成立川东区榨菜生产辅导委员会，榨菜产地县设分会，具体指导榨菜生产。9月17~18日，在涪陵县榨菜工作会上，菜头种植者代表（甲方）24人与榨菜厂方代表（乙方）签订《涪陵县榨菜菜头供应购买集体合同》；涪陵县榨菜生产辅导委员会与公私厂方代表签订《涪陵县榨菜制造任务分配、品质规格、包装规格的集体合同》，确保全县次年春11万坛榨菜加工任务的完成。1953年1月5日，涪陵专署划分青菜头收购范围：四川省供销社所属菜厂收购涪陵长江北岸产区青菜头，涪陵贸易公司菜厂收购涪陵长江南岸青菜头，涪陵县供销联社菜厂在厂区所在地就地收购，解决了各榨菜厂原料收购矛盾。4月，川东军区所属菜厂（包括江津至万县的30多个菜厂）全部移交四川省供销社涪陵榨菜生产部管理和经营。同年，涪陵榨菜纳入二类物资管理，实行计划生产，定量供应各省、市、自治区和重要出口、军需商品。1956年8月，涪陵县的私营菜厂经业主自己申请、政府批准，全部进入公私合营，成立公私合营涪陵榨菜总厂，隶属涪陵贸易公司领导。1958年8月1日，涪陵专区商业局将榨菜管理职能移交给涪陵县商业局，县商业局成立榨菜股，统一管理全县国营、公私合营菜厂，开展榨菜科研，利用物价等杠杆，将榨菜企业纳入到计划经济体制之中。现将计划经济时期主要涪陵榨菜企业统计见表2-2。

表2-2 计划经济时期涪陵榨菜主要企业表（1950-1984年）①

企业名称	企业驻址	企业性质	开办年份	备注
宗银祥	二磴岩	私有独资	1918	1950年被涪陵县人民政府接管
泰和隆	石鼓溪	私有独资	1922	1950年被涪陵县人民政府接管
况凌霄	纯子溪	私有独资	1929	1950年被涪陵县人民政府接管

① 主要资料来源：四川省《涪陵市志》编纂委员会编《涪陵市志》，四川人民出版社，1995年。部分企业依据其他资料补充。

（续表）

企业名称	企业驻址	企业性质	开办年份	备注
况林樵	黄旗口	私有独资	1929	1950 年被涪陵县人民政府接管
怡民	易家坝	私有独资	1946	1950 年被涪陵县人民政府接管
济美	叫花岩	私有合资	1946	1952 年被涪陵县人民政府接管
其中	涪陵城内	私有合资	1946	1953 年被涪陵县人民政府接管
合生	涪陵城内	私有合资	1946	1950 年被涪陵县人民政府接管
涪陵菜厂	涪陵	国营	1950	
石板滩菜厂	义和乡	国营	1951	
黄旗菜厂	黄旗	国营	1951	
蔺氏菜厂	蔺市	国营	1952	
清溪菜厂	清溪	国营	1952	
李渡菜厂	李渡	国营	1953	
石沱菜厂	石沱	国营	1953	
镇安菜厂	镇安	国营	1953	
凉塘菜厂	凉塘	国营	1953	
南沱菜厂	南沱	国营	1953	
珍溪菜厂	珍溪	国营	1953	
沙溪沟菜厂	荣桂乡	国营	1954	
永安菜厂	永安	国营	1954	
焦岩菜厂	焦岩	国营	1954	
袁家溪菜厂	荣桂乡	国营	1955	
韩家沱菜厂	韩家沱	国营	1955	
百汇菜厂	百汇	国营	1955	
渠溪菜厂	渠溪	国营	1960	
鹤凤滩菜厂	大山乡	国营	1964	
北岩寺菜厂	黄旗乡	国营	1964	
安镇菜厂	安镇	集体	1960	
龙驹菜厂	龙驹	集体	1976	
两汇菜厂	两汇	集体	1977	

（续表）

企业名称	企业驻址	企业性质	开办年份	备注
马武菜厂	马武	集体	1977	
仁义菜厂	仁义	集体	1977	
北拱菜厂	北拱	集体	1978	
双河菜厂	双河	集体	1978	
大石鼓菜厂	南沱乡	集体	1978	
永义菜厂	永义	集体	1978	
四合菜厂	四合	集体	1979	
开平菜厂	开平	集体	1979	
金银菜厂	金银	集体	1979	
义和菜厂	义和	集体	1979	
百胜菜厂	百胜	集体	1979	
大渡口菜厂	世忠乡	集体	1979	
中峰菜厂	中峰	集体	1979	
酒井菜厂	酒井	集体	1980	
火麻岗菜厂	新乡镇	集体	1980	
深沱菜厂	深沱	集体	1981	
纯子溪菜厂	永安乡	集体	1981	
范家嘴菜厂	石和乡	集体	1982	
酒店菜厂	酒店	集体	1982	
大柏菜厂	大柏树	集体	1982	
大山菜厂	大山	集体	1982	
致韩菜厂	致韩	集体	1982	
石龙菜厂	石龙	集体	1982	
百花菜厂	百花	集体	1982	
增福菜厂	增福	集体	1983	
惠民菜厂	惠民	集体	1983	
五马菜厂	五马	集体	1983	
蒲江菜厂	蒲江	集体	1983	

（续表）

企业名称	企业驻址	企业性质	开办年份	备注
均田坝菜厂	镇安乡	集体	1983	
梓里菜厂	梓里	集体	1983	
天台菜厂	天台	集体	1983	
麻辣溪菜厂	清溪镇	集体	1983	
河岸菜厂	河岸	集体	1983	
坝上菜厂	凉塘乡	集体	1984	
贯子寺菜厂	增福	焦岩乡	1984	

（三）社会主义市场经济体制阶段（1983年至今）

随着改革开放的不断深入，涪陵榨菜企业主动调适，鏖战市场“商海”，迎来涪陵榨菜以及榨菜企业的快速发展，也由此进入社会主义市场经济体制时期。

党的十一届三中全会以后，国家产业发展政策开始解冻，涪陵榨菜的发展随即开始探索。1980年1月14日，涪陵县革命委员会成立榨菜生产加工领导小组，指导全县青菜头收购和加工工作。2月，涪陵县人民政府成立涪陵县榨菜管理办公室，与涪陵县食品工业办公室合署办公。10月25日，涪陵县革命委员会（县革发〔1980〕字第94号文）实施国营菜厂与社队榨菜厂改组政策，统一为联营菜厂。1981年1月1日，涪陵县供销社成立涪陵县榨菜公司，内设秘书等8股和1个展销门市部、1个船队，负责涪陵县榨菜产、购、运、销业务。4月，榨菜由统产统销转向市场调节，国家不再统一调拨涪陵榨菜。6月，涪陵市榨菜公司东方红榨菜厂改组为涪陵地区榨菜科研所。1984年，涪陵榨菜正式由国家二级物资调整为三级物资，榨菜生产经营走向市场。从此，榨菜企业如雨后春笋般发展，以致出现了“榨菜热”。现将现代市场经济时期涪陵榨菜主要企业统计见表2-3。

表2-3 现代市场经济时期涪陵榨菜主要企业表(1985~2015年)① 单位:吨

企业名称	厂址	企业性质	法人代表或负责人	生产规模	产品种类	商标品牌
重庆市涪陵榨菜(集团)有限公司	涪陵区体育南路29号	国有	周斌全	50000	方便榨菜	乌江健牌
重庆市涪陵榨菜(集团)镇安有限责任公司	镇安镇	国有	张大勇		方便榨菜	乌江健牌
重庆市涪陵榨菜(集团)北岩有限责任公司	江北办事处	国有	刘祖彬		方便榨菜	乌江健牌
重庆市涪陵榨菜(集团)南沱有限责任公司	南沱镇	国有	李全新		方便榨菜	乌江健牌
重庆市涪陵榨菜(集团)石沱有限责任公司	石沱镇	国有	姜勇		方便榨菜	乌江健牌
重庆市涪陵榨菜(集团)有限公司华民榨菜厂	南沱镇	国有	王欣		方便榨菜	乌江健牌
重庆市涪陵榨菜(集团)华富榨菜厂	李渡示范区	国有	杨光强		方便榨菜	乌江健牌
重庆市涪陵榨菜(集团)华安榨菜厂	珍溪镇	国有	刘洁		方便榨菜	乌江健牌
重庆市涪陵榨菜(集团)李渡有限责任公司	李渡示范区	国有	朱宗明		方便榨菜	乌江健牌
重庆市涪陵榨菜(集团)华龙榨菜厂	蔺市镇	国有	陈强		方便榨菜	乌江健牌
重庆市涪陵榨菜(集团)海椒香料厂	涪陵城内	国有	程勇		方便榨菜	乌江健牌
重庆市涪陵榨菜(集团)太平榨菜厂	百胜镇	国有	何川荣		方便榨菜	乌江健牌
重庆市涪陵南方食品厂	江东办事处	国有	甘元林		方便榨菜	乌江健牌

① 主要资料来源是:《涪陵榨菜志续志》。部分企业依据其他资料补充。

（续表）

企业名称	厂址	企业性质	法人代表或负责人	生产规模	产品种类	商标品牌
重庆市涪陵辣妹子集团有限公司	珍溪镇	民营	万绍碧	5000	方便榨菜	辣妹子
重庆市涪陵辣妹子集团清溪厂	清溪镇	民营	万绍碧	4000	方便榨菜	辣妹子
太极集团重庆国光绿色食品有限公司	江东办事处	国有	房家明	2000	方便榨菜	巴都
重庆市涪陵德丰食品有限公司	李渡示范区	民营	潘传林	4000	方便榨菜	德丰
重庆涪陵乐味食品有限公司	马武镇	民营	杨盛明	5000	方便榨菜	雲峰
重庆市涪陵三峡物产有限公司	涪陵城内	民营	王学俊	3000	方便榨菜	白龟雾峰
重庆市涪陵邱寿安榨菜厂	涪陵城内	民营	邱国梅	1500	方便榨菜	
涪陵宏声实业（集团）有限责任公司	丰都县城内	国有	陈雪平		方便榨菜	邱家名山
重庆市涪陵黔水榨菜有限公司	涪陵城内	民营	黄国华	1000	方便榨菜	黔水
重庆市涪陵宝巍食品有限公司	百胜镇	民营	况守孝	5000	方便榨菜	川陵亚龙
重庆市涪陵区渝杨榨菜有限公司	百胜镇	民营	杨成文	5000	方便榨菜	杨渝 渝杨 渝新
重庆市涪陵渝河食品有限公司	百胜镇	民营	况文	5000	方便榨菜	涪沃神猫
重庆市涪陵区川涪食品有限责任公司	百胜镇	民营	彭安刚	4000	方便榨菜	川涪 鉴鱼 涪州

（续表）

企业名称	厂址	企业性质	法人代表或负责人	生产规模	产品种类	商标品牌
重庆市涪陵区剑盛食品有限公司	百胜镇	民营	杨剑	3000	方便榨菜	渝剑 渝盛
重庆市涪陵区驰福食品厂	百胜镇	民营	张弟奎	2500	方便榨菜	驰福
重庆市涪陵区紫竹食品有限公司	百胜镇	民营	梁永龙	5000	方便榨菜	涪枳 涪积
涪陵百胜咸菜厂	百胜镇	民营	汤济领	4000	方便榨菜	渝香
重庆市涪陵秋月圆食品有限公司	百胜镇	民营	况刚权	2000	方便榨菜	口口香 明松
重庆市涪陵渝川食品有限责任公司	百胜镇	民营	薛小华	2500	方便榨菜	华富 渝川
重庆市涪陵正乾食品有限公司	百胜镇	民营	张文海	1000	方便榨菜	正乾
重庆市涪陵瑞星食品有限公司	百胜镇	民营	汤维清	3500	方便榨菜	博风 仙妹子
涪陵裕益食品厂	百胜镇	民营	薛孝川	2000	方便榨菜	细毛 双川卜
重庆市涪陵区浩阳食品有限公司	百胜镇	民营	杨均显	5000	方便榨菜	奇均 浩阳
重庆市涪陵区红日升食品有限公司	百胜镇	民营	廖怀	8000	方便榨菜	红昇 懒妹子
重庆新盛企业发展有限公司	百胜镇	民营	况守清	2500	方便榨菜	茉莉花 渝雄
重庆市涪陵区东方农副产品有限公司	百胜镇	民营	杨春	1000	方便榨菜	蓝象 味漫漫

（续表）

企业名称	厂址	企业性质	法人代表或负责人	生产规模	产品种类	商标品牌
重庆市涪陵虹瑜食品有限公司	百胜镇	民营	况守林		方便榨菜	
重庆市涪陵区遨东食品有限公司	百胜镇	民营	况敬文		方便榨菜	遨东
重庆市涪陵双流榨菜厂	百胜镇	民营	赵新军		方便榨菜	弘川
重庆市涪陵区阿哥榨菜厂	百胜镇	民营	王在勤	1500	方便榨菜	剑龙
重庆市涪陵紫竹良香榨菜厂	百胜镇	民营	梁民刚		方便榨菜	
重庆市涪陵区俊华食品厂	百胜镇	民营	彭勇	3000	方便榨菜	
重庆市涪陵区百鹿食品有限公司		民营	刘竹		方便榨菜	甘竹
重庆市涪陵区五妹食品厂	百胜镇	民营	方帮云	2000	方便榨菜	
重庆市好男儿食品有限公司	百胜镇	民营	张仁贵		方便榨菜	
重庆市涪陵区菁源榨菜厂	百胜镇	民营	喻明清	2000	方便榨菜	吉丰金凤
重庆市涪陵区来龙食品有限责任公司	江北办事处	民营	孟召友	2000	方便榨菜	招友大板
重庆市涪陵北山食品有限公司	江北办事处	民营	况世余	2000	方便榨菜	北山华涪
重庆市涪陵祥通食品有限责任公司	江北办事处	民营	李卫民	3000	方便榨菜	祥通双乐
重庆市涪陵民兴榨菜厂	江北办事处	民营	梁民兴	3000	方便榨菜	民兴

（续表）

企业名称	厂址	企业性质	法人代表或负责人	生产规模	产品种类	商标品牌
重庆市涪陵兴吉祥食品有限公司	江北办事处	民营	周显胜	3000	方便榨菜	吉祥 周川 星月妹
重庆市涪陵区咸亨食品有限公司	江北办事处	民营	易咸亨	3000	方便榨菜	翠丝
重庆市涪陵区鸿程食品有限公司	江北办事处	民营	黄昌丽	3000	方便榨菜	富利
重庆市涪陵黄旗志强榨菜厂	江北办事处	民营	汤志红	3000	方便榨菜	绿强
重庆市涪陵泽丰食品厂	丛林乡	民营	彭国财	2000	方便榨菜	东泉
重庆市涪陵区香妃食品有限公司	丛林乡	民营	赵世伦	2500	方便榨菜	水溪
重庆市涪陵智发食品加工厂	李渡示范区	民营	孙廷栋	4000	方便榨菜	涪仙
重庆市涪陵新阳榨菜厂	致韩镇	民营	罗玉明	1500	方便榨菜	飞洋 效渝
重庆市涪陵区鑫凤食品厂	石龙乡	民营	刘吉文	1500	方便榨菜	出发点
重庆市涪陵绿洲食品有限公司	义和镇	民营	沈立钿	5000	方便榨菜	绿洲 涪佳 98
重庆川马食品有限公司	马武镇	民营	蔺小平	4000	方便榨菜	川马
重庆市涪陵区还珠食品有限公司	罗云乡	民营	李毅	3000	方便榨菜	涪渝
涪陵天然食品有限责任公司	清溪镇	民营	吴兴明	2000	方便榨菜	小字辈

（续表）

企业名称	厂址	企业性质	法人代表或负责人	生产规模	产品种类	商标品牌
重庆市涪陵万利食品厂	南沱镇	民营	王建旭	2000	方便榨菜	進旭
重庆市涪陵区洪丽食品有限责任公司	南沱镇	民营	李成洪	6000	方便榨菜	灵芝 洪丽 餐餐想
重庆市涪陵区业昌榨菜厂	南沱镇	民营	魏业昌	1500	方便榨菜	业昌
重庆市涪陵区代强食品厂	南沱镇	民营	袁代强	1500	方便榨菜	袁红 桂滋
重庆市涪陵区宏诚食品厂	南沱镇	民营	梁长华	1500	方便榨菜	长华隆
重庆市涪陵区凤娃子食品有限公司	南沱镇	民营	秦大祥	3000	方便榨菜	凤娃子 耕牛 成红
重庆市涪陵区大石鼓食品有限公司	南沱连丰村	民营	谭华林	2500	方便榨菜	川东 涪客多
重庆市涪陵志贤食品厂	南沱镇	民营	李吉安	3000	方便榨菜	志贤 新华联
重庆市涪陵区川香食品有限公司	南沱连丰村	民营	周明福	2000	方便榨菜	川香 渝江 佳事乐
重庆市涪陵永柱榨菜厂	江北办事处	民营	张荣林		方便榨菜	永柱
重庆市涪陵兴盐榨菜厂	江北办事处	民营	冉利		方便榨菜	盐妞
重庆市涪陵川峡精制榨菜厂	江北办事处	民营	王文合	2000	方便榨菜	川峡
重庆市涪陵区浩源食品厂	江北办事处	民营	周银河	2000	方便榨菜	永柱

（续表）

企业名称	厂址	企业性质	法人代表或负责人	生产规模	产品种类	商标品牌
重庆市涪陵好伴侣榨菜精加工厂	江北办事处	民营	冉元	500	方便榨菜	好伴侣
重庆市涪陵易隆榨菜厂	江北办事处	民营	陈志强		方便榨菜	南方
涪陵天极榨菜厂	江北办事处	民营	张华		方便榨菜	
涪陵太亨榨菜厂	江北办事处	民营	周雪梅 李世林		方便榨菜	
重庆绿皇食品有限公司	江北办事处	民营			方便榨菜	雨光
重庆市涪陵区华鸿食品厂	江北办事处	民营	许朝华	2500	方便榨菜	
重庆市涪陵佳鑫食品有限公司	珍溪镇	民营	湛永贵	2500	方便榨菜	鑫禧红隆太
重庆市涪陵富翔食品有限公司	珍溪镇	民营	湛常茂	3000	方便榨菜	辣妹子
重庆市涪陵珍溪宏峰榨菜厂	珍溪镇	民营			方便榨菜	
重庆市涪陵区八角榨菜厂	珍溪镇	民营	周银福	2000	方便榨菜	角八
涪陵京华食品二厂	珍溪镇	民营			方便榨菜	华穗
重庆市涪陵区珍溪联祥食品厂	珍溪镇	民营	李国强		方便榨菜	新生
重庆市丽香园食品有限公司	中峰乡	民营	易小云	2500	方便榨菜	丽香园
涪陵正林食品有限公司	中峰乡	民营	王志平	3000	方便榨菜	正林

（续表）

企业名称	厂址	企业性质	法人代表或负责人	生产规模	产品种类	商标品牌
重庆市涪陵区顶顺榨菜有限公司	仁义乡	民营	郑兴华	3000	方便榨菜	川牌
重庆市涪陵科惠脆菜厂	焦石镇	民营			方便榨菜	
重庆市涪陵区桂怡食品有限公司	龙桥镇	民营	周德宾	3000	方便榨菜	游辣子桂怡
重庆市涪陵开平榨菜厂	新妙镇	民营	杨廷远	2000	方便榨菜	
重庆市涪陵新妙榨菜厂	新妙镇	民营	李德余	1500	方便榨菜	木鱼
重庆市涪陵区枳凤食品厂	清溪镇	民营	秦林	1000	方便榨菜	枳凤
重庆市涪陵区发林榨菜厂	南沱镇	民营	詹发林	1500	方便榨菜	联谊
重庆市涪陵区九妹子食品有限公司	南沱镇	民营	吴小林	2000	方便榨菜	桃红
重庆市禾承祥食品有限责任公司	马武镇	民营	向戈	1500	方便榨菜	禾承祥
重庆市涪陵区恒升榨菜加工厂	百胜镇	民营	彭安和		坛装榨菜	
涪陵光寿榨菜厂	百胜镇	民营	冉光寿	1000	坛装榨菜	圣文
重庆市涪陵区好友来食品厂	百胜镇	民营	况敬国	1000	坛装榨菜	金鑫
重庆市涪陵区集芝源食品厂	百胜镇	民营	张舰	1000	坛装榨菜	
重庆市涪陵区石子山食品厂	百胜镇	民营	彭玉华	2500	坛装榨菜	子山

（续表）

企业名称	厂址	企业性质	法人代表或负责人	生产规模	产品种类	商标品牌
重庆市涪陵红飞食品厂	百胜镇	民营	陶光孝	2000	坛装榨菜	
重庆市涪陵区紫维食品厂	百胜镇	民营	杨中显	2000	坛装榨菜	涪跃
重庆市涪陵区建超榨菜厂	百胜镇	民营	吴洪波	2000	坛装榨菜	涪蓉建超
重庆市涪陵区八方客食品厂	百胜镇	民营	冉义奎		坛装榨菜	彩鑫
重庆市涪陵新奇榨菜厂	江北办事处	民营	杨潭清	1000	坛装榨菜	
涪陵区显国食品厂	江北办事处	民营	周显国	2500	坛装榨菜	长寿
重庆市涪陵区联顺榨菜厂	江北办事处	民营	张洁文	2000	坛装榨菜	洁佳
重庆涪陵前秀食品加工厂	江北办事处	民营	周金前		坛装榨菜	前秀
重庆市涪陵区磊峰食品厂	江北办事处	民营	秦庭志		坛装榨菜	渝虹
重庆市涪陵建昌食品厂	珍溪镇	民营	梁永昌	5000	坛装榨菜	建昌
重庆野田食品有限公司	中峰乡	民营	野田健	2000	坛装榨菜	
重庆市涪陵区兴标食品厂	仁义乡	民营	况彪	1000	坛装榨菜	
重庆市涪陵区东鸿榨菜厂	仁义乡	民营	陈俊	1000	坛装榨菜	东鸿
重庆市涪陵山参食品厂	丛林乡	民营	薛安勤	2000	坛装榨菜	山参

（续表）

企业名称	厂址	企业性质	法人代表或负责人	生产规模	产品种类	商标品牌
重庆市涪陵区柏林榨菜厂	丛林乡	民营	李万发	1500	坛装榨菜	柏陵佳亨
重庆市涪陵区桂花榨菜食品厂	丛林乡	民营	张佰荣		坛装榨菜	
重庆市涪陵区川仙食品有限责任公司	酒店乡	民营	夏先进	2000	坛装榨菜	川仙
涪陵天峰榨菜厂	酒店乡	民营	肖天伦	400	坛装榨菜	
连云港源松食品有限公司涪陵梓里榨菜厂	梓里乡	民营	乔志传	1000	坛装榨菜	
重庆市涪陵区碧浪榨菜有限公司	梓里乡	民营		1500	坛装榨菜	
重庆市涪陵区香格里拉酱油厂	龙桥镇	民营	汪光明	1500	坛装榨菜	文梁
重庆市桐新蔬菜有限公司	新妙镇	民营	余芳清	3000	坛装榨菜	木鱼
重庆市涪陵尖保榨菜厂	新妙镇	民营	伍克华	2000	坛装榨菜	
涪陵区石沱酒井榨菜厂	石沱镇	民营	杜贵明	1500	坛装榨菜	
重庆市涪陵区佳食品有限公司	两汇乡	民营	汤君权	2000	坛装榨菜	
重庆市涪陵区菜源食品厂	清溪镇	民营	周坤林	2000	坛装榨菜	菜源
重庆市涪陵区珍一食品厂	珍溪镇	民营	李静	1500	坛装榨菜	

随着社会主义市场经济的规范与完善，特别是国家榨菜产业裕农政策的实

施，涪陵榨菜企业积极作为，规模化、品牌化、产业化发展更为迅猛。参见2010年、2011年、2012年重庆市涪陵区榨菜加工企业基本情况表（企业总产值均以当年价格为准）。

表2-4　2010年重庆涪陵榨加工企业基本情况表

单位：万元①

企业名称	企业总产值	企业增加值	利润总额	应交增值税
重庆建超食品有限公司	530.000	169.070	35.000	2.100
重庆市涪陵三峡物产有限公司	986.000	314.534	-25.400	10.900
重庆市涪陵德丰食品有限公司	7188.600	2293.163	274.400	200.000
重庆市涪陵榨菜集团股份有限公司	100121.500	31938.760	2638.800	4700.800
重庆市涪陵区川涪食品有限公司	2632.200	839.670	60.000	3.800
重庆市涪陵区志贤食品有限公司	575.700	183.640	5.700	6.700
重庆市北山食品有限公司	1044.500	333.190	17.800	5.600
重庆市涪陵紫竹食品有限公司	10981.200	3503.000	1915.700	435.200
重庆涪陵乐味食品有限公司	1769.600	564.500	-53.200	0.700
重庆市锦蒂食品有限公司	935.500	298.420	11.700	7.100
重庆市涪陵宝巍食品有限公司	5493.000	1752.260	214.000	71.000
重庆市剑盛食品有限公司	8410.300	2682.880	561.100	240.000
重庆市涪陵辣妹子集团有限公司	29560.200	9429.700	7654.600	456.200
重庆市涪陵绿林实业有限公司	63.200	20.160	3.900	0.800
涪陵天然食品有限责任公司	670.400	213.850	69.500	41.600
重庆市涪陵瑞星食品有限公司	6346.200	2024.430	787.900	242.000
重庆市涪陵区智发食品厂	900.000	287.100	4.000	15.000
重庆市涪陵绿洲食品有限责任司	184.000	58.690	6.000	6.000
重庆市涪陵区咸亨食品有限公司	598.600	190.950	2.300	2.800
重庆市涪陵区顶顺榨菜有限公司	517.400	165.050	15.300	11.900
重庆市涪陵区洪丽食品有限责任公司	4531.000	1445.300	45.800	269.100
重庆市涪陵区鼎立食品有限责任公司	817.100	260.650	17.900	24.500

① 何侍昌、李乾德、汤鹏主著《榨菜产业经济学研究》，中国经济出版社，2014年，第147~149页。

（续表）

企业名称	企业总产值	企业增加值	利润总额	应交增值税
重庆市正林食品有限公司	483.000	154.070	25.000	5.000
重庆市涪陵区兴牧食品有限公司	6709.000	2140.170	113.000	57.000
重庆得亿农生物科技有限公司	0	0	0	0
重庆川马食品有限公司	572.000	182.460	30.500	30.000
重庆市涪陵区红日升榨菜食品有限公司	5930.100	1891.700	394.600	133.000
重庆市涪陵区渝河食品有限公司	7887.400	2516.080	120.100	2.400
重庆市涪陵区浩阳食品有限公司	6853.200	2186.170	1023.500	355.000
重庆市涪陵桂怡食品有限公司	914.000	291.560	50.000	43.000
重庆市涪陵区双骏食品有限公司	1486.000	474.034	-13.500	125.000
重庆市涪陵区思香源食品有限公司	5965.000	1902.830	320	116.300
重庆鹏霖食品有限公司	20155.000	6429.440	1145.800	821.200
重庆市涪陵区驰福食品厂	4547.200	1450.550	121.000	4.800
重庆市涪陵区八方客食品厂	3800.200	1212.260	80.000	2.700
重庆市涪陵区建昌食品厂	685.000	218.510	42.000	2.300
重庆市浪里娇食品有限公司	1860.800	593.590	13.500	5.900
重庆市涪陵区渝乾食品厂	1000.000	319.000	62.500	10.600
重庆野田食品有限公司	4000.000	1276.000	146.000	32.400
重庆市涪陵区百胜渝杨榨菜有限公司	12502.000	3988.130	707.600	372.200
重庆市涪陵渝川食品有限公司	4013.100	1280.170	116.000	2.300
重庆市裕益食品有限公司	3373.100	1076.010	79.000	3.200
重庆市涪陵区桐新蔬菜有限公司	742.500	236.850	21.200	5.600
重庆市涪陵区香妃食品有限责任公司	2909.300	928.060	78.000	2.100

表 2－5　2011 年重庆涪陵榨加工企业基本情况表

单位：万元①

企业名称	企业总产值	企业增加值	利润总额	应交增值税
重庆市涪陵榨菜集团股份有限公司	175593. 6	56014. 360	14368. 8	7719. 5
重庆市涪陵紫竹食品有限公司	17770. 2	5668. 694	1789. 0	352. 2
重庆市涪陵宝巍食品有限公司	14280. 0	4555. 320	380. 0	700. 0
重庆市剑盛食品有限公司	15699. 2	5008. 045	612. 0	484. 8
重庆市涪陵辣妹子集团有限公司	35769. 0	11410. 310	2165. 3	1360. 5
重庆市涪陵瑞星食品有限公司	9246. 3	2949. 570	650. 0	275. 0
重庆市涪陵区洪丽食品有限责任公司	4996. 7	1593. 947	139. 9	33. 2
重庆市涪陵区兴牧食品有限公司	7087. 0	2260. 753	261. 9	0
重庆市涪陵珍溪华安榨菜厂	21500. 0	6858. 500	2687. 9	525. 0
重庆野田食品有限公司	8200. 0	2615. 800	125. 0	115. 0
重庆川马食品有限公司	3054. 0	974. 226	46. 0	25. 0
重庆市涪陵区百胜渝杨榨菜有限公司	21016. 2	6704. 168	2044. 5	423. 8
重庆市涪陵区红日升榨菜食品有限公司	6420. 3	2048. 076	180. 0	47. 2
重庆市涪陵区浩阳食品有限公司	12536. 3	3999. 080	920. 0	605. 5
重庆市涪陵区思香源食品有限公司	7550. 0	2408. 450	33. 9	0
重庆鹏霖食品有限公司	4906. 5	1565. 174	－239. 4	26. 9
重庆市涪陵区驰福食品厂	5228. 3	1667. 828	145. 0	57. 9
重庆市涪陵区八方客食品厂	5370. 2	1713. 094	125. 0	41. 5
丛林国色食品公司	5400. 0	1722. 600	150. 0	61. 0
重庆市涪陵渝川食品有限公司	5628. 2	1795. 396	146. 0	65. 5
重庆市裕益食品有限公司	4151. 3	1324. 265	125. 0	57. 5

① 何侍昌、李乾德、汤鹏主著《榨菜产业经济学研究》，中国经济出版社，2014 年，第 149～150 页。

表 2-6 2012 年重庆涪陵榨加工企业基本情况表

单位：万元①

企业名称	企业总产值	企业增加值	利润总额	应交增值税
重庆市涪陵祥通食品有限责任公司	4500.5	1435.6595	6.1	45.3
重庆市涪陵榨菜集团股份有限公司	235828.0	75229.1320	18180.9	13887
重庆市涪陵紫竹食品有限公司	22684.0	7236.1960	2274.0	952.0
重庆市涪陵大地通食品有限公司	14867.0	4742.5730	841.3	652.9
重庆市涪陵宝巍食品有限公司	24281.1	7745.6709	2938.9	1545.4
重庆市剑盛食品有限公司	17283.0	5513.2770	1866.0	848.6
重庆市涪陵辣妹子集团有限公司	47569.0	15174.5110	1160.8	1794
重庆市涪陵绿陵实业有限公司	3310.5	1056.0495	157.3	15.7
涪陵天然食品有限责任公司	2976.7	949.5673	147.2	154.5
重庆市涪陵瑞星食品有限公司	14290.0	4558.5100	1071.0	286
重庆市涪陵区洪丽食品有限责任公司	11677.4	3725.0906	1087.0	1058.7
重庆野田食品有限公司	16509.0	5266.3710	752.0	412.7
重庆川马食品有限公司	3822.0	1219.2180	103.8	93.6
重庆市涪陵区渝杨榨菜（集团）有限公司	25832.0	8240.4080	2456	946
重庆市涪陵区红日升榨菜食品有限公司	7733.2	2466.8908	583.0	173.0
重庆市涪陵区浩阳食品有限公司	17785.0	5673.4150	1651.0	783.6
重庆市涪陵区思香源食品有限公司	8500.0	2711.5000	248.7	246.5
重庆市涪陵区驰福食品厂	7434.0	2371.4460	512.0	148.0
重庆市涪陵区八方客食品厂	8024.0	2559.6560	571.0	160.0
丛林国色食品公司	16027.0	5112.6130	996.7	410.6
重庆市涪陵渝川食品有限公司	8919.0	2845.1610	618.0	180.0
重庆市裕益食品有限公司	6555.0	2091.0450	461.0	130.0

① 何侍昌、李乾德、汤鹏主著《榨菜产业经济学研究》，中国经济出版社，2014 年，第 150 页。

二、涪陵榨菜知名企业

在涪陵榨菜企业的历史发展中，产生了众多榨菜企业。现择录部分具有代表性的知名榨菜企业。

（一）荣生昌。1914 年，榨菜创始人邱寿安所创办，系涪陵榨菜首家企业，主要从事榨菜加工，其产品远销汉口、上海等地。

（二）道生恒。1918 年，榨菜创始人邱寿安与其弟邱汉章所创立，地点在上海。系涪陵榨菜首家销售企业，榨菜史上首家专业榨菜商号。主要销售邱氏“荣生昌”榨菜。

（三）欧秉胜。1910 年，欧秉胜设厂于涪陵石马坝，企业名称欧秉胜，系涪陵首家仿制榨菜成功的企业，也是涪陵榨菜发展史上第二家企业。

（四）公和兴。民国时期涪陵县外首家榨菜加工企业。1913 年，同盟会会员张彤云受到涪陵县政府通缉，避难丰都。1914 年，他与卢景明在丰都创办“公和兴”菜厂。“公和兴”因此成为涪陵县外首家榨菜加工企业。丰都也因此成为发展涪陵榨菜的第二个县域。

（五）聚义长。20 世纪 30 年代巴县木洞知名榨菜企业。1934 年，“聚义长”老板蒋锡光与上海乾大昌货栈老板张积云合资经营。在木洞有蒋锡光的叔父蒋子云负责业务，在重庆有周宗祥联系转运，在上海有张积云负责市场，且榨菜营销讲究“包退包换”，故“聚义长”生意兴隆，声名显赫。

（六）聚裕通。20 世纪 30 年代原长寿（现渝北区）洛碛知名榨菜企业。聚裕通是由 20 多个厂商合资经营的企业，常年加工榨菜五六千坛。1935 年曾达到 1 万坛。聚裕通每年还代购代销 2 万坛。聚裕通经营方式灵活，突出一个“早”字，使之成为知名企业。

（七）三江实业社。20 世纪 30 年代丰都知名榨菜企业。三江实业社由江秉樊、江志道、江志仁 3 人共同创办、经营。三江实业社在丰都高家镇有总厂，在原长寿（现渝北区）洛碛有分厂，在上海、汉口、重庆等大城市有营业所。年产三四千坛榨菜，收购运销六七千坛。三江实业社善于改进工艺，创新品种，非常重视商品宣传，因此“三江”榨菜驰名一时。

（八）乾大昌。20 世纪 30 年代上海著名货栈。老板张积云。乾大昌介绍货品并供菜商食宿。

（九）鑫和。20 世纪 30 年代上海著名商行。鑫和商行以精选涪陵榨菜，打地球牌商标运销国外而享有盛名。其产品远销菲律宾、新加坡等南洋国家以及中国香港、日本、朝鲜、美国旧金山等地。

（十）同德祥。涪陵榨菜企业存续时间最久的企业之一。1915 年，刘庆云创办同德祥，地址在荔枝乡。1949 年，同德祥停业。前后存续时间达 44 年。

（十一）复兴胜。涪陵榨菜企业存续时间最久的企业之一。1915 年，叶海峰创办复兴胜，地址在涪陵城内。1949 年，同德祥停业。前后存续时间达 44 年。

（十二）隆和。涪陵榨菜史存续到公私合营时期的著名企业之一。1941 年，张富珍在李渡创办隆和。1956 年，进入公私合营的“公私合营涪陵县榨菜厂二分厂”，由涪陵专区贸易公司直接领导。1958 年，就近交给国营李渡菜厂。

（十三）珍溪菜厂。新中国著名的国营企业之一。1981 年 9 月，珍溪菜厂生产的“乌江牌”一级坛装榨菜获国家银质奖，这是中国榨菜行业乃至整个酱腌菜行业的第一块质量名牌。

（十四）涪陵榨菜（集团）有限公司。成立于 1988 年，位于涪陵区江北街道二渡村，占地面积 1000 亩，是一家集榨菜科研、生产、销售为一体的农产品深加工综合性高新技术企业，现为中国最大的榨菜生产经营集团。拥有总资产额 4.2 亿元，净资产 2 亿元，员工 3000 多人。下设 16 个生产厂和 32 个销售分公司，年生产能力达 10 万吨。主要品牌是“乌江”牌系列榨菜 70 多个品种，产品畅销全国，远销美国、日本、东南亚、欧洲等 10 多个国家和地区。公司始终奉行“秉承传统精华，服务现代化生活”的企业经营宗旨，先后评为农业产业化国家重点龙头企业、全国农产品深加工 50 强企业、重庆市 66 户重点增长型企业、涪陵区重点企业、中国特产之乡优秀企业、全国食品行业诚信企业、全国重合同守信用企业、国家食品放心工程重点宣传单位、银行 3A 级信用客户。企业及产品荣誉见表 2－7。

表 2－7　涪陵榨菜（集团）有限公司及其产品荣誉表

荣誉名称	时间（年）	认定机构
国家产品质量银质奖“乌江牌”榨菜	1981	国家质量奖审定委员会
亚运会“熊猫”包装标志产品乌江牌榨菜	1990	
意大利波伦比亚国际博览会金奖乌江牌榨菜	1992	
马来西亚吉隆坡亚洲食品技术展金奖乌江牌榨菜	1992	

（续表）

荣誉名称	时间（年）	认定机构
ISO9001：2000 国际质量管理体系认证	2001	
中国特产之乡开发建设优秀企业	2001	中国特产之乡组委会
中国名特产品金奖“乌江”牌方便榨菜	2001	中国特产之乡组委会
重庆市农业产业化龙头企业	2002	重庆市农业产业化工作领导小组
农业产业化国家重点龙头企业	2002	国家农业部、国家发展计划委员会、国家经济贸易委员会、国家财政部、国家对外贸易经济合作部、中国人民银行、国家税务总局、国际证券监督管理委员会、全国供销合作总社
中国放心食品信誉品牌“乌江”牌榨菜系列产品	2002	国家内贸局食品流通开发中心
中国名牌产品“乌江”牌榨菜	2002	中国商业联合会
高新技术产品认定证书“乌江”牌无防腐剂中盐榨菜	2002	重庆市高新技术产品专家评审委员会、重庆市科委
重庆市第一批高新技术产品“乌江”牌无防腐剂中盐榨菜	2002	重庆市高新技术产品专家评审委员会、重庆市科委
中国驰名品牌“乌江”牌系列榨菜	2002	中国品牌发展促进委员会
争创全国绿色生产线示范单位	2002	全国三绿工程工作办公室
中国绿色食品博览会畅销产品	2002	中国绿色食品 2002 福州博览会组委会
全国守合同重信用企业	2003	国家工商行政管理总局
全国食品行业诚信企业	2003	中国食品工业协会
中国农产品深加工五十强企业	2003	中国（国际）农产品深加工暨投资商务论坛组委会
2002 年度重庆市质量效益型企业	2003	重庆市经济委员会、重庆市商业委员会、重庆市建设委员会、重庆市质量技术监督局、重庆市统计局、重庆市总工会
重庆市科委高新企业技术认定证书	2003	重庆市科学技术委员会
重庆市技术创新工作先进集体	2003	重庆市经济委员会
全国食品行业放心食品“乌江”牌系列榨菜	2003	中国食品工业协会
重庆市最受消费者欢迎名牌产品“乌江”牌榨菜	2003	重庆市第二届农业暨优质农产品展示展销组委会

（续表）

荣誉名称	时间（年）	认定机构
重庆市级企业技术中心	2004	重庆市经委、市财政局、中国重庆海关、重庆市国税局、重庆市地税局
2004 年度 3A 级信用单位	2004	中国农业银行重庆分行
2004～2005 年度国家食品放心工程重点宣传单位	2004	重庆市工商行政管理局
重庆市工业联网直报先进工作集体	2004	重庆市统计局
重庆市质量效益型企业	2004	重庆市质量技术监督局
高新技术产业统计先进单位	2004	重庆市统计局
中国驰名商标	2004	国家工商总局商标局、商标评审委员会
涪陵榨菜“乌江”牌原产地标记保护注册	2004	国家质量监督检验检疫总局、重庆市出入境检验检疫局
涪陵榨菜“健”牌原产地标记保护注册	2004	国家质量监督检验检疫总局、重庆市出入境检验检疫局
中国调味品行业新产品奖“乌江”牌新一代无防腐剂中盐榨菜	2004	中国调味品协会
中国调味品行业新产品奖“乌江”虎皮碎椒	2004	中国调味品协会
重庆市消费者喜爱产品“乌江”牌系列榨菜	2004	重庆市第六届名优特新产品迎春展销会
“乌江”牌榨菜进入“中国标志性品牌”候选名单	2005	中国品牌研究院发布
中国标志性品牌“乌江”品牌	2005	中国品牌研究院
“湖南首届绿色食品博览会”重庆展团金奖“乌江”牌榨菜	2005	湖南首届绿色食品博览会
“2006 年中国（长沙）国际食品博览会”形象大使“乌江”牌榨菜	2005	2006 年中国（长沙）国际食品博览会
中国名牌产品“乌江”牌榨菜	2005	国家质量技术监督检验检疫总局
重庆市名牌农产品“乌江”牌系列榨菜	2005	重庆市名牌农产品认定委员会
重庆市名牌农产品“乌江”牌系列榨菜	2005	重庆市名牌农产品认定委员会
重庆市首届创业优秀企业家周斌全	2005	重庆市政府、重庆市企业联合会、重庆市企业家协会等
优秀企业家周斌全	2005	中国特产之乡组委会
首批全国重点保护品牌“乌江”牌	2006	中国品牌研究院

（续表）

荣誉名称	时间（年）	认定机构
直辖十年建设功臣奖周斌全	2006	重庆市委、市政府
2010 年重庆食品工业十强企业	2010	重庆市经济和信息化委员会
重庆市农业产业化龙头企业 30 强	2010	中共重庆市委农村工作领导小组
2009 年度消费者最放心食品品牌 TOP100（前百强）“乌江”牌榨菜	2010	《食品工业科技》、《中国调味品》杂志、食品产业网
中国榨菜产业领导品牌产品“乌江”牌榨菜	2010	中国调味品协会
重庆市农业产业化龙头企业 30 强	2011	中共重庆市委农村工作领导小组
重庆市创新型试点企业	2011	重庆市科委、发改委、财政局
产学研合作助推食品安全优秀企业	2011	西南大学食品科学学院
2011 年度榨菜质量整顿工作先进企业	2011	涪陵区人民政府
农业产业化市级龙头企业	2011	中共重庆市委农村工作领导小组
“深市主板、中小板和创业板上市公司信息披露考核‘A’级公司”	2011	深圳证券交易所
2011 中国中小板上市公司价值五十强	2011	中国上市公司协会
积极回报投资者先进单位	2011	重庆市上市公司协会
2010 年度榨菜质量整顿工作先进企业	2011	涪陵区人民政府
重庆市农业产业化龙头企业 30 强	2011	中共重庆市委农村工作领导小组
重庆市创新型试点企业	2011	重庆市科委、发改委、财政局
2011 年度涪陵青菜头鲜销工作单位	2011	涪陵区人民政府
产学研合作助推食品安全优秀企业	2011	西南大学食品科学学院
2012 年度榨菜质量整顿工作先进企业	2012	涪陵区人民政府
2012 年度农业产业化 10 强龙头企业	2012	涪陵区人民政府
2011 年度农业产业化重点龙头企业 30 强	2012	中共重庆市委农村工作领导小组
2011 年度榨菜质量整顿工作先进企业	2012	涪陵区人民政府
2012 年度农业产业化重点龙头企业 30 强	2012	中共重庆市委农村工作领导小组
重庆市“2012 年度农业产业化重点龙头企业 30 强”	2013	涪陵区人民政府
重庆市涪陵区 2012 年度农业产业化 10 强龙头企业	2013	涪陵区人民政府

（续表）

荣誉名称	时间（年）	认定机构
全国轻工业先进集体	2013	中国人力资源和社会保障部、中国轻工业联合会、中华全国手工业合作社
质量管理体系复评认证及食品安全管理体系监管审核认证	2013	中国质量认证中心（CQC）重庆中心组
最具综合实力企业	2013	中国（国际）调味品协会
2013 年度市科技进步二等奖	2013	重庆市科学技术委员会
安全生产标准化二级企业	2013	重庆市安监局
最佳渠道影响力品牌“乌江”牌榨菜	2013	中国（国际）调味品协会
畅销单品“乌江”牌“鲜爽菜丝”	2013	中国（国际）调味品协会
“2013 年度涪陵工业企业三十强”	2014	涪陵区经济和信息化委员会
重庆市农业产业化重点龙头企业	2014	中共重庆市委农村工作领导小组
国家农业产业化重点龙头企业	2014	中华人民共和国农业部
涪陵区 2013 年度农业产业化 10 强龙头企业	2014	涪陵区人民政府
2013 年度榨菜质量整顿工作先进企业	2014	涪陵区人民政府
2014 年度榨菜质量整顿工作先进企业	2015	涪陵区人民政府
2014 年度最受投资者尊重百强上市公司	2015	中国上市公司协会、中国证券投资者保护基金有限公司、中国证券业协会、中国基金业协会、证券日报
重庆市 100 户重点工业企业	2015	重庆市经济和信息化委员会
2015 中国特色旅游商品银奖	2015	国家旅游局
中国调味品行业二十年领军企业	2015	中国调味品协会
2014 年度涪陵区工业综合 10 强企业	2015	涪陵区人民政府

（十五）涪陵辣妹子集团有限公司。成立于 1995 年，位于涪陵区珍溪镇，占地面积 140 亩，是一家以生产、销售、科研、开发“辣妹子”牌系列榨菜为主的民营企业集团，是中国最大的酱腌菜生产经营企业之一。拥有资产 6000 多万元，员工 600 多人，年生产能力 3 万吨。主营“辣妹子”牌系列方便榨菜，兼营泡菜、酱菜、什锦蔬菜和调味品等，主要产品有鲜味中盐榨菜丝、低盐榨菜丝、海带榨菜丝、黄花榨菜丝、芝麻榨菜丝、瓶装红油榨菜丝、低盐手提礼品盒榨菜、泡菜、菜心、碎米榨菜、盐渍罐头、翡翠泡椒等 20 多种。以“创造一流，追求完美”为经营宗旨，注重科技和市场，先后获“中国质量万里行”

质量定点单位、重庆市农行“2000年度3A级信用企业”、重庆市重合同守信用企业、中国特产之乡开发建设先进企业、重庆市农业产业化重点龙头企业、涪陵区农业产业化重点龙头企业等殊荣。1998年以来，连年获“涪陵榨菜生产经营先进企业”称号。1999年10月，获商品自营进出口管理权。2000年12月后，通过ISO9001：2000国际质量管理体系认证、美国FDA营养注册登记，首批获准“涪陵榨菜”证明商标。企业及产品荣誉见表2－8。

表2－8 涪陵辣妹子集团有限公司及其产品荣誉表

荣誉名称	时间（年）	认定机构
首届中华名优食品博览会金奖“辣妹子”牌榨菜	1995	
江苏市场综合竞争力金牌产品“辣妹子”牌榨菜	1998	江苏省贸易厅等
用户评价满意商品“辣妹子”牌榨菜	1999	江苏省质协用户委员会
重庆最佳食品品牌“辣妹子”牌榨菜	1999	
重庆市著名商标“辣妹子”牌榨菜	1999	
商品自营进出口管理权	1999	
2000年度3A级信用企业	2000	中国农业银行重庆分行
ISO9002国际质量体系认证	2000	涪陵榨菜行业首家企业通过认证
中国特产之乡开发建设优秀企业	2001	中国特产之乡组委会
“乡妹子”商标核准注册	2003	国家工商行政管理总局
“辣妹子”商标核准注册	2003	国家工商行政管理总局
“香妹仔”商标核准注册	2003	国家工商行政管理总局
重庆市名牌农产品“辣妹子”牌翡翠泡椒	2003	重庆市名牌农产品认定委员会
重庆市知名产品“辣妹子”牌系列产品	2003	重庆市质量技术监督局
重庆市用户满意产品“辣妹子”牌系列产品	2003	重庆市质量技术监督局
“辣妹子”牌辣椒榨菜粒包装专利	2004	国家知识产权局
“辣妹子”牌爽口榨菜片包装专利	2004	国家知识产权局
“辣妹子”牌浓香榨菜丝包装专利	2004	国家知识产权局
重庆市年检免审企业	2004	重庆市工商行政管理局
“辣妹子”牌辅助商标核准注册	2004	国家工商行政管理总局商标局
2004年度3A级信用单位	2004	中国农业银行重庆分行

（续表）

荣誉名称	时间（年）	认定机构
2004～2005年度国家食品放心工程重点宣传单位	2004	重庆市工商行政管理局
中国西部工商行政管理公平交易执法协作网重点保护的100户企业	2004	重庆市工商行政管理局
守合同重信用企业	2004	重庆市工商行政管理局
2004～2005年度全国食品安全示范单位	2004	中国食品安全年会组委会
重庆市名牌产品“辣妹子”牌方便榨菜	2004	重庆市人民政府
涪陵区首届优秀中国特色社会主义事业建设者万绍碧	2005	涪陵区人民政府
优秀企业	2005	中国特产之乡组委会
优秀企业家万绍碧	2005	中国特产之乡组委会
诚信守法乡镇企业	2005	农业部
2005年度工业企业管理规范考评一级企业	2005	涪陵区人民政府
北京奥组委推荐产品“辣妹子”牌榨菜、泡菜	2005	农业部农产品加工业领导小组办公室
中国驰名商标“辣妹子”商标	2005	吉林省通化市中级人民法院裁定
中国名牌产品“辣妹子”牌榨菜	2005	国家质量技术监督检验检疫总局
国家绿色食品认证中心A级认证“辣妹子”牌4个榨菜产品	2005	国家绿色食品认证中心
重庆市食品卫生A级单位	2005	重庆市卫生局
重庆十佳精彩女性万绍碧	2005	重庆市妇联
重庆百户就业先进民营单位	2005	重庆市人民政府
3A等级企业	2005	中国农业银行重庆分行企业资信评级委员会
全国青年文明单位	2005	全国青年文明活动组委会
高新技术企业	2005	重庆市科学技术委员会
重庆市农业产业化市级龙头企业	2005	重庆市农业产业化工作领导小组
绿色食品生产企业	2005	重庆市农业局、重庆市绿色食品管理办公室
优秀企业	2005	中国特产之乡组委会
高新技术企业	2005	重庆市科委

（续表）

荣誉名称	时间（年）	认定机构
高新技术产品 70G 绿色版榨菜丝	2005	重庆市科委
高新技术产品 80G 香辣榨菜丝	2005	重庆市科委
农业产业化市级龙头企业	2005	重庆市农业产业化工作领导小组
第一批全国农产品加工业示范企业	2005	农业部
4A 标准化良好行为企业	2006	国家标准化委员会
HACCP 体系认证	2007	CQC 重庆评审中心
全国轻工行业劳动模范万绍碧	2007	
重庆市市级企业技术中心	2007	
涪陵区知名商标“辣妹子”牌	2010	涪陵区知名商标认定与保护工作委员会
重庆市榨菜工程实验室榨菜加工研究中心	2010	重庆市发展和改革委员会
2010 年度中国食品安全示范单位	2010	中国食品安全年会组委会
重庆市守合同重信用单位	2010	重庆市工商行政管理局
2009 年度成长型小巨人企业	2010	重庆市人民政府
2010 年度全区宣传文化工作先进集体	2010	中共涪陵区委、涪陵区人民政府
2009 年度企业管理规范考评一级企业	2010	涪陵区人民政府
科技进步三等奖	2010	涪陵区人民政府
重庆市重点新产品 108 克榨菜泡菜	2010	重庆市科学技术委员会
重庆市著名商标“辣妹子”牌榨菜商标	2011	重庆市工商行政管理局
重庆市“2011 年度农业产业化重点龙头企业 30 强”	2011	中共重庆市委农村工作领导小组
2011 年度榨菜质量整顿工作先进企业	2011	涪陵区人民政府
重庆市百户管理创新示范企业	2011	重庆市经信委
重庆市优秀民营企业	2011	中共重庆市委、重庆市人民政府
农业产业化重点龙头企业	2011	国家发改委、农业部、财政部、商务部、中国人民银行、国家税务总局、中国证券监督管理委员会、中华全国供销合作总社
农业产业化市级龙头企业	2011	中共重庆市委农村工作领导小组
重庆市著名商标“辣妹子”牌榨菜商标	2011	重庆市工商行政管理局

（续表）

荣誉名称	时间（年）	认定机构
重庆市重点新产品108克榨菜泡菜系列	2011	重庆市科学技术委员会
2010年度榨菜质量整顿工作先进企业	2011	涪陵区人民政府
重庆市非物质文化遗产生产性保护示范基地	2011	重庆市文化广播电视局
重庆市“文明单位”	2011	重庆市精神文明建设委员会
重庆市农业综合开发重点龙头企业	2011	重庆市农业综合开发办公室
重庆品牌100强	2011	重庆市品牌学会、重庆品牌100强推选委员会
2011年度重庆市技术创新示范企业	2011	重庆市科委、发改委、财政局、经信委、国资委、知识产权局
重庆市创新型试点企业	2011	重庆市科委、发改委、财政局、经信委、国资委、知识产权局
重庆市农业产业化龙头企业30强	2011	中共重庆市委农村工作领导小组
重庆市特色泡菜科技专家大院	2011	重庆市科学技术委员会
2011年度榨菜质量整顿工作先进企业	2012	涪陵区人民政府
2011年度农业产业化重点龙头企业30强	2012	中共重庆市委农村工作领导小组
中国驰名商标“辣妹子及图”注册商标	2012	国家工商行政管理总局商标局
2012年度农业产业化10强龙头企业	2012	涪陵区人民政府
2012年度榨菜质量整顿工作先进企业	2012	涪陵区人民政府
市级技能专家工作室——榨菜研发技能专家工作室	2013	重庆市人力资源和社会保障局
2013年度重庆市技术创新示范企业	2013	重庆市经济和信息化委员会、重庆市财政局
重庆市创新型企业	2013	重庆市科学技术委员会、重庆市发展和改革委员会等
重庆市涪陵区2012年度农业产业化10强龙头企业	2013	涪陵区人民政府
重庆市2012年度“守合同重信用”单位	2013	重庆市工商行政管理局
中国西部国际农交会“最受消费者喜爱产品”、“辣妹子”牌榨菜	2013	第12届中国西部（重庆）国际农产品交易会组委会
轻工食品安全生产标准化三级企业	2014	涪陵区安监局
第八届中国国际有机食品博览会2014年优秀产品奖	2014	中国国际有机食品博览会组委会

（续表）

荣誉名称	时间（年）	认定机构
重庆市农业产业化重点龙头企业	2014	中共重庆市委农村工作领导小组
国家农业产业化重点龙头企业	2014	中华人民共和国农业部
2013 年度中国最具成长力商标“辣妹子”商标	2014	中国工商报、《中国消费者》杂志社
涪陵区 2013 年度农业产业化 10 强龙头企业	2014	涪陵区人民政府
2013 年度榨菜质量整顿工作先进企业	2014	涪陵区人民政府
第一届中国泡菜品牌金奖	2014	第六届中国泡菜展销会组委会
2013 年度“守合同重信用”单位	2014	重庆市工商行政管理局
2014 年度榨菜质量整顿工作先进企业	2015	涪陵区人民政府
重庆市绿色食品示范企业	2015	中国绿色食品协会
全国巾帼建功先进集体	2015	中华全国妇女联合会
重庆市农产品加工业 100 强	2015	重庆市农产品加工业协会
2012～2014 年度富民兴渝贡献奖万绍碧	2015	中共重庆市委、重庆市人民政府
重庆市农业综合开发重点龙头企业	2015	重庆市农业综合开发办公室
涪陵区优秀民营企业家万绍碧	2015	中共重庆市涪陵区委、重庆市涪陵区人民政府
涪陵区和谐劳动关系 A 级企业	2015	重庆市涪陵区人力资源和社会保障局、重庆市涪陵区总工会、重庆市涪陵区经济和信息化委员会、重庆市涪陵区工商业联合会
第十六届中国绿色食品博览会金奖	2015	第十六届中国食品博览会组委会

（十六）重庆国光绿色食品有限公司。成立于 1992 年，由原涪陵国光榨菜罐头食品厂改组而来，系太极集团子公司，占地面积 50 亩，厂区绿化面积占 41%，是一家以榨菜系列食品生产、科研、开发为主，融人财物、产供销于一体，具有较大生产规模和先进设备的典型的花园式的现代化的新型农副产品加工企业。拥有总资产 3000 万元，年生产能力 1 万吨。品牌是“巴都”牌系列榨菜，产品畅销全国，并打入中国香港、东南亚等国际市场。经营理念是忠诚、团结、努力、责任。1995 年，产品获国家商检出口认证。1998 年，涪陵区首家获国家“绿色食品”使用证书。2000 年 12 月，首批获使用“涪陵榨菜”证明商标。1999～2002 年，是涪陵区唯一获“双信”（生产环境信得过、食品质量

信得过）称号的企业。原党和国家领导人江泽民同志等多次亲临视察。企业及产品荣誉见表2－9。

表2－9 重庆国光绿色食品有限公司及其产品荣誉表

荣誉名称	时间（年）	认定机构
绿色食品证书“巴都”牌榨菜	1998	中国绿色食品发展中心
中国名特产品金奖“巴都”牌方便榨菜	2001	中国特产之乡组委会
涪陵区知名商标“太极”牌	2010	涪陵区知名商标认定与保护工作委员会

（十七）涪陵乐味食品有限公司。成立于1994年，位于涪陵区马武镇，占地面积23亩，厂房建筑面积7500平方米，是日本桃屋株式会社、新新株式会社、四川省土产进出口公司共同投资组建的合资企业。是一家专业生产榨菜、盐渍菜，以国际市场为主的食品加工企业。拥有榨菜和盐渍菜的先进生产技术设备和检测设备，总资产近1000万元，年生产能力8000吨。主要产品是传统的涪陵坛装全形榨菜，换装全形盐渍菜头、盐渍芥头、盐渍茄子、盐渍山菜、盐渍山蕗等。产品畅销全国，远销美国、加拿大、澳大利亚、日本、东南亚等国家和地区。公司以质量求生存、信誉求发展为理念。2002年2月，获涪陵区政府农业产业化龙头企业称号。1999～2002年，连续4年获涪陵区政府评选的先进企业称号。企业及产品荣誉见表2－10。

表2－10 涪陵乐味食品有限公司及其产品荣誉表

荣誉名称	受评对象	时间（年）	认定机构
重合同守信用企业	企业		
乡镇企业先进集体	企业		
文明乡镇企业	企业		
中国名牌产品	“川陵”牌榨菜	1996	第六届中国国际食品博览会
“涪陵榨菜”证明商标	“川陵”牌（商标）	2000	涪陵区政府
“涪陵榨菜”证明商标	“亚龙”牌（商标）	2000	涪陵区政府
进出口产品经营权资格	企业	2002	
ISO9001：2000国际质量管理体系认证	企业	2002	
重庆市著名商标	“川陵”牌（商标）	2003	重庆市工商行政管理局

（续表）

荣誉名称	受评对象	时间（年）	认定机构
全国食品安全示范单位	企业	2004	国家农业部、公安部、卫生部、工商行政管理总局、质量监督检验检疫总局、食品药品监督管理局
海南省用户满意产品	“川陵”牌榨菜	2005	海南省质量技监协会
海南省用户满意产品	“亚龙”牌榨菜	2005	海南省质量技监协会
国家绿色食品认证	“川陵”牌榨菜	2005	
国家绿色食品认证	“亚龙”牌榨菜	2005	
重庆市消费者信得过企业		2006	重庆市消费者保护委员会
全国工业产品生产许可证（QS 认证）		2006	
重庆市名牌产品	“川陵”牌榨菜	2007	重庆市质量监督检验检疫局
重庆市名牌产品	“亚龙”牌榨菜	2007	重庆市质量监督检验检疫局
榨菜质量整顿工作先进单位		1998 ~ 2014	涪陵区人民政府
重庆市著名商标“云峰”牌商标		2003	重庆市著名商标认定委员会
涪陵区知名商标	“天喜”牌	2011	涪陵区知名商标认定与保护工作委员会
2010 年度榨菜质量整顿工作先进企业	重庆涪陵乐味食品有限公司	2011	涪陵区人民政府
2011 年度榨菜质量整顿工作先进企业	重庆涪陵乐味食品有限公司	2012	涪陵区人民政府

（十八）涪陵宝巍食品有限公司。成立于 1980 年，由原涪陵川陵食品有限责任公司改组而来，位于涪陵区百胜镇，占地面积 14.5 亩，总资产 1200 余万元，员工 200 多人，年生产能力 1 万吨，是一家集生产、加工、销售涪陵榨菜产品的专业厂家。品牌是“亚龙”牌、“川陵”牌系列方便榨菜，生产的“川陵”牌千里香麻辣榨菜片、王中王榨菜丝、老板榨菜片，“亚龙”牌儿童榨菜丝、榨菜芯、爽口榨菜芯、鲜脆榨菜丝、大老板榨菜丝、全形盐渍出口榨菜畅销全国，远销俄罗斯及中国香港、中国台湾等国家和地区。公司奉行“以质取胜，诚信经营，争创名牌，冲出国门”的经营理念。先后获重庆市“重合同守信用企

业”、“乡镇企业先进集体”、“文明乡镇企业”、“乡企系统先进企业”、“涪陵区榨菜生产经营先进企业”、“涪陵区农业产业化重点龙头企业”等殊荣。2000 年 12 月，生产的“亚龙”牌、“川陵”牌榨菜首批获准使用“涪陵榨菜”证明商标。2002 年，获商品自营进出口管理权。同年，通过 ISO9001：2000 国际质量管理体系认证。企业及产品荣誉见表 2－11。

表 2－11　涪陵宝巍食品有限公司及其产品荣誉表

荣誉名称	时间（年）	认定机构
“中国榨菜之乡”邮票邮折	2011	中国邮政集团总公司
涪陵区知名商标“川陵”牌	2010	涪陵区知名商标认定与保护工作委员会
涪陵区知名商标“亚龙”牌	2010	涪陵区知名商标认定与保护工作委员会
优秀企业	2005	第七届中国特产文化节暨中国特产之乡十周年工作总结表彰大会中国特产之乡组委会
海南省用户满意产品	2004	海南省质量协会、海南省防伪协会、海南质量杂志社、海南省质量技术监督局投诉举报咨询中心
2004～2005 年度全国食品安全示范单位	2004	中国食品安全年会组委会
重庆市著名商标“亚龙”牌商标	2003	重庆市著名商标认定委员会
优秀企业	2005	中国特产之乡组委会
2011 年度榨菜质量整顿工作先进企业	2011	涪陵区人民政府
涪陵区知名商标	2011	涪陵区知名商标认定与保护工作委员会
农业产业化市级龙头企业	2011	中共重庆市委农村工作领导小组
包装创意优秀奖倒匍坛“八缸”礼品榨菜的陶瓷坛包装	2011	全国休闲农业创意精品推介活动组织委员会
重庆市农业综合开发重点龙头企业	2011	重庆市农业综合开发办公室
重庆市认定企业技术中心	2011	重庆市中小企业创业服务协会、重庆市中小企业 100 强评选委员会
重庆市第一届“非购不可·重庆十大礼品”称号“八缸”牌“风脱水”老榨菜	2011	重庆市商务局、重庆市旅游局

（续表）

荣誉名称	时间（年）	认定机构
2010 年度榨菜质量整顿工作先进企业	2011	涪陵区人民政府
涪陵“中国榨菜之乡”个性化邮票	2011	中国邮政集团集邮总公司
2012 年度榨菜质量整顿工作先进企业	2012	涪陵区人民政府
2011 年度榨菜质量整顿工作先进企业	2012	涪陵区人民政府
中国西部国际农交会“最受消费者喜爱产品”、“八缸”牌“黑乌金”榨菜	2013	
“重庆老字号”品牌“八缸”牌榨菜	2013	重庆市商业委员会
涪陵区和谐劳动关系 A 级企业	2014	涪陵区人社局、涪陵区总工会、涪陵区经信委、涪陵区工商业联合会
2014 年度榨菜质量整顿工作先进企业	2015	涪陵区人民政府
重庆市涪陵锋范榨菜工程技术研究中技术创新机构	2015	涪陵区科学技术委员会

（十九）涪陵区渝杨榨菜有限公司。成立于 1997 年，位于涪陵区百胜镇紫竹村 6 组，是一家专业生产、经营“渝杨”、“渝新”等系列榨菜、泡菜、酱油的现代化食品企业。拥有总资产 950 余万元，员工 200 多人，年生产能力 1 万吨。产品主要销往武汉、南京、广州、东北等地。公司以“精细挑选，精心加工，风味独特，精品出厂”为宗旨，以“质量第一，信誉第一，服务第一”为理念。2005 年，获涪陵区农业产业化重点龙头企业称号。企业及产品荣誉见表 2－12。

表 2－12　涪陵区渝杨榨菜有限公司及其产品荣誉表

荣誉名称	时间（年）	认定机构
区级农业产业化龙头企业	2005	涪陵区人民政府
涪陵区知名商标“渝杨”牌	2010	涪陵区知名商标认定与保护工作委员会
涪陵区知名商标“亚龙”牌	2010	涪陵区知名商标认定与保护工作委员会
湖北省消费者信得过品牌		
涪陵区乡镇企业局先进企业		
涪陵区乡镇企业管理二等奖		
ISO9001：2000 国际质量体系认证		
2011 年度榨菜质量整顿工作先进企业	2011	涪陵区人民政府

（续表）

荣誉名称	时间（年）	认定机构
涪陵区知名商标“渝新”牌	2011	涪陵区知名商标认定与保护工作委员会
农业产业化市级龙头企业	2011	中共重庆市委农村工作领导小组
重庆市农业综合开发重点龙头企业	2011	重庆市农业综合开发办公室
重庆名牌农产品“渝杨”牌系列方便榨菜	2011	重庆市农业委员会
重庆名牌农产品“杨渝”牌系列方便榨菜	2011	重庆市农业委员会
2010 年度榨菜质量整顿工作先进企业	2011	涪陵区人民政府
2011 年度品牌农业建设先进单位	2011	涪陵区人民政府
2011 年度涪陵青菜头鲜销工作先进单位	2011	涪陵区人民政府
2012 年度榨菜质量整顿工作先进企业	2012	涪陵区人民政府
涪陵区知名商标“渝杨”牌	2012	涪陵区知名商标认定与保护工作委员会
2012 年度农业产业化 10 强龙头企业	2012	涪陵区人民政府
2011 年度榨菜质量整顿工作先进企业	2012	涪陵区人民政府
涪陵区知名商标	2013	涪陵区知名商标认定与保护工作委员会
重庆市涪陵区 2012 年度农业产业化 10 强龙头企业	2013	涪陵区人民政府
涪陵区 2013 年度农业产业化 10 强龙头企业	2014	涪陵区人民政府
涪陵区和谐劳动关系 A 级企业	2014	涪陵区人社局、涪陵区总工会、涪陵区经信委、涪陵区工商业联合会
2013 年度榨菜质量整顿工作先进企业	2014	涪陵区人民政府
2014 年度榨菜质量整顿工作先进企业	2015	涪陵区人民政府
重庆市农产品加工业 100 强	2015	重庆市农产品加工业协会
2014 年度涪陵区企业技术中心	2015	涪陵区经济和信息化委员会
重庆市农业综合开发重点龙头企业	2015	重庆市农业综合开发办公室
涪陵区优秀民营企业	2015	中共重庆市涪陵区委、重庆市涪陵区人民政府

（二十）涪陵还珠食品有限责任公司。成立于2000年，位于涪陵区罗云乡，占地面积17333.3平方米，固定资产600万元，年生产能力1.5万吨，是一家专业生产加工“涪渝”牌榨菜、萝卜干、豆类、酱腌制品的现代化食品企业。公司以质量求生存，管理出效益，科技促发展为理念，强调创新为根，质量为本。产品主要销往福建、广东、广西、海南、中国香港、中国台湾、加拿大等国家和地区。2005年，获涪陵区农业产业化重点龙头企业称号。

（二十一）涪陵区浩阳食品有限公司。创建于2001年，2005年由原涪陵奇均榨菜厂重组而成，位于涪陵区百胜镇紫竹村，占地面积15亩，建筑面积4000多平方米，总资产2000多万元，年生产能力1万吨，是一家集榨菜生产、加工、销售为一体的民营企业。主要生产销售“浩阳”牌、“奇均”牌系列方便榨菜和“浩阳”牌泡菜产品，畅销重庆、云南、贵州等25个省、市、自治区。2006年，获全国工业产品生产许可证（QS认证）。2007年2月，获涪陵区农业产业化重点龙头企业。2008年，获涪陵区食品卫生A级单位。2007～2010年，连续四年获涪陵区榨菜质量整顿工作先进企业。企业及产品荣誉见表2－13。

表2－13 涪陵区浩阳食品有限公司及其产品荣誉表

荣誉名称	时间（年）	认定机构
国家合格评定质量达标放心食品“浩阳”牌方便榨菜	2005	
全国工业产品生产许可证（QS认证）	2006	
区级农业产业化经营重点龙头企业	2006	涪陵区人民政府
涪陵区农业产业化经营重点龙头企业	2007	涪陵区人民政府
食品卫生A级单位	2008	涪陵区卫生局
重庆市著名商标	2009	重庆市工商行政管理局
涪陵区知名商标	2009	涪陵区知名商标认定与保护工作委员会
涪陵区知名商标“浩阳”牌	2010	涪陵区知名商标认定与保护工作委员会
涪陵区知名商标“奇均”牌	2011	涪陵区知名商标认定与保护工作委员会
农业产业化市级龙头企业	2011	中共重庆市委农村工作领导小组
重庆市农产品加工示范企业	2011	重庆市中小企业局
2010年度榨菜质量整顿工作先进企业	2011	涪陵区人民政府
2012年度榨菜质量整顿工作先进企业	2012	涪陵区人民政府
2012年度农业产业化10强龙头企业	2012	涪陵区人民政府

（续表）

荣誉名称	时间（年）	认定机构
2011年度榨菜质量整顿工作先进企业	2012	涪陵区人民政府
重庆市涪陵区2012年度农业产业化10强龙头企业	2013	涪陵区人民政府
2013年度榨菜质量整顿工作先进企业	2014	涪陵区人民政府
2014年度榨菜质量整顿工作先进企业	2015	涪陵区人民政府

（二十二）涪陵区洪丽食品有限责任公司。成立于1976年，位于重庆市涪陵区南沱镇，是一家专业生产、经营“灵芝”、“餐餐想”、“洪丽”牌系列绿色方便榨菜、全形榨菜的现代化食品加工企业，产品畅销全国各地，深受广大消费者喜爱。拥有固定资产480万元，流动资产520万元，员工268人，其中高级技术职称8人，中级技术职称12人，初级技术职称和技工25人，年生产能力1万吨，实现利税500万元。经营理念是以技术为先导，以质量求生存。2006年，获中国“首都市场‘质量、信誉、服务’优秀企业、优质产品”称号，通过了ISO9001：2000质量管理认证，被列入中国质量万里行质量、信誉跟踪品牌。2006年，获涪陵区农业产业化区级重点龙头企业。企业及产品荣誉见表2－14。

表2－14　涪陵区洪丽食品有限责任公司及其产品荣誉表

荣誉名称	时间（年）	认定机构
区级农业产业化经营重点龙头企业	2006	涪陵区人民政府
涪陵区知名商标“餐餐想”牌榨菜	2010	涪陵区知名商标认定与保护工作委员会
重庆市“2011年度农业产业化重点龙头企业30强”	2011	中共重庆市委农村工作领导小组
2011年度榨菜质量整顿工作先进企业	2011	涪陵区人民政府
农业产业化市级龙头企业	2011	中共重庆市委农村工作领导小组
全国供销合作社系统先进集体涪陵区洪丽鲜榨菜股份合作社	2011	国家人力资源和社会保障部、中华全国供销合作总社
重庆名牌农产品“餐餐想”牌方便榨菜	2011	重庆市农业委员会
“第二届重庆市‘十佳’返乡企业明星”称号李承洪	2011	中共重庆市委、重庆市人民政府
2010年度榨菜质量整顿工作先进企业	2011	涪陵区人民政府

（续表）

荣誉名称	时间（年）	认定机构
2012 年度榨菜质量整顿工作先进企业	2012	涪陵区人民政府
2012 年度农业产业化重点龙头企业 30 强	2012	中共重庆市委农村工作领导小组
2011 年度农业产业化重点龙头企业 30 强	2012	中共重庆市委农村工作领导小组
2011 年度榨菜质量整顿工作先进企业	2012	涪陵区人民政府
重庆市“2012 年度农业产业化重点龙头企业 30 强”	2013	中共重庆市委农村工作领导小组
中国西部国际农交会“最受消费者喜爱产品”、“餐餐想”牌榨菜	2013	第 12 届中国西部（重庆）国际农产品交易会组委会
重庆市 2012 年度“守合同重信用”单位	2013	重庆市工商行政管理局
重庆市涪陵区 2012 年度农业产业化 10 强龙头企业	2013	涪陵区人民政府
“餐餐想”第十二届中国国际农产品交易会金奖	2014	第十二届中国国际农产品交会组委会
涪陵区 2013 年度农业产业化 10 强龙头企业	2014	涪陵区人民政府
2013 年度榨菜质量整顿工作先进企业	2014	涪陵区人民政府
2013 年度“守合同重信用”单位	2014	重庆市工商行政管理局
重庆市农业综合开发重点龙头企业	2015	重庆市农业综合开发办公室
涪陵区和谐劳动关系 A 级企业	2015	重庆市涪陵区人力资源和社会保障局、重庆市涪陵区总工会、重庆市涪陵区经济和信息化委员会、重庆市涪陵区工商业联合会

（二十三）涪陵绿陵实业有限公司。成立于 1999 年，位于涪陵区清溪镇平原村 5 组，占地面积 40 亩，厂房面积 5000 平方米，注册资金 450 万元，固定资产 2500 万元，员工 150 多人，是一家年生产出口榨菜 1 万余吨的民营实体企业。具有独立的进出口经营权，是一家集出口榨菜食品产、销为一体的民营企业。系 ISO22000 食品安全管理体系认证企业、安全生产标准化三级达标企业、涪陵区榨菜出口量最大的生产加工企业、重庆市农业产业化龙头企业、重庆市农产品加工示范企业。先后与日本、韩国、马来西亚、泰国、新加坡、中国台湾等国家和地区的客商建立了良好、稳定的贸易合作关系，并占据以上国家大部分市场份额。经营理念是诚信为本、敬畏客户、踏实肯干、共同成长。2014 年获涪陵区人民政府 2013 年度榨菜质量整顿工作先进单位。

（二十四）重庆市剑盛食品有限公司。成立于2005年，位于涪陵区百胜镇八卦村五组，占地面积8.5亩，建筑面积4000平方米，年设计生产能力1万吨，是一家专业研发、生产、销售“渝盛”、“渝剑”牌系列方便榨菜、泡菜的新兴企业，拥有一套完整的现代化方便榨菜生产线、化验检测设备。产品主要销往湖北、湖南、广东、广西、福建、浙江、贵州、海口、重庆、河南、河北、山东、新疆等地。企业及产品荣誉见表2－15。

表2－15　剑盛食品有限公司及其产品荣誉表

荣誉名称	时间（年）	认定机构
涪陵区农业产业化经营重点龙头企业	2011	
涪陵区知名商标“渝盛”牌	2011	涪陵区知名商标认定与保护工作委员会
区级农业产业化经营重点龙头企业	2011	涪陵区人民政府
重庆市农产品加工示范企业	2011	重庆市中小企业局

（二十五）涪陵区大石鼓食品有限公司。该公司由原涪陵大石鼓榨菜厂（集体企业）三峡移民搬迁转制而成，位于涪陵区南沱镇连丰村1组，占地面积10.5亩。拥有固定资产820万元，职工40余人，年设计生产能力6000吨。2006年通过QS认证，并取得全国工业产品生产许可证，是一家集榨菜生产、加工、销售为一体的民营企业。产品品牌为“川东”、“黔水”牌系列榨菜，其中“黔水”商标为涪陵区知名商标。产品市场主要分布在江苏、广东、广西、云南、福建等地的各大中小城市。企业及产品荣誉见表2－16。

表2－16　涪陵区大石鼓食品有限公司及其产品荣誉表

荣誉名称	时间（年）	认定机构
涪陵区农业产业化经营重点龙头企业	2011	涪陵区政府
涪陵区知名商标“黔水”牌	2011	涪陵区知名商标认定与保护工作委员会
涪陵区知名商标“川东”牌	2011	涪陵区知名商标认定与保护工作委员会
区级农业产业化经营重点龙头企业	2011	涪陵区人民政府
涪陵区和谐劳动关系A级企业	2015	重庆市涪陵区人力资源和社会保障局、重庆市涪陵区总工会、重庆市涪陵区经济和信息化委员会、重庆市涪陵区工商业联合会

（二十六）涪陵瑞星食品有限公司。位于涪陵区百胜镇百胜村八组，占地面积13.5亩，建筑面积10.5亩，现有资产1200万元，员工110人，是主要从事榨菜生产、加工、销售的食品企业，系安全生产标准化三级企业、污染物排放达标一级标准企业。主要产品品牌为“仙妹子”系列榨菜、酱腌菜、泡菜。经营理念是诚信、共赢、开创。企业及产品荣誉见表2-17。

表2-17 涪陵瑞星食品有限公司及其产品荣誉表

荣誉名称	时间（年）	认定机构
涪陵区知名商标“仙妹子”牌	2011	涪陵区知名商标认定与保护工作委员会
农业产业化市级龙头企业	2011	中共重庆市委农村工作领导小组

（二十七）涪陵区凤娃子食品有限公司。成立于2003年3月，位于涪陵区南沱镇睦和村6组，占地面积15亩，建筑面积7000平方米，年生产能力5000吨。现有固定资产953万元，净资产1106万元，员工40余人，其中高级职称1人，中级职称3人，初级职称和技工10人。产品品牌为“凤娃”、“成红”、“耕牛”等，有菜丝、菜片、菜芯等系列产品40余种。外设海口、玉林、贵阳3个办事处和20多个总经销机构，产品主要销往北京、广东、海南、广西、贵州、江西等地的大中小城市。2010～2014年连续4年获涪陵区人民政府榨菜质量整顿工作先进企业。企业及产品荣誉见表2-18。

表2-18 涪陵区凤娃子食品有限公司及其产品荣誉表

荣誉名称	时间（年）	认定机构
涪陵区知名商标“凤娃”牌	2010	涪陵区知名商标认定与保护工作委员会
涪陵区知名商标“成红”牌	2011	涪陵区知名商标认定与保护工作委员会
涪陵区知名商标“成红”牌	2011	涪陵区知名商标认定与保护工作委员会

（二十八）重庆川马食品有限公司。成立于1993年，位于涪陵区马武镇民协村，占地面积13亩，注册资本300万元，主要从事榨菜、调味品等农副产品的生产、加工销售。产品品牌为“川马牌”系列榨菜，是涪陵知名商标、重庆著名商标。经营理念是品质、服务。拥有资产1000万元，员工60人和一条设计年产4000吨规模的软包装榨菜生产线。产品市场主要分布在江西、广西、新疆、海南、辽宁、吉宁等省市的大中城市，并已进入大润发连锁超市和新世纪连锁超市系统。企业及产品荣誉见表2-19。

表 2－19　重庆川马食品有限公司及其产品荣誉表

荣誉名称	时间（年）	认定机构
涪陵区知名商标“川马”牌	2010	涪陵区知名商标认定与保护工作委员会
2012 年度榨菜质量整顿工作先进企业	2012	涪陵区人民政府
涪陵区和谐劳动关系 A 级企业	2014	涪陵区人社局、涪陵区总工会、涪陵区经信委、涪陵区工商业联合会
2013 年度榨菜质量整顿工作先进企业	2014	涪陵区人民政府
2014 年度榨菜质量整顿工作先进企业	2015	涪陵区人民政府

（二十九）涪陵区紫竹食品有限公司。成立于 1993 年，位于涪陵区百胜镇紫竹村 3 组，注册资金 500 万元，占地面积 37.5 亩，建筑面积 1.5 万平方米，是一家专业研发、生产、销售“涪枳”、“涪积”、“大地通”等系列榨菜、酱菜、泡菜的现代化食品工业企业。拥有固定资产 2380 万元，员工 258 人，其中专业技术职称 23 人，大专以上学历 32 人，年设计生产能力 1.5 吨。旗下有 1 个食品工业园区、1 个直属生产厂、1 个市级企业技术中心、1 个专卖店，在全国建立有 20 多个销售办事处，产品销往国内 20 多个省市、自治区。先后荣获重庆市农产品加工示范企业、重庆农业产业化市级龙头企业、全国农产品加工示范企业、重庆市重点龙头企业、市级企业技术中心、涪陵区农业产业化十强龙头企业、涪陵区守合同重信用单位等荣誉。“涪枳”、“大地通”牌获重庆市著名商标。经营理念是科技至上、质量至尊、信誉至诚。企业及产品荣誉见表 2－20。

表 2－20　涪陵区紫竹食品有限公司及其产品荣誉表

荣誉名称	时间（年）	认定机构
区级农业产业化经营重点龙头企业	2006	涪陵区人民政府
涪陵区知名商标“涪枳”牌	2010	涪陵区知名商标认定与保护工作委员会
2011 年度榨菜质量整顿工作先进单位	2011	涪陵区人民政府
涪陵区知名商标“涪积”牌	2011	涪陵区知名商标认定与保护工作委员会
农业产业化市级龙头企业	2011	中共重庆市委农村工作领导小组
重庆市农业综合开发重点龙头企业	2011	重庆市农业综合开发办公室
2010 年度榨菜质量整顿工作先进企业	2011	涪陵区人民政府

（续表）

荣誉名称	时间（年）	认定机构
2011年度涪陵青菜头鲜销工作先进单位	2011	涪陵区人民政府
重庆市2012年度“守合同重信用”单位	2013	重庆市工商行政管理局
2013年质量无投诉用户满意单位	2013	四川省技术监督局
涪陵区2013年度农业产业化10强龙头企业	2014	涪陵区人民政府
涪陵区和谐劳动关系A级企业	2014	涪陵区人社局、涪陵区总工会、涪陵区经信委、涪陵区工商业联合会
2013年度榨菜质量整顿工作先进单位	2014	涪陵区人民政府
2013年度“守合同重信用”单位	2014	重庆市工商行政管理局
2014年度榨菜质量整顿工作先进单位	2015	涪陵区人民政府
重庆市农业综合开发重点龙头企业	2015	重庆市农业综合开发办公室

（三十）涪陵绿洲食品有限公司。成立于1999年，位于涪陵区义和镇大峨村，占地面积8.3亩，现有固定资产1500万元，员工60余人，设计生产能力为1万吨。已通过环保标准化、安全标准化达标验收，是重庆市食品卫生A级单位。2005年获涪陵区农业产业化龙头企业，2014年获重庆市农业产业化龙头企业，是国家榨菜行业标准起草单位之一。产品品牌为“绿洲”、“98”、“涪佳”牌榨菜。经营理念是以质量取信于消费者，以信誉建立为基础，以环境保护取信于民。质检、安全、环保等机构健全，建立了产品质量责任追究制，产品畅销全国各地市场。企业及产品荣誉见表2-21。

表2-21 涪陵绿洲食品有限公司及其产品荣誉表

荣誉名称	时间（年）	认定机构
区级农业产业化龙头企业	2005	涪陵区人民政府
2010年度榨菜质量整顿工作先进企业	2011	涪陵区人民政府
2011年度榨菜质量整顿工作先进企业	2012	涪陵区人民政府
2014年度榨菜质量整顿工作先进企业	2015	涪陵区人民政府

（三十一）涪陵天然食品有限责任公司。成立于1998年，位于涪陵区南沱镇关东村，注册资金1300万元，占地面积29.77亩，建筑面积2万平方米，是

一家专业生产和销售“小字辈”系列榨菜、酱腌菜的国内首家采用天然香料浸提液的榨菜企业。产品市场主要分布在南京、上海、广州等全国20多个省、市、自治区，经营理念是以人为本，以质量为生命。2012年，“小字辈”商标获“重庆市著名商标”。2014年获重庆市农业产业化龙头企业，2015年获涪陵区科技创新企业、重庆市农业综合开发重点龙头企业、重庆农产品加工企业100强。拥有数字化食品（榨菜）加工生产线3条，设备85台套，其中数字化自动灌装封口一体机5台套。企业及产品荣誉见表2－22。

表2－22　涪陵天然食品有限责任公司及其产品荣誉表

荣誉名称	时间（年）	认定机构
2006～2007年度“守合同重信用”企业	2005	重庆市工商行政管理局涪陵分局、重庆市涪陵区企业信用协会
2010年度榨菜质量整顿工作先进企业	2011	涪陵区人民政府
涪陵区知名商标“小字辈”牌	2012	涪陵区知名商标认定与保护工作委员会
2011年度榨菜质量整顿工作先进企业	2012	涪陵区人民政府
重庆市农产品加工业100强	2015	重庆市农产品加工业协会
重庆市农业综合开发重点龙头企业	2015	重庆市农业综合开发办公室
重庆市农产品加工示范企业	2015	重庆市中小企业局

（三十二）涪陵区志贤食品有限公司。成立于2007年，由原涪陵区志贤食品厂改组而成，位于涪陵区南沱镇焦岩村3组，占地面积37.5亩，拥有固定资产1584万元，员工126人，其中专业技术职称12人，大专以上学历10人，年设计生产能力1万吨榨菜，是一家集榨菜生产、加工、销售为一体的民营企业。先后获涪陵区乡镇企业先进单位、重合同守信用企业、消费者信得过企业、消费者满意商品、重庆市食品卫生A级单位、重庆市农业产业化龙头企业。2006年通过（CQC）ISO9001国际质量管理体系认证及QS认证，取得全国工业产品生产许可证。产品品牌为“志贤”、“渝钱”牌系列方便榨菜、泡菜，其中“志贤”商标系涪陵区知名商标、重庆市著名商标。2013年获重庆市中小企业技术研发中心，2013年获国家专利8个。产品全部通过绿色食品认证，销售市场主要分布在广东、广西、北京、沈阳、河南等20多个省市地区。企业及产品荣誉见表2－23。

表2-23　涪陵区志贤食品有限公司及其产品荣誉表

荣誉名称	时间（年）	认定机构
涪陵区知名商标“志贤”牌	2010	涪陵区知名商标认定与保护工作委员会
农业产业化市级龙头企业	2011	中共重庆市委农村工作领导小组
2010年度榨菜质量整顿工作先进企业	2011	涪陵区人民政府
2011年度榨菜质量整顿工作先进企业	2012	涪陵区人民政府
涪陵区和谐劳动关系A级企业	2015	涪陵区人力资源和社会保障局、涪陵区总工会、涪陵区经济和信息化委员会、涪陵区工商业联合会

（三十三）涪陵区国色食品有限公司。成立于2001年6月，注册资金200万元，位于重庆市涪陵区珍溪镇杉树湾村6组，占地面积21亩。拥有固定资产3200多万元，员工120人，其中专业技术职称8人，大专以上学历6人，年设计生产能力2万吨，是一家集榨菜生产、加工、销售为一体的民营企业。产品品牌为“涪厨娘”涪陵方便榨菜，系涪陵区知名商标、重庆市著名商标。2006年通过QS认证，获全国工业产品生产许可证。2007年通过ISO9001国际质量管理体系认证。2011年获重庆市农业产业龙头企业、重庆市农产品加工单位示范企业。2012年获重庆市中小企业100强。2014年，建成日处理300吨的废水处理厂，通过环评认证，获环保达标生产企业称号。产品市场主要分布在广东、广西、北京、沈阳、武汉、河南等20多个省市地区。企业及产品荣誉见表2-24。

表2-24　涪陵区国色食品有限公司及其产品荣誉表

荣誉名称	时间（年）	认定机构
涪陵区知名商标“涪厨娘”牌	2011	涪陵区知名商标认定与保护工作委员会
农业产业化市级龙头企业	2011	中共重庆市委农村工作领导小组
2012年度榨菜质量整顿工作先进企业	2012	涪陵区人民政府
2014年度榨菜质量整顿工作先进企业	2015	涪陵区人民政府
安全生产标准化三级企业（轻工食品生产）	2015	涪陵区安全生产监督管理局
重庆市农业综合开发重点龙头企业	2015	重庆市农业综合开发办公室
涪陵区优秀民营企业	2015	中共重庆市涪陵区委、重庆市涪陵区人民政府

（三十四）涪陵区桂怡食品有限公司。成立于2005年，注册资金52万元，位于涪陵区龙桥街道荣桂社区2组，占地面积40余亩，是一家专业从事榨菜加工和销售的食品企业，是涪陵区“大宗农产品加工——榨菜收购与加工”的骨干企业之一。现有资产3000多万元，员工60人，其中技术人员23人。拥有一条年生产能力达8000吨低盐榨菜生产线和年产500吨榨菜酱油生产线，5000吨标准化榨菜原料库1座，产品品牌为“游辣子”、“桂怡”等4个注册商标，有油辣子榨菜片、香辣榨菜丝等多个系列产品。2006年11月获酱腌菜的QS证书，2013年获重庆市农业产业化龙头企业。经营理念是质量为先，稳中求进，诚信经营。企业及产品荣誉见表2-25。

表2-25　涪陵区桂怡食品有限公司及其产品荣誉表

荣誉名称	时间（年）	认定机构
2012年度榨菜质量整顿工作先进企业	2012	涪陵区人民政府
2013年度榨菜质量整顿工作先进企业	2014	涪陵区人民政府

（三十五）涪陵区红日升榨菜食品有限公司。成立于1998年1月，位于涪陵区百胜镇紫竹村8组，占地面积7.5亩，拥有固定资产800万元，职工200人，年生产能力1.2万吨。产品品牌为“红昇牌”、“懒妹子牌”榨菜，是一家专业生产、销售涪陵榨菜的食品企业。2006年10月通过食品QS认证。现已通过ISO9001国际质量认证。公司经营理念是诚信、精品、创新、奋进。企业及产品荣誉见表2-26。

表2-26　涪陵区红日升榨菜食品有限公司及其产品荣誉表

荣誉名称	时间（年）	认定机构
涪陵区知名商标“红升”牌	2012	涪陵区知名商标认定与保护工作委员会
涪陵区知名商标“红升”牌	2013	涪陵区知名商标认定与保护工作委员会
2014年度榨菜质量整顿工作先进企业	2015	涪陵区人民政府

（三十六）涪陵区红景食品有限公司。成立于2006年，注册资金50万元，位于涪陵区百胜镇广福村2组，占地面积6.7亩，采用传统的“三清三洗三腌三榨”工艺，不断整合资源，创新涪陵榨菜产品，是专业从事涪陵榨菜产品生产、加工和销售的食品企业。拥有固定资产2000多万元，员工150多人，其中专业技术人员15人，大专以上学历28人。获国家专利8个。产品销售全国25

个省、市、自治区，产销率达100%。主要品牌为“渝橙”牌、“阿陶哥”牌系列涪陵榨菜，其中“渝橙”牌商标获重庆市著名商标（截至2016年年底进入公示期）。公司已通过ISO9001：2012国际质量管理体系认证。经营理念为励精图治，重合同守信用。企业及产品荣誉见表2－27。

表2－27 涪陵区红景食品有限公司及其产品荣誉表

荣誉名称	时间（年）	认定机构
涪陵区知名商标“渝橙”牌	2012	涪陵区知名商标认定与保护工作委员会
涪陵区知名商标“渝橙”牌	2013	涪陵区知名商标认定与保护工作委员会

（三十七）涪陵区咸亨食品有限公司。成立于1997年，位于涪陵区江北街道韩家村4组，占地面积15亩，建筑面积6700平方米，年产榨菜2300吨。产品质量通过ISO9001：2000认证、HACCP认证、美国FDA认证。主要品牌为“巴国名珠”商标榨菜罐头、软包装（方便）榨菜、桶装榨菜、盐渍榨菜。产品市场主要分布在美国、柬埔寨、越南、新加坡、日本、马来西亚、中国台湾、中国香港等国家和地区。企业及产品荣誉见表2－28。

表2－28 涪陵区咸亨食品有限公司及其产品荣誉表

荣誉名称	时间（年）	认定机构
涪陵区和谐劳动关系A级企业	2015	涪陵区人力资源和社会保障局、涪陵区总工会、涪陵区经济和信息化委员会、涪陵区工商业联合会

另外，还有涪陵德丰食品有限公司、涪陵区新盛企业发展有限公司、涪陵区川涪食品有限公司、涪陵区渝河食品有限公司等知名榨菜企业，由于企业转行或其他原因，缺乏文献资料支撑，未能一一录入。

第二节 涪陵榨菜企业文化

涪陵榨菜企业是涪陵榨菜文化的重要载体。在长达近120年的历史发展过程中，榨菜人依托榨菜企业，创造了极为丰富的榨菜企业文化，成为涪陵榨菜文化的重要组成部分。

一、涪陵榨菜企业的性质

关于涪陵榨菜企业性质的研究，目前尚无系统研究成果，给人的印象似乎涪陵榨菜企业不存在性质问题，其实不然，任何企业，都是在一定社会形态下产生的，必然受到社会形态、社会性质尤其是社会经济性质的影响和制约，涪陵榨菜企业也不例外，先后跨越了两种不同的社会形态。

其一，从涪陵榨菜诞生到新中国成立前，这段时期就社会性质而言，整个中国处于传统资本主义体制下的半殖民地半封建社会时期，故涪陵榨菜企业总体上属于资本主义性质的企业，受到资本主义市场经济的约束或规制。

其二，从新中国诞生至今，这一时段就社会性质来说，整个中国处于社会主义新时代，故涪陵榨菜企业总体上属于社会主义性质的企业，必然受到社会主义经济体制的制约和影响。在这一时段内，涪陵榨菜企业又可分为3个不同的时期，并使涪陵榨菜企业的性质显现出不同的特点。

第一个时期是新中国成立到公私合营。这一时期，新中国的主要任务是要建立社会主义制度。为适应这一社会发展态势，涪陵榨菜企业的性质体现出公私并存的特点，一方面是对国民党统治时期的榨菜企业进行改造，逐步地纳入社会主义体系；另一方面是运用国家强力，建设全新的社会主义性质的榨菜企业。

第二个时期是公私合营后到改革开放。在这一时期，涪陵榨菜企业按照社会主义计划经济体制运行和发展，其企业形式主要有两种，即国营榨菜企业和集体榨菜企业。同时在改革开放以前，某些榨菜企业也开始了一些探索。

第三个时期是从改革开放以后至今。在这一时期，随着国家改革、开放、搞活政策的推行，从社会主义商品经济到社会主义市场经济的逐步发展，特别是市场手段的运用和市场调节功能的发挥，涪陵榨菜企业的性质发生重大的变化。一是国营榨菜企业对整个榨菜企业起着领导作用，且向集团化、公司化方向发展，并最终决定涪陵榨菜企业的社会性质；二是公私合营企业强调国有资产在整个企业资产的控股作用，确保公私合营企业的社会主义性质；三是外资企业是社会主义榨菜企业的有效补充；四是私营企业是社会主义榨菜企业的重要构成。

二、涪陵榨菜企业的分类

涪陵榨菜企业的类型，目前尚无确切分类，现依据各个时期以及企业性质，将涪陵榨菜企业分类如下：

（一）按照出资人的状况分类，涪陵榨菜企业可分为独资企业与合资企业。这种情况主要出现在新中国成立前和改革开放以后两个时期。新中国成立前，年产涪陵榨菜在1000坛以上的合资企业主要有吉泰长、三义公、隆和、华大、复园、森茂、信义公、济美、其中、合生、老同兴等。独资企业主要有荣生昌、道生恒、欧秉胜、骆培之、公和兴、程汉章、同德祥、复兴胜、永和长、怡亨永、易绍祥、宗银祥、茂记、袁家胜、泰和隆、辛玉珊、瑞记、亚美、况林樵、况凌霄、怡园、同庆昌、春记、侯双和、易永胜、何森隆、文奉堂、怡民、李宪章、杨海清、唐觉怡等。改革开放后，因计划经济体制的打破，各种独资、合资企业纷纷出现。

（二）按照社会性质分类，涪陵榨菜企业可分为资本主义性质和社会主义性质的企业。具有资本主义性质的涪陵榨菜企业主要是在新中国成立前，主体表现为官办企业，如信义公司、军委后勤部企业等。还有就是改革开放后出现的中外合资企业与外资企业。具有社会主义性质的涪陵榨菜企业主要出现在新中国成立以后，主要是国营企业和集体企业。其中国营企业主要有涪陵菜厂、石板滩菜厂、黄旗菜厂、蔺市菜厂、清溪菜厂、李渡菜厂、石沱菜厂、镇安菜厂、凉塘菜厂、南沱菜厂、珍溪菜厂、沙溪沟菜厂、永安菜厂、焦岩菜厂、袁家溪菜厂、韩家沱菜厂、百汇菜厂、渠溪菜厂、鹤凤滩菜厂、北岩寺菜厂等。集体企业主要有安镇菜厂、龙驹菜厂、两汇菜厂、马武菜厂、仁义菜厂、北拱菜厂、双河菜厂、大石鼓菜厂、永义菜厂等。

（三）按照企业经营活动分类，涪陵榨菜企业主要分为榨菜加工企业和榨菜营运企业等。在新中国成立以前，有专门从事榨菜加工的企业，即榨菜加工企业；也有不从事榨菜加工而专门从事营销的企业。如民国三年（1914年），邱寿安在上海望平街东面裕记栈开设“道生恒”榨菜庄，系中国榨菜史上第一个榨菜运销专营企业。同时，还存在一些企业兼营榨菜的情况，这又有两种情况，一种情况是兼营榨菜加工，成为榨菜加工企业。如1931年，在丰都经营鸦片的韩鑫武回到长寿创办“鑫记”榨菜厂。第二种情况是兼营榨菜销售，成为榨菜营运企业。如民国十三年（1924年）上海市协茂商行附设“益记报关行”专营榨菜批发零售，兼营运输报关和代理业务，成为上海人开办的第一家专营榨菜业务的商号。在新中国成立后，榨菜加工企业和榨菜营运企业总体上合一。

（四）按照企业担负的主要使命进行分类，可以分为榨菜主体企业和榨菜辅助企业。榨菜主体企业主要为专门从事榨菜加工或营运的企业，榨菜辅助企业主要是为榨菜加工和服务的企业。如 1951 年，涪陵县设海椒厂 1 个，对全县榨菜辅料进行统一加工。又如 1973 年，在参观浙江省榨菜加工机械化的启发下，榨菜科研部门设计试制踩池、淘洗，起池等加工机具获得成功，后在部分厂进行推广，并于 1975 年建立榨菜机具修造厂，集中制造机具，后因机具材料不耐食盐腐蚀，致使加工成本增大，该厂于 1980 年停产。

（五）按照企业是否与军事性质相关，可以分为榨菜民用或商用企业和榨菜军事企业。在涪陵榨菜企业中，多数为榨菜民用或商用企业，亦有少数军事企业。这种军事企业主要涉及两个时期，一是新中国成立前，主要为国民党政府军事部门经营管理的榨菜企业，如 1947 年唐文华在涪陵北岩寺所办的军委后勤部榨菜加工企业。不过，这类企业很快随着国民政府的解体而迅速消亡。二是新中国成立后，为重新建构新的社会经济体系，国家利用军事强力建设榨菜加工企业。如 1951 年 8 月，川东军区后勤部派总务科长王戍德等干部分赴江津至万县的长江沿岸榨菜产区县考察，投资筹建榨菜厂。至年底共建起 11 个榨菜厂，于次年春正式投产。

（六）按照企业营销所及的范围，可以分为榨菜内地企业和榨菜国际性企业。榨菜内地企业主要是其销售服务范围仅限于中国大陆的中国榨菜企业，就涪陵榨菜企业而言，大多数企业属于此类。20 世纪 20 ~ 50 年代，“地球牌”涪陵榨菜通过上海等港口销往日本、英国、新加坡等 50 多个国家和地区。20 世纪 50 年代后，涪陵榨菜成为中国三大出口菜之一。1970 年，法国举行世界酱香菜评比会，涪陵榨菜与德国甜酸甘蓝、欧洲酸黄瓜并称世界三大名腌菜。可见，涪陵榨菜一直是中国出口创汇的重要资源。随着社会主义市场经济的发展，不少涪陵榨菜企业进军国际市场。如重庆市涪陵榨菜（集团）有限公司的产品畅销全国，远销美国、日本、东南亚、欧洲等 10 多个国家和地区。

三、涪陵榨菜企业的文化特质

涪陵榨菜企业历经近 120 年的发展，积聚、沉淀着极为丰厚的榨菜企业文化，展现出浓郁的涪陵榨菜业的文化特质。关于这些文化特质，如涪陵榨菜企业的时代特质、精神特质、多元特质等，可以进行深入的探讨。这里仅对民国二十四年（1935 年）涪陵榨菜同业公会登记的榨菜企业名称作简要的考察。

（一）企业品牌。在涪陵榨菜发展史上，有众多的榨菜品牌，其中之一就是榨菜企业品牌。1898 年，涪陵榨菜问世，同时也诞生了涪陵榨菜首家加工企业荣生昌，随后，随着榨菜加工技术的外泄和传播，涪陵榨菜加工企业如雨后春笋般在涪陵大地产生。据《涪陵市志》记载，到1935年，涪陵县有加工户160余家，其中年产1000坛以上的有25家，年产5000坛以上的有1家（吉泰长菜厂）。同时，榨菜的加工已遍及涪陵、丰都、长寿、江北、江津、巴县、万县、奉节、内江、成都等11个县市的38个乡镇，共有榨菜厂户800余家。其中有名气的大厂有“聚义长”、“聚裕通”、“三江实业社”等。1935年，榨菜生产技术传到浙江省海宁县的便桥镇，从而发展到省外。在这些企业中，很多即为著名的涪陵榨菜企业品牌。具体情况，参见前面所述涪陵榨菜的知名企业。

（二）儒商气质。主要体现在涪陵榨菜企业的名称用语上。它继承了中国文化的优秀传统，如信义、诚信、德性，要求科学对待“义利”关系，反映了中国人民的理想追求，如兴隆、富贵、吉祥、昌盛等。据民国二十四年（1935年）《四川省涪陵县榨菜业同业公会会员名册》，反映儒商气质的涪陵榨菜的“会员牌号”就有怡亨永、同德祥、同记、永和长、云丰、隆记、致和祥、复裕厚、信利、益兴、正大、德昌祥、复兴胜、协裕公、春发祥、马兴记、春发祥、福记、公和兴、宗银祥、同合、同德长、合心永、同庆昌、庆记、庆生荣、泰记、兴记、同记、永兴隆、永厚长、永和祥、荣记、天德寿、复临泰、荣和祥、荣顺德、恕记、双合祥、洪发祥、荣合祥、利记、恒庆昌、协记义利厂、瑞永兴、恒泰祥、王生荣、益记、荣森祥、洪顺祥、同泰祥、合记、昌记、协义长、裕盛昌、德泰隆、大吉祥、发记、顺记、协裕、普益、天生祥、裕记、裕亨、华利荣、福顺祥、同德祥、和记、玉顺祥、顺发祥、祥记、利元祥、三吉元、必发祥、荣福祥等。

（三）家族色彩。中国是一个极为注重宗法关系的乡土社会，企业领导人往往对企业的创办、生存、发展有着重大的影响，因此，在企业名称中往往嵌人创办人或领导人的名字。据民国二十四年（1935年）《四川省涪陵县榨菜业同业公会会员名册》，这种以人为牌号的情况比比皆是，如马兴记（马光宣）、春发祥（邓春山）、佐记（张佐卿）、海记（王海廷）、兴记（戴兴发）、永和祥（徐永清）、生记（何生龙）、荣顺德（白华顺）、恕记（曾恕安）、金记（夏金山）、银记（夏银山）、洪发祥（夏洪发）、怀记（张怀清）、益记（张万益）、清记（王树清）、庆记（李庆云）、昌记（舒盛昌）、清记（周焕清）、海记（张海廷）、安记（王银安）、玉记（李玉廷）、清记（陈清明）、海记（田海清）、炳记（卢炳章）、南记（卢炳蓝）、清记（梁永清）、洪记（勾洪顺）、春记（郭春廷）、汉记（石汉章）、裕盛昌（蓝万盛）、大吉祥（张明吉）、泉记（罗海泉）、卿记（汤伯卿）、康记（庞绍康）、绍记（汤绍堂）、有记（张有堂）、发记（张发堂）、明记（张保明）、普益（张恩普）、裕记（邓裕丰）、福丰（谢开福)、华利荣（田华章)、福顺祥（潘福林)、和记（茂合轩)、春记（况春廷)、永记（李永臣)、顺发祥（陈金顺)、万记（谢万清)、海记（刘海廷)、泉记（余权藻)、廷记（戴焕廷)、连记（张连臣)、盛记（秦茂盛)、锡记（余锡章)、永记（张永发)、卿记（吴玉卿)、顺记（胡有顺)、廷记（刘海廷)、三吉元（吴辉山)、松记（秦茂松)、致记（胡致文)、清记（陈干清)。

（四）理性光辉。企业名称往往凝聚着企业创办人的所思所想、所期所盼，反映出人性中美好的一面，体现出浓郁的理性光辉或理想追求，这一点同样充分反映在榨菜企业名称中。据民国二十四年（1935 年）《四川省涪陵县榨菜业同业公会会员名册》，虽然具体的各个榨菜企业名称有差异，但就这些榨菜企业名称合一观之，我们就会发现，这些榨菜企业讲究光明正大（正大、公和兴、协裕公)，讲求信义（协义长、协裕公)，要求协调义利关系（协记义利厂、恕记)，注重合同（同德祥、同记、协裕公、公和兴、同合、同德长、合心永、同庆昌、双合祥、荣合祥、同泰祥、合记、协裕、和记)，高扬德性（同德祥、德昌祥、同德长、天德寿、荣顺德、德泰隆）和德性运用（怡亨永、永和长、致和祥、复裕厚、德昌祥、协裕公、公和兴、同合、同德祥、复临泰、荣森祥等)，谋求涪陵榨菜的发展和涪陵榨菜企业的兴隆（怡亨永、同德祥、永和长、云丰、隆记、致和祥、复裕厚、益兴、德昌祥、复兴胜、协裕公、春发祥、马兴记、春发祥、福记、公和兴、宗银祥、同德长、合心永、同庆昌、庆记、庆生荣、泰记、兴记、永兴隆、永厚长、永和祥、荣记、天德寿、复临泰、荣和祥、荣顺德、双合祥、洪发祥、荣合祥、恒庆昌、瑞永兴、恒泰祥、王生荣、益记、荣森祥、洪顺祥、同泰祥、昌记、协义长、裕盛昌、德泰隆、大吉祥、发记、顺记、协裕、普益、天生祥、裕记、裕亨、华利荣、福顺祥、玉顺祥、顺发祥、祥记、利元祥、三吉元、必发祥、荣福祥）等。

总之，涪陵榨菜企业有着丰富的企业文化，且不同时代有不同的榨菜企业文化，不同的榨菜企业有不同的榨菜企业文化。在当代，涪陵榨菜企业文化通过一系列的经济活动，正朝着多元化、个性化方向发展。如重庆市涪陵榨菜（集团）有限公司奉行“秉承传统精华，服务现代化生活”的企业经营宗旨。重庆市涪陵辣妹子集团有限公司以“创造一流，追求完美”为经营宗旨，注重科技和市场。重庆国光绿色食品有限公司以“忠诚、团结、努力、责任”为企业理念，强化管理，务求质量，注重产品开发。重庆涪陵乐味食品有限公司把“以质量求生存，以信誉求发展”作为经营方针，将“以质量为本，强化管理，全面引入 ISO9002 品种管理”作为企业理念等。

第三章

涪陵榨菜管理文化

管理是一种文化，管理根植于文化之中。涪陵榨菜在近 120 年的历史发展过程中，积累了内涵丰富、特色鲜明的管理文化。

第一节　传统市场经济时期涪陵榨菜的管理文化

传统市场经济时期主要是指从涪陵榨菜问世到新中国成立前的历史时期。就管理文化而言，企业管理的家族色彩、政府管理的低质与无序和社会管理的低效与乏力是这一时期涪陵榨菜管理文化最明显的特征。

一、企业管理的家族色彩

在涪陵榨菜的历史发展过程中，涪陵榨菜的企业管理文化体现出浓郁的家族色彩。总体来说，主要体现在如下方面：

（一）家族式创建。在传统市场经济时期，榨菜企业的老板多是利用家族势力开办榨菜厂，创建榨菜品牌，呈现出明显的家族式管理特征。

涪陵榨菜家族式管理的主要表现形式是兄弟共同创办榨菜企业，如 1898 年邱寿安、邱汉章首创涪陵榨菜品牌“荣生昌”、“道生恒”；丰都县高家镇江氏兄弟共同创办的三江实业社等具有典型的家族式管理特征，即企业资本往往为独资形式，归家族所有；企业管理的老总往往是某一家族的首要人物，企业管理的重要部门由某一家族的其他重要成员主管。在邱氏企业中，邱寿安是涪陵榨菜的创始人和榨菜企业的老总，全面负责涪陵榨菜的生产、加工，并在宜昌销售，并使宜昌成为第一个著名的榨菜外销市场和中转口岸；邱汉章则在上海专门从事经销活动，建立涪陵榨菜发展史上第一个专营榨菜庄——道生恒，使上海成为榨菜国内最大的销售市场以及销往国外的中转商埠。高家镇的“三江实业社”由江秉樊、江志道、江志仁3人共同创办、共同经营，高家镇有总厂，洛碛有分厂，在上海、汉口、重庆等大城市设有营业所。据《涪陵市志》记载，涪陵榨菜家族企业主要有荣生昌、道生恒、欧秉胜、骆培之、公和兴、程汉章、聚裕通、同德祥、复兴胜、永和长、怡亨永、易绍祥、宗银祥、茂记、袁家胜、泰和隆、辛玉珊、瑞记、亚美、况林樵、况凌霄、怡园、同庆昌、春记、鑫记、侯双和、易永胜、何森隆、文奉堂、怡民、李宪章、海北桂、杨海清、唐觉怡等。

但由于家族实力有限，涪陵榨菜企业也出现家族企业吸收社会资本共同创办的榨菜企业。如文德铭、文德修共同开办涪陵榨菜企业德厚生，但同时又与秦庆云、庞绍禹等合资。关于这类榨菜企业，其管理的家族式色彩主要取决于谁控股以及控股的比例。木洞“聚义长”榨菜厂老板蒋锡光，1934年与上海乾大昌商栈老板张积云合资经营，生意很旺. 厂内有蒋子云（其叔父）负责业务，重庆有周宗祥联系转运，上海有张积云负责推销、联络，使“聚义长”享誉中国。

（二）家族式传承。在中国传统社会，父死子袭、兄终弟及始终是一条重要的基本规则。这种情况同样在榨菜企业管理文化中有所体现，不过，因为中国近代社会的特定状况，即榨菜企业的兴办呈现出“风潮”一时的特点，其兴也速，其衰也快。在传统市场经济阶段，榨菜企业的创办主要有两次“狂风猛浪”，一次是1930前后，一次是1945年前后。在1930年前后，文梅生设厂于蔡加坡，文树堂设厂于袁家溪，夏颂尧设厂于李渡，王益辉设厂于龙安场，向树轩设厂于镇安，全是独资经营，每年产量约在4000~6000坛。同时，合资经营者不断涌现。文德铭及其弟文德修与秦庆云、庞绍禹等在北拱合办“德厚生”菜厂，覃仲钧、何志成、闵陶笙等在荔枝园合办“信义”菜厂，两厂年产8000~10000坛左右。当时生产500~1000坛的菜厂也四处兴办，黄旗办菜厂的有张烈光、张宏太等，龙志乡则有李庆云、潘荣光等。1935年，涪陵县有加工户160余家，其中年产1000坛以上有25家，年产5000坛以上的有1家（吉泰长菜厂）。抗日战争胜利后，榨菜恢复原有市场，销路转旺，群商一时又蜂起办厂，掀起了兴办榨菜业的第二次浪潮，榨菜加工企业如雨后春笋迅速发展。1946年，李宪章在清溪场设“李宪章”菜厂，田献骝在瓦窑沱设“复园”菜厂，秦叙良在北岩设“森茂”菜厂，杨正业在石鼓溪设“海北桂”菜厂。张成禄、杨叔轩、叶海峰、余锡昭在城内分别设“其中”、“怡民”、“复兴胜”、“同庆昌”菜厂，杨海清、袁家胜、易永胜分别设厂于黄桷嘴、黄旗、永安。经营糖业的张富珍也在李渡大竹建立“隆和”菜厂。信义公司的何孝质、秦庆云也在叫花岩分别设“信义公司”、“信义公”菜厂。上海“老同兴”酱园的张宇僧也建厂于八角亭。而乡间的加工户比比皆是。1948年，涪陵加工厂户达500多户，生产榨菜1.05万吨。

此外，涪陵榨菜家族式传承的事例在涪陵粮油航运公司赵志宵的《榨菜的传说》[1] 中也有明确的描述。在该传说中，涪陵榨菜的管理与经营就经历邱寿安、邱仁良、孙德洲三代。

（三）家族式冠名。冠名是指在某种名称中融入姓氏、家族、人物的姓名字号。涪陵榨菜企业的冠名就是指在涪陵榨菜的企业名称中冠入企业老板或负责人的姓名字号，这不仅反映出中国近代社会受西方思潮影响而出现的个人主义倾向和独立人格意识，体现出中国人敢于担当的自立自强观念，也反映出中国传统文化的家族式情结，因为这种冠名可使人见名即知其家族与负责人。在涪陵榨菜企业中就存在不少以企业负责人名字冠名的情况。据民国三十四年（1935年）的统计就有80多家。见表3－1。

表3－1 涪陵榨菜企业冠名表

企业名称	业主	冠名	资料来源
欧秉胜	欧秉胜	欧秉胜	民国二十四年《四川省涪陵县榨菜业同业公会会员名册》
骆培之	骆培之	骆培之	民国二十四年《四川省涪陵县榨菜业同业公会会员名册》
程汉章	程汉章	程汉章	民国二十四年《四川省涪陵县榨菜业同业公会会员名册》
易绍祥	易绍祥	易绍祥	民国二十四年《四川省涪陵县榨菜业同业公会会员名册》
茂记	张茂云	茂	民国二十四年《四川省涪陵县榨菜业同业公会会员名册》
袁家胜	袁家胜	袁家胜	民国二十四年《四川省涪陵县榨菜业同业公会会员名册》
辛玉珊	辛玉珊	辛玉珊	民国二十四年《四川省涪陵县榨菜业同业公会会员名册》
瑞记	江瑞林	瑞	民国二十四年《四川省涪陵县榨菜业同业公会会员名册》
况林樵	况林樵	况林樵	民国二十四年《四川省涪陵县榨菜业同业公会会员名册》
况凌霄	况凌霄	况凌霄	民国二十四年《四川省涪陵县榨菜业同业公会会员名册》
春记	邓春山	春	民国二十四年《四川省涪陵县榨菜业同业公会会员名册》
鑫记	韩鑫武	鑫	民国二十四年《四川省涪陵县榨菜业同业公会会员名册》

① 涪陵粮油航运公司赵志宵，《榨菜的传说》，《涪陵特色文化研究论文辑》，第三辑，第116～122页。

（续表）

企业名称	业主	冠名	资料来源
侯双和	侯双和	侯双和	民国二十四年《四川省涪陵县榨菜业同业公会会员名册》
易永胜	易永胜	易永胜	民国二十四年《四川省涪陵县榨菜业同业公会会员名册》
何森隆	何森隆	何森隆	民国二十四年《四川省涪陵县榨菜业同业公会会员名册》
文奉堂	文奉堂	文奉堂	民国二十四年《四川省涪陵县榨菜业同业公会会员名册》
李宪章	李宪章	李宪章	民国二十四年《四川省涪陵县榨菜业同业公会会员名册》
杨海清	杨海清	杨海清	民国二十四年《四川省涪陵县榨菜业同业公会会员名册》
唐觉怡	唐觉怡	唐觉怡	民国二十四年《四川省涪陵县榨菜业同业公会会员名册》
马兴记	马光宣	马	民国二十四年《四川省涪陵县榨菜业同业公会会员名册》
春发祥	邓春山	春	民国二十四年《四川省涪陵县榨菜业同业公会会员名册》
佐记	张佐卿	佐	民国二十四年《四川省涪陵县榨菜业同业公会会员名册》
海记	王海廷	海	民国二十四年《四川省涪陵县榨菜业同业公会会员名册》
兴记	戴兴发	兴	民国二十四年《四川省涪陵县榨菜业同业公会会员名册》
永和祥	徐永清	永	民国二十四年《四川省涪陵县榨菜业同业公会会员名册》
荣顺德	白华顺	顺	民国二十四年《四川省涪陵县榨菜业同业公会会员名册》
恕记	曾恕安	恕	民国二十四年《四川省涪陵县榨菜业同业公会会员名册》
金记	夏金山	金	民国二十四年《四川省涪陵县榨菜业同业公会会员名册》
银记	夏银山	银	民国二十四年《四川省涪陵县榨菜业同业公会会员名册》
洪发祥	夏洪发	洪	民国二十四年《四川省涪陵县榨菜业同业公会会员名册》
怀记	张怀清	怀	民国二十四年《四川省涪陵县榨菜业同业公会会员名册》
益记	张万益	益	民国二十四年《四川省涪陵县榨菜业同业公会会员名册》
清记	王树清	清	民国二十四年《四川省涪陵县榨菜业同业公会会员名册》
庆记	李庆云	庆	民国二十四年《四川省涪陵县榨菜业同业公会会员名册》
昌记	舒成昌	昌	民国二十四年《四川省涪陵县榨菜业同业公会会员名册》
全记	邓子泉	泉（全）	民国二十四年《四川省涪陵县榨菜业同业公会会员名册》
清记	周焕清	清	民国二十四年《四川省涪陵县榨菜业同业公会会员名册》
合记	夏兴和	合（和）	民国二十四年《四川省涪陵县榨菜业同业公会会员名册》
海记	张海廷	海	民国二十四年《四川省涪陵县榨菜业同业公会会员名册》
安记	王银安	安	民国二十四年《四川省涪陵县榨菜业同业公会会员名册》

（续表）

企业名称	业主	冠名	资料来源
玉记	李玉廷	玉	民国二十四年《四川省涪陵县榨菜业同业公会会员名册》
清记	陈清明	清	民国二十四年《四川省涪陵县榨菜业同业公会会员名册》
炳记	卢炳章	炳	民国二十四年《四川省涪陵县榨菜业同业公会会员名册》
南记	卢炳蓝	蓝（南）	民国二十四年《四川省涪陵县榨菜业同业公会会员名册》
清记	梁永清	清	民国二十四年《四川省涪陵县榨菜业同业公会会员名册》
海记	田海清	海	民国二十四年《四川省涪陵县榨菜业同业公会会员名册》
洪记	勾洪顺	洪	民国二十四年《四川省涪陵县榨菜业同业公会会员名册》
春记	郭春廷	春	民国二十四年《四川省涪陵县榨菜业同业公会会员名册》
汉记	石汉章	汉	民国二十四年《四川省涪陵县榨菜业同业公会会员名册》
裕盛昌	蓝万盛	盛	民国二十四年《四川省涪陵县榨菜业同业公会会员名册》
大吉祥	张明吉	吉	民国二十四年《四川省涪陵县榨菜业同业公会会员名册》
泉记	罗海泉	泉	民国二十四年《四川省涪陵县榨菜业同业公会会员名册》
卿记	汤伯卿	卿	民国二十四年《四川省涪陵县榨菜业同业公会会员名册》
康记	庞绍康	康	民国二十四年《四川省涪陵县榨菜业同业公会会员名册》
绍记	汤绍堂	绍	民国二十四年《四川省涪陵县榨菜业同业公会会员名册》
有记	张有堂	有	民国二十四年《四川省涪陵县榨菜业同业公会会员名册》
发记	张发堂	发	民国二十四年《四川省涪陵县榨菜业同业公会会员名册》
明记	张保明	明	民国二十四年《四川省涪陵县榨菜业同业公会会员名册》
普益	张恩普	普	民国二十四年《四川省涪陵县榨菜业同业公会会员名册》
裕记	邓裕丰	裕	民国二十四年《四川省涪陵县榨菜业同业公会会员名册》
福丰	谢开福	福	民国二十四年《四川省涪陵县榨菜业同业公会会员名册》
华利荣	田华章	华	民国二十四年《四川省涪陵县榨菜业同业公会会员名册》
福顺祥	潘福林	福	民国二十四年《四川省涪陵县榨菜业同业公会会员名册》
和记	茂合轩	合（和）	民国二十四年《四川省涪陵县榨菜业同业公会会员名册》
光记	何光俊	光	民国二十四年《四川省涪陵县榨菜业同业公会会员名册》
春记	况春廷	春	民国二十四年《四川省涪陵县榨菜业同业公会会员名册》
永记	李永臣	永	民国二十四年《四川省涪陵县榨菜业同业公会会员名册》
顺发祥	陈金顺	顺	民国二十四年《四川省涪陵县榨菜业同业公会会员名册》

（续表）

企业名称	业主	冠名	资料来源
万记	谢万清	万	民国二十四年《四川省涪陵县榨菜业同业公会会员名册》
海记	刘海廷	海	民国二十四年《四川省涪陵县榨菜业同业公会会员名册》
泉记	余权藻	权（泉）	民国二十四年《四川省涪陵县榨菜业同业公会会员名册》
廷记	戴焕廷	廷	民国二十四年《四川省涪陵县榨菜业同业公会会员名册》
连记	张连臣	连	民国二十四年《四川省涪陵县榨菜业同业公会会员名册》
盛记	秦茂盛	盛	民国二十四年《四川省涪陵县榨菜业同业公会会员名册》
锡记	余锡章	锡	民国二十四年《四川省涪陵县榨菜业同业公会会员名册》
永记	张永发	永	民国二十四年《四川省涪陵县榨菜业同业公会会员名册》
卿记	吴玉卿	卿	民国二十四年《四川省涪陵县榨菜业同业公会会员名册》
顺记	胡有顺	顺	民国二十四年《四川省涪陵县榨菜业同业公会会员名册》
廷记	李海廷	廷	民国二十四年《四川省涪陵县榨菜业同业公会会员名册》
三吉元	吴辉山	山（三）	民国二十四年《四川省涪陵县榨菜业同业公会会员名册》
松记	秦茂松	松	民国二十四年《四川省涪陵县榨菜业同业公会会员名册》
致记	胡致文	致	民国二十四年《四川省涪陵县榨菜业同业公会会员名册》
清记	陈干清	清	民国二十四年《四川省涪陵县榨菜业同业公会会员名册》

（四）家族式管理。涪陵榨菜企业家族式管理的核心是涪陵榨菜加工技艺的保密。在涪陵榨菜的发展史上有过一场波涛汹涌、暗藏杀机的榨菜加工秘诀争夺战，并在涪陵民间流传着诸多的传说故事。如贫家女黄彩创制榨菜的故事。1992年，张家恕、杨爱平创作《神奇的竹耳环》剧本，这是有关涪陵榨菜的第一个剧本，该剧本描写了为抢夺涪陵榨菜加工秘方而发生的悲壮、曲折、缠绵而寓意深刻的故事。榨菜诞生之初，邱氏家族依靠技术保密和技术垄断从而建立了一个“涪陵榨菜经济帝国”，赵志宵的《榨菜的传说》就称：“原邱氏制作榨菜技术工艺及调味配方秘不外传，长工为终身制，包括娶妻、生子。”1898～1919年是邱氏榨菜最为辉煌的时期。但是涪陵榨菜作为一种新生事物，其加工之秘的外泄只不过是迟早之事。1911年，邱氏邻居骆兴合在经过对榨菜加工的长期探索，又常向邓炳成请教榨菜加工制作方法的基础上，掌握了榨菜加工之秘，成为涪陵商人骆培之所办榨菜厂的掌脉师。1910年，邱家厨师谭治合将榨菜加工过程告之李渡商人欧秉胜，欧始在李渡石马坝设厂仿制，一举成功。这样邱氏榨菜一枝独秀的状况被打破，并逐渐形成群商“逐鹿榨菜”的格局。

二、政府管理的松弛与无序

近代尤其是中华民国时期，虽然政府也曾鼓励创办实业，并出台过相关的政策与措施，但由于战争连绵不断，社会动荡不安，榨菜管理仍表现出“松弛”与“无序”的特征。民国二十四年（1935 年）2 月 10 日，涪陵县政府通令全县榨菜种植户及加工企业，必须服从新法指导，组建榨菜罐头公司，规范榨菜管理，改良榨菜装置，提高榨菜质量，确保农户收入增加，财政实力增强，但受社会时局等环境影响，收效甚微。

（一）官僚、军方“强势”进入榨菜行业。在传统市场经济时期，不少官僚、军方掌握着社会资源，他们凭借“强权”，强势进入榨菜行业，或开办榨菜企业，或借以敛财，或为筹集军需、军饷服务。

（二）尚未建立榨菜企业准入机制。除官僚、军方“强势”进入榨菜产业外，一些鸦片走私商人等“黑恶势力”凭借资本优势进入榨菜行业，盲目发展，一哄而上，导致榨菜加工质量普遍下降，加上货币贬值，榨菜市场暗谈，至民国三十七年（1948 年）冬厂户大多停业。如 1931 年，在丰都经营鸦片的韩鑫武回到长寿创办“鑫记”榨菜厂。

（三）更加关注榨菜税收。在中国近代社会，“丘八”为大，军争纷扰，筹集军需、军饷成为急务，因此，政府管理更为关注榨菜税收问题。据《涪陵市志》“大事记”记载“地方公款收支所始征榨菜出口捐，每坛征银洋两角”。也就是说，民国八年（1919 年）年，涪陵县开始征收榨菜出口（运出县外）税两角/坛。

（四）榨菜管理质量低下。在中国近代社会，受社会时局的影响，榨菜管理效率低下，榨菜质量事故不断。民国八年（1919 年）夏，因不法商人利用菜坛夹运鸦片在上海码头败露，当局下令凡到沪榨菜均要逐一开坛查验，导致榨菜变质，菜价陡降，涪商损失巨大，连菜业老字号邱翰章、欧秉胜等皆倒闭，造成次年涪陵榨菜业萎缩。这是涪陵榨菜史上首次市场大波折。民国十九年（1930 年）春，涪陵“三义公”盐号倾囊营菜，偷工减料做“水八块”，企图谋取暴利，当年夏天运 1 万余坛榨菜到上海，结果普遍变质发臭，严重影响涪陵榨菜的声誉和价格，最终损失最大的是涪陵榨菜企业及其经营者。

三、民间管理的纷争与乏力

根据中华民国政府的要求，涪陵榨菜业同业公会承担榨菜的民间管理职责。

纵观传统市场经济阶段，涪陵榨菜民间管理的显著特点是纷争与乏力。

（一）榨菜业同业公会的缘起与发展。民国十五年（1926年），涪陵县经营榨菜的商人联合成立榨菜帮，受涪陵县商会领导，首任帮董张子奎。榨菜帮系当时涪陵县商会“十三帮”（即13个商帮）之一。榨菜帮主要是为了控制市场，保护同行业利益。民国二十年（1931年）3月17日，涪陵县榨菜帮改名涪陵县菜业公会，时有会员212家。民国二十四年（1935年）2月11日，涪陵县政府提倡国产，振兴实业。12月8日，依据国民政府实业部《工商同业公会章程准则》，成立涪陵县菜业同业公会，会员142家，设常务理事4人，主席曾海清，会所驻西门内协利商店，后迁关帝庙，每坛抽二仙为会费。民国三十五年（1946年）冬，下川东青菜头生产运销合作公会筹备处（驻重庆市储奇门96号）大量散发《为组织农业青菜生产运销公会救济农村经济告下川东农村同人书》，号召下川东各地榨（青）菜生产运销合作社及广大菜农联合起来经营，免受大资本商人压价盘剥；公会愿为各地提供加工、运销服务。

（二）榨菜业同业公会的协调乏力。榨菜业同业公会的主要目的是协调各方关系，保护榨菜经营者的利益，虽曾取得过一定的成效。但从总体上看，榨菜业同业公会处境尴尬，协调效果不佳。中华民国二十二年（1933年）12月6日，涪陵县榨菜同业公会召开会员大会议决：因各地捐税征取过重，菜业近年亏损甚巨，而各地捐税征收又以重庆海关税务司估本为据，故请县商会转呈税务司，对榨菜成本酌量减估，以示体恤。次年3月19日、4月5日再请转呈。4月7日，县商会函呈重庆海关监督。4月12日，重庆海关税务司公署批复：“碍难照办。”民国二十四年（1935年）2月11日，涪陵县政府为提倡国产，振兴实业，召集榨菜帮经营人员会商改善榨菜业办法。3月19日，涪陵县榨菜同业公会致函县商会，请转呈重庆海关税务司，按本年榨菜产量较前数年特别增多、菜价愈贱的实际，将估本降至每担价洋6元左右。可最后税务司终未采纳。

第二节　计划经济体制时期涪陵榨菜的管理文化

对涪陵榨菜来说，从1950年到1982年，大体为社会主义计划经济体制时期。在这一时期，涪陵榨菜因新中国的诞生而获得新生，但其发展又受到政治运动的严重影响，随着改革开放政策的推行，涪陵榨菜也迈向了新的征程。因此，这一时期的榨菜管理及其文化体现出新的特色。

一、管理机构的设立与衍变

（一）榨菜同业公会的设立与衍变。1949 年，中华人民共和国成立。1950 年，涪陵榨菜纳入国家统一购销。为加强涪陵榨菜的管理，推动涪陵榨菜业的发展，1952 年，成立新的榨菜同业公会，受涪陵县工商联领导。主要任务是改革不合理规章制度，进行调查研究，帮助政府恢复榨菜生产。同年，成立涪陵榨菜辅导委员会，受川东行署指导，受涪陵专署工商科领导，其任务是发展生产，密切公私关系。下设榨菜校验委员会，对国营和私营菜厂的成品进行检验评级，签发出售合格证。辅导委员会工作于 1956 年结束。1954 年，榨菜同业公会与酱园业、制肉业公会合并，组建为涪陵菜、酱、肉工业同业公会。1982 年 1 月，涪陵县科协批准成立涪陵县榨菜研究会，首届会员 61 名。内设栽培、工艺、机改、管理 4 个研究组。1995 年 9 月，改为涪陵市榨菜行业协会。

（二）榨菜行政管理机构的设立与衍变。1953 年 4 月 30 日，四川省合作局接管川东军区所属菜厂，成立四川省合作局涪陵榨菜推销处，这是涪陵专区第一个真正意义上的榨菜生产经营管理机构。7 月，涪陵榨菜推销处改称涪陵榨菜生产经营部，内设秘书、厂管、储运、财会 4 股和 1 个计划组。其行政隶属于涪陵专署，业务直属于四川省供销社，除管理原川东军区所属菜厂外，还管理涪陵县联社和原涪陵专署贸易公司恢复的菜厂。1955 年 7 月 6 日，涪陵专员公署决定，将涪陵榨菜生产部并入涪陵专区贸易公司，原生产部所属菜厂全部交贸易公司统一经营。7 月 30 日，涪陵专员公署决定，撤销涪陵榨菜同业公会，原公会有关业务一律由涪陵贸易公司统一管理。1958 年 8 月，榨菜业务下放各县商业局经营，涪陵县商业局设榨菜股，办理榨菜加工、技术、采购、调拨、运输、财务等业务。1962 年 7 月 1 日，涪陵县商业局副食品站榨菜业务及其管理人员移交涪陵县供销社农产品经营站。1966 年 4 月，涪陵县供销合作社榨菜柑橘经理部合并于该社土产经理部，设菜果组。10 月，涪陵县供销合作社土产经理部菜果组改为土产公司菜果组。1980 年 1 月 14 日，涪陵县革命委员会成立榨菜生产加工领导小组，指导全县青菜头收购和加工工作。2 月，涪陵县人民政府成立涪陵县榨菜管理办公室，与涪陵县食品工业办公室合署办公。1984 年 2 月 29 日，涪陵市标准计量局（后改为技术监督局）成立榨菜质量管理站，王升壁任站长，主要对榨菜的产品质量进行检查、监督。

二、涪陵榨菜管理新秩序的建立

新中国成立前，涪陵榨菜处于传统的半殖民地半封建的资本主义市场经济阶段，旧有的榨菜管理秩序严重地阻碍着涪陵榨菜的发展。随着国民政府的垮台，新的人民政权的建立，迫切需要大力整顿，以期建立社会主义性质的涪陵榨菜体系。为建立涪陵榨菜管理的新秩序，党和政府采取了一系列重要的举措。

（一）没收官僚资本。中华人民共和国成立后，党和政府非常重视涪陵榨菜的生产，首先就是没收原国民政府、反动军队、官僚资产阶级所经营的榨菜企业，由涪陵专区土产公司接收了他们的全部财产，建立起庞大的国营企业体系。1950 年，涪陵榨菜被纳入国家统一购销的范畴。

（二）军转民恢复榨菜企业。针对中华人民共和国成立初期的榨菜无序状态，党和政府实行军转民恢复榨菜企业的政策，目的是建立榨菜国营企业。1951 年 8 月，川东军区后勤部着手开办榨菜企业，派出原军区总务科长王戌德率领抽调的数十名干部分赴巴县、江北、长寿、丰都、万县等地，接管已停办的榨菜加工企业，王戌德为总负责，坐镇涪陵黄旗菜厂，郭访贤、刘春来、宋海安、赵振江、程明辉等分段负责。通过努力工作，共组织筹建、恢复榨菜加工厂 11 个，主要有江津油溪菜厂、巴县木洞菜厂、巴县清溪坝菜厂、巴县鱼嘴沱菜厂、江北洛碛菜厂、长寿扇沱菜厂、涪陵黄旗菜厂、丰都城镇一厂、丰都城镇二厂等。这些菜厂于 1952 年春正式投入生产，直到 1953 年 4 月，川东军区所属菜厂全部交给地方经营。

（三）盘点榨菜加工厂户。解放初期，由于阶级敌人的造谣破坏，菜商思想极为混乱，不少私商不敢经营榨菜，以致加工厂户突然下降到 40 多户，比 1949 年的 200 户下降了 75%。榨菜加工产量锐减，1950 年仅有 12750 担，比 1949 年下降 66%。面对这种情况，需要盘点榨菜加工厂家，以便有针对性地开展工作。1950 年 11 月，涪陵县人民政府工商科按涪陵专署通知要求，开始办理工商登记，至年底结束。其中榨菜申请登记开业 407 户，资本最大者 1.5 万元，最小者 20 元。

（四）开展榨菜专题调查。1950 年春，川东涪陵土产公司对涪陵榨菜进行专题调查。4 月，在广泛深入调查的基础上，编印出《榨菜》小册子，对榨菜业历史及青菜头的种植、加工、销售经验做了比较系统的总结和介绍，用以指导恢复发展榨菜生产。

（五）召开榨菜生产会议。1951 年 8 月 18 日，川东人民行政公署在涪陵召开榨菜生产会议，涪陵、丰都、江北、巴县、万县等主产县部分菜厂及涪、丰两县榨菜同业公会负责人共16人与会。会议传达私商复业的政策，号召恢复发展榨菜生产，国家予以贷款支持；统一加工质量，私商由同业公会统一管理；给菜农发放贷款，支持青菜头种植。会议决定成立川东区榨菜生产辅导委员会，产地县设分会，具体指导榨菜生产。9月17～18日，涪陵县榨菜工作会议在县人民政府会议室举行，传达9月上旬川东涪陵区榨菜生产会议精神。会上，菜头种植者代表（甲方）24人与制造厂方代表（乙方）签订《涪陵县榨菜菜头供应购买集体合同》；县榨菜生产辅导委员会与公私厂方代表签订了《涪陵县榨菜制造任务分配、品质规格、包装规格的集体合同》，县长吕才臣等党政干部22人在合同上签名做证，以保证全县次年春11万坛榨菜加工任务的完成。随着榨菜生产会议的召开，菜商明确了国家的榨菜政策，消除了疑虑，相继复业。省内外商人也纷纷投资榨菜加工业。如上海“海北桂”南货商号，重庆银行、盐业、土杂业等均来涪投资建厂生产榨菜。从此，榨菜加工厂户增加，由原来的10余户上升到327户，榨菜产量达40764担，比1950年增长219.7%。1956年1月26～27日，涪陵县人民政府农业科在黄旗乡又召开干部群众座谈会，收集青菜头播种施肥、移栽、防治病虫害等方面的群众经验。来自蔺市、珍溪、城关等3个区的18位老农，以及四川省供销社榨菜生产处、西南农科所和县农场、县生产教养院等5个单位的技术干部与会。会后对所收集经验进行了认真的书面总结。

（六）发放贷款。为鼓励私商复业，党和政府积极筹措资金，发放贷款。在“发展生产，繁荣经济”的方针指导下，本着“公私兼顾，劳资两利”的原则，政府对私商发放贷款6万元，对菜农发放贷款2万元，从而使榨菜生产、加工得到大力扶持。

（七）划定榨菜原料加工范围。1953年1月5日，为解决榨菜加工原料收购矛盾，涪陵专员专署决定划分大致范围；四川省供销社所属菜厂收购涪陵长江北岸产区青菜头，涪陵贸易公司所属部分厂以长江南岸为限，涪陵县供销联社菜厂就地收购。经此协调，解决了各厂原料收购之忧。

（八）涪陵榨菜的社会主义改造与公私合营。在中华人民共和国成立初期，党和政府高度重视涪陵榨菜的发展，多数厂商相继复业，但也有诸如沈一平、况汝林等资本家阳奉阴违、唯利是图，采用抢购、套购、拦路收购、抬价收购等方式，同国营企业争夺榨菜加工原料。对此，在1952年开展的轰轰烈烈“五反”运动中，况汝林畏罪自杀，沈一平判刑劳改。从此，涪陵榨菜得到健康的发展。党和政府还对榨菜同业公会进行了改组与整顿，选出了新的领导人，改变了不合理的规章制度，接受了为群商服务的新任务，使榨菜同业公会的性质发生根本性转变，不仅有力地支持了“五反”运动的开展，也有利于私营工商业的不断改造与进步。为适应形势发展和加强统一领导，在川东行署指导下还成立涪陵榨菜生产辅导委员会，接受当地工商科的领导，主要是发展榨菜生产，密切公私关系。为统一技术，提高产品质量，保护名牌声誉，满足外贸需要，下设榨菜检验委员会，规定不论国营企业或是私营企业，所生产的榨菜成品，必须经过榨菜检验委员会的检验，评定等级，取得合格证后，方能上市出售。这样，就从制度管理的层面防止了投机倒把、偷工减料、粗制滥造等行为，确保了涪陵榨菜的品质，有利于维护涪陵榨菜的名牌形象。

1953 年，国家对私营工商业进一步贯彻执行“利用、限制、改造”的政策，涪陵榨菜进入社会主义改造时期。对外地商人和本地兼营户通过教育，引导其集中精力搞好本业经营，不再兼营涪陵榨菜。随着农村形势的好转，私营企业的人财物已经远远不能适应生产的需要，党和政府遂对私营工商业实行委托加工，即加工订货、收购包销的办法。私营工商业主所需要的原材料由国家供给，资金缺乏由国家贷款支助，生产技术力量由国家统筹安排。这样，他们的生产、销路、利润、生活等均得到保障，既扶持了他们的经营，又发展了榨菜生产。1954 年后，随着利用限制政策的实施，外地来涪陵的厂商和本地的兼营户陆续减少。有的兼营户回归本业，有的兼营户改营其他业务。农村加工户自行停业，回归农业生产。随着榨菜同业公会户数的减少，经政府批准，遂与酱园业、制肉业公会合并，并更名为涪陵菜、酱、肉工业同业公会，其任务是加强私营工商业的社会主义改造，促进工农业生产的发展。结果私营比例越来越小，国营企业比例越来越大，生产能力占全县 90% 以上。

1956 年 8 月，在党和政府政策的感召下，涪陵私营工商业改造进入公私合营的高潮，私营工商业主们敲锣打鼓报送申请，均获政府批准，成立公私合营涪陵榨菜总厂，隶属涪陵贸易公司领导。同时，还将私营工商业进行组织整顿，原 7 个私营菜厂改组为 3 个国营厂，更名为公私合营涪陵县榨菜厂，原海北桂菜厂为一厂，设在石鼓溪；原隆和菜厂为二厂，设在李渡大竹林；原双合菜厂为三厂，设在韩家沱。三个厂分别为一个独立的核算单位，生产计划统一安排，物资统一配备，人力统一调整。私方人员全部得到妥善安排，资方代表潘荣光担任总厂厂长，其他则担任分厂厂长、会计、出纳、保管、业务等职务。从此，榨菜的产供销全面统一，生产统一抓，质量统一管，产品统一调，经营面貌焕然一新。

1958 年，为适应新形势的变化，原公私合营菜厂全部合并为商业局菜厂，就近移交国营菜厂领导，所有人员集体转为国营企业职工。据《涪陵大事记》(1949～2009 年）记载，1958 年 10 月 1 日，涪陵县人民委员会批准，隆和、海北桂、双合三个公私合营菜厂转为国营，分别交当地李渡、叫花岩、韩家沱菜厂，实行统一核算管理。同年 12 月，涪陵县商业局决定全县榨菜加工设 8 个总厂、16 个分厂，以总厂为基本核算单位，分厂实行报账制。蔺市总厂含石沱、镇安两个分厂；李渡总厂含石板滩、鹤凤滩、南岸浦、沙溪沟、隆和 5 个分厂；叫花岩总厂含海北桂、凉塘两个分厂；黄旗总厂含碧筱溪、北岩寺两个分厂；清溪总厂含韩家沱、双河、黄鹄嘴 3 个分厂；永安总厂；珍溪总厂含焦岩分厂；南沱总厂含百汇分厂。从此，涪陵榨菜的产供销经营全部纳入国营经济体系。

三、涪陵榨菜管理的时政波澜

在涪陵榨菜的发展史上，其管理经营受到了政治运动的极大影响，体现出涪陵榨菜管理的时代特色。

中华人民共和国成立后，一次次的政治运动均深刻地影响着涪陵榨菜的管理。"三反"、"五反"运动、社会主义改造运动在涪陵榨菜管理中均留下有不少痕迹。在公私合营后，涪陵榨菜管理的政治性更强。

1958 年，是我国工农业全面跃进的第一年，大战钢铁的任务压倒一切，农村主要劳动力均被用于烧炭、修路、炼钢、炼铁，农业生产无人问津。受"大跃进"的影响，尽管菜厂派出大批职工进驻队上抓生产，但效果不好。菜秧长势好却无人移栽，移栽菜地后无人追肥管理，结果生产计划落空，产量下降。1959 年仅产榨菜 41800 担，比 1958 年下降 81.8%。

1960 年，是涪陵榨菜发展史上教训更为深刻的一年。受"大跃进"的影响，加上连续遭遇特大旱灾，粮食歉收，社员基本口粮不足，故在农村中重视粮食生产、忽视榨菜生产的思想普遍存在。各级领导看到榨菜生产下降给国民经济带来极为严重的影响，提出了"全面动员，大抓榨菜"的口号。1 月 5 日，中共涪陵县委召开全县"大战榨菜生产"动员会，各区、公社负责财贸工作的领导，各区供销社主任，县级有关部门领导，以及各菜厂干部和部分职工共 600 余人与会。这次会议是涪陵榨菜历史上参会人数最多、规模最大的一次专门会议。领导非常重视，重点以保军需、保出口为前提，强调"全面动员，大抓榨菜"的重大战略意义，号召"全民动员，全力以赴，克服右倾保守，大战榨菜生产”；要“少用原料，多出产品，一块不烂，块块特级”，还规定每担产品用青菜头不超过250斤。但是，该次会议只有任务布置，强调必须完成这一政治任务；会上政治口号多，具体措施少，对如何依据政策，解决矛盾，对如何调动群众生产积极性只字未提。这种极“左”的思想给榨菜生产造成严重的不良形象。各级均出现了高指标、高估产、虚假浮夸，对上汇报假情况，对下采用行政命令、硬性摊派的做法。所以，在青菜头收购期间，全县均出现了反瞒产的过“左”行动。3月，因青菜头收购30万担的“政治任务”不能完成，县、公社、管理区（相当于村）及菜厂层层搞青菜头反瞒产（俗称“反菜头”）运动，使不少干部、群众受到不应有的伤害，全县28个菜厂厂长有26个被撤职，厂长、技师被逮捕法办者6人，其中“劳改”死去者3人。直到次年10月，对受到错误处理者才分别予以甄别平反。反菜头运动，极大地挫伤了生产者的积极性，群众对此极不满意，称菜头为“挨打菜”，多不愿种植榨菜，以致种植面积减少，榨菜产量大幅度下降。1960年，是历史上“大战榨菜”的一年，但其产量仅有3692万斤，比1958年下降一半。1961年，仅有650万斤，比1958年下降90%以上。对此，《涪陵大事记》（1949～2009年）记载，春，涪陵县开展“反粮食”、“反菜头”、“反生猪”的反瞒产运动。

1961年，在连续灾害、粮食歉收、生活极端艰苦的条件下，各级党委政府及时采取有效措施，积极开展生产自救，进一步贯彻“以粮为纲，多种经营”的指导方针，着力处理好粮菜矛盾，充分兼顾国家、集体、个人三者利益，立即调整榨菜生产的政策。群众的生产积极性得到极大的激发。对此，《涪陵大事记》（1949～2009年）载，（10月）6日，四川全省榨菜生产座谈会在涪陵召开，讨论榨菜价格和奖售等问题，以促进榨菜生产尽快恢复发展。会议至10日结束。是年冬，各级党委总结历史教训，调整榨菜产业政策，采取系列举措，恢复发展榨菜生产。1962年春，生产青菜头3676吨，收购3493吨。1964年春，成量恢复到1958年的81.6%。到1963年，涪陵榨菜又走上了健康发展的道路。

1966年，“文化大革命”开始，各地“造反派”纷纷“抢班夺权”，涪陵榨菜厂的领导干部成为“走资派”、骨干成为“保皇派”靠边站。造反派成天高喊政治口号，无限上纲；他们宁要社会主义的草，不要资本主义的苗；谁要抓生产就被视为走资本主义，就是右倾翻案。谁要发展经济作物就被视为资本主义的尾巴。这种把粮食生产与榨菜生产对立起来的做法，极大地损伤了人民群众的生产积极性，以致生产无人过问，加工无人组织，工作被动。不但多种经营未搞上去，粮食生产也急剧下降，要粮无粮，要钱无钱，群众生活极为困难。

在这段时期，不少干部职工担着风险，顶着“唯生产力论”的帽子努力工作，但时局如此，想把工作做好也难。在这种管理无序与混乱情况下，榨菜生产遭到了极大的破坏，产量逐年下降。1968 年下降 10.08%，1969 年递减 15.3%，1970 年递减 26.1%；1976 年，榨菜产量仅有 4892 万斤，比 1975 年下降 42.4%；加工榨菜只有 15 万担多，比“文革”期间最少的 1970 年还要下降 11.6%；加工成本提高，亏损现象严重。1968 年，加工亏损 17 万元以上，1969 年，加工亏本 34 万元以上，1970 年，加工亏本 54 万元以上。产品质量下降，经营作风恶劣，国内外市场反应强烈，榨菜声誉受到严重影响。

1978 年后，因党的十一届三中全会的召开，改革开放政策的推行，特别是农村经济政策的调整，生产责任制的落实，充分调动了人民群众生产、加工、经营的积极性，因此涪陵榨菜真正迎来了“新的春天”，榨菜的青菜头产量和加工成品均超过历史最高水平。1983 年榨菜种植面积 10.5 万亩，青菜头产量 15.74 万吨，生产成品榨菜 4.1 万吨，实现榨菜工业总产值达到 2940 万元，工商税收达到 147 万元，比 1949 年解放时增长 20.27 倍，比 1956 年合作化时上升 2.23 倍，比 1967 年“文革”期间上升 2.46 倍。同时，涪陵榨菜的品牌形象开始确立。1981 年，珍溪菜厂的乌江牌榨菜首获国家银质奖，同时获得部级优质奖；蔺市榨菜厂的产品获得省级优质奖，韩家沱、沙溪榨菜厂的产品获得省供销系统优胜奖。1982 年，沙溪、百汇、焦岩等厂的产品获得部级优质奖，袁家溪、渠溪菜厂的产品获得省供销系统优胜奖。2007 年，涪陵榨菜种植面积增加至 50.3 万亩，青菜头产量首次突破 100 万吨大关达到 105.4 万吨，实现榨菜总产值 26085.7 万元，出口创汇 1465.2 万美元，利润 10723.2 万元，入库税金 6503.5 万元。2016 年涪陵榨菜种植面积达到 72.4 万亩，青菜头产量达到 159.62 万吨，分别占全国总量的 57% 和 61.4%。其中收购加工 104.85 万吨，外运鲜销 53.50 万吨，社员自食 1.26 万吨，实现青菜头销售总收入 146845.9 万元，乡村人均纯收入 1966.7 元。

四、涪陵榨菜管理的制度化

虽然在计划经济体制阶段，涪陵榨菜的经营管理受到时政波澜的重大影响，但通过长时期的历史探索，总结历史以来的管理经验，1978 年以后逐步地形成了一套正规的企业管理制度。

（一）个人岗位责任制。在企业管理中，每个不同的岗位均有各自不同的职责，这是由各自所扮演的角色、所发挥的作用、所承担的工作等所决定的。主要有厂长职责、技师职责、会计职责、出纳职责、保管职责、总务职责等。在这些个人岗位职责中，最重要的厂长、技师职责。

据《涪陵榨菜（历史志)》记载，厂长职责：一是抓好全厂职工的教育工作，组织职工的政治、业务学习，带领全厂职工认真执行党的各项方针政策。二是制订企业加工生产计划，确定加工的劳动定员，并根据企业职工的专长进行分工。三是召集有关人员研究制定企业的加工成本、经营利润、费用等各项预算指标，并督促检查各项经济技术指标的付诸实现。四是召集有关人员研究制定奖惩制度，建立健全检查组织。五是抓好企业的安全保卫工作和全厂职工生活。六是每季向职工做一次工作总结和向公司作工作汇报。技师职责：一是负责职工的技术培训工作。二是负责劳力调配及考勤工作。三是制定各工序的技术措施。四是检查各车间的技术、质量及安全工作。五是召集各车间主任研究生产过程中存在的问题并提出意见。

（二）各组岗位责任制。在涪陵榨菜企业管理中，还根据榨菜加工的需要进行分组，相应地也确立了各自的岗位责任，这主要是由榨菜加工的具体环节或工序所决定的。主要包括验收过秤组、架地指导组、踩池翻囤组、修剪砍筋组、整形分级组、淘洗组、配料装坛组、副产品加工组、记码组、付款组、打红点串组、菜块菜筋过秤组、治安保卫组、政宣组等。

根据《涪陵榨菜（历史志)》载，验收过秤组的职责：一是宣传国家收购政策、价格、等级规格，坚持按照收购规格品质进行检查验收。二是做好收购工具用具的准备，称秤要准确，报秤要明朗，记码要清楚，避免发生差错，有计划地看架收菜，以免上架困难，造成搬串的损失。三是认真改进服务态度，对群众态度和蔼，尽量做到方便群众交售，随到随收。

架地指导组的职责：一是负责指导、检查穿剥小工，按规定进行剥菜划块、穿菜上架、下架、抹串等工作。二是指导过秤人员看架、收购、倒菜，合理安排小工穿剥，做到及时穿菜，当天上架，经常检查菜架安全，防止倒架事故发生。三是负责指导打红点串人员的工作，经常打扫架地，保持架地清洁。

踩池翻囤组的职责：一是负责腌制车间的全盘工作，做到及时腌制、及时起池，掌握腌制时间和用料标准。二是起池时要坚持上囤，掌握围囤高低和囤压时间，以免影响产品质量。三是根据下架进度，合理安排使用菜池，负责车间记录，检查池囤工作，保证不发生烧池烧囤事故。

修剪砍筋组职责：一是计划安排调用小工，指导小工的修剪砍筋技术。二是坚持原则，不合格者，要督促返工，把住质量关。三是掌握车间生产进度，与淘洗、装坛车间密切联系，做到工作协调一致。每天工作情况做出记录，及时汇报，以便堵塞漏洞，改进工作。

整形分级组职责：一是按质量规格进行改刀整形分级，坚持原则，掌握要领，把住质量关。二是随时检查，组织互相交流，统一眼光，统一标准。

淘洗组职责：一是坚持三道淘洗，勤换水，保证产品淘洗干净，无泥沙污物，清洁美观。二是负责保护盐水，防止生水、污物浸入，负责翻囤工作，榨净卤水。

配料装坛组职责：一是掌握配料标准，负责拌料工作，并分清等级装坛入库。二是督促检查装坛质量，坚持五杆五压，层层装紧，装坛不紧者，立即返工。三是及时掌握工作进度，当天菜块当天装完，做好车间记载，每天工作完毕，及时做出汇报。

副产品加工组职责：一是负责熬制酱油，保护盐水清洁。二是坚持副产品的收购规格质量，有计划地进行加工处理，保证产品质量。

记码组职责：一是加强责任，保管好码单，严防遗失。不准徇私舞弊，发现问题，及时追查。互相监督，抵制不良倾向。二是与过秤人员密切配合，共同负责搞好验级、过秤、记码工作，码单字迹要清楚，不得任意涂改。

付款组职责：一是负责原料收购和小工工资的付款工作。二是审查码单，核实印鉴数字是否准确无误，避免漏洞的发生。三是汇总当天收购的数字，分公社、大队统计数，做好记录，及时向上汇报。

打红点串组职责：一是负责架地剥穿的打红点串工作，同时指导穿剥技术。二是认真检查穿菜质量和晾架是否符合要求，同时也注意安全生产、具体指导小工上架，防止发生工伤事故。

菜块菜筋过秤组职责：一是负责修剪时小工完成工作后的检查验收过秤工作，不合格者，不予过秤，把住关口。二是及时汇总当天工作情况，做好记录，并报告当天工作效果，以便改进修剪车间工作。

治安保卫组职责：一是加强治安保卫工作，负责做好“四防”，维持社会治安，保证安全生产。二是忠于职守、严守纪律，服从指挥，加强执勤责任，昼夜巡回警戒。严格交接班制度，不得擅自离开工作岗位。

政宣组职责：一是负责全厂的宣传教育工作，采取各种不同的形式，向全体职工进行政治宣传。二是发动全部职工开展增产节约运动，挖潜力、找窍门，大力提倡合理化建议，发现典型事例，及时总结推广。三是抓典型，树标兵，定期检查评比，开展社会主义劳动竞赛。

（三）生产管理制度。生产管理制度主要包括作业计划（总计划、短计划、日计划）、工作交接、劳动考勤、巡回检查、安全生产、劳动定额等内容。

（四）经济管理制度。经济管理制度主要包括经济核算、资金管理、物资管理、产品调拨等内容。

（五）质量管理制度。质量管理制度主要包括质量负责、技术操作、商品检验等内容。

（六）生活管理制度。一是成立生活委员会，实行民主办生活，半月召开一次生活会，听取总务处汇报伙食管理情况，检查食堂的工作，研究有关改善生活事项。二是伙食账务清楚，按月公布账目，不准浮报冒领国家计划，不准克扣职工计划工资。三是精打细算，调剂好生活，因工作不能按时吃饭的要保证随时供应热菜热饭，对病号应给予适当的照顾。四是不准任何人挪用伙食现金、粮食或分售计划物资，严禁贪污、浪费、侵犯食堂利益的行为。

（七）按劳付酬制度。主要包括总的原则、奖励工资的发放范围、评比的原则与条件、具体发放办法等内容。

（八）指标考核制度。1978 年，恢复了奖金考核指标和核发方法。奖金考核指标主要包括产量指标 10 分、质量指标 30 分、原材料消耗 10 分、用工量指标 10 分、成本指标 10 分、利润指标 30 分。其核发是按季度发放，年终总决算。1978 年后，涪陵榨菜管理开始执行 8 项经济技术考核指标，分别是产品计划、品种安排、质量要求、原料燃料动力消耗、劳动生产率、单位成本、工业利润、流动资金。此外，还探索出了由县统一经营管理、菜厂实行联合经营的办法等。

第三节　社会主义市场经济体制时期涪陵榨菜的管理文化

在社会主义市场经济体制时期，涪陵榨菜的管理因国家经济体制的变化，其管理体制也发生了相应的变化，从而体现出新的管理文化。

一、榨菜管理机构的衍变

（一）行政管理机构的衍变。20 世纪六七十年代，涪陵地市无常设榨菜行政管理机构，在收获、加工季节，涪陵县成立临时的榨菜生产加工领导小组，由有关职能部门组成，下设办公室，协调全县榨菜原料收购、运输、生产、加工。1980 年以后，原涪陵县成立榨菜管理领导小组，组长由县长或分管财贸的副县长兼任。同时成立常设涪陵县榨菜管理办公室，为县政府职能部门，1983年9月，更名为涪陵市榨菜管理办公室。

1. 涪陵地区榨菜生产领导小组办公室，简称地区榨菜办。1995年2月，涪陵地区榨菜生产领导小组办公室成立，为行署管理全地区榨菜产销职能机构，是涪陵地级最早的榨菜管理部门。对外是地区榨菜办，对内为地区财贸委员会的科室。编制3名，其中领导职数1名。主要职责是：制定和完善全地区榨菜发展的有关政策措施；协调有关部门对榨菜行业监督检查；制发《涪陵榨菜生产许可证》及其实施办法等。1997年6月更名为涪陵市榨菜管理办公室。

2. 涪陵市榨菜管理办公室。1997年6月，涪陵市榨菜管理办公室成立，由市财贸办公室代管。属全额拨款事业单位，副处级，核定编制8名，其中领导职数3名。内设综合科和业务科。榨菜管理办公室与榨菜管理领导小组办公室合署办公，实行两块牌子一套班子体制。

3. 涪陵区榨菜管理办公室。1998年7月，涪陵市榨菜管理办公室更名为重庆市涪陵区榨菜管理办公室。1999年3月，枳城区榨菜管理办公室和涪陵区榨菜管理办公室合并，设立新的涪陵区榨菜管理办公室。为区政府直属事业单位，内设综合科、业务科、质量监督管理科。2004年8月，核定编制15名，副处级，由区商委代管。内设综合科、业务科、质量监督管理科、证明商标管理科。主要职责是：制定全区榨菜发展方针、政策、总体规划和年度计划；负责审查全区榨菜企业基本生产条件；负责全区榨菜生产、销售等行业管理，搞好统筹协调、指导服务；对榨菜生产加工进行业务指导和技术服务，组织实施榨菜科技攻关和新产品开发；负责榨菜企业职工职业技能培训和考核鉴定；负责全区榨菜企业正确使用“涪陵榨菜”证明商标；负责榨菜质量管理和监督检查，配合有关执法部门开展榨菜打假治劣；负责榨菜原产地域产品保护和依法治农等工作。

4. 县级涪陵市榨菜管理局。1995年1月，县级涪陵市榨菜管理办公室改为涪陵市榨菜管理局，核定编制17人。内设办公室、质管科、开发科、生产科。主要有六大职能：一是实施全市榨菜生产、加工、销售、科研的行业管理，搞好统筹协调，指导服务。二是制定全市榨菜发展方针、政策、总体规划和年度计划。三是组织实施全市榨菜科技攻关和新产品开发。四是与有关部门配合审查全市榨菜加工企业生产条件和生产许可证的颁发。五是对榨菜生产加工进行行业指导和技术服务。六是负责全市榨菜质量、优秀（先进）企业的评比上报工作。

5. 枳城区、李渡区榨菜管理办公室。1995 年 11 月，县级涪陵市分设为枳城区和李渡区。1996 年 9 月，枳城区榨菜管理办公室成立，核定编制 10 名，其中行政编制 2 名，领导职数 3 名，内设办公室、质量管理科、生产开发科。

1996 年，李渡区设立榨菜管理办公室，与区财贸办公室、贸易局、医药管理局等部门合署办公，实行几块牌子一套班子体制，工作人员两名。

（二）民间管理机构的衍变。1982 年 1 月 5 日，涪陵县成立榨菜研究会，首批会员 61 人。内设栽培、工艺、机改、管理 4 个研究组。至 1991 年 9 月，有会员 169 人，涪陵市榨菜（集团）公司董事长侯远洪任理事长。1991 年，百胜镇首先成立榨菜同业协会，主要协调榨菜企业间产销工作。1995 年 9 月 12 日，在涪陵市（县级）榨菜研究会基础上成立涪陵市榨菜行业协会。协会有团体会员 40 个，个人会员 80 人。

1999 年 4 月 9 日，重庆市涪陵区榨菜行业协会成立，协会由榨菜企业、榨菜行业管理部门及榨菜企业主管部门为主的团体会员和个人会员自愿组成，由团体会员中重点龙头企业、行业管理部门和企业主管部门组成理事会。协会有团体会员 91 个，个人会员 18 人。根据上级有关文件精神，2005 年 9 月，区榨菜办与区榨菜行业协会在人员、资产、业务、办公住所、利益 5 方面脱钩。同月 28 日，举行脱钩交接仪式，重新选举协会领导成员。2006 年 4 月，协会被涪陵区人民政府评为“全区优秀社会团体”（共 10 个）。

（三）产品质量监督机构——榨菜质量管理站。为强化对榨菜的产品质量的监督管理，1984 年 2 月 29 日，市标准计量局（后改为技术监督局）成立榨菜质量管理站，主要对榨菜的产品质量进行检查、监督：其一是承担全市榨菜产品质量监督检验，企业委托检验，榨菜质量争议的仲裁检验；其二是市场榨菜产品监督抽检；其三是企业申报榨菜优质产品质量检验；其四是承担新产品投产前的质量检验和产品质量认证检验；其五是指导和帮助企业建立健全产品质量检验制度；其六是为实施产品质量监督提供技术保证。

榨菜质量检验内容：榨菜水份、食盐含量、总酸、砷、铅、食品添加剂、大肠菌群、致病菌等。主要职责：其一是抓企业技术骨干培训。其二是对国营、乡镇企业、村、组、户办厂生产加工的半成品和成品榨菜进行监督检验。其三是对政府榨菜管理通告、法规的宣传贯彻执行。其四是抓榨菜质量的现场查处。其五是抓榨菜产品质量的鉴评工作。

（四）榨菜卫生监督机构——区卫生防疫站。按照《食品卫生法》、《食品卫生监督程序》和其他卫生法规的规定，由区卫生防疫站负责榨菜卫生监督。

主要职责：一是原料卫生监督。在每年的青菜头砍收和初加工阶段，与有关部门一起齐抓共管坛装榨菜和方便榨菜的原料卫生。二是辅料卫生监督。对榨菜生产加工用海椒面、香料面、食盐、香油、味精、苯甲酸钠、酸味剂、甜味剂等辅料和食品添加剂，按照相应的国家卫生标准进行卫生监督检验。三是用水卫生监督。抽样检验榨菜淘洗脱盐用水是否使用冷开水或净化消毒水，是否符合榨菜生产用水卫生要求。四是生产卫生监督。对成品榨菜的生产加工场所、设施、环境卫生，以及个人卫生和其他生产加工环节依法进行全面的卫生监督。五是包装卫生监督。主要开展方便榨菜的包装标识和虚假夸大宣传的卫生监督，防止虚假标注生产日期和“保健食品”、“高级营养”字样，正确引导消费。六是成品卫生检验。采取现场采样或送检的方式，按国家《酱腌菜卫生标准》评价，出具卫生检验报告。七是卫生宣传培训。每年召开一次榨菜生产卫生工作会，宣传食品卫生法规和卫生知识。八是从业人员管理。对榨菜生产经营人员依法实行每年一次健康体检，督促企业对患有职业禁忌疾病的人员，调换工作或调离岗位。九是卫生许可证管理。依法审查发放食品卫生许可证，并每年审查一次。十是健全卫生管理制度。督促各榨菜厂建立健全榨菜原料采购等卫生管理制度，搞好榨菜生产自身卫生管理。十一是处罚违法行为。对榨菜生产经营过程中违反食品卫生法规的行为，依法进行行政处罚。十二是开展卫生评奖。每1～2年对方便榨菜生产卫生先进单位进行评比奖励。

二、涪陵榨菜管理实务

对涪陵榨菜的管理，涉及的实务至多。这里择要略做说明。

（一）宣传实施《榨菜生产管理暂行规定》。1998年8月29日，涪陵区人民政府制定《重庆市涪陵区榨菜生产管理暂行规定》（涪陵区人民政府令〔1998〕第2号）。对榨菜生产条件、原料收购、加工管理、榨菜质量监督、卫生管理、出厂出境管理、市场管理、新产品开发、奖励与处罚等做了具体规定。《规定》发布后，涪陵区榨菜办在全区范围内广泛宣传，要求榨菜企业严格按《规定》实施。《规定》的颁布，对规范涪陵榨菜生产，保证质量、维护地方名特产品声誉、促进榨菜产业健康发展具有重要意义。

（二）“涪陵榨菜”证明商标管理使用，主要介绍证明商标的申报注册和管理使用。

1. 申报注册“涪陵榨菜”证明商标。1995年6月，涪陵市（县级）榨菜管理局向国家工商局申请注册“涪陵榨菜”证明商标。1995年11月，申报工作移交给地级涪陵市榨菜管理办公室。2000 年 4 月 21 日，“涪陵榨菜”证明商标经国家工商行政管理局商标局核准注册，注册证第 1389000 号，商品分类第 29 类，重庆市涪陵区榨菜管理办公室是“涪陵榨菜”证明商标注册人，享有“涪陵榨菜”证明商标专用权，有效期 10 年，从 2001 年 1 月 1 日正式使用，受法律保护。“涪陵榨菜”证明商标是当年重庆市唯一获得注册的证明商标。涪陵区人民政府向全区转发国家工商行政管理局《涪陵榨菜证明商标使用管理章程》，并提出实施意见。“涪陵榨菜”证明商标注册使用，是涪陵经济生活中一件大事。

2. “涪陵榨菜”证明商标的管理使用。一是建章立制。按《章程》要求，区榨菜办制定《涪陵榨菜证明商标使用管理办法》，每年根据新情况、新问题修订，规范使用条件、申请程序、被许可使用企业的权利、义务及违约责任。二是严格审批。对申请使用“涪陵榨菜”证明商标的企业，坚持“严格条件、从严把关、严格审批、宁缺毋滥”原则，不具备《章程》规定者，一律不准使用。2001 年是实施第一年，全区有 38 家榨菜企业提出申请，批准 8 家。2002 ~ 2006 年，分别有 32、30、45、54、46 家榨菜企业获准使用。三是加强监管。对使用证明商标但不遵守《章程》和《使用管理办法》的企业进行严厉查处，情节严重的取消资格。对违规使用证明商标的企业清理整顿，令其停止侵权。2001 ~ 2005 年，区内外共有 100 多家榨菜企业不同程度侵权，误导消费者，均受到严厉查处。四是建立档案。对使用“涪陵榨菜”证明商标企业申请使用时间、生产能力、设备设施、内外包装以及检查情况建立档案，实行建档管理。

（三）榨菜质量管理。严把“四关”：其一是严把原料加工质量关。每年榨菜原料（青菜头）收获加工期间，进行榨菜粗加工质量检查。其二是严把生产条件关。1998 年起，每年对 10 吨以上半成品榨菜加工户，进行全面基本生产条件审查，符合条件的颁发《生产加工证》，不符合条件者取缔。其三是严把成品质量关。坚持每年对方便榨菜企业进行两次全面检查，年终以基本生产条件、经营管理、产品质量、食品卫生为重点进行综合考评，检查结果通报全区，对评选出的先进（优秀）企业报区政府表彰；对不合格企业予以批评，并限期整改。其四是严把打假治劣关。严厉打击假冒名优品牌、包装装潢侵权行为，以及外地企业以假充真行为。

（四）打假治劣及查处侵权行为。1998 ~ 2007 年，涪陵榨菜行业管理部门密切配合有关执法部门，大力进行打假治劣。先后查出区内 11 家榨菜企业有手续不完备、不符合基本生产条件、产品质量低劣、防腐剂超标、计量不足等问题，均被责令停产整顿，其中关停查封 6 家；端掉“三无”（无营业执照、无企业品牌、无生产场地）制假窝点 1 个；查处侵权“涪陵榨菜”证明商标企业 131 家（次）；销毁侵权包装箱、包装袋 50 余万个、伪劣产品 30 余吨；关闭侵权证明商标企业 1 家。在区外，先后到北京、呼和浩特、包头、南京、广州、三亚、武汉、宜昌、沙市、长沙、浏阳、成都、眉山等地及丰都、垫江、长寿等周边区县开展打假工作，共打击曝光假冒侵权企业 28 家，销毁侵权包装箱、包装袋 150 余万个、伪劣榨菜产品 320 吨。

（五）培训从业人员。2000 年 6 月，区榨菜办与区劳动局、区供销社联合开展榨菜行业职业技能培训及鉴定工作，部分榨菜企业厂长（经理）、榨菜技师及技工参加培训，46 人取得重庆市劳动局颁发的国家高级技能《职业资格证书》。2001 年 6 月、2002 年 7 月、2003 年 10 月，区榨菜办先后 3 次与区劳动和社会保障局开展榨菜高级技工和技师培训。全区共有 24 人、3 人和 115 人分获酱腌菜（榨菜）加工制作技师、中级技能和高级技工《职业资格证书》。2004 年 10 月，区榨菜办开展榨菜专业技术职务任职资格培训，86 人通过考试和区榨菜专业技术职务评审委员会审定，74 人晋升榨菜工程师、6 人获得助理工程师、1 人获得技术员资格。

三、涪陵榨菜的宏观调控

随着国家管理体制的变化，涪陵榨菜的政府管理主要体现为抓大放小、抓宏观，将微观事务、具体事务交由政府下属机构和各个企业进行管理。政府对涪陵榨菜的宏观调控主要表现在：

1982 年 5 月 6 日，涪陵县人民政府召开榨菜运输协作单位座谈会，研究解决涪陵榨菜运输紧张等问题。

1983 年 8 月 19 日，涪陵县人民政府《关于 1984 年度榨菜生产工作意见的通知》要求：明年榨菜生产总的指导方针是“调整结构，发挥优势，以销定产，计划收购，改善经营，提高效益”，在战略上实行暂退却，在战术应继续前进。本年青菜头种植面积压缩 40%，并实行种植、收购、加工三对口，菜农按计划分配数与加工单位签订购销合同，计划数的 75% 按牌价、25% 按浮动价（最大下浮 30%）收购，牌价收购部分，每 50 千克青菜头补助化肥 0.5 千克。

1984 年 11 月 30 日，涪陵市人民政府公布邱寿安故居为涪陵市文物保护单位。

1988 年 1 月 30 日，涪陵市人民政府发出通知（涪府发〔1988〕11 号），规定凡是从事榨菜产销的单位和个人，必须具备“三证一照”（生产许可证、食品卫生合格证、税务登记证和工商营业执照）；并授权涪陵市食品工业办公室对全市榨菜业进行行业管理。

1988年春，中共涪陵市委、市政府经4个多月考察论证后，制定的“五个一”工程方案出台，其中要求青菜头产量达到10亿斤，加工榨菜300万担，总收入1亿元以上。

1989年1月18日，涪陵市政府批准成立涪陵市榨菜管理办公室，为正局级单位。

1989年11月27～29日，涪陵市政府举办为期3天的“榨菜之乡”交易会，全国各地1000多人参加，总成交额1.39亿元。其中，榨菜产品成交额3877万元，占成交总额的31.4%。

1991年2月21日，涪陵市委、市府做出关于调整完善涪陵市榨菜集团公司的决定。

1992年1月10日，涪陵市政府颁布“关于坚决取缔生产经营伪劣榨菜的通告”。严禁伪劣榨菜的生产和出境，确保榨菜质量。对维护榨菜声誉，打击和制止伪劣产品生产、出境起到一定作用。印发《通告》2000份在各乡镇、港口、码头、生产企业张贴。其后，1996年、1997年再次发布取缔生产经营《伪劣榨菜的通告》。

1994年2月3日，涪陵市人民政府印发《涪陵市榨菜管理暂行规定》的通知。

1994年2月19日，涪陵地区行署发布关于整顿榨菜生产秩序，加强行业管理的通知。

1995年3月5日，涪陵市委做出关于调整、充实榨菜工作领导小组的通知。

1995年7月19日，中共涪陵地委召开专题办公会，研究振兴涪陵榨菜问题。会上，地委书记王鸿举强调要进一步加强管理，集中力量保名牌，保原料，保资金，保平安。1995年10月13日，涪陵市人民政府主持召开建峰牌榨菜专用复合肥实用技术推广会，1994年在5000余亩菜地大面积试验、示范，平均亩产2800千克，最高3100千克，亩增效益50元。

1996年2月，涪陵行署邀请峨眉电影制片厂来涪陵拍摄了以涪陵榨菜兴衰史为主题的18集电视连续剧《荣生茂风云》，在四川电视台播出。

1996年12月11日，涪陵市枳城区人民政府发布《关于切实加强榨菜质量管理的通告》（枳府告〔1996〕5号）。18日，中共涪陵市枳城区委、区人民政府召开全区榨菜质量整顿工作会，并决定从有关职能部门抽调干部30余人组建枳城区榨菜质量整顿工作团，由区委和区人大、区政府、区政协领导任工作团正、副团长，组成8个工作队分赴榨菜主产乡镇开展榨菜加工质量整顿工作，历时100天结束。

1997年1月10日，中共涪陵市委、市人民政府召开全市榨菜生产加工工作会。副市长秦文武在会上做了题为“确保榨菜产品前期初加工质量，努力完成1997年度榨菜收购、加工任务，为振兴涪陵榨菜业打下坚实基础”的讲话。

1997年8月29日，涪陵市人民政府召开全市榨菜工作会，总结分析产销形势，安排部署明年榨菜生产任务。会议确定明年全市榨菜产销工作的指导思想是：继续整顿生产经营秩序，严格加强质量管理，大力提高产品质量，加快科研开发步伐，努力拓展产销市场，提高行业整体效益。

1997年12月23日，涪陵市召开榨菜行业工作会。与会人员一致表示要抓好榨菜质量和市场的整顿，以崭新姿态迎接涪陵榨菜诞生100周年。副市长刘启明在会上强调，要及早部署，通过政府搭台，企业唱戏，真正达到振兴涪陵榨菜业、振兴经济的目的。

1998年2月16~17日，中共枳城区委、区人民政府分别在清溪镇和珍溪镇召开榨菜质量整顿工作现场会。会议前后抽调机关干部组成8个督查组，乡镇、村、社层层落实责任制，要求切实把好榨菜风脱水质量关。

1998年6月30日，中共重庆市涪陵区委、区人民政府发出《关于举办首届涪陵榨菜文化节暨百年庆典活动并成立组委会的通知》（涪区委〔1998〕15号）。组委会由常务副市长胡健康任主任，区委宣传部部长张世俊、副市长伍策禄、区人大常委会副主任王天义任副主任；下设办公室负责具体事宜。8月18日，涪陵区人民政府在北京钓鱼台国宾馆召开“首届涪陵榨菜文化节”新闻发布会。全国政协副主席杨汝岱等出席发布会。11月7日，涪陵榨菜文化节榨菜百年历史展、重点企业产品展示、招商项目展示、商品展销会展厅开展仪式在关帝大厦门前举行。涪陵区领导和中外记者首批参观展览。11月7日，首届榨菜文化节组委会在涪陵中山宾馆举行招商引资新闻发布会，涪陵区区长姚建全致发布辞，中共重庆市委副书记、常务副市长王鸿举，中共中央候补委员、涪陵区委书记聂卫国分别讲话。来自《人民日报》、中央电视台、新华社、《经济日报》、《科技日报》、中国新闻社、中国记者协会、《中国文化报》、《中国绿色时报》、《中国特产报》、《国际金融信息》、广东电视台、香港《文汇报》、香港《大公报》、美国《南华早报》、美国之音、日本《每日新闻》、日本《赤旗报》、《重庆日报》、重庆电视台、重庆电台、《重庆晨报》、《重庆晚报》、《重庆商报》、《西南经济日报》、《西南工商报》、《三峡都市报》、《涪陵日报》、涪陵电视台、涪陵电台等70余名中外记者参加新闻发布会。

1998年10月6日，涪陵区农业产业化领导小组成立，组长姚建全，副组长龙正学、伍策禄、包定有、万伯仲、刘启明、伍国福，成员为区级相关部门负责人，下设榨菜、畜牧、茧丝绸、中药材、蔬菜、果品6个协调小组。领导小组负责研究、协调、解决实施农业产业化战略中的重大问题，协调小组具体负责各产业的决策和指导。领导小组下设办公室在涪陵区农办。

1999年3月29日，涪陵区委、区政府发布《关于加快农业产业化发展的意见》（涪区委发〔1999〕33号），明确了涪陵区农业产业化推进的指导思想、发展目标、政策措施，确立了以榨菜为首的六大主导产业（榨菜、畜牧、茧丝绸、中药材、蔬菜、果品）。

2001年1月22~23日，涪陵区委、区政府分两片对全区榨菜种植乡镇和部分加工企业进行深入细致的检查，要求各单位要严格执行政府的指导价格，严防菜贱伤农，生产加工要按照传统工艺，严格加工质量。

2001年11月15日，涪陵区委、区政府发布《关于实施“三个一”工程的决定》，明确到2005年涪陵榨菜集团公司的目标：销售收入4亿元，利税8000万元，利润5600万元。创国家级名牌产品1个。

2002年8月27日，涪陵区召开榨菜工作会议，提出为着力抓好2003年青菜头生产工作及为再次举办榨菜文化节做准备，必须进一步加快全区榨菜产业化进程，研究完善榨菜产业化经营的规范措施。

2003年11月19日，重庆市涪陵区人民政府发布《关于涪陵榨菜原产地地域界定的通知》（涪府发〔2003〕99号），决定将整个涪陵区行政区域即东经106°56′~107°43′、北纬29°21′~30°01′的东西长74.5公里、南北宽70.8公里的区域界定为涪陵榨菜所适用的产地地域。12月9日，涪陵区政府成立以区长黄仕焱为组长，人大副主任喻扬华、政协副主席伍国福、副区长罗清泉为副组长，榨菜办、工商局等单位负责人为成员的涪陵榨菜原产地域产品保护申报工作领导小组，加强对涪陵榨菜原产地域产品保护申报工作的领导。《涪陵大事记》（1949~2009年）记载，（10月）25日，涪陵榨菜原产地域产品保护顺利通过国家质量监督检验检疫局组织的专家会审，12月13日国家质量监督检验检疫总局发布2004年第178号公告，对涪陵榨菜实施原产地域产品保护。根据这一公告，全国各地质量技术监督部门开始对涪陵榨菜实施原产地域产品保护措施。

2004年1月4日，涪陵区榨菜管理办公室代表涪陵区人民政府在北京三七二一科技有限公司注册“中国榨菜之乡”网络实名，有效期15年。《涪陵大事记》（1949～2009年）记载，1月4日，涪陵区榨菜管理办公室代表涪陵区人民政府在北京三七二一科技有限公司注册了“中国榨菜之乡”网络实名，有效期15年。

四、涪陵榨菜的标准化管理

涪陵榨菜自问世以来，走出了一条工艺化、规范化、标准化、法制化之路，这在社会主义市场经济体制时期尤为明显。

1979年12月5日，涪陵县土产公司召开全县榨菜厂厂长、技师会议，讨论通过了《涪陵榨菜工艺标准和操作规程》。

1979年，四川省土产果品公司组织起草《川Q27－80四川省出口榨菜标准》，1980年由四川省标准计量局颁布实施。对榨菜感官指标、理化指标、卫生指标做出具体规定，并把榨菜术语规范为标准术语。涪陵榨菜始有地方标准。

1980年5月12日，重庆进出口商品检验局、四川土产进出口公司、省土产果品公司联合在涪召开四川出口榨菜检验专业会议。会议讨论通过《四川省企业标准川Q27－80号（出口榨菜）》、《标准有关检验项目的解释和检验掌握幅度的说明》和《四川出口榨菜实施商品检验方案》。

1980年5月15日，中华人民共和国重庆商品检验局发布《关于转发开展出口榨菜检验有关文件的通知》（渝检〔81〕农字第119号）。

1981年，涪陵市榨菜公司何裕文编写《榨菜工艺标准和操作规程》，被商业部作为内部资料印发全国榨菜生产企业执行。

1982年4月1日，涪陵县开始实施四川省标准计量局于1980年11月5日发布的《四川出口榨菜标准》。《涪陵市志》“大事记”载，4月1日，全县开始实施省标准计量局于1980年11月5日发布的《四川出口榨菜标准》。《涪陵大事记》（1949～2009年）记载，（4月）1日，涪陵县开始实施省标准计量局于1980年11月5日发布的《四川出口榨菜标准》。《涪陵市志》“大事记”第83页：1982年12月31日，县开始执行省供销社批准的《四川榨菜（内销）企业标准》。《涪陵大事记》（1949～2009年）记载，（12月）31日，涪陵县开始执行省供销社批准的《四川榨菜（内销）企业标准》。

1983年8月1～5日，由中国副食品公司等单位主持的全国榨菜制标工作会在四川省峨眉县召开，四川省、浙江省等省（市）主产地、县的代表29人与会。会议讨论修改榨菜标准第一稿，形成第二稿。15日，中国副食品公司发出通知，标准修订稿定于1984年1月1日起执行。

1984年2月29日，涪陵市标准计量局（后改为技术监督局）成立榨菜质量管理站，王升壁任站长，主要对榨菜的产品质量进行检查、监督。

1986年2月1日，国家标准局于1985年6月10日颁布《中华人民共和国国家标准榨菜》（GB6094－85），即日起正式实施。

1988年1月30日，涪陵市人民政府发出通知（涪府发〔1988〕11号），规定凡是从事榨菜产销的单位和个人，必须具备“三证一照”（生产许可证、食品卫生合格证、税务登记证和工商营业执照）；并授权涪陵市食品工业办公室对全市榨菜业进行行业管理。《涪陵大事记》（1949～2009年）记载，（1月）30日，涪陵市政府规定，凡是从事榨菜产销的单位和个人，必须具备“三证一照”（生产许可证、食品卫生合格证、税务登记证和工商营业执照）；并授权市食品工业办公室对全市榨菜业进行行业管理。

1988年9月2日，涪陵市第十一届人民代表大会第十一次常务委员会通过《涪陵市榨菜管理规定》，共7章27条，1993年12月宣布废止。

1989年，国家商业部副食品局提出制定方便榨菜国家标准，四川省涪陵榨菜科研所和浙江海宁蔬菜厂负责起草，朱世武、胡晓忠、蒋润浩执笔，国家标准计量局于当年4月30日发布方便榨菜国家标准（GB9173－88）。从1988年7月1日起实施。这是方便榨菜的首个国家标准。

1991年1月，制定、修订《农作物种子分级标准》。《涪陵大事记》（1949～2009年）记载，1991年（1月）下旬，参加全国制定、修订《农作物种子分级标准》座谈会的专家、教授来涪实地考察榨菜栽培情况，以制定《榨菜种子分级标准》，填补国家标准中的空白。

1991年2月25日，涪陵地区行署批转《涪陵地区方便榨菜生产许可证试行办法的通知》。对此，《涪陵大事记》（1949～2009年）载，（2月25日）涪陵地区行署发出批转《涪陵地区方便榨菜生产许可证试行办法的通知》的通知，从即日起执行。

1995年3月16日，由国家国内贸易部农业服务司主持召开的《方便榨菜国家标准》修改审订会在涪陵举行。浙江省、四川省、上海市、天津市等省（市）的40多位专家与会，围绕方便榨菜含水量、含盐量、产品保存期等修改内容进行了讨论，最后一致通过修改后的送审稿。《涪陵大事记》（1949～2009年）记载，由国家国内贸易部农业服务司主持召开的《方便榨菜标准》国家修改审订会在涪举行。浙江省、四川省、上海市、天津市等省（市）的40多位专家与会，围绕方便榨菜含水量、含盐量、产品保存期等修改内容进行讨论，最后一致通过修改后的送审稿报国家国内贸易部核准发布实施。

1998年1月，涪陵市（地级）榨菜管理办公室组织涪陵有关部门和部分重点企业成立“榨菜行标修订小组”，着手修订国家榨菜行业标准。

1998年8月29日，根据《产品质量法》、《食品卫生法》、《商标法》等法律和有关规定，结合涪陵榨菜生产实际，涪陵区人民政府发布《重庆市涪陵区榨菜生产管理暂行规定》（〔1998〕第2号）。对榨菜生产条件、原料收购、加工管理、榨菜质量监督、卫生管理、出厂出境管理、市场管理、新产品开发、奖励与处罚等做出具体规定。

1998年9月22~23日，中华全国供销合作总社在涪陵中山宾馆组织召开国家榨菜行业标准审定会，来自全国各地30多名领导、专家及企业代表就榨菜行业标准重新审定，坛装榨菜和方便榨菜两个修改稿均获通过，形成新的国家榨菜行业标准。以GH/T1011－1998（坛装榨菜标准）取代GB6094－85、GH/T1012－1998（方便榨菜）取代GB9173－88。将原“川式”榨菜更名为“涪式”榨菜。1998年11月9日两《标准》由中华全国供销合作总社发布，1999年3月1日起在全国实施。《涪陵大事记》（1949~2009年）记载，9月23日，中华全国供销合作总社在涪陵召开国家榨菜行业标准审定会历时两天结束。会上，来自北京市、浙江省、重庆市有关专家在涪陵初步审定了由涪陵“国标修订小组”起草的全国榨菜行业标准草案，“四川榨菜”正式更名为“涪陵榨菜”；审定通过了新的国家榨菜行业标准，以GH/T1011－1998（坛装榨菜标准）和GH/T1012－1998（方便榨菜标准）取代原国家标准局发布实施的GB6094－85（坛装榨菜标准）和GB9173－88（方便榨菜标准）。此标准由中华全国供销合作总社于1998年11月9日发布，次年3月1日起施行。《涪陵大事记》（1949~2009年）记载，1999年（3月）1日，国家榨菜行业标准GH/T1011－1998（坛装榨菜标准）和GH/1012－1998（方便榨菜标准）在全国正式实施。

2004年10月20日，太极集团重庆国光绿色食品有限公司历时两年科研攻关研制开发的榨菜调味液（榨菜酱油），在重庆顺利通过专家会评议审定，11月1日重庆市技术质量监督局正式对外公布，2005年1月1日起实施。

五、涪陵榨菜管理的实效

涪陵榨菜管理规范、有序，成效显著。这里仅对涪陵区的管理实效略作描述，不包括各厂家企业的管理实效。

1995年4月6日，在北京人民大会堂举行的首批百家中国特产之乡命名大会上，涪陵市被正式授予“中国榨菜之乡”称号。这次大会是由中国农学会、中国优质农产品开发服务协会等部门联合举办的，特产之乡的评选由各方面专家组成的评议组确定。《涪陵大事记》（1949～2009年）记载，在北京人民大会堂举行的首批百家“中国特产之乡”命名大会上，涪陵市被正式授予“中国榨菜之乡”称号。5月4日，经国家特产委员会正式命名涪陵市为“中国榨菜之乡”。

1995年6月，涪陵市（县级）榨菜管理局向国家工商局申请注册“涪陵榨菜”证明商标。11月，申报工作移交给地级涪陵市榨菜管理办公室。2000年4月21日，“涪陵榨菜”证明商标经国家工商行政管理局商标局核准注册，注册证第1389000号，商品分类第29类，重庆市涪陵区榨菜管理办公室是“涪陵榨菜”证明商标注册人，享有“涪陵榨菜”标志商标专用权，有效期10年，从2001年1月1日正式使用，受法律保护。“涪陵榨菜”证明商标是当年重庆市唯一获得注册的证明商标。后涪陵区人民政府向全区转发国家工商行政管理局《涪陵榨菜证明商标使用管理章程》，并提出实施意见。“涪陵榨菜”证明商标注册使用，这是涪陵经济生活中一件大事。对此，《涪陵大事记》（1949～2009年）载，（4月）20日，“涪陵榨菜”证明商标经国家工商行政管理局商标局核准，商标注册证第1389000号商品第29类榨菜商品，有效期10年，从2001年1月1日起。这是重庆市获得的首个证明商标。2001年1月1日，“涪陵榨菜”证明商标正式使用，并于2000年4月21日经国家工商行政管理局社保局核准，在商标注册证第1389000号商品分类第29类榨菜商标上注册。这是重庆市范围内唯一获得的一个证明商标。

1997年，涪陵榨菜产业纳入重庆市7大农业产业化项目之一。自1998年获国家财政扶持资金350万元和国家计委划拨榨菜产业化发展资金800万元后，据不完全统计，至2007年涪陵区榨菜产业化建设共获国家各级无偿扶持资金近3000万元、财政贴息资金6500万元。

1998年4月，涪陵市作为团体会员正式加入中国农学会特产经济委员会，并首次参加在北京举行的中国农学会特产经济委员会工作会议。

1998年11月8～11日，首届涪陵榨菜文化节在涪陵举行。榨菜文化节期间，共签订商贸投资合同或协议288份，总金额40.96亿元。其中销售合同260份金额26.56亿元，达成招商引资项目协议12份，引进资金9.31亿元。

2002 年，涪陵区榨菜管理办公室因成绩突出，被中国特产之乡推荐暨宣传活动组织委员会和中国农学会特产经济专业委员会评为“中国特产开发建设先进单位”，在第三届中国特产文化节暨中国特产之乡工作总结会上受到表彰。

2003 年 3 月，经首届中国果菜产业论坛组委会在北京评审认定，授予涪陵区“中国果菜（专指榨菜）十强县（市、区）”荣誉称号。12 月，重庆市涪陵区被中国（国际）农产品深加工暨投资商务论坛组委会在北京评审认定，授予“中国农产品深加工十强区（市、县）”称号。

2003 年，涪陵区榨菜管理办公室在对榨菜产品的生产、加工、经营、新产品开发、开拓市场增效益，加快榨菜产业化进程，带动农民增收致富，积极参加中国特产之乡推荐暨宣传活动组委会、中国农学会特产经济专业委员会组织的活动等工作中成绩突出。10 月，被中国特产之乡推荐暨宣传活动组织委员会评为“中国特产之乡先进单位”，在江苏省句容市举办的第五届中国特产文化节暨中国特产之乡工作总结表彰大会上予以授牌表彰。

2003 年 12 月 29 日至 2004 年 1 月 1 日，第三届中国重庆订单农业暨优质农产品展示展销会在重庆鑫隆达大厦举行。涪陵区荣获最佳组织奖、最佳签约奖和布展设计奖。

2004 年 10 月 25 日，涪陵区人民政府申报的“涪陵榨菜”原产地域产品保护，在北京顺利通过国家质量监督检验检疫局组织的专家审查。《涪陵大事记》（1949 ~ 2009 年）记载，（10 月）25 日，涪陵榨菜原产地域产品保护顺利通过国家质量监督检验检疫局组织的专家会审。其后向全国公示无异议后，于 12 月 13 日国家质量监督检验检疫总局发布 2004 年第 178 号公告，对涪陵榨菜实施原产地域产品保护。根据这一公告，全国各地质量技术监督部门开始对涪陵榨菜实施原产地域产品保护措施。

2005 年，涪陵区被农业部分别认定为“全国无公害农产品（种植业）生产示范基地”和“第二批全国农产品加工业——榨菜加工示范基地”。

第四章

涪陵榨菜营销文化

在涪陵榨菜近120年的发展历程中，涪陵榨菜人历经商海波澜，积极推介榨菜、宣传榨菜，为涪陵榨菜产业化发展做出了不可磨灭的杰出贡献。

第一节　传统市场经济时期涪陵榨菜的营销

在传统市场经济时期，虽然社会战乱不息、动荡不安，但涪陵榨菜仍然积极营销，为后来的营销发展产生了重要影响，提供了宝贵的经验与教训。

一、涪陵榨菜的经营

自1898年涪陵榨菜问世以来，涪陵榨菜的经营方式主要以企业经营形式为主。经营榨菜的工商业者主要有独资办厂与合资办厂两种。小厂资金2万~3万元，大厂资金10多万元。企业内部组织大体相同，一般设有掌管全盘业务的经理或掌柜，有专管账务的管账，有经管买卖和加工业务的管货。每逢加工旺季，临时雇请管事1人、掌脉2人、厨子1人。男女菜工，小工按需要临时雇请。制菜时间大约两个月左右。一般生产1000坛以上者由厂主自行运往沪、汉销售；产量只有数百坛者，少数自行运销，多数集伙运销，也有部分大厂代办运销。较大的厂商一般在沪、汉设有分庄或代店。还有兼营盐、烟的富商，但他们只从事采办运销的活动。

在资金周转方面，一般厂商除自筹资金和集股合资外，在冬、春旺季，因资金不足乃向外贷款，不过多系信用贷款，少数为货物抵押，贷款利息通常在一分五厘左右。当时，为解决资金困难的问题，厂商主要向富商、富绅、亲友临时借款，也有部分厂商在货物尚未启运时在本地银行或报关行押借款项作为周转。在秋、冬闲业时，菜商则将资金用于购买预货，或存放在往来商号以获取利息。厂商每年结算一次，所有盈余除去薪俸、运费、房租等开支外，由股东按股分摊。股东所分之红息，可自由处理，也可存入本厂生息。

在原料交易方面，每年春天青菜头收获季节，各厂商即雇请人员下乡组织收购，或赴集市议价收购。菜价不固定，主要依据当年生产情况和菜商需求量决定，一般前期价高，后期价低。若遇厂商需要量极大而当年又歉收的情况，厂商们是千方百计哄抬市价，争相抢购，反之则百般挑剔，压价收购。当然，若是遇到厂商头年订货、次年包收的情况，则价格稳定，菜农稍有保障。现将1930～1936年菜头和大米收购价进行比较，详见下表。1937年以后，各种价格高低起伏不定，波动性极大，难以比较。

表4－1　1930～1936年菜头与大米比价表

位：银圆

年度	榨菜价	青菜头收购价	大米收购价	比价
1930	8.22	1.15	5.07	1：0.23
1931	8.87	1.80	8.09	1：0.22
1932	8.81	1.68	5.44	1：0.31
1933	11.17	2.70	3.71	1：0.73
1934	8.22	0.63	4.45	1：0.14
1935	5.13	0.74	4.42	1：0.17
1936	10.94	1.85	5.68	1：0.33

备注：参见《涪陵榨菜（历史志)》，内部资料，第23页。

在成品运输方面，榨菜运输多为水运，先在重庆和万县报关。当时，渝、万两地均设有报关行，办理代客报关、代客运输、押汇、垫款等手续。涪陵所产榨菜，用木船上运至重庆，换装轮船外运；用木船转运至万县报关，改用轮船运至湖北沙市、武汉；也可用木船直接运至宜昌出售。涪陵运菜至重庆，木船每坛运费一角五分至二角，汽轮每坛二角。再由重庆运至上海，轮运每吨银圆五角。木船运至宜昌，每坛运费五角。当时，川江多险滩，木船不负责损失，轮运危险较小，且负责5%以外的破坛损失。当时，报关行和轮运公司不甚重视，在起卸之际故意砸坏以便窃取榨菜，结果损失巨大。其后，榨菜业逐步发展，报关行和轮运公司为招徕生意，承担赔偿之责，起卸时用棕垫铺地，方才减少损失。

在厂家与菜农方面，菜农多分居于长江沿岸，以种菜交租，或以种菜出售，受地主和资本家双重盘剥。每种青菜头1亩，需交地租银洋4元。如地主何森隆、潘世荣、潘兴照、苏德全等将佃农手中的菜地收回，再雇人种一季青菜头后，才交给佃农种植大春作物，剥夺菜农的种菜收益。公和兴老板张彤云在佃农的青菜头收获时，迫使菜农将青菜头低价上交地租，由自己加工出售。国民党军委后勤部对菜农更为毒辣，趁菜农缺乏购肥资金的机会，在青菜头需要施加二道肥的时候，就派人下乡向菜农预购青苗，通过立约，交付预购青菜头定金，一旦签约，菜农无权自由出售。在收获时，若遇减产，按实际计算售价，若增产，超产部分归资方所有，菜农不得反悔，强制性地侵占菜农利益。菜农在交售青菜头时还要受到厂方“秤规”、“货规”的剥削。厂方的“秤手”大打出手，百般刁难。他们的秤规除大秤过重外，还要以“扣底秤五斤”的办法剥削菜农。如菜农以十六进位的100斤菜头交售，用二十两秤称重，只有80斤，还要扣除5斤，最后只有75斤，其剥削程度甚为惊人。

在厂家和菜工方面，制作榨菜的工人多系种植青菜头的菜农，由厂家每年临时性雇请。菜工进厂后体力劳动繁重，每天工作12～16小时，忙时昼夜不下班，故有菜工劳动一天等于一天半的说法。榨菜加工季节，是农民度春荒的时节，同时也是农活较闲的时候，厂方见有机可乘，便以优厚的生活待遇为诱饵，只付给廉价的工资，人们也乐于进厂打工。招工的办法是掌头自行出头招收，首先说明该厂要招多少人，不定任务，也不定产量多少、工作量的大小，包一季加工，定一季工资，愿者就上，不愿者免谈。菜工进厂后，开工时老板要祭祀河神，每个菜工均可得到“利事钱”（另给一串钱）。菜工的生活由老板包干，菜厂老板重视办好生活，以期菜工加工卖力，故一般是3天一“小牙祭”，7天一“大牙祭”，每日三餐，晚上有酒，上午一次“打尖”，晚上还有一次“二道夜”，加工结束后还要办一次酒席遣散菜工回家。因此，很多人被厂商“吃得好”所吸引，趁农闲时进厂做活，既可减轻家庭负担，又可得到一些工资收入。要想进厂当菜工，则必须提前向做菜的“判头”（厂家‘掌头’所掌握的在农村中做菜的师傅）搭钩，否则就不能进厂，故进厂的菜工多为“判头”的亲朋好友，每个“判头”各拉一帮，这些菜工必须积极工作，为“判头”争气，相互竞争，为厂家卖命。然而菜工的工资极低，每天工作12小时以上，一般工人每月工资仅有十一二元。菜工的工资也不一样，给多少由“掌头”凭借私人感情决定，加工结束后一次结算。两月辛苦还无法买到五六斗米。有的厂家还要拖欠菜工工资到六七月份后，等销售完榨菜才全部兑现。

在榨菜税收方面，涪陵榨菜的发展引起了国民政府的高度关注，除增大税率外，同时增加很多纳税项目。从1919～1949年，仅榨菜税捐项目就有地方税、关税、护商税、营业税、国税、公会经费、商会事务费、剿赤捐、华洋义赈捐等。其中，国税，又名正税，每坛菜纳税银圆一角，后经斗争减半。关税，重庆、万县两地设关，每年分四季固定当时市价按值计税5%。地方税，每坛缴纳二角为地方政府收入，后经斗争减半，而后免纳此税。护商税，每坛纳税一角，后经斗争减半。营业税，照市价按2%缴纳。内地税，每百斤缴纳二角。统税，每百斤缴纳一角。附加地方税，按2.5%缴纳。印花税，每坛缴纳一分。出口捐，凡榨菜出口必须照正税抽10%的华洋义赈捐。剿赤捐，在缴纳内地税时，每百斤缴纳剿赤捐五分；在缴纳统税时，每百斤抽剿赤捐一分。工会会费，榨菜运出，必须经榨菜同业公会签证后方能运出，每坛缴纳会费一分。总商会经费，每坛缴纳一分。救济院经费，每坛缴纳一分。商会事务费，每坛缴纳二分。自来水费，每百斤缴纳一分。马路电灯费，每百斤缴纳一分。报关费，每坛缴纳一角三分五厘。以1934年外运榨菜一坛为例，各项税捐费达4元多，占榨菜生产成本的60%以上。其具体情况是：涪陵本地抽取国税五分五厘、护商税五分、地方税五分、工会经费二分、救济院经费一分、出口捐一角；在长寿缴纳护商税二分五厘；在重庆缴纳报关费一角三分五厘、关税四角七分、内地税二角五分、剿赤捐二分五厘、统捐五分、统捐附加剿赤捐五厘、护商税五分、护商税附加剿赤捐五厘、印花税一分、自来水与马路电灯费一角八分、保险水费四分五厘；重庆到省外沿途关卡的护商税、过道捐、剿赤捐等两元左右。

在秤规方面，收购时一律用20两秤，通打八折计算，如涪陵榨菜100斤，到宜昌后可称出128斤，到汉口后可称出118斤，到上海用普通16两市秤，获利更多。涪陵如用市秤称菜，连皮重100斤，要打九六折计算，除去坛皮18斤，得净重51斤，再按九五折计算。在涪陵每坛连皮18斤，运到上海连皮为16斤，汉口为17斤，宜昌为14斤。每坛榨菜自涪陵运出，中间商盘剥达15斤之多。

二、涪陵榨菜的销售

（一）榨菜销售的源起。涪陵榨菜应市场需要而产生，是市场经济的产物。1963年秋，四川文史资料委员会派人到涪陵进行为期两个月的采访，证实涪陵榨菜创始于清光绪二十四年（1898年）。当时涪陵商人邱寿安在湖北宜昌开设荣生昌酱园，兼营各种腌菜业务。时因其家青菜头丰收，邱寿安创制榨菜，沿街试卖，获得成功。并将两坛榨菜带至宜昌，邀请当地亲友品尝，一致认为鲜美可口，为其他腌菜所不及。邱寿安随即大规模加工制作榨菜，后涪陵榨菜历经发展成为世界食坛的一朵奇葩。

（二）榨菜销售市场的开拓。1913 年，涪陵县政府奉令通缉同盟会员张彤云，张彤云避居丰都卢景明家，遂将涪陵榨菜加工经验传到丰都。1914 年，张彤云与卢景明在丰都创办公和兴菜厂，丰都成为最早引进榨菜技术开始发展榨菜的第二个县。1915 年，洛碛商人白绍清等从涪陵雇请榨菜加工师傅两人，在南华宫秘密传授制菜技术。从此，制菜技术传到洛碛。白绍清创办了年产 1 万坛榨菜的聚裕通菜厂，规模大，办法多，声誉高。1928 年，榨菜加工技术由洛碛传到巴县木洞。1931 年，在丰都经营鸦片的韩鑫武回到长寿，创办了鑫记榨菜厂。1935 年，榨菜生产遍及涪陵、丰都、江北、巴县、忠县、万县、江津、奉节、内江、成都等 11 个市县的 38 个乡镇。1935 年，涪陵榨菜加工技术传到浙江海宁县斜桥镇。随着榨菜加工技术的外传，这些榨菜加工地同时也成为榨菜销售的本地市场。

在榨菜发展史上，涪陵人还积极拓展榨菜销售市场。1930 年后，榨菜的销售市场首为上海，次为汉口，复次为宜昌。国外市场已经行销港澳、南洋、日本、新加坡、菲律宾及美国旧金山一带。

宜昌市场，系省外最早、最近的销售市场，最早为涪陵榨菜创始人邱寿安所开辟。1899 年，邱寿安开始在宜昌试销榨菜。当时，由于产品新奇，市场获利甚多，每坛榨菜可盈利 25 元以上，销售数量日渐增多，始终供不应求。故宜昌成为涪陵榨菜的第一个销售市场。涪陵的多数厂商皆用木船直运宜昌出售，宜昌除本市消费外，还转运沙市等长江下游城市，或积少成多运至沙市、武汉销售。故宜昌既是涪陵榨菜销售的主要市场，也是最近的转销市场。在宜昌市场，每年销量约 5 万坛左右。在宜昌还有两种中间商经营榨菜。其一为商栈，由当地钱庄开设，其业务是设立堆栈，代客囤积榨菜收取租金，同时开设旅栈，供应菜商食宿，收取栈费。也代客介绍买主，收取佣金。也收购转卖承担经销。此种中间商往往操纵榨菜经营，若菜商急于脱售返川，商栈常常压价收购。另一种中间商是囤户，专在宜昌大批收买榨菜囤积居奇，待价而动。

汉口市场，榨菜运抵汉口后，由南货商行承销，除批发给武汉三镇的零售商外，南由湘江运往湖南销售，北由铁路运往平津销售，东由长江运往安徽、江西沿江城市，每年销售量在 5 万坛左右。

上海市场，系邱寿安之弟邱汉章所开辟。早年，邱汉章在上海望平街开设行庄。1912 年返家后，见榨菜有利可图，便扩大市场，立即运送 80 坛榨菜到上海试销，不到一个月就销售一空，深受欢迎。1913 年，邱汉章又运送 600 坛榨菜到上海销售，畅销无余。1914 年，邱汉章遂在上海设立道生恒榨菜庄，以经营榨菜为主，兼营其他南货。这是榨菜发展史上第一个专营榨菜庄。于是上海运销数量连年增多，1914 年达到 1000 坛左右。在发展过程中，上海成为国内最大的榨菜销售市场和最大的榨菜外贸出口市场。在上海市场，除供应本市大批销售外，还由长江水路运抵南京、镇江、苏州、无锡等地，南由海道转运浙江、福建、广东，北由海道转运青岛、烟台、威海卫及东三省，并由海道行销国外，输送南洋群岛、菲律宾、日本、美国旧金山等地。年销量在 12 万坛左右，其中运往外洋者有 3 万坛。在上海，经营出口榨菜的有鑫和、盈丰、李保森、协茂等大商行，有转运华东、华北、东北各省的贩运商，有专门代客介绍买卖榨菜并供应菜商食宿的乾大昌。一般榨菜商货运抵上海后，都住在该栈，由其代客介绍给各路贩运商行。其中鑫和商行以精选地球牌涪陵榨菜运销国外而享有盛名，盈丰、李保森商行也经营出口榨菜，协茂商行既经营出口，又代客介绍买卖。

三、涪陵榨菜的典型经销

在涪陵榨菜经销史上，曾产生过诸多经典案例。如邱汉章在上海的经销，聚义长、聚裕通、三江实业社等的经销。

1912 年，邱汉章返回涪陵老家后，见榨菜有利可图，便扩大市场，立即运送 80 坛榨菜到上海试销。当时上海市民不知榨菜味道如何，无人购买。邱汉章设法广为宣传，到处张贴广告，并登报宣传。同时又将涪陵榨菜切细装成小包，附上说明，派人在戏院、浴室、码头等公共场所销售，有好奇者买回尝试，觉得其味可口。经扩大宣传后，陆续有人前往购买，不到一个月即销售一空。当时上海居民凡炒菜或炖汤，加入少许榨菜，味道极为鲜美，深受欢迎。有的竟以榨菜为茶会款待上宾之用，或作为赠送友人的礼品。邱汉章由此在上海站稳脚跟，并在上海开设涪陵榨菜史上第一个专营榨菜庄——道生恒。上海由此成为涪陵榨菜第二个销售市场，后逐步发展成为国内最大的榨菜销售市场和出口市场。

木洞“聚义长”榨菜厂老板蒋锡光，于 1934 年与上海乾大昌商栈老板张积云合资经营，生意很旺。厂内有蒋子云（其叔父）负责业务，重庆有周宗祥联系转运，上海有张积云通风报信，并负责推销。蒋锡光本人则来往于产销两地之间及时了解行情，决定经营方针。因此，“聚义长”四面相通，八面灵活，业务日盛。同时，经营上采取“包选包退”的办法，买主可随意挑选，允许退次货换好货，打响了“聚义长”的招牌，取得了销地的信誉，各经销商争相购买。而木洞其他牌号榨菜很少有人问津，蒋则乘机以“扶持同业”为名，接管小厂的产品，换上统一牌号出售，此时蒋已控制了木洞60%以上的产品。蒋在收购各小厂产品时，价格掌握得比较灵活，不管销地如何高涨，而产地收购价稳定不变；若遇销地市场疲滞，则停止收购；待卖者急于求售时，以低价购进贩运，仍获厚利。

洛碛“聚裕通”榨菜厂是20多个大小厂商合资经营的一个大型企业，常年加工5000~6000坛榨菜，1935年曾达1万坛，每年收购2万余坛。这个厂首先抓“早”，即通过订购和预付货款的办法，指导菜农把青菜头的生产季节适当提前，达到早加工，早运销，以“早”到为目的。其次是抓“好”，即重视产品质量，特别注意菜块干湿均匀，坚持两道腌制，使产品久贮不变坏、不发酸。因此上海各行商都以“聚裕通”产品为上等品牌出售，市民争相购买。“聚裕通”菜厂经营方式十分灵活，对收购产品既可包销，也可代销。

高家镇“三江实业社”，是江秉樊、江志道、江志仁3人共同经营，高家镇有总厂，洛碛有分厂，在上海、汉口、重庆等大城市设有营业所。年产三四千坛榨菜，收购运销6000~7000坛。其产品运到销地后不依靠商栈介绍买主，主要依靠自己的营业所推销，从而摆脱了中间商的敲诈勒索和市场风潮的影响。江氏三兄弟不但善于改进工艺，创新品种（如研制了菜片、碎码菜松等新品种），而且非常重视商品宣传。将“三江”实业社的文选印上包装、画上墙壁、登上报纸，还经电影院等宣传，而且手段不断更新。因此，当时“三江”榨菜也驰名一时。

四、涪陵榨菜的经销起伏

邱寿安、邱汉章对涪陵榨菜的创始和成功经营，给涪陵榨菜的大发展创造了有利条件，也带来了群商竞争。1914年后，群商蜂起办厂，菜商连年增多，产量逐年上升。1930年，涪陵榨菜产量已达5万多坛。在国民政府禁烟之后，有的烟商改营榨菜。这些烟商表面上经营榨菜，但暗地里将鸦片装入菜坛之内，企图偷运出川。货到码头后，菜坛不幸摔坏，禁物暴露，引起各埠官方注意，要求海关严加盘查。从此，凡榨菜经过关卡，必须开坛检查，致使包装损坏极大，产品极易腐烂变质，对涪陵榨菜形象产生了极坏的影响。1930年，涪陵大盐烟字号“三义祥”妄图垄断涪陵榨菜，将字号全部资金投入榨菜经营，本身不设厂加工，专门从事贩运活动。趁一些小工厂缺乏资金的机会，采取低价订购、预付货款的办法，垄断市场，牟取暴利。但卖方为保持自己的利益，又采取偷工减料、粗制滥造的手段制作，敷衍交货，以致当年“三义祥”字号订购的3万余坛榨菜运至上海，经上海市卫生部门检查，发现大部分已经生蛆，发黑发臭，根本不准堆放，更不准出售，只好另外花钱雇人运往吴淞口投入海中。从此，涪陵榨菜的声誉一落千丈。在这场商海波澜中，就连邱汉章在上海开设的道生恒榨菜庄也因折本而停业。

“三义祥”的教训引起了群商的高度重视，各厂家均不再采取只收熟货的办法，更注重加工质量。他们的经验是：第一看省外销势的旺淡；第二看产销两地的存货多少；第三看上年销路的畅滞；第四看本年青菜头的丰歉；第五看天灾人祸的影响。这样，榨菜加工的质量得到保证。同时，沪、汉市场逐步扩大，产量增多，市价上升，关卡检查逐渐放松，因此菜商相继复业。1935年，榨菜产量猛增，竟达25万余坛，超过历史最好水平。但是，销售市场又出现供过于求的现象，菜商思想紧张，争先脱售，立即形成一个跌价风潮。投机商人趁机兴风作浪，推迟进货。到11月，上海仍然积压榨菜20万坛之多，销售价格跌至7~8元，仍然无人接手。至此，一些大厂商尚能保本，而中间商则损失惨重。1935年10月《四川经济月刊》曾以《涪丰榨菜市场锐减》为题对当时的菜商损失进行了报道：“去年市场及销售情况大非昔比，榨菜商人无利可获，且折本损失约百万元以上，榨菜业已完全破产。向来上市每担可售十三四元，今即七八元无人接手”“目前，涪丰市场仍非常疲乏，零售亦不畅旺，榨菜业者大都灰心，所受损失无法弥补，决明春卷旗收伞，不复作是项营业。”

1936年，吸取上年教训，部分菜商又改营鸦片，农民改种鸦片，种菜者减少一半，榨菜加工户从上年的600余户减少到90余户，结果供不应求，行情上涨，至6月，上海到货仅1万坛。鑫和独家进货3000坛，7月继续到货5000坛，距需求量悬殊极大，菜价上升到25元左右（洛碛榨菜每坛25~27元，涪陵榨菜每坛22~23.5元）。次年榨菜继续回升，沪、汉各地销售良好，新上市即售四五万坛，省外各地均赶到产地进货，产地发售价上涨至19.2元。

1938年，因抗日战争的影响，沙、汉市场相继沦陷，宜昌也受到威胁，榨菜销路受阻，省内销量甚微，产地集货甚众。起初，有人想法辗转绕道由水路运往长沙及广州、香港等地销售，但费用大、风险多，后来此路亦不通畅。此时，上海严重缺货，榨菜每坛售价达到90元。涪陵货积如山，无人问津，菜商只好望“菜”兴叹。也有菜商不顾战争风险，将榨菜由安南转运至上海，然而数量仅有300坛左右。后来军委后勤部在涪陵收购1万坛，在洛碛采购8000坛，但仍然解决不了菜商积压过多的困难。

1939 年，因川盐增销湘、鄂，自流井加紧赶制亦不敷用，造成川盐奇缺，几至盐荒，这严重影响到涪陵榨菜的加工。据金陵大学李家文教授 1939 年 4 月的调查，全省榨菜产量仅有 12 万坛左右，涪陵占 9 万多坛，比战前 1935 年的 25 万坛减少 64%。由于省外销路受阻，仅有少数榨菜销往湖北宜昌三斗坪和贵州贵阳等地，多数厂商均囤积产地，等待战后出售。由于榨菜积压过多，战争连年不断，菜商不敢多做，故 1940 年停业者多，榨菜加工户减少到 150 家。后来省外人士入川增多，省内销量日多，故 1940 年涪陵榨菜仍然保持在 10 万坛左右。

1945 年，抗日战争胜利，榨菜的省外市场逐渐恢复，销量转旺，榨菜加工户增多，榨菜生产得到恢复。1945 年仅产榨菜 3 万余坛，到 1948 年上升到 21 万余坛。不过，内战爆发，法币贬值，物价陡涨，菜农 100 斤青菜头换不了 5 斤盐，菜商出售 100 斤榨菜换不了一斗米。1948 年，厂商韩洪钧自己运菜到上海销售，于上海停留数日方才贱卖出去，因纸币贬值，所售货款成为废纸，后乘船民生轮回家，路过沙市，顾虑到没钱偿还债务，忧愤投江而死。在这种情况下，涪陵榨菜产销一落千丈。1949 年涪陵榨菜仅有 3 万多担，直到中华人民共和国成立后才得到根本性改变。

可见，在传统市场经济阶段，涪陵榨菜的营销与其产量密切相关，且与当时的时局有着极为重要的联系，因为它从一个侧面反映了涪陵榨菜的产销关系。关于当时涪陵榨菜的产量，见表 4－2。

表 4－2　传统市场经济阶段涪陵榨菜产量表

单位：市担

年度	产量	年度	产量	年度	产量
1898	2	1899	40	1900	40
1901～1905	300	1906～1909	400	1910	500
1911	1000	1912	1500	1913	1050
1914	3000	1915	5250	1916	7500
1917	11250	1918	14750	1919	16000
1920	10750	1921	1000	1922	13500
1923	18350	1924	14000	1925	15000
1926	16000	1927	21750	1928	34350
1929	46265	1930	37500	1931	47500

（续表）

年度	产量	年度	产量	年度	产量
1932	22500	1933	52500	1934	63750
1935	193275	1936	45000	1937	48750
1938	108000	1939	67613	1940	100000
1941	105000	1942	105000	1943	105000
1944	105000	1945	22500	1946	60000
1947	75000	1948	210000	1949	37500

备注：《涪陵榨菜（历史志）》，内部资料，第40～41页。

第二节　计划经济体制时期涪陵榨菜的营销

1950～1982年，大体属于涪陵榨菜营销的计划经济体制阶段。在这一阶段，其营销体现出极为强烈的计划性、统一性和行政性。从市场角度而言，市场的调节作用微乎其微。

一、涪陵榨菜的经营

新中国成立后，涪陵榨菜一直属于国家管理物资，被划分为二类物资。故每年按行政体制逐级下达生产计划，业务部门则逐级下达产品调拨计划，由涪陵县统一安排执行。各菜厂只负责生产加工，不直接管理对外调拨问题。直到1979年后，为强化经济核算，明确经济责任，其经营方法才随之有所改变。

（一）涪陵县统一经营。原涪陵县范围内的榨菜实行统购统销的计划经济政策，生产厂家负责生产计划工作，行政业务部门负责调拨计划工作。具体的统一经营方式是：

1. 在加工计划方面，按政府下达的指令性计划，统一组织生产加工。

2. 在收购范围方面，各菜厂按照指定的区域收购。厂区管辖范围内由菜厂自行收购；厂区管辖范围外收购点可由供销社代购，但菜厂要付给2%的手续费。收购范围确定后不得以任何理由推诿或越界收购。

3. 在品质规格方面，按照四川省确定的8项标准和各种等级规格进行加工。为保持特产声誉，凡不合质量规格者，如酸菜只能更名出售，霉口和桶烂菜不能原坛回装，必须拣出削价处理。产品在检质定级时发现卤水过重者要去水加料。在收购、调出时只要有卤水就不能上秤计重。

4. 在检质定级方面，所有产品由菜厂自行定级，分类堆放。通过定级小组分类抽样检验。若其后发现有虚假行为由厂方自行负责，按最后复检为准上报入库数量。

5. 在产品交接方面，队办厂产品按指定的收购厂址交货，照评定等级敞口逐坛对样验收。国营和社办厂产品，通过检验定级后，分别定级，照进仓数核实上报，即作为验收。照最后调出时检质检重为准进行结算。

6. 在结算价格方面，队办厂产品按四川省规定的毛口交货价结算；国营和社办厂产品按包装封口价结算；后山地区的菜厂如果要就厂交货，按地区差价结算。

7. 在付款方法方面，菜厂产品调出一批，向涪陵县公司结算一批，其结算包括货款、库存损耗、资金利息、保管费等。若社办厂资金有困难，可预先支付80%的货款，其余在调完时一次结清。队办厂产品由指定的菜厂代收代付，涪陵县公司付给收购厂2%的手续费，其手续费包括组织生产、指导加工等方面费用。

8. 在资金利息方面，从每年七月份起，凡调出的产品包括从队办厂收购的产品，由涪陵县公司付给资金利息。

9. 在运输费用方面，凡按毛口交货到收购厂址的费用，由加工单位自行负担。凡按封口交货（不包括队办厂的运费）由河边仓库至港口路面的一切运费由涪陵县公司负担。

10. 在产品保管方面，所有应交给涪陵县公司的产品在保管期应由涪陵县分公司按月付给保管费。每年四月份调出的产品付给保管费 0.20 元/担，其后逐月递增，每月一角。若到十二月份仍没有调出，在十一月份保管费基础上增加50%支付给菜厂。保管期间所发生的一切费用由厂方负担。凡不符合质量标准，没有定级、不拟收购的次品，可代为推销处理，但不支付保管费和定额损耗，更不负担资金利息。

11. 在包装要求方面，正产品全部采用头皮菜，副产品的坛子不能有丝漏，箩子必须牢固美观。封口前必须清口，拣出黑块、霉块、桶烂菜块，扎口要紧，封口要牢，麦头清楚，标明厂号，以便识别。

12. 在产品外调方面，涪陵县公司衔接好运输计划后，在起运前 10 天通知菜厂加封，共同组织短途集运。在短途集运中和装驳时发生的破损由菜厂自备原料和备用坛，派人送至港口换装，并保证出港时要带足备用坛（水运 5‰、联运 10‰由商业环节负担），按出港时驳上负责人签证数量向涪陵县公司结算。

13. 在检质检重方面，在封口前涪陵县公司要派商检员协同采购员组织抽验，抽验比例不超过5‰，不符等级的产品按检验后所定的等级开票托收。检验单上要有厂长、技师、检验员与采购员三方盖章。要求做到秤足、菜够、卖菜不卖水，明皮净退，称菜计重。

14. 在经济责任方面，第一，产品实行包选、包整理、包赔三包。所谓包选是指让采购员到厂进行挑选；所谓包整理是指产品调到销地后若发现因工艺而影响质量者，厂方需派人整理，所发生的费用由菜厂自理；所谓包赔是指菜品等级不符，则降级削价处理（破坛例外），其降级削价损失由菜厂赔偿。第二，若因加封不及时，不能按时下菜造成囤留费；或者影响车船运输计划，所发生的一切费用均由厂方负担。若已经通知下菜，未按时去船，造成搬运工人的误时费则由派船单位负担。第三，若包装不牢、不符合质量要求，去船有权拒绝装运；若产品如数交清，去船验收无误，自己丢失或落水者由去船负责赔偿。第四，厂方派人押载送至港口，三天后不能装载，装破坛工人的工资、住宿费、补助费等由涪陵县公司负担。第五，涪陵县公司没有通知下菜，自己提前将产品放在河边露天存放待运，或发生产品质量和箩子损失则自行负责。

15. 在物资调拨方面，加工所需原辅材料、工具、用具、包装用品，除海椒、香料由涪陵县公司统一组织加工调运外，其他由厂方自行组织，若需涪陵县公司解决者，必须严格计划，按时上报。

（二）菜厂联合经营。榨菜联营的目的是让利于集体企业和让利于农民，以便充分调动榨菜上秤加工的积极性，提高榨菜产品质量，确保涪陵榨菜的名牌声誉。榨菜联营坚持自愿、平等、互利的原则。凡参加联营的企业所有制、隶属关系、财务关系以及职工政治、经济、劳保待遇等不改变。联合企业独立核算、自负盈亏、民主经营。

在联营方式、利润分配和经营渠道方面，按照历史传统和经济流向主要有四种形式：其一是国营厂与队办厂联营；其二国营厂、社办厂与队办厂联营；其三是社办厂与队办厂联营；其四是国营厂与社办厂、队办厂的成品联营。无论哪种形式，企业所得利润除社办厂、队办厂按社队企业的规定纳税、国营厂按20%交纳所得税外，采取一、二、三种联营方式者，一律以30%交所在区，3%交所在公社，用于扶持生产和奖金；以65%留联营厂，用于扩大再生产，改善加工条件和职工福利。采取第四种形式者，其商业利润以2%交所在区，3%交所在公社，以15%～25%留联营厂用于组织生产、改善储备条件和技术指导，其余70%～80%按联营成品的产值比例分给各参加联营的单位，其中各自以30%按交售青菜头金额比例返还给各原料生产队或个人。

对没有参加联营的企业，其产品的生产调拨仍然纳入国家计划。凡纳入国家计划的产品一律由涪陵县公司统一组织调拨，实行产销见面，按调拨价向涪陵县公司交纳30%的组织费。计划外的产品由企业自行处理，也可以交供销部门收购或代销。涪陵县公司对未参加联营的企业在安排生产指导技术培训人员、辅料供应、坛篓包装等方面一视同仁。

联营厂经民主选举产生管理委员会，设主任、副主任，委员7~10人，并选举产生厂长。管理委员会是企业权力机关，负责贯彻执行党的方针政策，落实国家计划，组织生产加工，保证产品质量，确定经营方案、利润分配原则和职工奖惩等重大事项。

商业利润归联营厂后，一切费用由联营厂自行负责，其他经济责任一律不变。

二、涪陵榨菜经营的成本

从每年一月份开始到四月份的工资计入成本，五月份后纳入商业环节计算。每年五月份进行结算，先分厂核算，后全县汇总公布可比指标，作为评奖依据。

榨菜价格成本的构成主要包括四个方面：其一是原材料和辅助材料，主要包括青菜头、半干菜头、食盐、辣椒、香料、花椒等；其二是包装费，主要包括菜坛子、竹篓子、水泥、口叶、玉米壳等；其三是工资，主要包括职工工资、加工期雇用的临时工和小工等工资，还包括医药福利费、奖金、加班费、夜餐费等；其四是工厂管理费，主要包括推销费、折旧费、租赁费、修缮费、物资及用品、生产间接费等。

1965年后，涪陵县公司每年向各菜厂下达成本指标，主要包括用料320斤/担，用工1个/担，成本28.50元/担。其后，这种成本指标及其相应的商业利润多有起伏波动，见表4-3与4-8。

表4-3 榨菜生产成本对比表

项目	1963年			
	单位	数量	单价	金额
原辅材料	元			19.783
1. 青菜头	元	356.3	0.042	14.843
2. 盐巴	斤	18.29	0.155	28.31

（续表）

项目	1963 年			
	单位	数量	单价	金额
3. 海椒面	斤	1. 047	1. 731	1. 813
4. 花椒	斤	0. 029	2. 892	0. 083
5. 香料面	斤	0. 114	1. 866	0. 212
包装费	元			3. 021
1. 坛子	个	1. 278	1. 393	1. 780
2. 竹篓子	个	1. 278	0. 602	0. 769
3. 封口物资费用	元			0. 472
工资	元			3. 089
1. 工资及附加费	元			1. 592
2. 小工工资	元			1. 497
工厂管理费	元			3. 239
1. 推销费	元			0. 159
2. 折旧费	元			0. 071
3. 修理费	元			0. 908
4. 物料用品	元			0. 597
5. 运费	元			0. 417
6. 其他费用	元			0. 701
7. 利息	元			0. 386
合计	元			3. 239
减负产品	元			0. 752
1. 盐水	斤			0. 064
2. 菜耳	斤			0. 304
3. 碎菜	斤			0. 384
4. 管理费	元			0. 511
实际成本	元			28. 891

（续表）

项目	1983 年				
	单位	数量	单价	金额	增减
原辅材料	元			20.331	+0.55
1. 青菜头	元	357.300	0.040	14.440	-0.40
2. 盐巴	斤	23.460	0.134	3.149	+0.32
3. 海椒面	斤	1.063	2.143	2.279	+0.45
4. 花椒	斤	0.029	3.482	0.103	+0.02
5. 香料面	斤	0.116	3.131	0.362	+0.15
包装费	元			4.855	+1.83
1. 坛子	个	1.617	1.873	3.028	+1.25
2. 竹篓子	个	1.543	0.830	1.277	+0.50
3. 封口物资费用	元			0.550	+0.08
工资	元			3.422	+0.33
1. 工资及附加费	元	0.931	2.000	1.863	+0.27
2. 小工工资	元			1.560	+0.06
工厂管理费	元			4.388	+1.15
8. 推销费	元			0.175	+0.02
9. 折旧费	元			0.282	+0.21
10. 修理费	元			1.474	+0.57
11. 物料用品	元			0.990	+0.39
12. 运费	元			0.083	-0.33
13. 其他费用	元			0.649	-0.05
14. 利息	元			0.734	+0.35
合计	元			4.371	+1.13
减负产品	元			0.999	
5. 盐水	斤			0.113	
6. 菜耳	斤			0.262	
7. 碎菜	斤			0.547	
8. 管理费	元			0.077	
9. 实际成本	元			31.997	+3.11

备注：1. 资料来源：《涪陵榨菜（历史志）》，内部资料，第 105～106 页。2. 本表有变动。3. 增减乃 1983 年与 1965 年之比较，+表示增加，-表示减少。

表 4－4 1964～1983 年国营厂榨菜成本利润表

年度	加工担数（担）	每担用菜量（斤）	每担用工量（个）	每担榨菜成本（元）	工商利润总额（万元）
1964	201725	289	0.82	27.38	222.30
1965	219638	356	0.98	28.89	58.30
1966	148620	331	1.10	28.76	42.10
1967	149642	339	1.40	28.92	66.80
1968	226492	315	1.45	29.57	60.40
1969	162618	321	1.35	29.76	19.90
1970	103969	344	1.42	31.95	－25.20
1971	270504	356	1.12	28.06	49.80
1972	240214	334	1.09	28.43	114.50
1973	172709	360.50	1.37	32.39	89.40
1974	140171	295	1.36	29.66	51.90
1975	144702	338	1.27	31.18	45.00
1976	87480	301	1.32	29.76	19.70
1977	129576	314	1.22	28.76	41.40
1978	256183	311	0.88	27.28	161.50
1979	247553	360	1.00	30.53	98.00
1980	136551	329	1.27	30.40	71.90
1981	263258	339	0.96	29.56	75.70
1982	295082	349	1.05	30.79	69.20
1983	366426	357	0.93	32.00	

资料来源：《涪陵榨菜（历史志）》，内部资料，第 104 页。本表略有变动。

表4－5　榨菜生产成本收益与劳动生产率调查表1

项目			单位	指标顺序号及关系
调查面积			市亩	1
每亩	产量	主产品	市斤	2
		副产品	市斤	3
	平均收购价计产值	主产品	元	4
		副产品	元	5
		合计	元	6 = 4 + 5
	物质用量		元	7
	用工作价	标准劳动日	个	8
		用工作价	元	9
	总生产成本	金额	元	10 = 7 + 9
		占总产值比重	元	11 = 10 + 6 × 100
	负担税金		元	12
	净产值		元	13 = 6 − 7
	减税纯收益		元	14 = 6 − 10 − 12
每百市斤主产品	生产成本		元	15 = 17 × 11
	含税生产成本		元	16 = 15 + 12 ÷ 2 × 100
	平均收购牌价		元	17 = 4 ÷ 2 × 100
	标准品收牌价		元	18
每一标准劳动日	主产品产值		市斤	19 = 2 ÷ 8
	净产值		元	20 = 13 ÷ 8
	实际分配值		元	21
附：按主产品实际出售价格计算	主产品实际平均价格		百斤/元	22
	每亩总产值		元	23 = 2 × 22 ÷ 100 + 5
	每亩净产值		元	24 = 23 − 7
	每亩减税纯收益		元	25 = 23 − 10 − 12
	每劳动日净产值		元	26 = 24 ÷ 8

说明：1. 资料来源：《涪陵榨菜（历史志）》，内部资料，第104页。2. 本表略有变动。3. 本表调查地点是百胜公社花地二队。4. 本表反映的时间为1977～1983年。

表4－6 榨菜生产成本收益与劳动生产率调查表2

项目			单位	年份				
				1977	1978	1979	1980	1981
调查面积			市亩	30.50	36.00	70.50	40.00	47.00
每亩	产量	主产品	市斤	1803	2004	1152	1503	2910
		副产品	市斤	1376	473	269		2910
	平均收购价计产值	主产品	元	64.19	80.16	46.08	60.12	118.80
		副产品	元	14.42	1.89	1.07		5.94
		合计	元	78.61	82.05	47.15	60.12	124.74
	物质用量		元	17.64	16.39	9.27	11.69	42.92
	用工作价	标准劳动日	个	23.20	37.60	30.80	14.90	39.80
		用工作价	元	11.60	21.06	20.02	9.98	31.21
	总生产成本	金额	元	29.24	37.45	29.29	21.67	14.13
		占总产值比重	%	37.20	45.65	62.12	36.04	59.43
	负担税金		元	5.70	3.33	2.25	2.51	5.85
	净产值		元	60.97	65.66	37.88	48.43	81.82
	减税纯收益		元	43.67	41.27	15.61	35.94	44.76
每百市斤主产品	生产成本		元	1.32	1.83	2.48	1.44	2.38
	含税生产成本		元	1.64	2.00	2.68	1.61	2.58
	平均收购牌价		元	3.56	4.00	4.00	4.00	4.00
	标准品收牌价		元	4.00	4.00	4.00	4.00	4.00
每一标准劳动日	主产品产值		市斤	77.70	53.30	37.40	101.10	75.20
	净产值		元	2.63	1.75	1.23	3.26	2.01
	实际分配值		元	0.50	0.56	0.65	0.67	0.79
按主产品实际出售价格计算	主产品实际平均价格		百斤/元	3.56	4.00	4.00	4.00	4.00
	每亩总产值		元	78.61	81.05	47.15	60.12	124.74
	每亩净产值		元	60.97	65.66	37.88	48.43	81.82
	每亩减税纯收益		元	43.67	41.27	15.61	35.94	44.76
	每劳动日净产值		元	2.63	1.75	1.23	3.26	2.07

说明：1. 资料来源：《涪陵榨菜（历史志）》，内部资料，第111页。2. 本表略有变动。3. 本表调查地点是百胜公社花地二队。4. 本表反映的时间属性为1977～1981年。

表4-7 青菜头每亩物质费用计算表

金额：元

项目	年份				
	1977	1978	1979	1980	1981
每亩物质费用合计	17.64	16.39	9.27	11.69	42.92
一、生产直接费用小计	17.26	15.33	8.67	9.83	42.36
1. 种子费	0.33	0.56	0.36	0.65	0.66
2. 肥料费	15.89	12.81	7.80	9.04	40.2
3. 农药费	1.04	1.95	0.51	0.14	1.50
4. 畜力费					
5. 机械作业费					
6. 排灌费					
7. 初制加工费					
8. 其他直接费					
二、间接费用小计	0.38	1.07	0.60	1.86	0.56
1. 固定资产折旧费	0.07	1.01	0.45	1.41	
2. 小农具购置费	0.15	0.02	0.06	0.38	0.47
3. 修理费	0.02		0.06		0.06
4. 管理及其他间接费	0.14	0.04	0.03	0.07	0.03
5. 农田基建费					
附记：1. 每亩使用畜工量（个）					
2. 每亩种子用量（市斤）	0.22	0.25	0.23	0.27	0.28

备注：1. 资料来源：《涪陵榨菜（历史志）》，内部资料，第112页。2. 本表略有变动。3. 本表反映的时间为1977～1981年。

表4-8 青菜头每亩用工计算表

项目	年份				
	1977	1978	1979	1980	1981
折标准劳动日	23.20	37.60	30.80	14.90	39.50
每亩用工合计	36.40	65.37	49.20	21.70	58.10
一、直接生产用工小计	26.80	43.50	35.10	12.50	53.50
1. 播种前翻耕整地用工	7.30	10.00	8.00	4.00	10.00

（续表）

项目	年份				
	1977	1978	1979	1980	1981
2. 种子准备与播种用工	3.20	7.10	9.00	0.80	13.00
3. 中耕除草用工					
4. 施肥用工	8.90	15.00	10.00	6.00	15.00
5. 排灌用工					
6. 其他田间管理用工		2.30	1.00		0.50
7. 植保用工	0.90	0.50	0.40	0.30	1.50
8. 收获用工	6.50	8.60	6.70	1.40	13.50
9. 初制加工用工					
二、间接用工小计	9.60	21.87	14.10	9.20	4.60
1. 集体积肥用工					
2. 经济管理用工	2.70	9.59	4.60	5.41	2.60
3. 农田基建用工	5.10	11.20	2.50	0.81	
4. 其他间接用工	1.80	1.08	7.00	2.98	2.00
附记：1. 每个中等整劳动力出勤一天所得的实际劳动日数（日）	1.57	1.74	1.60	1.46	1.47
2. 当年实际劳动日分配值（元）	0.317	0.323	0.404	0.459	0.540
3. 折成标准劳动日分配值（元）	0.50	0.56	0.65	0.67	0.79

备注：1. 资料来源：《涪陵榨菜（历史志）》，内部资料，第113页。2. 本表略有变动。3. 本表反映的时间为1977～1981年。

三、涪陵榨菜的运输

涪陵榨菜的调销单位极多，运输情况相对较为复杂，大体有水运直达、水陆联运、江海联运、江河联运四种形式。在计划经济体制下，每月均向港口申报运输计划，按照批准计划加以执行。每年的第二、第三季度是调运旺季，榨菜加工结束后即从事包装外运的工作，其工作任务之繁重、工作量之艰巨并不亚于榨菜加工季节。

在当时，运输的直达港不多，除沿江两岸的城市可以直达外，其余均需联运和中转。大体而言，到西南、西北地区省市须经重庆港转口；到东北、华北等省市须经汉口港转口，也可经上海通过江海联运至天津、青岛、旅顺、大连等地；南方部分省市则经九江港或城陵矶港转口，或通过江河联运直达。

榨菜包装易碎，不利于港站装卸的机械化作业，途中破坛损失很大。1966年以前榨菜破损率均在2%以内，其后达到10%，最远的海南岛超过30%。榨菜运输的损耗，包括自然损耗和破坛损耗。在规定的定额以内由调入方负责，超过定额部分由调出方负责。涪陵榨菜的途中损耗率见表4-9。

表4-9 榨菜运输损耗比率计算表

里程	运输工具	损耗比率（%）	
		四、五两月一、四两季度	六、七、八、九月
200公里以内	火车或轮船	0.60	0.80
200~500公里以内	火车或轮船	0.70	0.90
500~1000公里以内	火车或轮船	0.80	1.00
1500公里以上	火车或轮船	0.90	1.10

备注：1. 资料来源：《涪陵榨菜（历史志）》，内部资料，第107页。2. 本表略有变动。

另外，若中途需要更换运输工具，则每换装一次，另外加收0.5%的中转损耗。

因榨菜运输损耗极大，当时部分中转多的城市就因破损率高而被迫停止榨菜的经营。1972年后，为尽量减少破坛损失，涪陵榨菜企业在中转港口设置中转服务组，专门负责换装破坛。

涪陵榨菜的发展也给榨菜的运输带来了很大的困难。涪陵榨菜货运量较为集中，从加工结束即开始调运。每月必须调运9000吨，即三天内要完成1000吨货驳才能完成任务。1982年是历史上运量最多的一年，见表4-10。当时只有60万担产品运输能力，而产量已经达到98万担。

表4-10 1982年涪陵榨菜调拨情况表

名称	单位个数	产品担数	名称	单位个数	产品担数
合计	266	702800			
北京	1	55825	山西	2	994
天津	1	10350	辽宁	6	5865
上海	6	28446	黑龙江	9	13070
湖南	26	26561	吉林	5	3585
湖北	45	115913	内蒙古	13	12351

（续表）

名称	单位个数	产品担数	名称	单位个数	产品担数
广东	5	5900	新疆	8	9875
广西	13	18481	青海	3	7555
江西	14	19764	甘肃	5	11000
江苏	13	55492	贵州	6	6910
浙江	2	5004	福建	5	11799
安徽	5	2860	云南	1	517
河北	5	5209	部队	8	26882
河南	21	16725	省内	19	82803
山东	2	16029	地区内	7	15000
陕西	9	12203	出口	1	90026

备注：1. 资料来源：《涪陵榨菜（历史志）》，内部资料，第107页。2. 本表略有变动。3. 产品单位为担。4. 本年是历史上榨菜调运最多的一年。

四、涪陵榨菜的销售

（一）青菜头的收购。涪陵榨菜的价格历来属于四川省所管，全省一个价格，并不存在地区差。其作价基础基本以涪陵上报材料为依据，经四川省批准以后通知全川各地执行。中华人民共和国成立以后，青菜头的收购价主要有五次大变动：一是1958年青菜头收购价由每担2.40元提升到4.00元；二是1961年青菜头收购价由每担4.00提升到10.00元；三是1962年青菜头收购价下降到8.00元；四是1963年青菜头收购价下降到4.50元；五是1965年青菜头收购价下降到4.00元，与1958年的青菜头收购价一致。

青菜头的收购价不分地区差，但分季节差，其作价原则以青菜头的含水量而确定。青菜头生长期往后延，则含水量会不断增高，故青菜头作价要分季节差，目的是使生产者交售嫩菜，确保涪陵榨菜加工产品的鲜香嫩脆。1958～1962年，青菜头收购实行三期价，容易导致菜农在交售青菜头的最后两天集中交售的情况。1963～1974年，青菜头收购实行六期价，但仍然存在三期价的交售情况。1975年以后青菜头收购实行十五期价，基本解决了菜农晚交青菜头的情况。关于青菜头的收购价，见表4－11。

表 4-11 青菜头收购价表

青菜头三期收购价（1958~1964 年）			
分期	时间	价格	备注
第一期	2 月 9 日以前	4.50	
第二期	2 月 10~19 日	4.00	平均价 4.00
第三期	2 月 20 日以后	3.50	
第一期	2 月 9 日以前	12.00	
第二期	2 月 10~19 日	10.00	平均价 10.00
第三期	2 月 20 日以后	8.00	
第一期	2 月 9 日以前	9.00	
第二期	2 月 10~19 日	8.00	平均价 8.00
第三期	2 月 20 日以后	7.00	
第一期	2 月 9 日以前	5.00	
第二期	2 月 10~19 日	4.50	平均价 4.50
第三期	2 月 20 日以后	4.00	
青菜头六期收购价（1965~1974 年）			
第一期	2 月 4 日以前	4.50	
第二期	2 月 5~9 日	4.40	
第三期	2 月 10~14 日	4.20	
第四期	2 月 15~19 日	4.00	
第五期	2 月 20~24 日	3.80	
第六期	2 月 25 日以后	3.50	
青菜头十五期收购价（1975~1983 年）			
第一期	1 月 31 日~2 月 1 日	4.50	
第二期	2 月 2~3 日	4.45	
第三期	2 月 4~5 日	4.40	
第四期	2 月 6~7 日	4.35	
第五期	2 月 8~9 日	4.30	
第六期	2 月 10~11 日	4.25	
第七期	2 月 12~13 日	4.20	

（续表）

分期	时间	价格	备注
第八期	2 月 14～15 日	4.15	
第九期	2 月 16～17 日	4.10	
第十期	2 月 18～19 日	4.00	标准期
第十一期	2 月 20～21 日	3.90	
第十二期	2 月 22～23 日	3.80	
第十三期	2 月 24～25 日	3.70	
第十四期	2 月 26～27 日	3.60	
第十五期	2 月 28 日～3 月 1 日	3.50	

备注：1. 资料来源：《涪陵榨菜（历史志）》，内部资料，第 108～109 页。2. 本表略有变动。3. 本表单位为元/市担。4. 不合格菜按同期合格菜收购价的 75% 订购。5. 剥皮菜比同期不合格菜按每市担高 0.60 元掌握。

青菜头的收购本无地区差，可由于后山地区榨菜产业的发展，需要车运的数量越来越大。因此，1981 年后，青菜头收购价也开始实行地区差。即按长江边为准，15 公里以上者每担少 0.30 元，25 公里以上者每担少 0.50 元。

（二）涪陵榨菜的销售。涪陵榨菜产品的销售价与原料价格和加工成本密切相关。涪陵榨菜的产品销售价，1960 年前是每担售价 24.00 元，1961 年增加到每担 70.00 元，1963 年又降到每担 61.50 元，1964 年再降到每担 44.00 元，1966 年后降到每担 34.00 元。涪陵榨菜是当时中国的三大出口菜之一和军需品，其销售价是以调拨价为基础，再加上超值费，即出口菜每担 40.60 元，军需菜每担 38.65 元。见表 4－12。

表 4－12　涪陵榨菜销售价格表

品名	收购价	出厂价	地区			零售价
			重庆	省内	省外	
一级菜	30.00	30.70	33.00	33.00	35.60	34.00
二级菜	28.00	28.70	31.00	31.00	33.60	32.00
三级菜	26.00	26.70	29.60	29.00	31.60	30.00
小块菜	24.00	24.70	27.60	27.00	29.60	28.00
碎菜	19.00	17.80	23.20	22.80	25.20	21.00
菜耳	14.00	12.00	16.00	15.70	18.00	14.00

（续表）

品名	收购价	出厂价	地区			零售价
			重庆	省内	省外	
无头菜尖	13.00	12.00	15.00	14.70	17.00	14.00
有头菜尖	15.00	14.00	17.00	16.70	19.00	16.00
盐菜叶	11.00	9.00	13.00	12.80	15.00	12.00
菜皮	13.00	11.00	14.00	13.80	16.00	13.00
出口菜					40.60	
军需小坛					38.65	
军需中坛					37.00	

备注：1. 资料来源：《涪陵榨菜（历史志）》，内部资料，第110页。2. 本表略有变动。3. 本表单位为元。4. 本表时限为1965～1983年。

1965年后，对部分省市的榨菜销售也执行送货价，即在沿江的直达港口货舱交货价。如南京每担37.90元，镇江每担38.00元，南通每担38.20元；天津（江海联运直达）每担39.00元；联运中转港重庆每担36.75元，汉口每担37.70元，九江每担37.90元；江河联运直达长沙每担37.85元，无锡每担38.35元；整驳直达长沙37.65元。

涪陵榨菜虽然为国家二级战略物资，由四川省统管，但涪陵榨菜也有零售。

表4－13　榨菜一级产品零售牌价表

年度	牌价	年度	牌价	年度	牌价	年度	牌价
1950	0.085	1959	0.240	1968	0.340	1977	0.340
1951	0.270	1960	0.240	1969	0.340	1978	0.340
1952	0.320	1961	0.700	1970	0.340	1979	0.340
1953	0.245	1962	0.700	1971	0.340	1980	0.340
1954	0.295	1963	0.615	1972	0.340	1981	0.340
1955	0.298	1964	0.440	1973	0.340	1982	0.340
1956	0.241	1965	0.375	1974	0.340	1983	0.340
1957	0.240	1966	0.340	1975	0.340		
1958	0.240	1967	0.340	1976	0.340		

备注：1.《涪陵榨菜（历史志）》，内部资料，第114页。2. 本表略有变动。3. 本表单位为市斤。

表 4－14　青菜头与被交换品比价表

年度/交换品	食盐（市斤）	白糖（市斤）	白布（市尺）	火柴（10盒）	煤油（市斤）
战前平均	15.10	7.20	15.90	20.90	6.30
1950	4.80	1.10	2.90	8.00	1.00
1952	16.10	3.60	9.60	22.80	6.40
1957	14.10	3.30	8.40	24.00	4.60
1962	46.80	10.50	27.40	31.80	15.30
1965	25.00	5.10	12.90	21.30	9.90
1970	25.00	5.10	12.90	21.30	9.90
1975	25.00	5.70	12.90	21.30	11.20
1980	28.30	5.70	12.90	21.30	11.20
1981	28.30	5.70	12.90	21.30	11.20

备注：1. 资料来源：《涪陵榨菜（历史志）》，内部资料，第 114 页。2. 本表略有变动。3. 本表单位为市担。

第三节　社会主义市场经济体制阶段的榨菜营销

1983 年以后，随着涪陵榨菜的国家战略地位下降，涪陵榨菜的营销也进入到一个新的时段，即社会主义市场经济体制阶段。

一、涪陵榨菜的经营

1983 年，涪陵榨菜由国家二类物资降为三类物资，战略地位下降。涪陵榨菜被迫进行战略突围和战略转型，主动适应市场经济体制，开启了涪陵榨菜多元化经营局面。

总的来看，1980 年以前涪陵榨菜的经营主要由隶属于供销系统的涪陵县土产公司负责，后榨菜经营业务分离，成立了专门的涪陵县（市）榨菜公司，统一调运、销售榨菜。1982 年，涪陵县乡镇企业局成立农副产品公司，主要经营榨菜，从此涪陵县集中统一经营涪陵榨菜的独家格局被打破。1983 年，国家不再组织涪陵榨菜的统一调拨事宜，从此榨菜经营走上市场化之路，榨菜经营开始多元化。1985 年，涪陵市开始有榨菜个体经销商出现。1990 年，涪陵地区经济协作公司新办小包装榨菜厂、百胜榨菜厂等乡镇企业逐步兴办。经过市场“商海”的洗礼，涪陵榨菜的经营主要有如下四种形式：

（一）统一经营。以供销社资产为主体的榨菜集团公司，对其所有直属生产加工企业，实行人财物、产供销、技改统一指挥、统一安排的管理办法。在生产经营上统一计划、统一商标、统一质量、统一价格、统一销售。这种经营方式，赋予公司独立法人资格，拥有最高的经营决策权，下属各企业相当于公司的一个车间。这种经营管理方式有利于形成一定的规模，包括资产规模、生产规模、市场竞争规模、市场占有规模等。1995 年榨菜集团经国家批准成为国家食品行业的大二型企业，如今更是成为中国榨菜的领头羊，其“乌江牌”商标也成为中国乃至世界酱腌菜行业的著名商标。1995 年，百胜镇的川陵食品厂改为川陵食品有限公司后，合并百胜榨菜厂，也实行上述模式。

（二）联合经营。一些拥有品牌商标的企业，在其销路打开后，因自身生产规模有限，或者是仅有商标，无生产基地，乃寻找合作伙伴；生产规模小的企业、自身无商标的企业、实力比较弱的企业，通过挂靠名牌企业或会经营的企业，相互之间形成联合企业，以便拓展榨菜的销路。其一是联营企业的主体方拿出自己的商标，允许被联营企业使用。但被联营企业必须服从联运主体企业的统一生产计划、统一物资供应、统一质量标准、统一销售价格、统一产品销售的“五统一”，被联营企业必须按其产品数量，向联营主体交纳一定的商标使用费、产品推销费。一般是 120 ~ 180 元/吨。同时，联营主体企业有权对被联营企业的生产加工进行监督检查，甚至可派驻人员驻厂监督。这种被联营企业只相当于联营主体企业的一个车间，除人财物不管外，其余均要参加管理。这种经营方式，有利于联营主体企业的销售扩展、规模增大，亦可增加部分收入。对被联营企业来说则有利于生产的发展，不担心产品的销售，可专心致力于生产加工。这种经营管理方式有利于榨菜行业在不同经济成分下合作，能使一些分散的小型企业逐步纳入到大企业的管理之中，减少市场的无序竞争。其二是联营企业主体方拿出自己的商标，允许被联营企业使用，但销售、销路问题则由被联营企业自己解决，其经营管理完全是自己作主，联营主体企业只收取 50 ~ 80 元/吨的商标使用费。在这种经营方式下，双方联系不紧密，管理松散，以致同一商标产品的质量大不相同，价格也各有不同，故影响较坏。

（三）专业户销售。这种经营形式在坛装榨菜中比较多，绝大部分坛装榨菜是个体加工，一般是几户、十几户甚至几十户加工，统一由推销专业户组织销售。这样，在坛装榨菜的经销上形成了不少榨菜推销专业户，他们走南闯北，为涪陵榨菜的市场化立下了汗马功劳。

（四）自产自销。主要是一些乡、镇、村或个体方便榨菜生产企业。这些企业有自己的商标、有自己的销路，他们一般是根据销售地的需要而进行加工，其生产、品质均由自己决定。因此这种形式的榨菜企业，大部分生产经营方式均比较好。

关于涪陵榨菜的经营方式，除上面所述的分类外，亦还有其他分类方式。如集团化、公司化、推销专业户、个体户等各种经营方式。特别值得一提的是集团化经营方式。《涪陵大事记》（1949～2009年）记载，1988年5月25日，中国首家榨菜集团公司“四川省涪陵榨菜集团公司”成立。该公司由70余家榨菜产销企业联合组建。其后，涪陵榨菜的公司化、集团化迅猛发展。到目前，被确定为涪陵榨菜农业产业化经营的龙头企业就有涪陵榨菜集团有限公司、涪陵辣妹子集团有限公司、涪陵川陵食品有限公司、涪陵新盛食品发展有限公司、涪陵乐味食品有限公司、涪陵德丰食品有限公司等。

对于涪陵榨菜的经营方式，还有一种分类方式，即国营企业、私营企业、中外合资企业、外资企业。因企业属性不同，其经营方式也不同。国营企业主要是涪陵榨菜集团有限公司；私营企业以涪陵辣妹子集团有限公司为领头羊；对于外资企业，主要是日本来华投资榨菜。早在1987年2月8～9日，日本国新新、挑屋株式会社商务代表团来涪陵考察，参观珍溪菜厂、涪陵榨菜研究所榨菜加工基本过程并录像。1988年3月13日，《群众报》报道：最近日本日棉、大崛、新兴、桃屋等株式会社长期经销榨菜的客商，分两批先后在珍溪、蔺市等地榨菜厂进行实地考察。客商们参观有关生产工艺，对其产品质量和卫生条件均感满意。1992年12月14日，四川涪陵佳福食品有限公司成立，公司地点在涪陵市建设路72号，占地面积2472平方米，建筑面积3298平方米，公司注册资金850万元，主要生产经营“云峰”牌坛装榨菜和方便榨菜。这是涪陵榨菜首家中外合资企业。1994年7月30日，四川省进出口公司与日本株式会社桃屋、新新贸易株式会社在成都签约，决定在涪陵市马武镇（原马武榨菜厂）成立四川乐味食品有限公司，占地24.33亩，建筑面积4387平方米，总投资344万元，其产品主要销往日本。1995年7月9日，公司正式开业。这是一家大型的涪陵榨菜中外合资企业。2002年11月，日本商人野田健投资人民币110万元，在涪陵中峰乡兴办榨菜加工企业，注册厂名“重庆市涪陵野田通商榨菜工厂”。《涪陵大事记》（1949～2009年）记载，（11月）日本商人野田健投资人民币110万元，在涪陵中峰乡兴办榨菜加工企业，注册厂名“重庆市涪陵野田通商榨菜工厂”。当月破土动工，预计在2003年上半年竣工投产，竣工后可年产榨菜3000吨，产品直销日本市场。

而今，随着涪陵榨菜农业产业化的发展，按照“平等、自愿、有偿”的原则，坚持以产业链为纽带，积极引导能人、加工大户、榨菜生产企业建立和完善“能人+菜农（加工户）”、“加工大户+菜农（加工户）”、“企业+菜农+加工户”、“基地+农户+加工户+龙头企业+金融机构+科研机构”等多种形式的经营机制，形成利益共享、风险共担的经营共同体，拉紧产业链条，不断优化产业结构，提高科技水平，形成了“企业围绕市场转，农户跟着企业干”的格局，有效地保护了菜农、加工户、榨菜企业的利益，增加了农民收入和企业效益，推进了榨菜产业专业化生产、企业化管理、规模化经营。2007年，全区新发展榨菜专业合作社3个，涉及榨菜企业3家，辐射带动菜农近两万户，助推了榨菜产业化发展。

二、涪陵榨菜的销售

1980年前，涪陵榨菜主要靠坛装榨菜在市场销售。当时是按国家二类物资对待，实行产地生产，报中商部平衡，再分配销售计划给各省、市、自治区的副食品公司或果品公司、糖酒公司，实行对口调拨供应。另有部分军需、特需计划，主要供应部队、特殊自然灾害急需地方。还有出口榨菜，主要交给外贸部门销往国外。因此在计划经济体制阶段，涪陵榨菜的销售和市场不由企业考虑。1983年后，涪陵榨菜市场化，于是销售、销路、市场问题就变得极为重要。

（一）榨菜销售市场的开拓。1983年，涪陵榨菜虽然由二类物资降为三类物资，但涪陵市榨菜公司依靠原来的销售渠道和销售网络，基本上销售还不成问题，同时顺应形势发展，积极固化榨菜销售市场，算是实现了涪陵榨菜由计划经济向市场经济的转轨。

1981年，涪陵乡镇企业局成立涪陵农副产品公司，主要经营和管理乡镇企业的榨菜，迅速走向市场，很快打开武汉、南京市场。从此乡镇企业挤进榨菜销售市场。

1982年，涪陵地区榨菜科研所试制成功方便榨菜，首先在上海、成都、重庆等地的土产公司、干果副食品公司、糖酒公司采取送货上门试销、销后结算货款的方式，陆续打开上海、成都、重庆市场。当年产销38吨，次年产销168吨，进一步打进武汉、南京、九江市场。到1984年涪陵地区榨菜科研所产销额达到530吨，并在长江沿线的一些重点港口推开了方便榨菜的销售。1985年，涪陵市榨菜公司建成中国第一条方便榨菜生产线，当年生产涪陵榨菜1803吨，同时进一步开辟广州、北京、西安、兰州市场。到1990年方便榨菜生产企业达到56家，销售遍及全国各大中城市，形成方便榨菜与坛装榨菜并销格局。

改革开放的推进使个体私营经济迅猛发展，这使榨菜经销发生了极大的变化，从而出现了坛装榨菜的经销户，他们也迅速拓展了武汉、南京等坛装榨菜个体销售市场。

方便榨菜虽迅速发展，但各地仍然是供不应求，于是有些地方为发展当地经济、降低运输成本，提出由涪陵提供原料、外地建厂、就地销售的办法。1986年，涪陵市农副产品公司在北京与北京水利基础处理大队联营兴办红山榨菜厂；1987年，涪陵市榨菜公司在深圳与中港海燕有限公司富山（香港）企业有限公司联营兴办深涪榨菜厂；1990年，新妙三峡榨菜厂在北京兴办涪陵三峡榨菜厂北京分厂；1992年，马武榨菜厂在江西南昌开办川马榨菜厂。

值得一提的是，随着方便榨菜的出现和快速发展，榨菜销售市场进一步走进了居家、旅游、馈赠礼品领域和中小城市甚至农村市场。对此，《涪陵市榨菜志续志》记载："现在人们由于生活水平的提高，不少住户不愿购买坛装榨菜，已切成丝状、拌好调料的复合塑料薄膜小包装榨菜，就成了人们购买的主要商品。而对外出务工人员、出差人员、旅游的人来说，方便榨菜更是他们喜爱的食品，不少在外打工的，为了节约，也把方便榨菜当成他们的主要佐餐食品。并且方便榨菜还走向了航空、轮船、火车，成为人们常吃的食品。"

而今，坛装榨菜的销售遍及全国各省、市、自治区，因方便榨菜的出现、坛装榨菜运输的成本和破损等问题，一些远距离省市如东北、两广、福建等地已经不再进货坛装榨菜。且坛装榨菜的销售对象也由原来的住家户逐步转向餐厅、宾馆等。

方便榨菜的销售市场越来越宽，销售区域遍及全国各省市自治区，还有少量的方便榨菜经过广州、深圳销往国际市场。出口榨菜原来只销日本、东南亚等地，而且只有坛装榨菜出口。现在，随着小包装榨菜和听装榨菜的发展，其出口数量和出口市场也发生了极大的变化。出口榨菜的品种主要有四种：一是坛装出口榨菜；二是小包装方便榨菜；三是不同规格的袋装整形榨菜；四是铁听装榨菜，含不同口味的榨菜和榨菜肉丝等。出口榨菜主要销往日本、东南亚、美国、欧洲、中东等国家和地区，年出口量约4000吨。

（二）涪陵榨菜的销售方式。涪陵榨菜的经销，在市场经济体制初级阶段主要是各省、市、自治区及一些大中城市的国营商业部门经销，采取调拨、货款汇兑方式。1985年后，随着市场经济的发展，榨菜营销策略受到重视，个体榨菜经销商开始出现，涪陵榨菜的营销方式多元化，主要有上门现款购货、合同购销、协议购销、送货上门议销、广告营销、活动营销、价格营销、会展营销等。这里仅选取部分略做介绍。

1. 广告营销，主要是以广告形式吸引人们的注意力，引起人们对该商品或产品的高度关注。这是当代最为重要的一种营销方式、手段和策略。1989年，涪陵榨菜集团公司投资5万元在中央电视台三、八频道进行“乌江牌”榨菜和企业广告宣传（动画片），开涪陵企业在中央电视台打广告先河。对此，《涪陵大事记》（1949～2009年）记载，（1989年）中央电视台三、八频道进行为期一个月的“乌江榨菜”广告宣传，这是涪陵企业第一次在中央电视台做广告。1996年，“乌江”牌榨菜再次出资1200万元在中央电视台电影频道做广告宣传。《涪陵大事记》（1949～2009年）记载，1996年2月，“乌江”牌榨菜广告宣传开始在中央电视台电影频道播出（时间1年）。广告营销取得了良好的销售效果。1997年1月11日，涪陵榨菜（集团）有限公司从本日起在中央电视台电影频道进行广告宣传（时间1年），仅半个月时间就销售8.5万件，比上年同期增长50%。通过广告营销，提升了涪陵榨菜知名度和美誉度，促进了涪陵榨菜产品的销售。

2. 会展营销，主要是参与各种博览会，宣传企业及其商标、产品等以获取荣誉。这也是当代重要的一种营销方式、手段和策略。在这方面，涪陵榨菜可谓是成果丰硕，参见涪陵榨菜企业文化、涪陵榨菜品牌文化二章。更值得注意的是每年在青菜头收购季节，涪陵区积极组织参加各地举办的青菜头促销会。如2003年12月29日至2004年1月1日，第三届中国重庆订单农业暨优质农产品展示展销会在重庆鑫隆达大厦举行，涪陵区荣获最佳组织奖、最佳签约奖和布展设计奖。2008年1月5日，由国家农业部、重庆市人民政府共同主办的2008年重庆、中西部农产品交易会在重庆南坪会展中心举行，涪陵区推出以“绿色”、“无公害”为特色的100多个产品参加交易会，其中涪陵鲜销青菜头首次参展，受到重庆市民的热烈追捧。尤其值得注意的是，1998年涪陵区举办涪陵榨菜诞辰100周年的系列庆祝活动，极大地宣传了涪陵榨菜。1998年10月，时任全国人大常委会委员长李鹏为涪陵榨菜文化节题词：“榨菜之源　香飘百年”。11月8日，涪陵榨菜诞辰100周年文化节在涪陵体育场开幕，期间组委会邀请数位当红歌星倾情演出，中国著名女高音歌唱家宋祖英演唱了歌曲《辣妹子》；编印画册《三峡明珠——涪陵》；摄制电视专题片《三峡明珠——涪陵》、

《榨菜之源　香飘百年》在中央电视台第四套、第七套节目中播出；《中国特产报》于1998年10月29日以专刊全面介绍了涪陵榨菜的悠久历史和发展现状，展示涪陵经济社会成就；举办阵容浩大的“榨菜杯”歌咏比赛；举办“涪陵榨菜百年历史展览”；举办涪陵重点企业展示暨商品展销会；举行重大经贸合同签字仪式；举办榨菜文化专题研讨会、特产经济专家论坛会；发行《100周年榨菜文化节纪念邮册》。榨菜文化节期间，共签订商贸投资合同或协议288份，总金额40.96亿元。其中销售合同260份金额26.56亿元，达成招商引资项目协议12份，引进资金9.31亿元。

3. 活动营销，主要是通过参加公益活动或有意地举办活动，以期宣传企业、商标及其产品，这同样是当代重要的一种营销方式、手段和策略。如1990年10月榨菜集团公司的“乌江牌”榨菜获在北京召开的亚运会“熊猫”包装标志产品，共生产1000吨，并送10吨专供亚运会代表。1996年8月，涪陵“乌江牌”榨菜运送10吨到联合国在北京召开的第四届世界妇代会，专供到会代表，同时还为这次大会赞助人民币3万元。《涪陵大事记》（1949～2009年）记载，8月27日，涪陵榨菜集团股份有限公司向第四次世界妇女大会赠送10吨特制“乌江牌”小包装榨菜（总值10万元人民币），两部专车起运上京，同时公司还向大会捐赠现金3万元。1998年8月21日，在由文化部、民政部联合举办的赈灾义演中，涪陵榨菜（集团）有限公司再次奉献爱心，向抗洪军民捐赠榨菜方便食品100余吨，价值100万元人民币。

（三）涪陵榨菜的销价与成本。1985年后，因为市场开放，各自经营，故涪陵榨菜的销售价格呈现两个特点：其一是价格不一，且有压价销售、争夺市场的情况；其二是销价上升空间有限。

坛装榨菜，1985年国内市场销售价为800元/吨，1995年为1000～1200元/吨，1995年出口坛装榨菜的市场销售价为1600元/吨。

小包装方便榨菜，1982年的试销价是70克袋装0.18元/袋，2574元/吨。1985年100克袋装0.25元/袋，2500元/吨。1994年80克袋装0.24元/袋，3000元/吨，有的达到3750元/吨。小包装方便榨菜一般200包为一件（箱），以件计价，销价高者60元/件，低者45元/件，销价悬殊。

涪陵榨菜的生产成本比较高，据测算，按1992年涪陵榨菜集团公司100克榨菜与1995年80克小包装榨菜相比，结果见表4－15。

表4－15 小包装榨菜成本表

项目	半成品榨菜	辅料	包装物	动力	工资	管理费	单位成本	时间
100克袋装	550	120	1005	15	150	260	2100	1991年
80克袋装	581	150	1300	16	180	280	2507	1995年

备注：1. 资料来源：《涪陵市榨菜志续志》，内部资料，第66页；2. 本表略有变动。3. 单位为元/吨。4. 管理费包括折旧、资金利息、物品消耗、机修费、旅差费、杂支费、办公费等。

半成品榨菜原料吨成本还经常发生变化，如1996年上升到900～1000元/吨，辅料等随市场而波动。实际上，100克袋装榨菜，每件200包，每吨50件，每件生产成本42元，加上税金，销售保本费用为45元。80克袋装，每件20包，每吨62.5件，每件生产成本40元，加上税金，销售保本费用为43元。

（三）涪陵榨菜的销售利润。榨菜是微利润产品。1983年前，只有坛装榨菜，因统一经营、统一销售，利润率可达15%～20%。在小包装榨菜生产初期，因生产企业少，规模不大，产量不多、市场拓展快，故小包装榨菜供应紧俏。1989年前，方便榨菜的利润较高，一般可达到20%以上。1990年，涪陵市政府整顿榨菜。1992年，涪陵榨菜复苏。1993年，涪陵榨菜进一步发展，当年生产小包装榨菜达到6.2万吨，其中涪陵榨菜集团公司生产榨菜2.2万吨，加上联营企业共生产榨菜3.75万吨，销售额达到5480万元，实现利润365万元，上缴税金350万元，合计利润715万元。乡镇企业系统的榨菜厂生产榨菜2.5万吨，销售额达到6001万元，实现利润375万元，税金300万元。其他系统的榨菜厂生产榨菜1.5万吨，销售收入3500万元，实现利润64.6万元。1993年小包装方便榨菜共生产6.2万吨，销售收入14981万元，实现利润739.6万元，税金707.2万元。

当今，随着涪陵榨菜的发展，涪陵榨菜的效益得到更为充分的体现。2005年，涪陵区榨菜产业年总收入16亿元，其中农民青菜头种植、半成品加工收入5亿元左右，成品榨菜销售收入8亿元左右，包装、辅料、运输等相关产业收入3亿元左右，创利税1.5亿元以上。榨菜企业实现产值61250万元，实现销售收入8.6亿元，出口创汇1411万元，利润8600万元，入库税金5400万元，比2004年分别增长19.5%、18.8%、16.3%、9.8%、31.7%。2006年，涪陵区榨菜产业年总收入20亿元以上，其中农民青菜头种植、半成品加工收入6亿元左右，成品榨菜销售收入10亿元左右，包装、辅料、运输等相关产业收入4亿元左右，创利税1.5亿元以上。青菜头外运鲜销102175吨，较2005年增长

125.9%；榨菜企业实现销售收入9.5亿元，出口创汇1500万美元，利税1.5亿元，分别较2005年增长10.4%、6.3%、7.1%。

……

2013年，全区青菜头种植面积为70.63万亩，青菜头总产量140.85万吨，外运鲜销涪陵青菜头46.25万吨，产销成品榨菜45万吨，其中方便榨菜40.7万吨，全形（坛装）榨菜2万吨，出口榨菜2.3万吨，实现榨菜产业总产值达85亿元，出口创汇1679.37万美元，实现利税3.2亿元，比上年增长18.51%。

第五章

涪陵榨菜品牌文化

涪陵榨菜是世界品牌，其丰富的品牌文化内涵已经得到消费者的高度认同。因此，研究涪陵榨菜品牌文化，对于坚定涪陵榨菜品牌信仰，提升涪陵榨菜品牌忠诚度具有十分重要意义。

第一节　涪陵榨菜的主要品牌与名牌

涪陵榨菜近120年的发展历史，也是涪陵榨菜品牌不断衍生、发展的历史。

一、品牌及其价值

“品牌”这一术语最早来源于古代斯堪的那维亚语Brandr，意为“燃烧”，是指生产者燃烧印章，将其烙印到产品之上。在世界品牌发展史上，最古老的通用品牌产生在古代印度，将其称为“Chyawanprash”，乃是以受人尊敬的哲人Chyawan命名。其后，意大利人最早在纸上使用品牌水印形式。

关于品牌的含义，学界有不同的界定。现代营销学之父科特勒在《市场营销学》一书中定义品牌为销售者向购买者长期提供的一组特定的特点、利益和服务。著名市场营销专家菲利普·科特勒则认为品牌是一个特定或特别的名称、名词、符号或设计，或者是它们的某种组合，品牌的主要功能在于识别某个或某群销售者的产品或劳务，并与竞争对手相区别。著名城市营销学家兰晓华则强调品牌是一种形象认知度、感觉、品质认知以及客户忠诚度，它属于一种无形资产。

品牌其实就是人们对某种特定的事物如城市、企业、产品、商标、名词、符号、标志、图形等的一种认定或认可。人们之所以对品牌进行认定或认可，关键就在于品牌所蕴藏的巨大潜力或价值。一种品牌是一种质量保证、一种信誉美度、一种价值导向、一种无形资产和资源、一种社会认可。对此，有人将品牌的作用归结为产品或企业核心价值的体现；识别商品的分辨器；质量和信誉的保证；卖得更贵 + 卖得更多，驱动生意；区分对手的标志。

在现代市场经济社会，企业品牌效益受到社会的高度关注。目前，品牌排名世界第一的是美国的可口可乐。其品牌价值，1994 年为 359.5 亿美元，相当于其销售额的 4 倍。1995 年上升到 390.50 亿美元，1996 年上升到 434.27 亿美元。1999 年，可口可乐公司的销售总额是 90 亿美元，其利润为 30%，计 27 亿美元。除去 5% 由资产投资带来的利润，其余 22.5 亿美元均为品牌利润。在国内，以 1998 年的品牌评估为例，“红塔山”、“海尔”的品牌价值分别为 386 亿元人民币、245 亿元人民币。

二、涪陵榨菜品牌的历史发展

涪陵榨菜历经近 120 年的发展，期间品牌不断创生，并赢得了国际、国内社会的充分认可。大体而言，“涪陵榨菜”品牌发展分为传统市场经济、计划经济和现代市场经济三大历史时段。

（一）传统市场经济阶段，涪陵榨菜品牌发展有三点值得关注。第一，“榨菜”作为一种商品而成为品牌，并迅速传播到涪陵以外地域。其中，以涪陵、丰都等地为主产区形成以风脱水为核心工艺的涪式榨菜。以海宁、余姚等地为主产区形成以盐脱水为核心工艺的浙式榨菜。第二，“榨菜”品牌多由榨菜加工企业加以展示，很少使用商标，只有外销榨菜才有商标品牌。其中，最为著名的是上海鑫和商行的“地球”牌、“金龙”牌、“梅林”牌。在这三大品牌中，又以“地球”牌最为知名。第三，“涪陵榨菜”以其独特的鲜、香、嫩、脆风味的影响力，蜚声中外，世界性品牌得以确立，产品畅销上海、北京、香港、日本、泰国、新加坡等国内外市场。

（二）计划经济阶段，涪陵榨菜品牌发展也有三点值得关注。第一，“榨菜”品牌更多关注的是榨菜原料品牌，如蔺氏草腰子、63001 等。第二，“榨菜”品牌也多由榨菜加工企业加以展示，很少使用商标，只有外销榨菜才有商标品牌。第三，“涪陵榨菜”世界性品牌地位进一步巩固，并成为巴蜀三宝（涪陵榨菜、贡盐、天府花生）、中国三大出口菜（涪陵榨菜、薇菜、竹笋）之一。1970 年，涪陵榨菜参加在法国举行的世界酱香菜评比会，正式与德国甜酸甘蓝、欧洲酸黄瓜并称世界三大名腌菜。从而更加确立了“涪陵榨菜”的世界性地位。

（三）现代市场经济阶段，是涪陵榨菜品牌大发展、大繁荣的阶段。第一，涪陵榨菜品牌类别极多，如榨菜企业品牌、榨菜产品品牌、榨菜商标品牌、榨菜获奖品牌等。第二，榨菜原料品牌不断被研发和培育，如永安小叶、涪丰14、涪杂1号至8号等。第三，榨菜企业品牌走向集团化。如涪陵榨菜集团有限公司、涪陵辣妹子集团有限公司、涪陵渝杨榨菜集团有限公司等。第四，榨菜商标品牌备受关注。如“涪陵榨菜”商标、“涪陵青菜头”商标、乌江牌商标、辣妹子牌商标、太极牌商标等。第五，榨菜获奖品牌不断增多，如乌江牌、辣妹子牌、水溪牌、涪州牌等，特别是乌江牌等更是奖牌林立。第六，涪陵榨菜整体性品牌得到国家系列认定和保护。如“中国榨菜之乡”、“涪陵榨菜”证明商标、“涪陵榨菜原产地域保护”等。第七，涪陵榨菜网络品牌的出现。如“榨菜之乡”的网络注册。第八，涪陵榨菜品牌的国际化。如乌江牌榨菜在美国、加拿大、菲律宾、韩国、俄罗斯、越南、日本、泰国、马来西亚、新加坡和中国香港等国家和地区注册。

三、涪陵榨菜品牌的分类

关于品牌的分类，在学术界主要有以下八种：第一，根据品牌的知名度和辐射区域，可将品牌分为地区品牌、国内品牌、国际品牌、全球品牌。第二，根据产品生产经营的所属环节，可将品牌分为制造商品牌和经销商品牌。第三，根据品牌的来源，可将品牌分为自有品牌、外来品牌和嫁接品牌。第四，根据品牌的生命周期，可将品牌分为短期品牌、长期品牌。第五，根据产品品牌是针对国内市场还是国际市场，可将品牌分为内销品牌和外销品牌。第六，根据品牌产品的所属行业，可将品牌划分为家电业品牌、食用饮料业品牌、日用化工业品牌、汽车机械业品牌、商业品牌、服务业品牌、服装品牌、女装品牌、网络信息业品牌等若干大类。第七，根据产品或服务在市场上的态势，可将品牌分为强势品牌和弱势品牌。第八，根据品牌用途，可将品牌分为生产资料品牌、消费资料品牌等。

对涪陵榨菜来说，根据涪陵地域在榨菜发展史上的地位以及涪陵榨菜的实际划分，涪陵榨菜品牌主要有涪陵榨菜整体性品牌、涪陵榨菜原料品牌、涪陵榨菜企业品牌、涪陵榨菜产品（获奖）品牌、涪陵榨菜商标品牌等多种。

四、涪陵榨菜的知名品牌

涪陵榨菜品牌众多，不管属于涪陵榨菜整体性品牌、涪陵榨菜原料品牌、涪陵榨菜企业品牌、涪陵榨菜产品（获奖）品牌、涪陵榨菜商标品牌的哪一类，知名品牌，即名牌，都代表了榨菜产品的质量档次，代表着地域、企业、产品、商标的信誉。

（一）涪陵榨菜整体性品牌。整体性品牌是指某种特殊事物经过国家认定的“类”品牌，它可以独立成为一种品牌。涪陵榨菜整体性品牌主要有“涪陵”地域品牌、“中国榨菜之乡”整体性网络品牌、“涪陵榨菜”（中文）整体性品牌、“Fuling Zhacai”（拼音）整体性品牌、“涪陵青菜头”整体性品牌等。

1. “涪陵”地域品牌。“一方水土，一方特产”，榨菜孕育于特定的地域。“涪陵”地域本身也就成为一种著名的整体性品牌，并由此奠定了“涪陵”在榨菜加工地域的特殊地位和特别价值。这一点已经得到国家的充分认可。

1995 年 3 月，涪陵（市）被中国农学会认定为“中国榨菜之乡”；同年 4 月 6 日，在北京人民大会堂举行的首批百家中国特产之乡命名大会上，涪陵（市）被正式授予“中国榨菜之乡”称号。

2003 年 3 月，涪陵（区）被国家分别授予“全国果蔬十强区（市、县）”和“农产品深加工十强区（市、县）”称号。

2003 年，涪陵（区）被列为创建全国第二批无公害农产品（种植业）生产示范基地。

2005 年 4 月，涪陵（区）被农业部分别认定为“全国无公害农产品（种植业）生产示范基地”和“第二批全国农产品加工业——榨菜加工示范基地”。

2005 年 9 月 3 日，国家质量监督检验检疫总局和中国国家标准化管理委员会联合发布“涪陵榨菜原产地域产品”国家标准，并于 2006 年 1 月 1 日正式实施，对涪陵榨菜实施产业化经营、地方品牌保护、提升涪陵榨菜知名度起到积极的推动作用。

2011 年 8 月 25 ~27 日，中央电视台 CCTV -7《乡村大世界》节目组、天津市人民政府、阿里巴巴网站等单位联合在天津市梅江会展中心（达沃斯夏季论坛举办地）举办“新商业文明产业经济高峰论坛”。涪陵区在论坛会上，向与会代表及社会各界介绍如何加强地理标志使用管理，打造地理标志产品，宣传展示“涪陵榨菜”和“涪陵青菜头”地理标志产品品牌形象及产业发展状况，受到一致赞赏。涪陵被“新商业文明产业经济高峰论坛组委会”评为“中国最具电子商务发展潜力城市”，并成为 CCTV -7《手挽手助推新农村，地理标志产品打造中国品牌》大型公益行动的成员单位，与各成员单位共同签订和发布了《梅江宣言》。《梅江宣言》旨在联合全国各地理标志产品注册者，依托 CCTV -

7《乡村大世界》，联手阿里巴巴宣传，打造“中国地理标志产品”，助推农民增收致富和新农村建设。

2011 年 12 月，重庆市品牌学会、重庆市巴渝十二品推选委员会主办巴渝十二品推选活动，“涪陵榨菜”被评选为“巴渝十二品”。入选的“巴渝十二品”，主办单位将对其进行组合包装，打造一批旅游产品、流通产品、外宣纪念品，通过各大旅行社、各大超市、专卖店以及有关政府部门、各大企业销售，扩大其在全国乃至全球的知名度和影响力，使“巴渝十二品”代表重庆形象走向世界各地，提高其品牌附加值，进一步提升各有关生产企业的经济效益。

2012 年 10 月 9 日，由重庆市出入境检验检疫局、市科学技术委员会、市农业委员会、市对外贸易经济委员会派员联合组成的检查评审组对涪陵创建出口榨菜质量安全示范区情况进行了评审验收。评审组通过听取专题汇报、查阅资料、现场提问等方式，对涪陵的创建工作进行了逐项检查。后经闭门商讨，评审组最后打出了综合分数 85 分的好成绩，一致同意涪陵出口榨菜质量安全示范区建设通过验收。这标志着涪陵榨菜走向世界翻开了新的一页，迈向了新征程。同时，评审组认为涪陵在创建出口榨菜质量安全示范区工作中，政府重视，基地建设规模宏大，产业辐射影响力强，建立标准化体系有创新，科技支持力度大，决定推荐涪陵区参加国家级质量安全示范区评审验收。

2013 年 1 月 10 日，重庆市出口食品农产品质量安全示范区授牌仪式在重庆国际会展中心举行，涪陵区被评为重庆市首批“国家级出口食品农产品质量安全示范区”。在授牌仪式上，重庆市副市长张鸣、市政协副主席陈贵云为获得重庆市首批“国家级出口食品农产品质量安全示范区”的区县授牌，涪陵区委常委、副区长刘康中代表涪陵接受授牌。

“涪陵”作为“涪陵榨菜”的整体性地域品牌，它具有唯一性和排他性，因此，利用“涪陵”之谐音进行注册，亦属侵权行为。2004 年 7 月 26 日，居住在陕西省西安市大兴西路 9 号的榨菜经销商叶祖权（重庆市涪陵区人），以自由人身份委托北京灵达知识产权代理有限公司向国家工商行政管理总局商标局申请注册“涪林 FULIN 及图”商标。2006 年 7 月 28 日，国家工商行政管理总局商标局在《商标公告》第 1033 期上予以初审注册公告，注册号 4187725 号，核准商品第 29 类榨菜。重庆市涪陵区榨菜管理办公室得知此事后，从维护涪陵榨菜品牌声誉和涪陵榨菜产业发展以及保护广大农户的利益出发，于 2006 年 8 月 3 日向国家工商行政管理总局商标局提出“涪林 FULIN 及图”商标与重庆市涪陵区榨菜管理办公室注册的“涪陵榨菜及图”（注册号：1389000 号和“Fuling

Zhacai”，注册号：3620284 号）地理标志证明商标相近似的商标注册提出异议。2009 年 11 月 14 日，国家工商行政管理总局商标局对重庆市涪陵区榨菜管理办公室提出的商标注册异议下达商标异议裁定书——《涪林 FULIN 及图商标异议裁定书》（商标异字〔2009〕第 18609 号），裁定准予“涪林 FULIN 及图”商标注册。2009 年 12 月 16 日，重庆市涪陵区榨菜管理办公室委托重庆西南商标事务所向国家工商行政管理总局商标评审委员会提出商标异议复审，并就“涪林 FULIN 及图”商标核准注册后给涪陵榨菜产销市场、涪陵榨菜品牌声誉、涪陵榨菜产业发展、涪陵数十万菜农增收致富等造成的损害和带来的严重后果，向国家工商行政管理总局商标评审委员会进行了全面的阐述。2011 年 9 月 15 日，国家工商行政管理总局商标评审委员会下达《关于第 4187725 号“涪林 FULIN 及图”商标异议复审裁定书》（商评字〔2011〕第 20829 号），裁定被异议商标第 4187725 号“涪林 FULIN 及图”不准予注册。为此长达 5 年之久的商标注册争议案，终以“涪林 FULIN 及图”不准予注册而告终，从而有效地维护了“涪陵榨菜”品牌形象，保护了“涪陵榨菜”这一金字招牌。

2. “中国榨菜之乡”整体性网络品牌。网络品牌是特定的企业（集团、公司、厂家）、个人或者组织借助网络营销而建立起来的因产品或者服务树立的美好形象。好的品牌往往会深入客户心中，并以此为基础进行品牌延伸，其网站名称、网站域名、网站 LOGO 等会在网友心目中树立美好形象。

2006 年 6 月 2 日，涪陵区榨菜管理办公室代表涪陵区政府，在中国互联网上注册了“中国榨菜之乡 . COM”、“中国榨菜之乡 . CN”和“中国榨菜之乡 . NET”3 个中文域名。这是提升涪陵形象，保护“中国榨菜之乡”美名，拓展涪陵榨菜销售市场的重要举措，为涪陵榨菜在互联网上贴上了一个中文门牌号码，可更好地促进涪陵榨菜产业发展，创造更大的社会效益和经济效益。

3. “涪陵榨菜”（中文）整体性品牌。“涪陵榨菜”经由特定的工艺加工而成，它不仅包括一个个具体的榨菜品牌，更是一个整体性的“类”品牌，并与其他榨菜品牌，特别是浙式榨菜相区别，并获得国家和社会认可。

2005 年 1 月 21 日，“涪陵榨菜”证明商标被重庆市工商局商标评审委员会认定为重庆市著名商标。

2009 年 11 月 11 日，“涪陵榨菜”地理标志证明商标被评为“2009 中国最具市场竞争力地理商标、农产品商标 60 强”。

2009 年 12 月 18 日，在 2009 年中国农产品区域公用品牌价值评估中，“涪陵榨菜”品牌价值评估为 111. 84 亿元人民币，获首届中国区域公用品牌价值百强第二名。

2010 年 1 月 5 日，“涪陵榨菜”地理标志证明商标被国家工商行政管理总局商标局认定为“中国驰名商标”。

2010 年 11 月 23 日，涪陵榨菜集团在深圳证券交易所成功上市。

2015 年，在 2014 年中国农产品区域公用品牌价值评估中，“涪陵榨菜”品牌价值评估为 138.78 亿元，位居全国农产品区域公用品牌价值第 1 位。

4. “Fuling Zhacai”（拼音）整体性品牌。“涪陵榨菜”整体性品牌不仅包括中文标识，也包括拼音标识，即“Fuling Zhacai”整体性品牌。

2006 年 1 月 7 日，由涪陵区榨菜管理办公室向国家工商行政管理总局商标局申请注册的拼音“Fuling Zhacai”证明商标，经国家工商行政管理总局商标局审查予以注册公告。“Fuling Zhacai”证明商标核准注册。2006 年 4 月 7 日，拼音“Fuling Zhacai”证明商标，经国家工商行政管理总局商标局审核后，为期 3 个月的公告期满，予以正式核准注册，注册号为：3620284，有效期从 2006 年 4 月 7 日至 2016 年 4 月 6 日。“Fuling Zhacai”证明商标的成功注册，将彻底扭转一些不法榨菜生产企业使用“Fuling Zhacai”商标来冒充涪陵榨菜的现象，不法榨菜生产企业将再无空子可钻，这对维护“涪陵榨菜”百年品牌形象和声誉，规范企业生产行为，打击假冒侵权行为，推进涪陵榨菜产业做大、做强都起到积极的作用。

2010 年 12 月 17 日，“Fuling Zhacai”地理标志证明商标被重庆市工商行政管理局认定为“重庆市著名商标”。

5. “涪陵青菜头”整体性品牌。涪陵榨菜是由特殊的原料——青菜头加工而成的，因此，青菜头也成为一种整体性品牌。

2010 年 2 月 21 日，“涪陵青菜头”被国家工商行政管理总局商标局核准注册为地理标志证明商标。

2011 年 1 月，中国农产品区域公用品牌价值评估课题组发布“2010 年中国农产品区域公用品牌价值评估结果”，“涪陵青菜头”品牌价值在 2010 年中国农产品区域公用品牌价值评估中首次被评估为 11.66 亿元人民币。

2011 年 4 月 20 日，中国农产品区域公用品牌价值评估课题组发布“2011 年度中国农产品区域公用品牌价值评估结果”，“涪陵青菜头”的品牌价值被评估为 12.15 亿元人民币，较 2010 年上升 0.49 亿元人民币。

2012 年 5 月 20 日，中国农产品区域公用品牌价值评估课题组发布“2012 年度中国农产品区域公用品牌价值评估结果”，“涪陵青菜头”区域公用品牌价值被评估认证为17.44亿元，较2011年上升5.29亿元，位居全国81位。

2015年“涪陵青菜头”区域公用品牌价值被评估认证为20.74亿元，位居全国68位。

（二）榨菜原料品牌

在涪陵历史上榨菜栽培品种主要有草腰子、三层楼、鹅公包、枇杷叶、露酒壶、三转子、白大叶等品种。

1. 三层楼。农民自繁殖自留的地方品种。因瘤茎上的肉瘤生长为“三层”，且菜头呈“扁圆形”，酷似“三层楼房”而得名。20世纪60年代前所栽培的主要品种之一。

2. 鹅公包。农民自繁殖自留的地方品种。菜头上的肉瘤大而圆，外形似“鹅头顶”而得名。20世纪60年代前所栽培的主要品种之一。

3. 露酒壶。农民自繁殖自留的地方品种。菜头形状为“上下小而中间大”，外形似“酒壶”而得名。20世纪60年代前所栽培的主要品种之一。

4. 羊角菜。农民自繁殖自留的地方品种。菜头上的肉瘤大多表现为“尖而长”，有的甚至向下弯，酷似“羊子的角”而得名。20世纪60年代前所栽培的主要品种之一。

5. 三转子。1962年，原涪陵地区农业科学研究所在原涪陵县李渡区石马公社太乙大队发掘的地方品种。是20世纪60～70年代的主要栽培品种。因其瘤茎上的肉瘤生长为“三转”而得名。该品种对病毒病有一定的耐性，1963年后成为重病区的主栽品种，1976年后逐渐被“蔺市草腰子”所代替。

6. 63001。1963年，原涪陵地区农业科学研究所在三转子群体中发现的一个变异单株，于1965年通过系统培育而成。该品种除耐病性比三转子稍强以外，其他性状与三转子没有差别。

7. 柿饼菜。20世纪70年代地方主要品种之一。因青菜头“大而扁圆”，酷似加工好的“柿饼”而得名。该品种产量高，但含水量也高，在部分地方只做搭配品种植。

8. 水冬瓜。20世纪70年代地方主要品种之一。因青菜头“含水量”非常高，且叶为板叶而得名。

9. 蔺市草腰子。1965年，原西南农学院、重庆市农业科学研究所、涪陵地区农业科学研究所在原涪陵县蔺市区龙门公社胜利二队发掘的地方品种。是20世纪七八十年代四川盆地茎瘤芥产区的主要栽培品种。该品种含水量低，菜形好，利于密植高产，适宜榨菜加工。1972～1975年，涪陵地区农业科学研究所对此品种进行了丰产性和加工适应性鉴定，1976年开始在涪陵茎瘤芥产区推广，1993年以后逐渐被“永安小叶”代替。

10. 永安小叶。1986年，涪陵地区农业科学研究所在永安乡发掘的地方品种。是20世纪80年代至今所栽培的品种之一。永安小叶，株高45~50厘米，开展度仅60~65厘米，叶片较小，易于密植。瘤茎近圆球形，含水量低，菜形好，利于加工。亩植可达6000~7000株，亩产可达1800~2000千克，高的可达2500~3000千克，较蔺市草腰子增产15%~20%。

11. 涪丰14。1992年3月，涪陵地区农科所以柿饼菜为原始材料所育成的新品种，通过四川省农作物品种审定委员会审定并定名。是20世纪90年代推广的新型优良品种之一。涪丰14，株高55~60厘米，叶呈倒卵圆形，茎瘤呈扁圆形，纵径9~10厘米，横径12~13厘米。皮色浅绿，肉瘤大而纯圆，间沟浅，鲜重350克左右。该品种具有丰收性好、含水量低、适应性强、脱水速度快、耐病毒病、播期弹性大等特点。亩植6000~7000株，亩产可达2000~2200千克，高的甚至达3000千克，较蔺市草腰子增产20%以上。

12. 涪杂1号。重庆市涪陵区农科所榨菜研究室，利用自育茎瘤芥胞质雄性不育系和优良父本系，在国内外率先培育出的第一个杂交榨菜新品种。2000年1月，通过重庆市农作物品种审定委员会审定并命名。该品种具有耐肥、丰产、含水量低、皮薄、脱水快、蛋白质高等特点，一般亩产2500千克左右，高产栽培亩产可达3500千克以上；较“永安小叶”、“涪丰14”亩产增长20%以上。但对收获期要求严格（现蕾后3~5天必须收完，否则极易出现皮厚筋多等），故于2006年退出生产领域。

13. 涪杂2号。重庆市涪陵区农业科学研究所培育的一个早熟丰产茎瘤芥杂一代新品种，于2006年1月通过重庆市农作物品种审定委员会审定并命名为“涪杂2号”。“涪杂2号”株高46.0~52.0厘米，开展度63.0~66.0厘米；叶长椭圆形、叶色深绿、叶面微皱、无蜡粉、少刺毛，叶缘不规则，细锯齿，裂片4~5对；瘤茎近圆球形、皮色浅绿，瘤茎上每一叶基外侧着生肉瘤3个，中瘤稍大于侧瘤，肉瘤钝圆，间沟浅。营养生长期150~155天，丰产性好，一般亩产2500千克，高产栽培可达3000千克以上；耐肥，较耐病毒病，株型紧凑；8月下旬播种，次年元月上中旬收获而不先期抽薹，播期弹性大，抗逆力强，菜形美观，品质优良，鲜食加工均可。其缺点：田间抗（耐）霜霉病能力稍次于“涪杂1号”。该品种适合海拔500米以下榨菜适宜地区种植，在8月25~30日播种，育苗移栽，苗龄30天左右，亩植6000株，元月上中旬收获。该品种于

2005 年 8 月，在涪陵区珍溪、清溪、南沱、义和、龙潭、新妙等乡镇示范种植 3000 余亩，平均亩产近 3000 千克，较适期播种的“永安小叶”增产 15% 以上。该品种的显著特点是：叶片较直立，株型紧凑，耐肥，较耐病毒病和霜霉病，耐冻害能力强，丰产性好，抽薹较晚，特别是早播而不出现先期抽薹，瘤茎皮薄，含水量低，脱水速度快，加工成菜率和品质与“永安小叶”相当。是目前涪陵区早市青菜头（8 月下旬播种，11 月上中旬开始收获，主作鲜食蔬菜）生产的主栽品种。

14. 涪杂 3 号。重庆市涪陵区农科所榨菜研究室利用自育不育系和优良父本系培育的丰产优质杂交榨菜新品种。2007 年 12 月，通过重庆市农作物品种审定委员会审定并命名。目前，在部分菜区做搭配品种使用。

15. 涪杂 4 号。重庆市涪陵区农科所榨菜研究室选育的抗病毒病杂交榨菜新品种。2009 年 2 月，通过重庆市农作物品种审定委员会审定并命名。目前，主要在病毒病重病区或常发区使用。

16. 涪杂 5 号。重庆市涪陵区农科所选育的丰产型杂交榨菜新品种。2009 年 2 月，通过重庆市农作物品种审定委员会审定并命名。该品种最显著的特点是播期弹性大，叶片较直立，株型较紧凑，耐肥，较耐病毒病和霜霉病，丰产性好。目前，主要在涪陵坪上地区进行推广应用。

17. 涪杂 6 号。重庆市涪陵区农科所选育的抗霜霉病病毒病杂交榨菜新品种。2010 年 1 月，通过重庆市农作物品种审定委员会审定并命名。该品种最显著的特点是抗（耐）病性，特别是抗霜霉病能力较强，播期弹性大，叶片较直立，株型紧凑，耐肥，丰产性好。目前，主要在霜霉病重病区或常发区使用。

18. 涪杂 7 号。重庆市涪陵区农科所选育的耐先期抽薹能力强的杂交榨菜新品种。2011 年 6 月，通过重庆市农作物品种审定委员会审定。目前，主要在早市青菜头生产区作搭配品种使用。

19. 涪杂 8 号。重庆市涪陵区农业科学研究所利用自育不育系和优良父本系培育出的晚熟丰产杂交新品种。2013 年 5 月，通过重庆市农作物品种审定委员会审定并命名。该品种最显著的特点是晚熟丰产特别是抗抽薹能力较强，播期弹性大，叶片较直立，株型较紧凑，耐肥，瘤茎产量高，丰产性好。在 10 月上中旬播种，次年 3 月下旬收获而不出现抽薹。瘤茎皮薄筋少，含水量低，脱水速度快，加工成菜率和品质与“永安小叶”、“涪杂 2 号”、“涪杂 3 号”相当。是目前涪陵第二季榨菜栽培的主栽品种。

（三）榨菜企业品牌。在涪陵榨菜近 120 年的榨菜发展史上，产生了诸多的榨菜企业品牌，主要有如下企业品牌：

1. 荣生昌。涪陵榨菜首家企业。

2. 道生恒。涪陵首家榨菜销售企业、专营榨菜庄。

3. 欧秉胜。涪陵首家仿制榨菜成功的企业。

4. 公和兴。民国时期涪陵县外首家榨菜加工企业。丰都也因此成为发展涪陵榨菜的第二个县域。

5. 聚义长。20 世纪 30 年代巴县木洞知名榨菜企业。

6. 聚裕通。20 世纪 30 年代江北洛碛知名榨菜企业。

7. 三江实业社。20 世纪 30 年代丰都知名榨菜企业。

8. 乾大昌。20 世纪 30 年代上海著名货栈。

9. 鑫和。20 世纪 30 年代上海著名商行。

10. 同德祥。涪陵榨菜企业存续时间最久的企业之一。前后存续时间达 44 年。

11. 复兴胜。涪陵榨菜企业存续时间最久的企业之一。前后存续时间达 44 年。

12. 隆和。涪陵榨菜史存续到公私合营时期的著名企业之一。

13. 珍溪菜厂。新中国著名的国营企业之一。1981 年 9 月，珍溪菜厂生产的“乌江牌”一级坛装榨菜获国家银质奖，这是中国榨菜行业乃至整个酱腌菜行业的第一块质量名牌。

14. 重庆市涪陵榨菜（集团）有限公司。是一家集榨菜科研、生产、销售为一体的农产品深加工综合性高新技术企业。国家级农业产业化龙头企业。目前是中国最大的榨菜生产经营集团，是中国榨菜业的龙头。

15. 重庆市涪陵辣妹子集团有限公司。是一家以生产、销售、科研、开发“辣妹子”牌系列榨菜为主的企业集团，国家级农业产业化龙头企业，是中国最大的酱腌菜生产经营企业之一。

16. 重庆市级农业产业化榨菜业龙头企业。共 14 家，分别为重庆市涪陵区洪丽食品有限责任公司、重庆市涪陵区紫竹食品有限公司、重庆市涪陵区渝杨榨菜（集团）有限公司、重庆市涪陵宝巍食品有限公司、重庆市涪陵区国色食品有限公司、重庆市涪陵区志贤食品有限公司、重庆市涪陵瑞星食品有限公司、重庆市涪陵区浩阳食品有限公司、重庆市涪陵区绿洲食品有限公司、重庆市剑盛食品有限公司、重庆涪陵红日升榨菜食品有限责任公司、涪陵天然食品有限责任公司、重庆市涪陵区桂怡食品有限公司、重庆市涪陵绿陵实业有限公司。

17. 涪陵区级农业产业化榨菜业龙头企业。共3家，分别为重庆市涪陵区大石鼓食品有限公司、重庆市涪陵祥通食品有限责任公司、重庆川马食品有限公司。

（四）榨菜成品品牌。在涪陵榨菜近120年的发展史上，产生了诸多的榨菜产品品牌。因涪陵榨菜存在原料（茎瘤芥）和制成品（榨菜）的歧义，故这里使用“榨菜成品品牌”一语。“榨菜成品品牌”既可能指榨菜企业生产的制成品，也可能指榨菜代销企业的产品。有时，甚至可能以榨菜生产加工企业代指榨菜品牌。当然，这主要是出现在涪陵榨菜问世以后到中华人民共和国成立以前的这一段时期。涪陵榨菜的成品品牌主要有：

1. 荣生昌榨菜。这是中国第一个榨菜成品品牌。本为1898年涪陵榨菜创始人邱寿安所创立的榨菜企业，但当时，多以榨菜企业名称来称呼其所生产的榨菜。因此，荣生昌既是中国首家涪陵榨菜企业，也是中国首个榨菜成品品牌，从而开启了涪陵榨菜品牌的历史。

2. 道生恒榨菜。这是第一家专门销售涪陵榨菜的品牌。本为榨菜创始人邱寿安与其弟邱汉章所创立，地点在上海，主要销售邱氏“荣生昌”榨菜。但当“道生恒”具有独立的法人资格时，它也就脱离母体而成为“道生恒”榨菜。因此，道生恒不仅是中国首家专营榨菜庄，而且也是中国首个专业销售品牌。

3. 欧秉胜榨菜。欧秉胜是中国首家仿制榨菜成功的企业，故欧秉胜榨菜也成为中国第二家榨菜加工企业所生产的成品品牌。

4. 公和兴榨菜。公和兴是民国时期涪陵县外首家榨菜加工企业，故公和兴榨菜就成为涪陵县域以外的中国首个榨菜成品品牌。丰都也因此成为发展涪陵榨菜的第二个县域。

5. 聚义长榨菜。聚义长是20世纪30年代巴县木洞知名榨菜企业，聚义长榨菜也就成为知名涪陵榨菜成品品牌。聚义长榨菜的销售以信息灵活、包退包换而著称于涪陵榨菜发展史。

6. 聚裕通榨菜。聚裕通是20世纪30年代江北洛碛知名榨菜企业，聚裕通榨菜也就成为知名涪陵榨菜成品品牌。聚裕通榨菜的销售以“早”抓原料、产量高、经营方式灵活而闻名于涪陵榨菜发展史。

7. 三江榨菜。三江实业社是20世纪30年代丰都知名榨菜企业，三江榨菜也就成为知名涪陵榨菜成品品牌。三江榨菜的销售以改进工艺，创新品种，非常重视商品宣传而驰名于涪陵榨菜发展史。

8. 鑫和榨菜。鑫和是20世纪30年代上海著名商行。鑫和商行以精选涪陵榨菜打地球牌商标运销国外而享有盛名。其产品远销菲律宾、新加坡等南洋国家以及中国香港、日本、朝鲜、美国旧金山等地。

9. 复兴胜榨菜。复兴胜是涪陵榨菜企业存续时间最长的企业之一。前后存在44年，可谓名副其实的涪陵榨菜“老字号”。其延续时间如此之久，其榨菜品牌的价值由此可见。

10. 隆和榨菜。隆和是涪陵榨菜史上存续到公私合营时期的著名企业之一。其品牌的意义据此可以深究。

11. 乌江牌榨菜。新中国成立以后最为著名的榨菜产品品牌。1981 年，参加全国第二次优质产品授奖大会获银奖，成为全国酱腌菜行业的第一块也是最高的质量名牌，也是到2007 年止全国酱腌菜行业中唯一获此殊荣的最高质量奖项。2002 年，“乌江”牌“无防腐剂中盐榨菜”经重庆市高新技术产品技术专家评审委员会评审通过，被重庆市科委核准为重庆市第一批高新技术产品，开创涪陵榨菜被评为高新技术产品的先河，成为迄今为止全国酱腌菜行业唯一获得高新技术产品称号的品牌。自1981 年以来，乌江牌榨菜获得一系列荣誉，见表5－1。

表5－1　乌江牌榨菜所获荣誉表

荣誉名称	受评对象	时间（年）	认定机构①
全国榨菜优质产品鉴评会第一名	乌江牌榨菜	1981	全国榨菜优质产品鉴评会
中华人民共和国国家质量奖银奖	乌江牌榨菜	1981	全国第二次优质产品授奖大会
商业部优质产品（称号）	珍溪榨菜厂榨菜	1982	中商部上海优质产品鉴评会
获奖	乌江牌一级坛装榨菜	1985	国家商业部南京“全国榨菜优质产品鉴评会”
获奖	乌江牌一级坛装榨菜	1985	国家商业部南京“全国榨菜优质产品鉴评会”
获奖	乌江牌一级坛装榨菜	1985	国家商业部南京“全国榨菜优质产品鉴评会”
优质奖	乌江牌坛装榨菜	1985	中商部

① 认定机构名称为各单位、各部门提供，未作更动，特此说明。后各表相同，不再注明。

（续表）

荣誉名称	受评对象	时间（年）	认定机构
第一名	乌江牌鲜味小包装榨菜	1986	国家商业部南京“全国首次小包装榨菜优质产品评比会”
第一名	乌江牌糖醋小包装榨菜	1986	国家商业部南京“全国首次小包装榨菜优质产品评比会”
部优产品奖	乌江牌鲜味小包装榨菜	1986	国家商业部南京“全国首次小包装榨菜优质产品评比会”
部优产品奖	乌江牌糖醋小包装榨菜	1986	国家商业部南京“全国首次小包装榨菜优质产品评比会”
包装奖	乌江牌榨菜	1987	中国包协
优质产品（称号）	乌江牌一级坛装榨菜	1988	国家商业部
优质产品（称号）	乌江牌一级坛装榨菜	1988	国家商业部
优质产品（称号）	乌江牌一级坛装榨菜	1988	国家商业部
优质产品（称号）	乌江牌糖醋方便榨菜	1988	国家商业部
优质产品（称号）	乌江牌鲜味方便榨菜	1988	国家商业部
金奖	乌江牌榨菜	1988	1988年首届中国食品博览会名、特、优、新产品博览会
南京消费者最喜爱食品“长江杯”奖	乌江牌榨菜	1989	南京消费者协会
“金杯”奖	乌江牌榨菜	1991	全国部分食品质量监评
金奖	乌江牌榨菜（5种成品）	1992	首届巴蜀食品节
银奖	乌江牌榨菜（2种成品）	1992	首届巴蜀食品节
优秀奖	乌江牌榨菜（1种成品）	1992	首届巴蜀食品节

（续表）

荣誉名称	受评对象	时间（年）	认定机构
最喜爱商品（称号）	乌江牌榨菜	1992	四川省首届消费者协会
四川省著名商标（称号）	乌江牌	1992	
荣誉证书	乌江牌榨菜	1992	意大利博洛尼亚国际博览会
荣誉证书	乌江牌榨菜	1992	马来西亚亚洲食品博览会
著名商标称号	乌江牌	1992	四川省首届著名商标评选
“年年香”金奖	乌江牌榨菜	1992	全国部分市场食品质量监评
金奖	乌江牌榨菜	1992	意大利博洛尼亚国际博览会
金奖	乌江牌榨菜	1992	马来西亚吉隆坡亚洲食品技术展
四川省著名商标	乌江牌方便榨菜	1992	
“食品卫生质量信得过产品”（称号）	乌江牌榨菜	1993	四川省卫生防疫站、四川省食品卫生监督检查所
四川旅游商品“熊猫”金奖	乌江牌榨菜	1993	
金奖	乌江牌低盐方便榨菜	1993	广州“1993 全国食品加工技术交易会暨食品博览会”
金奖	乌江牌榨菜	1993	首届新加坡国际名优产品博览会
金奖	乌江牌低盐榨菜	1993	93 全国食品加工技术交易会暨食品博览会
“食品卫生质量信得过产品”（称号）	乌江牌榨菜	1993	四川省首届“食品卫生质量信得过产品”省级专家评审委员会评定
金奖	乌江牌方便榨菜	1993	新加坡国际名优产品博览会
四川省旅游产品定点产品	乌江牌低盐方便榨菜	1994	四川省旅游局
金奖	乌江牌榨菜	1994	四川名、优、特、新产品博览会
四川省食品工业名牌产品（称号）	乌江牌鲜味方便榨菜	1994	

（续表）

荣誉名称	受评对象	时间（年）	认定机构
“四川省食品工业名牌产品”（称号）	乌江牌美味方便榨菜	1994	
金奖	乌江牌榨菜	1995	95中国成都国际食品精品、食品机械及食品包装设备博览会暨第二届巴蜀食品节展销会
包装装潢设计“星星”金奖	乌江牌榨菜	1996	四川省包装协会
国际名牌酿造品（称号）	乌江牌低盐无防腐剂榨菜	1996	第二届中国国际食品博览会
名牌产品（称号）	乌江牌方便榨菜	1996	中国国际食品博览会
“国际名牌调味品”（称号）	乌江牌鲜味榨菜	1997	第二届中国国际食品博览会（武汉）
首批名牌产品	乌江牌榨菜	1997	全国供销合作总社
“全国食品行业名牌产品”（称号）	乌江牌榨菜	1997	全国名优饮料、调味品、饼干行业产品质量评比推荐和技术经验交流会
《辉煌的五年》建设成就展品	乌江牌榨菜	1997	中共“十五”大
美国FDA（美国国家食品与医药管理局）认证	乌江牌榨菜	1997	
全国食品行业名牌产品（称号）	乌江牌方便榨菜	1997	
“1998～1999年度推荐商品”（称号）	乌江牌榨菜	1998	新疆维吾尔自治区消费者协会
重庆市首批著名商标	乌江牌注册商标	1998	重庆市工商局
“绿色食品”证书	乌江牌榨菜	1998	
著名商标	乌江牌方便榨菜	1998	重庆市人民政府
经贸成果奖	乌江牌榨菜	1999	99中国国际农业博览会
金奖	乌江牌榨菜	2001	第三届中国特产文化节经贸展洽会特色产品评选
重庆名牌产品（称号）	乌江牌榨菜	2001	
重庆“食品卫生信得过产品”（称号）	乌江牌榨菜	2001	

（续表）

荣誉名称	受评对象	时间（年）	认定机构
中国食品工业“国家质量达标产品”（称号）	乌江牌榨菜	2001	
中国食品工业“安全优质承诺食品”（称号）	乌江牌榨菜	2001	
中国名特产品金奖	乌江牌榨菜	2001	第三届中国特产文化节
名牌农产品（称号）	乌江牌榨菜	2001	重庆市首届名牌农产品评选
“涪陵榨菜”证明商标首批获准使用	乌江牌榨菜	2001	
“中国放心食品信誉品牌”（称号）	乌江牌榨菜系列产品	2002	国家内贸局食品流通开发中心检测审查
“中国名牌商品”（称号）	乌江牌榨菜	2002	中国商业联合会
高新技术产品认定证书	乌江牌无防腐剂中盐榨菜	2002	重庆市高新技术产品技术专家评审委员会评审通过，重庆市科委核准
2002 年重庆市第一批高新技术产品	乌江牌无防腐剂中盐榨菜	2002	重庆市高新技术产品技术专家评审委员会评审通过，重庆市科委核准
“中国驰名品牌”（称号）	乌江牌系列榨菜产品	2002	中国品牌发展促进委员会审定
“中国绿色食品 2002 年福州博览会畅销产品”奖	乌江牌榨菜	2002	中国绿色食品 2002 年福州博览会组委会评审
重庆市“最受消费者欢迎名牌产品”	乌江牌榨菜	2003	重庆市第二届农业暨优质农产品展示展销组委会评审
重庆市“消费者喜爱产品”	乌江牌榨菜	2003	重庆第五届名优特新产品迎春展销会评定
重庆市市级新产品	乌江牌中盐榨菜新产品	2003	重庆市经济委员会认定
优秀新产品二等奖	乌江牌中盐榨菜新产品	2003	重庆市人民政府
“放心食品”（称号）	乌江牌榨菜系列产品	2003	中国食品工业协会评审认定
重庆市“消费者喜爱产品”	乌江牌系列榨菜	2004	重庆市第六届名、优、特、新产品迎春展销会

（续表）

荣誉名称	受评对象	时间（年）	认定机构
注册颁证：获国家原产地标记保护注册、中国驰名商标	乌江牌和健牌原产地标记保护	2004	国家质量监督检验检疫总局
中国调味品行业新产品奖	乌江牌新一代无防腐剂中盐榨菜	2004	中国调味品协会（评审）
中国调味品行业新产品奖	乌江牌虎皮碎椒	2004	中国调味品协会（评审）
“中国驰名商标”（称号）	乌江牌榨菜	2004	全国酱腌菜行业获得的国家首个驰名商标
涪陵区知名商标	乌江（汉字）	2010	涪陵区知名商标认定与保护工作委员会
涪陵区知名商标	乌江（图形）	2010	涪陵区知名商标认定与保护工作委员会

12. 辣妹子牌榨菜。涪陵榨菜著名产品品牌。先后获得系列荣誉。见表5－2。

表5－2　辣妹子牌榨菜所获荣誉表

荣誉名称	受评对象	时间（年）	认定机构
“江苏市场综合竞争力金牌产品”（称号）	辣妹子牌榨菜	1998	江苏省贸易厅等
用户评价满意产品	辣妹子牌榨菜	1999	江苏省质协用户委员会
重庆“最佳食品品牌”（称号）	辣妹子牌榨菜	1999	
“重庆市著名商标”（称号）	辣妹子牌榨菜	1999	
“涪陵榨菜”证明商标首批获准使用	辣妹子牌榨菜	2001	
绿色食品A级产品	辣妹子牌榨菜	2003	中国绿色食品发展中心
消费者最喜爱产品	辣妹子牌系列方便榨菜	2004	第三届中国重庆订单农业暨优质农产品展示展销会
颁证	辣妹子牌辣椒榨菜粒（包装专利）	2004	国家知识产权局
颁证	辣妹子牌爽口榨菜片（包装专利）	2004	国家知识产权局
颁证	辣妹子牌浓香榨菜丝（包装专利）	2004	国家知识产权局

（续表）

荣誉名称	受评对象	时间（年）	认定机构
注册	辣妹子辅助商标“辣椒妹”	2004	国家工商行政管理总局商标局
安全食品认证	涪陵辣妹子集团有限公司	2004	国家6部委
重庆名牌产品	辣妹子牌方便榨菜	2004	重庆市人民政府
国家绿色食品认证中心A级认证	辣妹子牌4个榨菜产品	2005	
高新技术产品（称号）	70克绿色版榨菜丝	2005	重庆市科委
高新技术产品（称号）	80克香辣榨菜丝	2005	重庆市科委
重庆市著名商标	辣妹子牌	2009	重庆市工商行政管理局
涪陵区高新技术产品	绿色版60克榨菜丝		
涪陵区高新技术产品	绿色版70克榨菜丝		
涪陵区高新技术产品	绿色版80克榨菜丝		
涪陵区高新技术产品	60克香辣榨菜丝		
涪陵区高新技术产品	70克香辣榨菜丝		
涪陵区高新技术产品	80克香辣榨菜丝		
涪陵区知名商标	辣妹子牌	2010	涪陵区知名商标认定与保护工作委员会
重庆市重点新产品	108克榨菜泡菜	2010	重庆市科学技术委员会

13. 涪州牌榨菜。涪陵榨菜著名产品品牌，先后获得系列荣誉。见表5－3。

表5－3　涪州牌榨菜所获荣誉表

荣誉名称	受评对象	生产厂家	时间（年）	认定机构
优质奖（奖状）	涪州牌坛装榨菜	开平榨菜厂	1983	四川省乡企局
优良奖（奖状）	涪州牌坛装榨菜	酒井榨菜厂	1983	四川省农牧厅、乡企局
全国乡镇企业系统榨菜优质产品（评比会前5名之一）	涪州牌一级坛装榨菜	两汇榨菜厂	1984	农牧渔业部
全国乡镇企业系统榨菜优质产品（评比会前5名之一）	涪州牌一级坛装榨菜	马武榨菜厂	1984	农牧渔业部

（续表）

荣誉名称	受评对象	生产厂家	时间（年）	认定机构
全国乡镇企业系统榨菜优质产品（评比会前5名之一）	涪州牌一级坛装榨菜	酒店榨菜厂	1984	农牧渔业部
全国乡镇企业系统榨菜优质产品（评比会前5名之一）	涪州牌一级坛装榨菜	纯子溪榨菜厂	1984	农牧渔业部
质量奖（奖牌、证书）	涪州牌方便榨菜	马武榨菜厂	1984	中国农牧渔业部
质量奖（奖牌）	涪州牌方便榨菜	酒店榨菜厂	1984	中国农牧渔业部
优质奖（奖牌、奖状）	涪州牌坛装榨菜	两汇榨菜厂	1984	中国农牧渔业部
质量奖（证书）	涪州牌坛装榨菜	酒店榨菜厂	1985	四川省农牧厅
优秀奖（奖状）	涪州牌坛装榨菜	酒井榨菜厂	1988	四川省乡企局
优秀奖（奖状）	涪州牌方便榨菜	北拱榨菜厂	1988	四川省乡企局
优秀奖（奖状）	涪州牌坛装榨菜	两汇榨菜厂	1988	四川省乡企局
优秀奖（奖状）	涪州牌方便榨菜	两汇榨菜厂	1988	四川省乡企局
银奖（证书）	涪州牌方便榨菜	马武榨菜厂	1988	1988年首届中国食品博览会名、特、优、新产品博览会
银奖（证书）	涪州牌方便榨菜	酒井榨菜厂	1988	1988年首届中国食品博览会名、特、优、新产品博览会
银奖（证书、银杯）	涪州牌坛装榨菜	两汇榨菜厂	1988	1988年首届中国食品博览会名、特、优、新产品博览会
质量奖（证书）	涪州牌方便榨菜	百胜马武榨菜厂	1988	四川省乡企局
优秀奖（奖状）	涪州牌方便榨菜	北拱榨菜厂	1988	四川省质协
龙年特别金奖（金杯、奖状）	涪州牌坛装榨菜	两汇榨菜厂	1988	四川省级六单位

（续表）

荣誉名称	受评对象	生产厂家	时间（年）	认定机构
优秀奖（奖状）	涪州牌方便榨菜	北拱榨菜厂	1988	四川省乡企局
金杯奖（金杯）	涪州牌坛装榨菜	马武榨菜厂	1988	中国农牧渔业部
银质奖（银杯）	涪州牌坛装榨菜	酒店榨菜厂	1988	中国农牧渔业部
特别金奖（证书）	涪州牌坛装榨菜	酒店榨菜厂	1988	四川省质量协会
部优奖（证书）	涪州牌坛装榨菜	马武榨菜厂	1990	中国农牧渔业部
部优奖	涪州牌坛装榨菜	马武榨菜厂	1990	中国农牧渔业部
优秀奖（奖状）	涪州牌方便榨菜	马武榨菜厂	1991	四川省质协
金奖（证书）	涪州牌方便榨菜	涪陵市农副产品公司	1992	四川省人民政府
金奖（金杯）	涪州牌方便榨菜	酒店榨菜厂	1992	四川省人民政府
金奖	涪州牌榨菜	酒店榨菜厂	1992	四川省人民政府
“食品卫生质量信得过产品”(荣誉证书、奖牌)	涪州牌榨菜	涪陵市农副产品工业公司	1993	四川省首届“食品卫生质量信得过产品”省级专家评审委员会评定
银奖	涪州牌方便榨菜	马武榨菜厂	1994	国家技术监督局
金奖	涪州牌榨菜		1995	95 中国成都国际食品精品食品机械及食品包装设备博览会暨第二届巴蜀食品节展销会
“国际名牌调味品”(称号)	涪州牌方便榨菜		1997	第二届中国国际食品博览会（武汉）

14. 石鱼牌榨菜。原涪陵县百胜乡（现涪陵区百胜镇）综合食品厂生产，涪陵榨菜著名品牌。1985 年，“石鱼牌”小包装方便榨菜获国家农牧渔业部优质产品奖（奖杯）。1988 年，石鱼牌坛装榨菜获四川省质协质量奖（银杯）。同年，石鱼牌坛装榨菜获四川省乡企局优秀奖（奖状）。同年，石鱼牌方便榨菜获 1988 年首届中国食品博览会名、特、优、新产品博览会优质奖（奖杯）。

15. 川陵牌榨菜。百胜乡综合食品厂（又名涪陵宝巍食品有限公司）生产，涪陵榨菜著名品牌。1988 年，川陵牌方便榨菜获四川省质协金杯奖（金杯）。同年，川陵牌方便榨菜获四川省乡企局优质奖（奖状）。1990 年，“川陵牌”方便榨菜获中国农业部质量奖。1992 年，川陵牌方便榨菜获首届巴蜀食品节质量奖（奖牌、证书）。1993 年，川陵牌榨菜四川省首届“食品卫生质量信得过产品”省级专家评审委员会评定为“食品卫生质量信得过产品”（荣誉证书、奖牌）。1994 年，川陵牌方便榨菜获四川省食品协会优秀奖（证书）。1996 年，川陵牌榨菜获第六届中国国际食品博览会“中国名牌产品”称号。2000 年，川陵牌榨菜产品获准使用涪陵榨菜证明商标。2005 年，川陵牌榨菜被海南省质量技监协会评定为海南省用户满意产品。2005 年，川陵牌榨菜获得国家绿色食品认证。2007 年，川陵牌榨菜被重庆市质量监督检验检疫局认定为重庆市名牌产品。

16. 巴都牌榨菜。国光绿色食品有限公司生产，涪陵著名榨菜品牌。1995 年，获国家商检局出口认证；1998 年，获中国绿色食品发展中心质量检测认证，即“绿色食品”证书，这是涪陵区首家获得“绿色食品”证书资格的产品。同年，巴都牌榨菜获重庆市首届食品博览会组委会金奖、获重庆市质量技术监督局“重庆市用户满意产品”称号。2001 年，首批获准使用“涪陵榨菜”证明商标。2001 年，第三届中国特产文化节经贸展洽会特色产品评选获得金奖，中国特产文化节组委会授奖。同年，在重庆市首届名牌农产品评选中获得名牌农产品称号。

17. 亚龙牌榨菜。涪陵宝巍食品有限公司生产。涪陵著名榨菜产品品牌。2005 年，“亚龙”牌榨菜在海南省质量协会、海南省防伪协会、海南质量杂志社、海南省质量技术监督局投诉举报咨询中心举行“2004 年海南省质量信得过企业等推荐评选活动”中获得海南省用户满意产品称号。同年，亚龙牌榨菜通过国家绿色食品认证。2007 年，亚龙牌榨菜被重庆市质量监督检验检疫局认定为重庆市名牌产品。

18. 鉴鱼牌榨菜。涪陵市利民食品厂生产。涪陵著名的榨菜产品品牌。1992 年，鉴鱼牌广味方便榨菜获得四川省乡企局科技三等奖（奖状）。同年，鉴鱼牌方便榨菜获得四川省人民政府三等奖（奖牌）。1993 年，鉴鱼牌方便榨菜获得四川省卫生防疫站、四川省食品监督站“质量信得过”荣誉称号（证书）。同年，“鉴鱼牌”广味方便榨菜参加 93（香港）国际食品博览会。此系四川省乡镇企业榨菜行业首次获得其殊荣。同年，鉴鱼牌方便榨菜获得巴蜀食品组委会优秀奖（奖状）。同年，鉴鱼牌榨菜被四川省首届“食品卫生质量信得过产品”省级专家评审委员会评定为“食品卫生质量信得过产品”（荣誉证书、奖牌）。

19. 水溪牌榨菜。涪陵市榨菜精加工厂生产。涪陵著名的榨菜产品品牌。1993 年，水溪牌榨菜被四川省首届“食品卫生质量信得过产品”省级专家评审委员会评定为“食品卫生质量信得过产品”（荣誉证书、奖牌）。1994 年，水溪牌方便榨菜被四川省人民政府授予金奖（证书）。同年，水溪牌方便榨菜获得四川省质协名优奖（证书）。1995年，“水溪”牌榨菜参加四川省人民政府、四川省食品工业协会等4家主办的“95中国成都国际食品精品、食品机械及食品包装设备博览会暨第二届巴蜀食品节展销会”，获得金奖。

20. 川东牌榨菜。涪陵市大石鼓榨菜厂生产，涪陵著名的榨菜品牌。1993年，川东牌榨菜被四川省首届“食品卫生质量信得过产品”省级专家评审委员会评定为“食品卫生质量信得过产品”（荣誉证书、奖牌）。1995年参加四川省人民政府、四川省食品工业协会等4家主办的“95中国成都国际食品精品、食品机械及食品包装设备博览会暨第二届巴蜀食品节展销会”，获得银奖。

21. 黔水牌榨菜。涪陵区大石鼓食品有限公司生产，涪陵著名的榨菜品牌。1997年，“黔水牌”方便榨菜参加第二届中国国际食品博览会（武汉）获得“国际名牌调味品”称号。

22. 涪乐牌榨菜。涪陵地区罐头食品厂生产，涪陵著名的榨菜品牌。1990年，“涪乐牌”榨菜软罐头新产品通过国家技术监督局评奖委员会评审，参加中国妇女儿童用品40年博览会获得银奖。

23. 浩阳牌榨菜。浩阳牌榨菜，涪陵区浩阳食品有限公司生产，涪陵著名榨菜品牌。2004年，获准使用涪陵榨菜证明商标。2005年，获得国家合格评定质量达标放心食品（称号）。2006年，通过全国工业品生产许可证（QS认证）。

24. 云峰牌榨菜。四川乐味食品有限公司生产，涪陵著名榨菜品牌。2000年，首批获准使用“涪陵榨菜”证明商标。2001年，“云峰牌”全形（坛装）榨菜获准使用“涪陵榨菜”证明商标。2003年，“云峰”牌方便榨菜被重庆市名牌产品认定委员会认定为重庆市名牌农产品（称号）。

25. 餐餐想牌榨菜。涪陵区洪丽食品有限公司生产，涪陵著名榨菜品牌。2004年，“餐餐想”牌榨菜获准使用“涪陵榨菜”证明商标。2009年9月，“餐餐想”牌方便榨菜参加国家农业部“第七届中国国际农产品交易会”，获得金奖。

26. 茉莉花牌榨菜。涪陵新盛企业发展有限公司生产，涪陵榨菜著名品牌。2000年，“茉莉花”牌榨菜获重庆市乡镇企业局“可视速食菜”二等奖。

27. 木鱼牌榨菜。涪陵市新妙榨菜厂生产，涪陵著名榨菜品牌。1994年，木鱼牌方便榨菜被四川省食品协会授予优秀奖（证书）。1994年，木鱼牌方便榨菜被四川省食品协会授予优秀奖（证书）。

28. 福康牌榨菜。涪陵著名榨菜品牌。1995年，“福康”牌榨菜参加四川省人民政府、四川省食品工业协会等4家主办的“95中国成都国际食品精品、食品机械及食品包装设备博览会暨第二届巴蜀食品节展销会”，获得金奖。

29. 口口福牌榨菜。涪陵市东方榨菜厂生产，涪陵著名榨菜品牌。1995年，“口口福”牌榨菜参加四川省人民政府、四川省食品工业协会等4家主办的“95中国成都国际食品精品、食品机械及食品包装设备博览会暨第二届巴蜀食品节展销会”，获得金奖。

30. 川牌榨菜。涪陵地区土产果品（榨菜）公司生产，涪陵著名榨菜品牌。1995年，“川牌”小包装榨菜参加联合国驻亚太地区经济社会发展研究中心、国家科委、中国食品工业总公司等主办的“95国际食品暨加工技术博览会”，获金奖。

31. 味美思牌榨菜。涪陵市酒店榨菜厂生产，涪陵著名榨菜品牌。1994年，味美思牌方便榨菜被四川省食品协会授予名优奖（证书）。1995年，参加四川省人民政府、四川省食品工业协会等4家主办的“95中国成都国际食品精品、食品机械及食品包装设备博览会暨第二届巴蜀食品节展销会”，获金奖。

32. 华粹牌榨菜。涪陵华粹食品有限公司生产，涪陵著名榨菜品牌。1998年，被中国调味品协会授予“中国调味品协会蓝制产品”称号。

33. 仙子牌榨菜。涪陵新盛食品有限公司生产，涪陵榨菜著名品牌。2000年，获重庆市乡镇企业局“可视速食菜”一等奖。

34. 渝杨牌榨菜。渝杨榨菜有限公司生产，涪陵榨菜著名品牌。2001年、2002年、2003年、2004年均被湖北省消费者协会授予湖北省“消费者信得过品牌”荣誉称号。

35. 灵芝牌榨菜。洪丽食品有限责任公司生产，涪陵榨菜著名品牌。2006年，“灵芝”牌商标被中国中轻产品质量保障中心、中国工业合作协会、品牌中国产业联合会等认定为中国市场公认品牌。同年，被中国中轻产品质量保障中心、中国工业合作协会、品牌中国产业联合会等认定为中国著名品牌。

（五）榨菜商标品牌。自20世纪80年代以来，涪陵榨菜的品牌发展开始关注商标保护问题，各加工企业纷纷注册商标。见表5－4。

表5－4 涪陵榨菜商标统计表

商标名称	商标归属	商标号	注册时间
乌江	涪陵榨菜（集团）有限公司	137962	1980.6.15
乌江	涪陵市精制榨菜厂		

（续表）

商标名称	商标归属	商标号	注册时间
乌江	涪陵市罐头食品厂		
乌江	涪陵市黄旗榨菜厂		
乌江	涪陵市沙溪榨菜厂		
乌江	涪陵市李渡榨菜厂		
乌江	涪陵市石板滩榨菜厂		
乌江	涪陵市鹤凤滩榨菜厂		
乌江	涪陵市镇安榨菜厂		
乌江	涪陵市石沱榨菜厂		
乌江	涪陵市三峡榨菜厂		
乌江	涪陵蔺市榨菜厂		
乌江	涪陵市海椒香料厂		
乌江	涪陵市凉塘榨菜厂		
乌江	涪陵市清溪榨菜厂		
乌江	涪陵市焦岩榨菜厂		
乌江	涪陵市南沱榨菜厂		
乌江	涪陵市百汇榨菜厂		
乌江	涪陵市珍溪榨菜厂		
乌江	涪陵市永安榨菜厂		
乌江	涪陵市李渡供销榨菜厂		
乌江	涪陵市蜀都榨菜厂		
乌江	涪陵市八一精制榨菜厂		
乌江	重庆市涪陵榨菜（集团）镇安有限责任公司		
乌江	重庆市涪陵榨菜（集团）北岩有限责任公司		
乌江	重庆市涪陵榨菜（集团）南沱有限责任公司		
乌江	重庆市涪陵榨菜（集团）石沱有限责任公司		
乌江	重庆市涪陵榨菜（集团）有限公司华民榨菜厂		

（续表）

商标名称	商标归属	商标号	注册时间
乌江	重庆市涪陵榨菜（集团）华富榨菜厂		
乌江	重庆市涪陵榨菜（集团）华安榨菜厂		
乌江	重庆市涪陵榨菜（集团）李渡有限责任公司		
乌江	重庆市涪陵榨菜（集团）华龙榨菜厂		
乌江	重庆市涪陵榨菜（集团）海椒香料厂		
乌江	重庆市涪陵榨菜（集团）太平榨菜厂		
乌江	重庆市涪陵南方食品厂		
乌江	涪陵市陵江食品分厂		
白鹤	涪陵榨菜厂	152478	1981. 12. 15
白鹤	国营东方红榨菜厂		
白鹤	重庆银星涪陵实业公司		
涪州	涪陵市农副产品工业公司	212528	1984. 9. 15
涪州	涪陵市永柱榨菜厂		
涪州	涪陵市安镇榨菜厂		
涪州	涪陵市五马榨菜厂		
涪州	重庆市涪陵区川涪食品有限责任公司		
涪州	开平榨菜厂		
涪州	酒井榨菜厂		
涪州	两汇榨菜厂		
涪州	马武榨菜厂		
涪州	酒店榨菜厂		
涪州	纯子溪榨菜厂		
涪州	北拱榨菜厂		
双鹊	涪陵地区工矿饮食服务公司	221491	1985. 1. 5
石鱼	涪陵地区农工商联合公司	218260	1985. 1. 15
石鱼	涪陵市石鱼榨菜厂		
松屏	涪陵地区农科所榨菜厂	230339	1985. 7. 30
黔水	涪陵地区榨菜精加工厂	228139	1985. 6. 15

（续表）

商标名称	商标归属	商标号	注册时间
黔水	涪陵市黔水榨菜厂		
黔水	重庆市涪陵陵黔水榨菜有限公司		
鉴鱼	涪陵市利民食品厂	244365	1986. 2. 28
鉴鱼	重庆市涪陵区川涪食品有限责任公司		
浮云	涪陵市川宁榨菜厂	254364	1986. 6. 30
龙驹	涪陵市龙驹榨菜厂	301204	1987. 10. 10
南方	涪陵地区南方食品厂	504395	1989. 11. 20
涪乎	涪陵三峡榨菜厂	505351	1989. 11. 30
天涪	涪陵市土产公司榨菜厂	355130	1989. 7. 20
陵江	涪陵市罐头食品厂	353098	1989. 6. 30
川马	涪陵市马武榨菜厂	351865	1989. 6. 20
川陵	涪陵百胜食品榨菜加工厂	351866	1989. 6. 20
川陵	涪陵市川陵食品有限公司		
川陵	重庆市涪陵宝巍食品有限公司		
川涪	涪陵市百胜精制榨菜厂	351888	1989. 6. 20
川涪	重庆市涪陵区川涪食品有限责任公司		
龙飞	涪陵市黄旗精制榨菜厂	351875	1989. 6. 20
河岸	涪陵市河岸榨菜厂	351858	1989. 6. 20
涪纯	涪陵市纯子溪榨菜厂	359570	1989. 6. 30
涪纯	涪陵市红花榨菜厂		
水溪	涪陵市榨菜精加工厂	359571	1989. 8. 30
水溪	重庆市涪陵区香妃食品有限公司		
巴都	涪陵市城郊榨菜厂	339970	1989. 2. 20
巴都	涪陵市国光榨菜罐头食品厂		
巴都	太极集团重庆国光绿色食品有限公司		
涪仙	涪陵市鹤凤食品罐头厂	335890	1989. 1. 20
天富	涪陵榨菜（集团）有限公司	522562	1990. 6. 20
健	涪陵榨菜（集团）有限公司	521748	1990. 6. 20

（续表）

商标名称	商标归属	商标号	注册时间
健	重庆市涪陵榨菜（集团）镇安有限责任公司		
健	重庆市涪陵榨菜（集团）北岩有限责任公司		
健	重庆市涪陵榨菜（集团）南沱有限责任公司		
健	重庆市涪陵榨菜（集团）石沱有限责任公司		
健	重庆市涪陵榨菜（集团）有限公司华民榨菜厂		
健	重庆市涪陵榨菜（集团）华富榨菜厂		
健	重庆市涪陵榨菜（集团）华安榨菜厂		
健	重庆市涪陵榨菜（集团）李渡有限责任公司		
健	重庆市涪陵榨菜（集团）华龙榨菜厂		
健	重庆市涪陵榨菜（集团）海椒香料厂		
健	重庆市涪陵榨菜（集团）太平榨菜厂		
健	重庆市涪陵南方食品厂		
川东	涪陵市大石鼓榨菜厂	524137	1990. 7. 20
川东	重庆市涪陵区大石鼓食品有限公司		
涪龙	涪陵市青龙精制榨菜厂	537195	1990. 12. 20
川	涪陵地区榨菜公司	518595	1990. 5. 10
川	涪陵市榨菜公司食品厂		
川	重庆市鸿博贸易有限公司		
川	重庆市涪陵区顶顺榨菜有限公司		
申陵	涪陵市水果榨菜食品厂	588724	1992. 3. 30
涪永	涪陵市永义榨菜厂	588731	1992. 3. 30
江碛	涪陵市珍溪望江榨菜厂	605540	1992. 8. 10
渝陵	涪陵地区金星食品加工厂	624959	1993. 1. 10
女君	涪陵地区经济协作公司	662126	1993. 10. 21
绿色圈	涪陵市旅游食品厂	698416	1994. 7. 21

（续表）

商标名称	商标归属	商标号	注册时间
弘川	涪陵市吉隆榨菜厂	711090	1994. 10. 21
涪胜	涪陵市大胜乡榨菜厂	706419	1994. 9. 21
亚龙	涪陵市百胜榨菜厂	705325	1994. 9. 4
亚龙	涪陵市川陵食品有限公司		
亚龙	涪陵市川峡精制榨菜厂		
亚龙	重庆市涪陵宝巍食品有限公司		
涪特	涪陵地区农贸公司	718695	1994. 12. 7
顺仙	涪陵地区三峡食品加工厂	717543	1994. 11. 28
桂楼	涪陵市肉类联合加工厂	736443	1995. 6. 21
蜀陵	涪陵市蜀陵榨菜厂	736445	1995. 3. 21
蜀陵	涪陵市康乐榨菜厂		
蜀陵	重庆市涪陵区还珠食品有限公司		
鑫鼎	涪陵市河岸山城榨菜厂	754449	1995. 7. 7
美林	涪陵市第江食品有限公司	754354	1995. 7. 7
岳氏	涪陵市华兴食品股份有限公司	730813	1995. 2. 21
口口香	涪陵市东方榨菜厂	784769	1995. 10. 21
口口香	重庆市涪陵秋月圆食品有限公司		
亚星	涪陵市黄旗望江榨菜厂	780854	1995. 10. 7
发源	涪陵市发源榨菜厂	767547	1995. 9. 21
涪渝	涪陵市涪闽榨菜厂	781184	1995. 10. 7
涪渝	涪陵市罗云食品厂		
中涪	涪陵市康乐园榨菜开发公司	788855	1995. 11. 7
涪都	涪陵市涪都精制榨菜厂	802917	1995. 12. 28
天子	涪陵地区轻纺供销总公司榨菜厂	809073	1996. 1. 21
华涪	涪陵市北山榨菜厂	845234	
华涪	重庆市涪陵北山食品有限公司		
蜀威	涪陵国光榨菜罐头食品厂	843074	1996. 5. 28
永柱	涪陵市黄旗永柱榨菜厂	825264	1996. 3. 31

（续表）

商标名称	商标归属	商标号	注册时间
川香	涪陵市连丰榨菜厂	825268	1996. 3. 31
川香	重庆市涪陵区川香食品有限公司		
细毛	涪陵市荔枝榨菜厂	841100	1996. 5. 21
州陵	涪陵市百胜食品加工厂	817119	1996. 2. 21
玉鹅	涪陵市荔枝榨菜厂	821437	1996. 3. 7
玉鹅	涪陵市华川食品厂		
步步高	涪陵市经济发展总公司	930564	1996. 1. 14
路路通	涪陵市经济发展总公司	922821	1996. 12. 28
枳城	涪陵市江北榨菜食品厂	899568	1996. 11. 14
辣妹子	涪陵市辣妹子食品总厂	1013124	1997. 5. 21
辣妹子	涪陵市珍溪供销榨菜厂		
辣妹子	涪陵市云山榨菜厂		
辣妹子	涪陵市辣妹子食品公司		
辣妹子	重庆市涪陵辣妹子集团有限公司		
辣妹子	重庆市涪陵辣妹子团清溪厂		
辣妹子	重庆市涪陵富翔食品有限公司		
聚康	涪陵宝康食品厂	1019031	1997. 5. 28
德丰	涪陵德丰食品有限公司		
德丰	重庆市涪陵德丰食品有限公司		
雲峰	涪陵乐味食品有限公司		
雲峰	重庆涪陵乐味食品有限公司		
白龟	重庆市涪陵三峡物产有限公司		
雾峰	重庆市涪陵三峡物产有限公司		
邱家	涪陵宏声实业（集团）有限责任公司		
名山	涪陵宏声实业（集团）有限责任公司		
涪浮	涪陵市三峡榨菜厂		
古桥	涪陵蔺市榨菜厂		
川马	涪陵市马武供销榨菜厂		

（续表）

商标名称	商标归属	商标号	注册时间
川马	涪陵市民协榨菜厂		
川马	重庆川马食品有限公司		
银昌	涪陵市河场艮昌食品厂		
绿强	涪陵市志强榨菜厂		
昌莉	涪陵市鸿程食品加工厂		
涪枳	涪陵市紫竹榨菜厂		
涪枳	重庆市涪陵区紫竹食品有限公司		
昭友	涪陵市来龙榨菜厂		
川峡	涪陵市川峡精制榨菜厂		
川峡	重庆市涪陵川峡精制榨菜厂		
华福	涪陵市北山食品有限责任公司		
北山	涪陵市北山食品有限责任公司		
亚星	涪陵市望江榨菜厂		
涪骄	涪陵市武陵榨菜厂		
声威	涪陵市武陵榨菜厂		
味美思	涪陵市酒店榨菜厂		
云松	涪陵市梓里榨菜厂		
木鱼	涪陵市新妙榨菜厂		
木鱼	重庆市涪陵新妙榨菜厂		
木鱼	重庆市桐新蔬菜有限公司		
酒井	涪陵市酒井榨菜厂		
剪峡	涪陵市北拱榨菜厂		
长河	涪陵市蔺市农工商公司		
大山	涪陵市大山食品厂		
涪佳	涪陵市义和榨菜厂		
涪佳	重庆市涪陵绿洲食品有限公司		
马羊	涪陵市马羊榨菜厂		
涪发	涪陵市官塘榨菜厂		

（续表）

商标名称	商标归属	商标号	注册时间
仙涪	涪陵市大柏榨菜厂		
应鹏	涪陵市金银榨菜厂		
飞洋	涪陵市新阳榨菜厂		
飞洋	重庆市涪陵新阳榨菜厂		
梅溪	涪陵市陵江食品厂		
红山	涪陵市富民榨菜厂		
红山	涪陵市飞腾榨菜厂		
涪民	涪陵市金业榨菜制品厂		
世林	涪陵市世忠食品厂		
新星	涪陵市农科所榨菜厂		
云峰	涪陵市佳福食品有限公司		
云峰	四川乐味食品有限公司		
乡企	涪陵市酱腌菜厂		
口口福	涪陵市口口福食品公司		
川溪	涪陵市口口福食品公司		
祥通	涪陵市祥通榨菜厂		
祥通	重庆市涪陵祥通食品有限责任公司		
华富	涪陵市华川食品厂		
华富	重庆市涪陵渝川食品有限责任公司		
江桥	涪陵市经发公司食品厂		
杨渝	重庆市涪陵区渝杨榨菜有限公司		
渝杨	重庆市涪陵区渝杨榨菜有限公司		
渝新	重庆市涪陵区渝杨榨菜有限公司		
涪沃	重庆市涪陵渝河食品有限公司		
神猫	重庆市涪陵渝河食品有限公司		
渝剑	重庆市涪陵区剑盛食品有限公司		
渝盛	重庆市涪陵区剑盛食品有限公司		
驰福	重庆市涪陵区驰福食品厂		

（续表）

商标名称	商标归属	商标号	注册时间
涪积	重庆市涪陵区紫竹食品有限公司		
渝香	涪陵百胜咸菜厂		
明松	重庆市涪陵秋月圆食品有限公司		
渝川	重庆市涪陵渝川食品有限责任公司		
正乾	重庆市涪陵正乾食品有限公司		
博风	重庆市涪陵瑞星食品有限公司		
仙妹子	重庆市涪陵瑞星食品有限公司		
细毛	涪陵裕益食品厂		
双川卜	涪陵裕益食品厂		
奇均	重庆市涪陵区浩阳食品有限公司		
浩阳	重庆市涪陵区浩阳食品有限公司		
红昇	重庆市涪陵区红日升食品有限公司		
懒妹子	重庆市涪陵区红日升食品有限公司		
茉莉花	重庆新盛企业发展有限公司		
渝雄	重庆新盛企业发展有限公司		
蓝象	重庆市涪陵区东方农副产品有限公司		
味漫漫	重庆市涪陵区东方农副产品有限公司		
遨东	重庆市涪陵区遨东食品有限公司		
弘川	重庆市涪陵双流榨菜厂		
剑龙	重庆市涪陵区阿哥榨菜厂		
甘竹	重庆市涪陵区百鹿食品有限公司		
吉丰	重庆市涪陵区菁源榨菜厂		
金凤	重庆市涪陵区菁源榨菜厂		
招友	重庆市涪陵区来龙食品有限责任公司		
大板	重庆市涪陵区来龙食品有限责任公司		
双乐	重庆市涪陵祥通食品有限责任公司		
民兴	重庆市涪陵民兴榨菜厂		
吉祥	重庆市涪陵兴吉祥食品有限公司		

（续表）

商标名称	商标归属	商标号	注册时间
周川	重庆市涪陵兴吉祥食品有限公司		
星月妹	重庆市涪陵兴吉祥食品有限公司		
翠丝	重庆市涪陵区咸亨食品有限公司		
富利	重庆市涪陵区鸿程食品有限公司		
绿强	重庆市涪陵黄旗志强榨菜厂		
东泉	重庆市涪陵泽丰食品厂		
涪仙	重庆市涪陵智发食品加工厂		
效渝	重庆市涪陵新阳榨菜厂		
出发点	重庆市涪陵区鑫凤食品厂		
绿洲	重庆市涪陵绿洲食品有限公司		
98	重庆市涪陵绿洲食品有限公司		
小字辈	涪陵天然食品有限责任公司		
進旭	重庆市涪陵万利食品厂		
灵芝	重庆市涪陵区洪丽食品有限责任公司		
洪丽	重庆市涪陵区洪丽食品有限责任公司		
餐餐想	重庆市涪陵区洪丽食品有限责任公司		
业昌	重庆市涪陵区业昌榨菜厂		
袁红	重庆市涪陵区代强食品厂		
桂滋	重庆市涪陵区代强食品厂		
长华隆	重庆市涪陵区宏诚食品厂		
凤娃子	重庆市涪陵区凤娃子食品有限公司		
耕牛	重庆市涪陵区凤娃子食品有限公司		
成红	重庆市涪陵区凤娃子食品有限公司		
涪客多	重庆市涪陵区大石鼓食品有限公司		
志贤	重庆市涪陵志贤食品厂		
新华联	重庆市涪陵志贤食品厂		
渝江	重庆市涪陵区川香食品有限公司		
佳事乐	重庆市涪陵区川香食品有限公司		

（续表）

商标名称	商标归属	商标号	注册时间
永柱	重庆市涪陵永柱榨菜厂		
永柱	重庆市涪陵区浩源食品厂		
盐妞	重庆市涪陵兴盐榨菜厂		
好伴侣	重庆市涪陵好伴侣榨菜精加工厂		
南方	重庆市涪陵易隆榨菜厂		
雨光	重庆绿皇食品有限公司		
鑫禧	重庆市涪陵佳鑫食品有限公司		
红隆太	重庆市涪陵佳鑫食品有限公司		
角八	重庆市涪陵区八角榨菜厂		
华穗	涪陵京华食品二厂		
新生	重庆市涪陵区珍溪联祥食品厂		
丽香园	重庆市丽香园食品有限公司		
正林	涪陵正林食品有限公司		
游辣子	重庆市涪陵区桂怡食品有限公司		
桂怡	重庆市涪陵区桂怡食品有限公司		
枳凤	重庆市涪陵区枳凤食品厂		
联谊	重庆市涪陵区发林榨菜厂		
桃红	重庆市涪陵区九妹子食品有限公司		
禾承祥	重庆市禾承祥食品有限责任公司		
圣文	涪陵光寿榨菜厂		
金鑫	重庆市涪陵区好友来食品厂		
子山	重庆市涪陵区石子山食品厂		
涪跃	重庆市涪陵区紫维食品厂		
涪蓉	重庆市涪陵区建超榨菜厂		
建超	重庆市涪陵区建超榨菜厂		
彩鑫	重庆市涪陵区八方客食品厂		
长寿	涪陵区显国食品厂		
洁佳	重庆市涪陵区联顺榨菜厂		

（续表）

商标名称	商标归属	商标号	注册时间
前秀	重庆涪陵前秀食品加工厂		
渝虹	重庆市涪陵区磊峰食品厂		
建昌	重庆市涪陵建昌食品厂		
东鸿	重庆市涪陵区东鸿榨菜厂		
山参	重庆市涪陵山参食品厂		
柏陵	重庆市涪陵区柏林榨菜厂		
佳亨	重庆市涪陵区柏林榨菜厂		
川仙	重庆市涪陵区川仙食品有限责任公司		
文梁	重庆市涪陵区香格里拉酱油厂		
菜源	重庆市涪陵区菜源食品厂		
乌江牌原产地标			
记保护注册	涪陵榨菜（集团）有限公司		2003. 11. 23
健牌原产地标记			
保护注册	涪陵榨菜（集团）有限公司		2003. 11. 23
中国榨菜之乡. COM	涪陵区榨菜管理办公室		2007. 10. 29
中国榨菜之乡. CN	涪陵区榨菜管理办公室		2007. 10. 29
中国榨菜之乡. NET	涪陵区榨菜管理办公室		2007. 10. 29
“中国榨菜之乡”			
无线网址	涪陵区榨菜管理办公室		2007. 8. 2
涪陵榨菜	涪陵区榨菜管理办公室		
乌江（图形）	涪陵榨菜集团有限公司		
Fuling Zhacai	涪陵区榨菜管理办公室		2006. 4. 7
虎皮	涪陵榨菜集团有限公司		
八缸	涪陵宝巍食品有限公司		
大地通			
全家欢	涪陵榨菜集团有限公司		
三笑	涪陵德丰食品有限公司		
涪陵青菜头	涪陵区榨菜管理办公室		

（续表）

商标名称	商标归属	商标号	注册时间
红橙			
渝杨（图形）			

在这些商标中，其中不少为涪陵榨菜的著名商标。主要有：

1. 大地牌。20 世纪 20 年代著名外销榨菜品牌之一。

2. 地球牌。20 世纪 20 年代至 50 年代著名三大外销榨菜品牌之一。《涪陵市志》记载："鑫和商行以精选涪陵榨菜打'地球牌'商标运销国外而享有盛名。"

3. 金龙牌。20 世纪 20 ~ 50 年代著名三大外销榨菜品牌之一。

4. 梅林牌。20 世纪 20 ~ 50 年代著名三大外销榨菜品牌之一。

5. 乌江牌（图形）。20 世纪 80 年代涪陵榨菜最著名的品牌，也是世界知名品牌。系涪陵区涪陵榨菜 37 个知名商标之一，重庆市 22 个涪陵榨菜著名商标之一，中国涪陵榨菜 4 个驰名商标之一。

6. 乌江牌。系涪陵区涪陵榨菜 37 个知名商标之一，重庆市 22 个涪陵榨菜著名商标之一。

7. 辣妹子牌。系涪陵区涪陵榨菜 37 个知名商标之一，重庆市 22 个涪陵榨菜著名商标之一，中国涪陵榨菜 4 个驰名商标之一。

8. 餐餐想牌。系涪陵区涪陵榨菜 37 个知名商标之一，重庆市 22 个涪陵榨菜著名商标之一，中国涪陵榨菜 4 个驰名商标之一。

9. 涪陵榨菜。系涪陵区涪陵榨菜 37 个知名商标之一，重庆市 22 个涪陵榨菜著名商标之一，中国涪陵榨菜 4 个驰名商标之一。

10. 茉莉花牌。涪陵新盛企业发展有限公司注册商标。涪陵榨菜著名商标。系涪陵区涪陵榨菜 37 个知名商标之一，重庆市 22 个涪陵榨菜著名商标之一。2005 年，重庆市工商局商标评审委员会认定为重庆市著名商标。2010 年 3 月 12 日，涪陵区知名商标认定与保护工作委员会认定为涪陵区知名商标。

11. 川陵牌。系涪陵区涪陵榨菜 37 个知名商标之一，重庆市 22 个涪陵榨菜著名商标之一。

12. 志贤牌。涪陵区志贤食品有限公司注册商标。2010 年 3 月 12 日，涪陵区知名商标认定与保护工作委员会认定为涪陵区知名商标。系涪陵区涪陵榨菜 37 个知名商标之一，重庆市 22 个涪陵榨菜著名商标之一。

13. 渝杨牌。涪陵区渝杨榨菜（集团）有限公司注册商标。2010 年 3 月 12 日，涪陵区知名商标认定与保护工作委员会认定为涪陵区知名商标。系涪陵区涪陵榨菜 37 个知名商标之一，重庆市 22 个涪陵榨菜著名商标之一。

14. 浩阳牌。涪陵区浩阳食品有限公司注册商标。2009 年，被重庆市工商行政管理局认定为重庆市著名商标。2010 年 3 月 12 日，被涪陵区知名商标认定与保护工作委员会认定为"涪陵区知名商标"称号。系涪陵区涪陵榨菜 37 个知名商标之一，重庆市 22 个涪陵榨菜著名商标之一。

15. 涪枳牌。涪陵区紫竹食品有限公司注册商标。2010 年 3 月 12 日，涪陵区知名商标认定与保护工作委员会认定为涪陵区知名商标。系涪陵区涪陵榨菜 37 个知名商标之一，重庆市 22 个涪陵榨菜著名商标之一。

16. Fuling Zhacai。系涪陵区涪陵榨菜 37 个知名商标之一，重庆市 22 个涪陵榨菜著名商标之一。

17. 虎皮牌。涪陵榨菜集团股份有限公司注册商标。涪陵榨菜著名产品品牌。2010 年 3 月 12 日，涪陵区知名商标认定与保护工作委员会认定为涪陵区知名商标。系涪陵区涪陵榨菜 37 个知名商标之一，重庆市 22 个涪陵榨菜著名商标之一。

18. 凤娃牌。涪陵区凤娃子食品有限公司注册商标。2010 年 3 月 12 日，涪陵区知名商标认定与保护工作委员会认定为涪陵区知名商标。系涪陵区涪陵榨菜 37 个知名商标之一，重庆市 22 个涪陵榨菜著名商标之一。

19. 川马牌。重庆川马食品有限公司注册商标。2010 年 3 月 12 日，涪陵区知名商标认定与保护工作委员会认定为涪陵区知名商标。系涪陵区涪陵榨菜 37 个知名商标之一，重庆市 22 个涪陵榨菜著名商标之一。

20. 杨渝牌。涪陵区渝杨榨菜（集团）有限公司注册商标。2002 年，获准使用"涪陵榨菜"证明商标。2010 年 3 月 12 日，涪陵区知名商标认定与保护工作委员会认定为涪陵区知名商标。系涪陵区涪陵榨菜 37 个知名商标之一，重庆市 22 个涪陵榨菜著名商标之一。

21. 小字辈牌。系涪陵区涪陵榨菜 37 个知名商标之一，重庆市 22 个涪陵榨菜著名商标之一。

22. 渝盛牌。重庆市剑盛食品有限公司注册商标。2011 年，获得"涪陵区知名商标"称号。系涪陵区涪陵榨菜 37 个知名商标之一，重庆市 22 个涪陵榨菜著名商标之一。

23. 八缸牌。系涪陵区涪陵榨菜 37 个知名商标之一，重庆市 22 个涪陵榨菜著名商标之一。

24. 涪厨娘牌。涪厨娘牌商标，涪陵区国色食品有限公司注册。2007 年，获准使用涪陵榨菜证明商标。系涪陵区涪陵榨菜 37 个知名商标之一，重庆市 22 个涪陵榨菜著名商标之一。

25. 大地通牌。系涪陵区涪陵榨菜 37 个知名商标之一，重庆市 22 个涪陵榨菜著名商标之一。

26. 全家欢牌。系涪陵区涪陵榨菜 37 个知名商标之一，重庆市 22 个涪陵榨菜著名商标之一。

27. 川陵牌。川陵牌商标，涪陵宝巍食品有限公司注册商标。2000 年，川陵牌榨菜产品获准使用涪陵榨菜证明商标。2002 年，川陵牌商标被重庆市工商行政管理局认定为重庆市著名商标。2010 年 3 月 12 日，川陵牌商标被涪陵区知名商标认定与保护工作委员会认定为涪陵区知名商标。系涪陵区涪陵榨菜 37 个知名商标之一。

28. 亚龙牌。2000 年，“亚龙”牌商标首批获准使用涪陵榨菜证明商标。2003 年，重庆市著名商标认定委员会审议通过为重庆市著名商标。同年，亚龙牌商标被重庆市工商行政管理局认定为重庆市著名商标。2010 年 3 月 12 日，涪陵区知名商标认定与保护工作委员会认定为涪陵区知名商标。系涪陵区涪陵榨菜 37 个知名商标之一。

29. 太极牌。太极集团重庆国光绿色食品有限公司注册商标。2010 年 3 月 12 日，涪陵区知名商标认定与保护工作委员会认定为涪陵区知名商标。系涪陵区涪陵榨菜 37 个知名商标之一。

30. 成红牌。涪陵区凤娃子食品有限公司注册商标。2011 年，涪陵区知名商标认定与保护工作委员会认定为涪陵区知名商标。系涪陵区涪陵榨菜 37 个知名商标之一。

31. 奇均牌。涪陵浩阳食品有限公司注册商标。2011 年，涪陵区知名商标认定与保护工作委员会认定为涪陵区知名商标。系涪陵区涪陵榨菜 37 个知名商标之一。

32. 涪陵青菜头。系涪陵区涪陵榨菜 37 个知名商标之一。

33. 仙妹子牌。涪陵瑞丽食品有限公司注册商标。2011 年，涪陵区知名商标认定与保护工作委员会认定为涪陵区知名商标。系涪陵区涪陵榨菜 37 个知名商标之一。

34. 黔水牌。涪陵区大石鼓食品有限公司注册商标。2011 年，获得“涪陵区知名商标”称号。系涪陵区涪陵榨菜37个知名商标之一。

35. 天喜牌。涪陵乐味食品有限公司注册商标。2011年，获得“涪陵区知名商标”称号。系涪陵区涪陵榨菜37个知名商标之一。

36. 川东牌。系涪陵区涪陵榨菜37个知名商标之一。

37. 渝新牌。渝杨榨菜有限公司注册。2002年，获准使用“涪陵榨菜”证明商标。系涪陵区涪陵榨菜37个知名商标之一。

38. 涪积牌。系涪陵区涪陵榨菜37个知名商标之一。

39. 健牌。涪陵榨菜集团股份有限公司注册商标。2010年3月12日，涪陵区知名商标认定与保护工作委员会认定为涪陵区知名商标。系涪陵区涪陵榨菜37个知名商标之一。

40. 红橙牌。系涪陵区涪陵榨菜37个知名商标之一。

41. 红昇牌。系涪陵区涪陵榨菜37个知名商标之一。

42. 三笑牌。涪陵德丰食品有限公司注册商标。2010年3月12日，涪陵区知名商标认定与保护工作委员会认定为涪陵区知名商标。系涪陵区涪陵榨菜37个知名商标之一。

43. 灵芝牌。洪丽食品有限责任公司注册商标。2004年，“灵芝”牌榨菜获准使用“涪陵榨菜”证明商标。2006年，“灵芝”牌商标被中国中轻产品质量保障中心、中国工业合作协会、品牌中国产业联合会等认定为中国市场公认品牌。同年，被中国中轻产品质量保障中心、中国工业合作协会、品牌中国产业联合会等认定为中国著名品牌。

44. 山参牌。涪陵区国色食品有限公司注册商标。2007年，获准使用涪陵榨菜证明商标。

45. 涪渝牌。还珠食品有限责任公司注册商标。2003年，获准使用“涪陵榨菜”证明商标。

第二节　涪陵榨菜品牌文化

涪陵榨菜历经近120年的发展变化，形成了内涵丰厚、特色鲜明的品牌文化，值得系统梳理与深入挖掘，以推进涪陵榨菜的产业化发展。

一、品牌文化的内涵

品牌是人们对特定企业及其产品、售后服务、文化价值的一种评价、认知和信任，它是一种商品综合品质的体现和代表。品牌文化是指特定品牌在企业经营中逐步形成的一种文化积淀，它反映了企业和消费者的利益认知、情感归属，是品牌与传统文化以及企业个性形象的总和。品牌文化特别彰显企业外在的宣传、整合优势，是凝结在品牌上的企业精华。它通过赋予品牌深刻而丰富的文化内涵，建立鲜明的品牌定位，并充分利用各种强有效的内外传播途径形成消费者对品牌在精神上的高度认同，创造品牌信仰，最终形成强烈的品牌忠诚。

二、涪陵榨菜品牌文化

榨菜品牌是榨菜文化的重要内容之一，更是榨菜作为一种商品的文化标志物。涪陵榨菜历经近 120 年的发展，榨菜品牌不断衍生、丰富和发展，涪陵区现有榨菜品牌 90 个左右、品种 100 多个，产品销往全国各地及出口 50 多个国家和地区。涪陵榨菜各类品牌共荣获国际、国内省部级以上金、银、优质奖 100 余个（次）。这些榨菜品牌积淀了极为丰富的榨菜品牌文化内涵。

（一）品牌辉煌。1898 年，涪陵榨菜问世以后，涪陵榨菜品牌不断创生。如以榨菜企业品牌而言，主要是以生产、加工、运销企业命名榨菜品牌。据《涪陵市志》记载，1898～1949 年年产 1000 坛以上的企业品牌就有荣生昌、道生恒、欧秉胜、骆培之等 46 家。其中最古老的榨菜企业品牌是荣生昌；较古老的是欧秉胜、骆培之、公和兴、程汉章、同德祥、复兴胜、永和长等；道生恒是第一个专营榨菜庄；吉泰长、信义公司、国民政府军委会后勤部厂是产销量最大的三家榨菜企业；同德祥、复兴胜、恰享永、宗银样是最有名的走水字号；鑫和、盈丰、永生、和昌、立生、李保森则为外销菜最为著名的榨菜品牌。新中国成立后，相继创办有诸多国营菜厂和私营菜厂。而今榨菜加工先后走上集团化经营之路，主要有涪陵榨菜集团有限公司、涪陵辣妹子集团公司等。

涪陵榨菜品牌文化在发展中不断提升。在 1970 年法国举行的世界酱香菜评比会上，涪陵榨菜获得至高殊荣，它与德国的甜酸甘蓝、欧洲的酸黄瓜并称为世界三大名腌菜。1995 年 3 月，涪陵被国家命名为“中国榨菜之乡”，成为国家首批命名的百家特产之乡之一。2003 年涪陵被国家授予“全国果蔬十强区（市、县）”和“全国农产品深加工十强区（市、县）”。2005 年“涪陵榨菜”

通过国家质检总局原产地域产品保护审定。同时，被农业部认定为全国创建第二批无公害农产品（种植业）生产示范基地县达标单位和全国榨菜加工示范基地。2009年11月，“涪陵榨菜”证明商标被中华商标协会、2009年（第三届）中国商标节组委会评为“中国最具市场竞争力地理商标、农产品商标60强”，被亚太地区地理标志国际研讨会称赞为“推动农村经济发展的成功典范”。同年12月，获首届中国区域公用品牌建设论坛品牌价值百强第二名，其品牌价值为111.84亿元人民币。在2010年、2011年、2012年、2013年、2014年中国农产品区域公用品牌价值评估中，“涪陵榨菜”品牌价值分别为119.78亿、121.53亿、123.57亿、125.32亿、132.93亿元人民币。在2015年中国农产品区域公用品牌价值评估中，“涪陵榨菜”品牌价值高达138.78亿元，位居全国农产品区域公用品牌价值第一名。

另外，涪陵榨菜原料“涪陵青菜头”品牌也很响亮，其品牌价值较大，在2010年、2011年、2012年、2013年、2014年、2015年中国农产品区域公用品牌价值评估中，“涪陵青菜头”品牌价值分别为11.66亿、12.15亿、17.44亿、18.13亿、20.23亿和20.74亿元人民币。

（二）品牌意蕴。品牌作为一种无形资产，能够给拥有者（集团、企业、公司、厂家、个人）带来溢价，产生增值。品牌承载着部分人对其产品以及服务的认可。涪陵榨菜历经近120年发展，积淀了意蕴深远的文化内涵。

1. 品牌林立。榨菜品牌主要有涪陵榨菜整体品牌和专门性品牌两类，专门性品牌包括榨菜原料品牌、榨菜企业品牌、榨菜商标品牌等。在每一类品牌中，均可能存在不少的具体的品牌，如榨菜原料品牌就有草腰子、三层楼、鹅公包、白大叶、枇杷叶、露酒壶、叉叉叶、涪杂1~8号等。关于各类涪陵榨菜品牌的详细情况，参见涪陵榨菜品牌的分类。

2. 儒商文化。儒商文化是中国传统文化的重要内容之一，它承载了中国文化优秀传统，如信义、诚信等；反映了中国人民的理想追求，如兴隆、富贵、吉祥、昌盛等。这在涪陵榨菜品牌文化得到了充分的体现。据民国二十四年(1935年)《四川省涪陵县榨菜业同业公会会员名册》，反映儒商文化特质的涪陵榨菜的“会员牌号”就有怡亨永、同德祥、同记、永和长、云丰、隆记、致和祥、复裕厚、信利、益兴、正大、德昌祥、复兴胜、协裕公、春发祥、马兴记、春发祥、福记、公和兴、宗银祥、同合、同德长、合心永、同庆昌、庆记、庆生荣、泰记、兴记、同记、永兴隆、永厚长、永和祥、荣记、天德寿、复临泰、荣和祥、荣顺德、恕记、双合祥、洪发祥、荣合祥、利记、恒庆昌、协记义利厂、瑞永兴、恒泰祥、王生荣、益记、荣森祥、洪顺祥、同泰祥、合记、昌记、协义长、裕盛昌、德泰隆、大吉祥、发记、顺记、协裕、普益、天生祥、裕记、裕亨、华利荣、福顺祥、同德祥、和记、玉顺祥、顺发祥、祥记、利元祥、三吉元、必发祥、荣福祥等。

3. 人名为号。在中国传统文化中更多强调集体主义，但延至近代，受西方文化的影响，个人主义得到充分张扬，故许多商家牌号多以人（姓名）命名，这既反映出家族式特色，又体现了涪陵榨菜人自立、自强的精神。关于这一点，在中华人民共和国成立以前体现得更为充分和明显。民国二十四年（1935 年）《四川省涪陵县榨菜业同业公会会员名册》中以人为牌号的情况比比皆是，如马兴记（马光宣）、春发祥（邓春山）、佐记（张佐卿）、海记（王海廷）、兴记（戴兴发）、永和祥（徐永清）、生记（何生龙）、荣顺德（白华顺）、恕记（曾恕安）、金记（夏金山）、银记（夏银山）、洪发祥（夏洪发）、怀记（张怀清）、益记（张万益）、清记（王树清）、庆记（李庆云）、昌记（舒盛昌）、清记（周焕清）、海记（张海廷）、安记（王银安）、玉记（李玉廷）、清记（陈清明）、海记（田海清）、炳记（卢炳章）、南记（卢炳蓝）、清记（梁永清）、洪记（勾洪顺）、春记（郭春廷）、汉记（石汉章）、裕盛昌（蓝万盛）、大吉祥（张明吉）、泉记（罗海泉）、卿记（汤伯卿）、康记（庞绍康）、绍记（汤绍堂）、有记（张有堂）、发记（张发堂）、明记（张保明）、普益（张恩普）、裕记（邓裕丰）、福丰（谢开福）、华利荣（田华章）、福顺祥（潘福林）、和记（茂合轩）、春记（况春廷）、永记（李永臣）、顺发祥（陈金顺）、万记（谢万清）、海记（刘海廷）、泉记（余权藻）、廷记（戴焕廷）、连记（张连臣）、盛记（秦茂盛）、锡记（余锡章）、永记（张永发）、卿记（吴玉卿）、顺记（胡有顺）、廷记（刘海廷）、三吉元（吴辉山）、松记（秦茂松）、致记（胡致文）、清记（陈干清）。这种情况到改革开放后仍然存在，如昌莉、昭友等以人为商标。

4. 地域特色。涪陵榨菜本是中国著名的土特产，自然地域文化极为强烈、浓郁，尤其是在 20 世纪 80 年代后，以涪陵地域命名的榨菜商标相当突出和明显。据《涪陵榨菜志续志》所列《榨菜商标》，体现浓郁地域文化特色的商标就有乌江、白鹤（涪陵八景之一“白鹤时鸣”）、涪州（涪陵古代行政建制）、石鱼（涪陵白鹤梁石鱼图、涪陵民间传说“石鱼出水兆丰年”）、松屏（涪陵八景之一“松屏樵歌”）、黔水（乌江古称之一，涪陵八景之一“黔水澄清”）、鉴鱼（涪陵八景之一“鉴湖渔笛”）、龙驹（涪陵地方行政建制之一）、涪乎、天涪、陵江、川马（涪陵马武）、川陵、川涪、河岸（涪陵地方行政建制之一）、涪纯（涪陵纯子溪）、水溪（涪陵各水溪）、巴都（涪陵为巴国故都）、涪仙、川东、涪龙（涪陵青龙）、川、申陵、涪永（涪陵永义）、江碛、渝陵、弘川、涪胜（涪陵大胜）、涪特、桂楼（涪陵八景之一“桂楼秋月”）、蜀陵、涪渝、中涪、涪都、华涪、蜀威、永柱（涪陵黄旗永柱）、川香、州陵、枳城（涪陵古称枳）、辣妹子等。需要指出的是每一种具体的品牌均有更为深刻的含义，如川陵、川涪、川峡、川香、川东、“川”牌、蜀威，表明涪陵榨菜属于川式榨菜系列；涪民、涪都、天涪、涪纯、涪渝、涪州、涪胜、乌江、水溪牌等，表明涪陵榨菜产地；“辣妹子”商标反映了古巴人典型性格。

5. “榨菜”情结。涪陵榨菜是涪陵著名的土特产，对涪陵社会的政治、经济、文化均有极为重要的影响，并给涪陵人民带来了无上的荣光和诸多的殊荣，因此，涪陵人民对榨菜有着特殊的喜好。这种情况也充分体现在品牌文化之中。其实，涪陵榨菜的地域文化特色命名本身就能充分证实。此外，还有部分品牌反映出涪陵人民对榨菜的特殊情结。如从榨菜原料青菜头品名开始，便展示给人们一个个生动可爱的形象：外形酷似涪陵名酒“百花潞”外包装的“潞酒壶”、外观玲珑是三段的“三层楼”、叶片宽大似枇杷叶的“枇杷叶”，还有“草腰子”、“鹅公包”、“白大叶”、“叉叉叶”等。可爱贴切的名字反映出涪陵人民对榨菜的特殊关爱和情怀。如在涪陵青菜头种植普遍，漫山遍野，苍翠欲滴，故有绿强、绿色圈等商标品牌；榨菜营养丰富、色香嫩脆、风味俱佳，有榨根香、川香、辣妹子、味美思等商标品牌。

6. 理想追求。涪陵榨菜的品牌还充分反映和体现了涪陵人民的理想追求。即榨菜人（涪民），以两江为基地（乌江、川峡等），不管国营、乡镇（乡企）、私人企业（昌莉、昭友）强化质量（涪纯），利用独特人文地理环境（涪仙、天涪），借助地域历史文化资源（鉴湖、木鱼、石鱼、黔水、松屏等），发扬巴人艰苦创业精神（辣妹子），制造出营养丰富、价廉物美、风味俱佳的产品（榨根香、川香），投放市场，争取广大消费者青睐. 实现榨菜价值，让人回肠荡气，回味无穷（乐味、餐餐想、味美思）；打响榨菜招牌（涪跃、涪胜），推动榨菜发展，创造榨菜辉煌，实现榨菜兴国裕民的远大理想（绿强、华富），冲出国门，冲出亚洲，走向世界，则是最高追求（路路通）①。

总之，涪陵榨菜品牌内涵丰富，值得进一步深入挖掘、系统梳理并开发，弘扬优秀涪陵榨菜品牌文化。

---

① 参见曾超，《试论涪陵榨菜文化的构成》，《西南农业大学学报》，2003 年 4 期。

第六章

涪陵榨菜工艺文化

涪陵榨菜经过近120年的发展，积淀了丰厚的工艺文化。从某种意义上说，正是工艺的不断更新，才推动了涪陵榨菜产业化发展。

第一节　涪陵榨菜的种植工艺

种植技术是种植工艺的过程。就榨菜而言，榨菜种植工艺是涪陵榨菜工艺文化的重要内容。特殊的种植工艺是涪陵榨菜文化产生、发展与品牌化的重要基础和前提条件。

一、涪陵榨菜种植工艺的理论依据

“巧妇难为无米之炊。”榨菜加工，首先要有优质的青菜头原材料，因此，榨菜的种植工艺尤为重要。

衡量榨菜加工原材料的优质性，关键就在于青菜头要个大、肉质好、新鲜、脆嫩、无病等，而这些要求无一不涉及榨菜的种植工艺问题。我们常说涪陵榨菜是特产，其特就在于特殊的水土环境、特殊的气候、特殊的加工环境、特别的加工工艺[①]。以青菜头的水土环境而言，正宗的涪陵榨菜的原料产区不是很大，下迄重庆市丰都县的高家镇，上至重庆市巴南区木洞镇近200公里长江沿岸地区，其中涪陵系中心产区、主产区。凡在这一范围种植的茎瘤芥，生长得特别好，收获的青菜头肉质肥实、嫩脆、少筋、品质优良。这一范围以外的地区也能种植茎瘤芥，但生长表现大多较差，且容易发生变异，如瘤茎变得细长

① 蔺同，《天时地利育特产——涪陵榨菜的“五个特”》，《三峡纵横》，1997年第4期。

(俗名箭杆菜)并缺少以至没有肥嫩的乳状突起，或者瘤茎发生空心，或者质泡多筋，或者不够致密嫩脆，有的甚至变得不像茎瘤芥。

那么，在涪陵榨菜的原料主产区，是否将榨菜苗种植到土里，就一定能够收获优质的青菜头呢？是否存在青菜头的种植工艺问题呢？答案显然是否定的。正是基于这样的原因，涪陵榨菜同样存在着种植工艺，不仅如此，涪陵榨菜的种植工艺绝不亚于其加工工艺。

二、涪陵榨菜种植工艺的影响因素

涪陵榨菜实实在在存在种植工艺，其关键在于存在一些制约因素，正是这些制约因素决定着涪陵榨菜的优质与否。当这些制约因素被有效解决和处理，就一定会收获优质的青菜头，从而为涪陵榨菜的加工提供足够、优质的原材料。反之，如果这些制约因素没有解决或处理好，就会影响涪陵榨菜的加工与制作。涪陵榨菜种植工艺的影响因素主要有水土、气候、海拔高度等。

(一)水土环境。涪陵榨菜的加工原材料是青菜头，其学名叫茎瘤芥。茎瘤芥的生长和发育过程和食用器官的形成与其所受到的温度高低、日照长短、营养供给有很大的关系。其中，水土环境主要影响的是茎瘤芥的营养供给。

涪陵青菜头主产区的土壤为紫色土，可细分为灰棕紫色土、红棕紫色土、棕紫泥土三类，尤其是灰棕紫色土，土层深厚，质地疏松，排灌性能好，富含有机质，呈微酸性，最适宜茎瘤芥的栽培。

涪陵青菜头主产区的土壤中地下水丰富，并富含多种微量元素，如钙(Ca)、磷(P)、硫(S)、钾(K)、镁(Mg)、锌(Zn)、铜(Cu)、铁(Fe)等。茎瘤芥对钙(Ca)的吸收较高，对品质有较大的影响。钙(Ca)能够促成茎瘤芥的硬脆度和促进其他营养成分转化。茎瘤芥需要吸收相当多的硫(S)来促成硫葡萄糖苷的生成，硫葡萄糖苷酶解后所产生的异硫酸酯类是榨菜香气的主要来源。硫(S)和氮(N)是蛋白质合成的必要物质，蛋白质转换成氨基酸是榨菜鲜味形成及营养价值的物质基础。其他如磷(P)、镁(Mg)、钾(K)、铁(Fe)、锌(Zn)、铜(Cu)等也为茎瘤芥的优良品质提供了相应的物质基础①。

---

① 参见《涪陵榨菜优质的原因》，载《中国芥菜》，第131页，第96页；涪陵榨菜原产地域产品保护办公室，《关于对涪陵榨菜实行原产地域产品保护的报告》，2003年，第29～30页。

涪陵特有的水土环境使涪陵榨菜富含人体所需的各种物质。据上海生物研究所测试分析，涪陵榨菜每100克中含水73克，蛋白质4.1克，醣9克，脂肪0.2克，粗纤维2.2克。无机盐10.5克（其中：钙280毫克，磷130毫克，铁6.7毫克），抗坏血酸10毫克，硫胺素0.04毫克，尼克酸0.1毫克，核黄素0.09毫克，热量54千卡①。

（二）气候环境。茎瘤芥所需温度为高—低—高发展趋势。在其发芽出土期，种子需要较多的水分，旬平均气温在20℃以上，日照长，种子发芽率高，出土快。幼苗期需要的温度在15℃以上，日照较长，雨水充足，营养供给较好的情况下幼苗生长好。但瘤茎必须控制在温度15℃以下，瘤茎才能膨大。肥大的肉质茎不耐寒，必须在0℃以上才能生长。温度过低则停止生长或死亡。瘤茎膨大期对日照要求不高，在温度低、日照少，特别是昼夜温差大的环境下，瘤茎膨大迅速。在开花结实期，旬平均气温必须在15℃以上，日照多、雨水充足、营养供给良好的情况下，生长迅速。

涪陵茎瘤芥在白露时开始播种。从种子子叶出土到种子结实收获的全生育期为220～230天，苗期约60天，从茎瘤膨大始期到茎瘤成熟收获需要100天左右，从抽薹期到种子收获需要60天左右。涪陵从白露到立冬两个月内气温一般在15℃以上，有利于秧苗的叶片生长，为茎瘤膨大积累养分，创造条件。在10月下旬，气温逐步下降，冬季旬平均气温在6℃～10℃，昼夜温差小，仅4℃～6℃，白天气温不高，日照少，叶片接受的阳光少，制造养分少。夜晚气温不低，茎瘤积累的物质少，故茎瘤的膨大只能缓慢进行。从茎瘤的膨大始期到茎瘤收获需100天左右。这样，茎瘤的组织结构紧密，含水量低，营养物质含量高。

（三）生态条件限制。青菜头的生长对环境的要求有较大差异，具有明显的区域性生长特点。同一品种在不同地区的生长变异性较大，需要适时选种培育；同一品种在同一地区的不同乡镇，因气候、土壤、雨水、光照、地理和环境的差异，生长结果也不完全相同。如涪陵青菜头只适宜在海拔160～800米的灰棕紫泥土、红棕紫泥土、矿子黄泥土、黄色石灰土等土壤上种植，0℃～5℃冷凉湿润气候生长，最适宜在海拔200～500米的灰棕紫泥土种植，0℃～15℃生长。在海拔800米以上的武陵山、大木等乡镇种植的榨菜，长势效果很差，且在瘤

① 涪陵榨菜原产地域产品保护办公室，《关于对涪陵榨菜实行原产地域产品保护的报告》，2003年，第136页。

茎未膨大之前就出现抽薹开花。

总之，涪陵95%以上的气候条件极为适宜茎瘤芥的生长和发育①。

（四）青菜头品种培育。长期以来，涪陵人民十分重视对茎瘤芥的提纯复壮，种子的选育和良种的改良，先后培育出各种性状不同、品质不同的茎瘤芥品种，按其瘤茎和肉瘤形状，茎瘤芥可分为四种基本类型：

1. 纺锤形，瘤茎纵茎13～16厘米，横茎9～13厘米，两头小，中间大。如蔺市草腰子、三层楼等品种。

2. 近圆球形，瘤茎纵茎10～12厘米，横茎9～13厘米，纵横基本接近。如小花叶、枇杷叶、露酒壶等品种。

3. 扁圆球形，肉瘤大而纯圆，间沟很浅，瘤茎纵茎8～12厘米，横茎12～15厘米，纵茎/横茎小于1。如柿饼菜、邓家一号等。

4. 羊角菜，肉瘤尖或长而弯曲，似羊角，只宜鲜食，不宜加工榨菜。如皱叶羊角菜、矮禾楼角菜等。

茎瘤芥品种的培育经历了一个长期的过程。在新中国成立以前，茎瘤芥品种主要有草腰子、三层楼、露酒壶、枇杷叶、鹅公包、白大叶、叉叉叶等10多个。20世纪70年代，涪陵进一步加强了茎瘤芥的品种培育研究工作。1965年，涪陵地区农科所与重庆市农科所、西南农学院等单位合作，在蔺市镇龙门公社胜利二队，培育出良种蔺市草腰子，1972年试种推广，1978年在涪陵、长寿、万县等地大面积推广。从此，保留的地方品种有鹅公包、小枇杷叶，而露酒壶、白大叶等则逐渐退出历史舞台，成为淘汰品种。

20世纪80年代，涪陵地区农科所又培育出茎瘤芥良种“涪丰14”，并大面积推广；20世纪90年代，又在百胜镇永安乡培育出“永安小叶”，并大面积推广。同时，还成功研究出茎瘤芥的杂交新品种“涪杂1号”，开芥菜杂交之先河。目前，已经出现了茎瘤芥杂交品种系列，即涪杂1、2、3、4、5、6、7号。

茎瘤芥的良种推广，极大地提高了涪陵榨菜加工原料的产量。见表6－1、表6－2。

---

① 涪陵榨菜原产地域产品保护办公室，《关于对涪陵榨菜实行原产地域产品保护的报告》，2003年，第29～31页。

表6-1 涪陵良种推广重点公社产量表1

年度	公社	种植面积	蔺市草腰子	占比	总产量	蔺市草腰子	占比
1980	30	49159	27396	55.73	872581	538025	61.66
1981	30	53464	36799	68.83	1561760	1146112	73.38
1982	30	62221	47631	76.55	1923554	1559652	81.08
1983	30	77906	62566	80.31	2622686	2172708	82.84

备注：1. 资料来源：《涪陵榨菜（历史志）》，内部资料，第131页。2. 单位为亩、万斤、%。

表6-2 涪陵良种推广重点公社产量表2

年度	平均单产	蔺市草腰子	其他品种	亩产+/-斤数量
1980	1775	1964	5537	+427
1981	2921	3115	2492	+623
1982	3091	3274	2492	+778
1983	3366	3473	2933	+540

备注：1. 资料来源于《涪陵榨菜（历史志）》，内部资料，第131页。2. 单位为市斤。

2014年9月，为了更快、更好地培育出适合当前或今后榨菜原料（茎瘤芥）生产的新品种，推动榨菜产业化的健康发展，涪陵区农科所、涪陵榨菜（集团）有限公司共同合作，启动了青菜头（榨菜原料）航天诱变（返回式卫星搭载）育种项目工程。9日，在酒泉卫星发生中心，搭载着“永安小叶”、“涪丰14”等榨菜种子的“实践8号”育种卫星被“长征二号丙”运载火箭送入太空，榨菜种子在太空遨游15天后返回地面。

（五）榨菜病虫害防治。要获得优质的茎瘤芥，榨菜病虫害防治工作非常重要。榨菜的生长期长，病虫害种类多，这不仅会影响到榨菜加工原料的品质，也会影响榨菜加工原料的产量。榨菜病虫害主要有病毒病、霜霉病、白锈病、灰霉病、软腐病、菜蚜病、黄曲跳钾病、菜螟病、猿叶虫病等。其中霜霉病、白锈病、灰霉病多发生在营养生长阶段，主要危害菜株叶片生长；软腐病多发生在菜头膨大后期和种株期，会造成菜头腐烂；病毒病则是系统性感染的全生育期重点病害。这里主要谈谈病毒病的防治问题。

病毒病，习称缩叶病、卜碗菌、坐兜等，对涪陵榨菜危害极大。病源属于芜菁花叶病毒类型，是一种最低等的微生物，以6万倍电子显微镜观察系线粒体结晶，该晶体长为7000~7500埃，宽120埃。该病通过带毒蚜虫在菜株上取食时接触传病。病源来源广泛，主要媒介为桃蚜和萝卜蚜，寄生在甜菜头、大头菜、萝卜、连白、瓢儿白、油菜之上，从其他植物体内吸取汁液后将病毒传入菜株体内。病毒一经传入，有一段潜伏期，然后逐渐表现病状。潜伏期的长短决定于气温的高低，平均气温为15℃~20℃（危害高峰时20℃），只要10天后就会出现大田发病突增点；平均气温下降到10°左右，约30天后会出现大田发病突增点。发病症状主要特征是皱缩，花叶，菜株矮缩。在发病初期，心叶叶脉透绿变明，从部分渐渐至全叶，接着叶片出现浓淡相嵌的花叶，叶片皱缩或歪缩，菜株生长受到阻碍，根黑、腐烂、须根极少。留种株的症状是花薹扭曲，夹果丛生，种子极少，严重者全身萎缩成帚状，人们称之为菜菩萨。

对于榨菜病毒病的防治研究，经过长期的探索实践，总结出了病毒病流行规律，即早播重于迟播，干旱年重于多雨年，蔬菜区重于粮作区，河边沙地重于丘陵泥地。1954年，涪陵地区农科所副所长李新予开始对涪陵榨菜的病毒病进行研究，建立了榨菜病毒病流行程度测报法。该法预测预报较为准确，对榨菜病虫害的防治起到了决定性作用。他根据历年气候病情及虫情分析，确定了病害流行预测式为PX = T2/mt（其中T为榨菜苗床三旬平均气温，m为榨菜苗床三旬平均日雨量，t为三旬总降雨日数），确定了病害流行预测值比较标准：PX值<5，轻微年；6~15，流行年；16~30，中流行年；31~59，大流行年。关于榨菜病毒病的预测见表6-3、表6-4、表6-5。

表6-3　1954~1979年榨菜苗期（30天）气候因素表

年度	苗床三旬平均			PX值
	T（℃）	m（毫米）	t（天数）	
1954	20.7	4.15	21	4.92
1955	18.4	2.94	17	6.77
1956	20.9	1.66	12	21.93
1957	20.7	2.83	10	15.14
1958	19.5	2.14	16	11.11
1959	19.9	2.53	16	9.78
1960	21.3	5.35	11	7.71
1961	22.0	2.52	12	16.00
1962	21.1	3.06	17	8.56
1963	22.1	1.54	9	35.24

（续表）

年度	苗床三旬平均			PX 值
	T（℃）	m（毫米）	t（天数）	
1964	19.0	6.08	21	2.83
1965	20.3	4.19	20	4.92
1966	20.4	4.93	18	6.69
1967	19.4	3.90	23	4.20
1968	19.0	4.19	16	5.39
1969	19.7	3.38	13	8.83
1970	22.9	2.65	10	19.79
1971	19.5	3.46	15	7.33
1972	19.2	3.37	10	10.04
1973	19.9	5.10	14	5.54
1974	20.6	2.08	10	20.40
1975	20.8	3.08	14	10.03
1976	22.0	1.81	8	33.43
1977	20.5	2.94	12	11.91
1978	20.0	5.45	14	5.24
1979	20.6	1.72	7	35.25

备注：资料来源于《涪陵榨菜（历史志）》，内部资料，第138~139页。

表6-4　1972~1980年病毒病流行程度预测及验证表1

年度	苗床期三旬平均			PX 值
	气温	日雨量	雨日	
1972	19.2	3.37	10	10.94
1973	19.9	5.10	14	5.54
1974	20.6	2.03	10	20.40
1975	20.8	3.08	14	10.03
1976	22.0	1.81	8	33.43
1977	20.5	2.94	12	11.91
1978	20.0	5.43	14	5.24

（续表）

年度	苗床期三旬平均			PX 值
	气温	日雨量	雨日	
1979	20.6	1.72	7	35.25
1980	19.5	2.75	10	13.83

备注：1. 资料来源于《涪陵榨菜（历史志）》，内部资料，第139页。2. 单位为C°、毫米、天。

表6－5 1972～1980年病毒病流行程度预测及验证表2

年度	蚜株率%	预报		实发	
		程度	病株	程度	病株
1972	26.0	轻	5	轻微	2.0
1973	22.6	轻微	51.37	轻微	2.9
1974	28.6	中偏轻	5～8	轻微	5.4
1975	19.6	轻	5	轻	8.2
1976	35.0	重	10～20	重	22.0
1977	/	/	/	/	7.0
1978	5.1	轻微	5.37	轻微	1.0
1979	43.0	重	20.37	重	20.2
1980	18.1	中偏轻	10～15	中	10.7

备注：1. 资料来源于《涪陵榨菜（历史志）》，内部资料，第139～140页。2. 单位为%。

三、茎瘤芥种植工艺

（一）科学留种

1. 留种地选择必须采取隔离繁殖，有效防止生物学混杂。即利用自然障碍物隔离，在平原地区与同花植物隔离，不能低于500米，更不能与同花期的十字花科相近。

2. 植株选择必须去杂去劣，保留菜头良好，具有优良品种的特征、特性、健壮无病虫害、抽薹一致的植株。本着“选留优良大株做原种，中株做繁殖生产用种，收割老种”的原则进行育种。

3. 年年选择，提纯复壮。首先要坚持建立单独的留种地，在抽薹前通过多次选优去劣后，从中挑选优良大株做原种，采用纱帐笼罩，防止串花，保证原种纯度。未笼罩的作为大田生产用种，这样年年如是可使菜种提纯复壮。

4. 特别注意的是不经选育蓄“满阳花”，会使好种、孬种互相串花，使种子退化加快。蓄嫩种不收老种，关键在于花期的防染保纯工作要严密，不致引起生物学混杂，造成劣变。当种株分枝中下部角果变黄、籽粒呈褐色时，即可收割，置于阴凉通风处，晾干脱粒。种子不宜在烈日下暴晒，晾干后可用棕袋或麻袋装好，放在通风干燥处储藏备用，千万不能用塑料袋密封存放。

（二）适时播种。涪陵榨菜的播种期一般掌握在白露和秋分之间最为适宜，旬平均气温25℃。播种过早，因高温的影响，容易造成先期抽薹和品种变劣，容易感染病毒病，且病状表现最早；播种过迟，种株生长较慢，菜头不易膨大，会影响产量。故严格掌握播种的气温最为要紧。

（三）培育壮秧。培育壮秧是增产的首要措施。壮秧的标准是：生长健壮（株型短健、紧凑、叶片较大而厚），无病虫害，具有6片真叶为宜。

1. 办好苗床地。苗床地必须选择土层深厚、土质疏松、富含有机质、地势向阳、排水良好的土壤。首先应清洁田园，铲除四周的杂草，消灭病虫害的滋生场所。苗床须早挖早炕，播种前施足底肥，与土壤混合均匀，然后开沟做厢，厢宽4尺，沟深5寸，宽8寸，以便排水管理。然后精细整地，使表土细碎、疏松。播种后还要保持床土湿润，使种子在适宜的湿度下迅速出苗。

2. 稀播均播。每亩苗床用种量不超过8两，将种子分厢过秤，用干沙或草木灰拌匀，均匀撒播。选择阴天和晴天的上午播种，切忌兜雨撒播。播种后，用草木灰或细石、谷子略加撒盖，以防雨后表土凝结，影响出苗。如遇天气炕阳，气温较高，可用苞谷杆或草扇覆盖，也可搭棚遮盖，主要是防止阳光暴晒和大雨冲击。待子叶出土后，应及时揭去覆盖物。

3. 去杂去劣。应及时去杂去劣，保持一定的密度，使秧苗整齐健壮，大小一致。当幼苗出现第一片真叶时，开始匀苗，每平方市尺最多保持20株左右。匀苗时要注意去掉弱苗、劣苗、病苗和杂苗。若不及时匀苗，会形成高脚苗，则菜苗纤弱，易染病毒。同时，利用率不高，不利于移栽。

4. 苗床管理。第一次匀苗后，可施一次腐熟清淡人畜粪水，每亩50～60挑。若苗床基肥较差，追肥时可增施一些尿素。若遇天旱，更需每天早晚用较为清淡的人畜粪水抗旱保苗。同时，还要加强苗床期的病虫害防治，尤其是对蚜虫的防治更为重要，即出现第一片真叶时，就要喷第一次药，以后每隔5～7天喷药一次，主要是防治苗期病毒病的感染。

（四）适时移栽。不栽老秧，这是增产的主要措施。苗岑过大虽抗病力强，但拔苗时根系损伤大，移栽后返青发棵慢。同时，缩短茎过长，成长后多高脚菜。苗岑过小，移栽后返青发棵也慢，易染病毒病，因此一般以菜苗出现6片真叶（约35天）时移栽较为适宜。秧苗移栽应选择阴天或晴天下午进行。拔苗前，苗床必须先浇一次水，以免拔苗时过多损伤根系。拔苗时应选无病虫害伤、生长健壮菜苗。移栽时应理直根系，避免栽迂头秧，如主根过长，可去掉一节，保留2～3寸即可。栽的程度以泥土壅至根茎为宜。栽后将根的周围稍加压紧，以不伤种株为适度，根与土壤紧密结合，使之容易成活。切忌雨天与雨后土壤太湿时移栽，否则容易将根或移栽后土壤凝结，根系生长困难，返青发棵很慢，种株衰弱，易遭病虫害。移栽后，必须立即施一次定根肥，每亩20～30挑腐熟的清淡人畜粪水，以免移栽后造成先天不足长期不出窝。

（五）合理密植。密植密度一般每亩6000～8000株。早播适当减少密度，迟播适当增加密度。土壤肥沃应减少密度，土层瘦薄应增加密度。植株较高、叶面宽大的品种应当减少密度，植株矮小叶面狭窄的品种应当增加密度。

（六）适时追肥。磷钾肥对减轻榨菜的病毒病、提高产量有较好的效果。追肥可分为三个时期：菜头膨大前期，要求速效肥料；菜头膨大中期，需肥量最多；菜头膨大后期，需肥量不太多，特别对氮肥的要求不大。掌握第一次追肥在移栽后20天左右，每亩施肥60～70挑人畜粪水，加尿素5斤混合施用；第二次追肥在移栽后50天左右，每亩施肥70～80挑人畜粪水，加15～20斤尿素混合施用；第三次施肥在移栽后80天左右，每亩施肥70～80挑人畜粪水，如第二次肥料不足，可适当增施化肥。

（七）适时收获。榨菜过早收获，菜头尚未充分成熟，积累的营养物质少，产量也不高；收获过迟，菜头含水量高，筋多皮厚，容易空心，加工产品质量不好，成菜率低。涪陵多在立春后开始砍收青菜头，青菜头刚刚“冒顶”时收获为宜，即用手分开菜头的心叶能见淡红色的花蕾时即可砍收。

四、涪陵榨菜的“六改”栽培工艺

在涪陵榨菜的栽培工艺中不能不谈到榨菜“六改”栽培技术或工艺，因为它不仅可以提高青菜头质量，而且适应了榨菜“全形加工”工艺，并取得了显著的经济效益。

从1972年起，涪陵地区农科所作物研究室主任陈材林根据涪陵榨菜的质量要求，通过多次了解榨菜加工的具体工艺流程，对榨菜栽培进行了试验性研究。通过3年的辛勤探索，于1975年提出了适应“全形加工”的榨菜植株“六改”

工艺。

"六改"工艺是：改嫩种为老种；改白露前后播种为九月中旬至秋分播种；改密播长苗为稀播小头苗；改稀植为密植；改不施基肥为增施基肥；改"前中期轻施，后期重施"为"前期轻施，中期重施，后期看苗补施"的追肥方法。

"六改"工艺的提出引起了生产部门的重视，涪陵县立即决定在焦岩、永安、清溪、南沱、世忠、黄旗、镇安等产菜区试行推广，以后逐年扩大，不但提高了单位面积产量，增加了经济收入，同时提高了成品菜品质。特别突出的是全形菜的比例增大，第一年试行推广，全形菜由改前的6.6%～11.3%提高为36.7%～54.4%；第二年提高到45.8%～63.4%，到普遍推广后，全形菜提高到77.7%。由此，涪陵榨菜的外观质量和内在品质均有极大的提高，"六改"工艺在1981年获四川省重大科技成果三等奖。

"六改"栽培工艺的推广，成效显著，经济效益明显，并使国家、集体、农民三方互利共赢。表6－6至6－8

表6－6　1975～1981年度涪陵县榨菜种植面积及其产量表

年度	种植面积（亩）	总产量（万斤）	单产（斤）	1981年较各年增产（%）
1975	71525	8670	1212	83.3
1976	66725	4893	733	203.5
1977	66826	7181	1075	106.7
1978	75056	13816	1841	20.7
1979	87515	16090	1838	20.9
1980	67952	10672	1571	41.4
1981	82639	19248	2222	

备注：1. 资料来源，见《涪陵榨菜（历史志）》，内部资料，第146页；2. 1976年因病毒病严重，加之霜冻时间长，引起大幅度减产；1980年因生长前期冰雹面积宽，引起减产。

表6－7　1975～1981年度青菜头生产经济效益表

年度	菜头产值	总投资	纯收益	1981年比各年增加纯收益
1975	346.80	241.54	105.26	328.02
1976	195.72	225.33	－29.95	463.23
1977	287.24	225.67	51.57	381.71
1978	552.64	253.44	299.20	134.08

（续表）

年度	菜头产值	总投资	纯收益	1981 年比各年增加纯收益
1979	643. 60	295. 54	348. 06	85. 22
1980	426. 88	229. 47	197. 41	235. 87
1981	771. 36	338. 08	433. 28	

说明：1. 资料来源，见《涪陵榨菜（历史志）》，内部资料，第 147 页；2. 菜头平均每担 4 元，每亩成本 33. 77 元，推行“六改”栽培技术后比原来每亩投资增加 7. 14 元，其中肥料增加 2. 29 元，用工增加 4. 85 元。3. 计量单位为万元。

表 6－8　1975～1981 年度加工成品菜纯收入表（单位：担、万元）

年度	成品产量	总产值	税金	工商利润	纯收益	1981 年比各年增加纯收益	全形菜比率（%）
1975	247031	815. 20	40. 76	61. 76	102. 52	124. 12	
1976	150311	496. 03	24. 80	37. 58	62. 38	164. 26	
1977	210998	696. 29	34. 81	52. 75	81. 56	139. 08	
1978	425735	1404. 93	70. 25	106. 43	176. 68	49. 96	
1979	442776	1461. 16	73. 06	110. 69	183. 75	42. 89	
1980	307442	1014. 56	50. 73	76. 96	127. 69	98. 95	
1981	546138	1802. 26	90. 11	136. 53	226. 64		77. 7

备注：资料来源，见《涪陵榨菜（历史志）》，内部资料，第 147 页。

五、涪陵榨菜的早、晚季丰产优质栽培技术

（一）涪陵早市青菜头（鲜榨菜）丰产优质栽培技术。优良品种是涪陵早市青菜头高产栽培的基础。目前，涪陵早市青菜头主要选用杂交种“涪杂 2 号”为主栽品种。栽培技术要点如下：

1. 适时播种、培育壮苗。早市青菜头在涪陵的适宜播种期较窄。播种过早，幼苗生长速度快，通过阶段发育而发生先期抽薹；播种过迟，达不到早播早收的目的。因此，播种期要根据当年气候变化趋势灵活掌握。在正常气候条件下，海拔 600 米以上地区的适播期建议为：8 月 20～25 日；同时，必须培育壮苗。壮苗的标准是短缩茎粗壮，植株矮健，整齐，无病害虫伤。其一是选好床土，在土层深厚，质地疏松，富含有机质，排灌方便的地块，同时，尽可能远离十字花科蔬菜地，减少病毒感染；有条件的地方尽量选择在“阴山地”。其二是整地施基肥，每亩均匀撒施榨菜专用复合肥 50 千克，然后整细整平，开沟做厢，

厢宽4～5尺，厢长随地形和需要定，厢面要细碎疏松，厢与厢之间的间沟宽6～8寸，深4～5寸。床土四周要理好排水沟。其三是稀播匀播。播种前，先用腐熟的人畜粪水施于厢面，让床土湿润后再播种。播种时，按每亩苗床用种350克的标准，计算出每一个厢面的用种量，分别称重后与湿润的草木灰混合均匀，多次撒播在厢面上，播后用草木灰或草木灰混细泥沙进行盖种。其四是覆盖育苗，预防先期抽薹。在菜苗具2片真叶时，用遮光率95%以上的遮阳网，于每天中午覆盖3～4小时，直至苗期结束。其五是抗旱保苗。当菜苗具2片真叶后，若遇连晴高温天气就要每隔2～3天进行苗床灌水闷灌或以清淡的人畜粪水进行浇泼。其六是加强管理。当菜苗出现第二片真叶时，第一次匀苗，苗距保持3～4厘米；当菜苗出现第三片真叶时，第二次匀苗，苗距保持6～7厘米。匀苗时，应去掉特大苗、杂苗、劣苗、病苗、弱苗。第二次匀苗后，施第一次追肥，每亩用腐熟的稀薄人畜粪水40～50担、兑尿素4～5千克；当幼苗出现第四片真叶时，施第二次追肥，每亩用腐熟的人畜粪水50～60担、兑尿素5～6千克。其七是严格治蚜，预防病毒病。早市青菜头栽培，因播期早、高温干燥，病毒病发病尤为严重。因此，有条件的地方最好选用60目的尼龙防虫网，进行覆盖育苗，减少带毒蚜对菜苗的侵染。当菜苗出现第一片真叶时开始施第一次药，以后每隔7天左右施一次，移栽前一天加施一次。一般用40%的乐果乳剂800～1000倍液20%的氰戊菊酯或10%吡虫灵800～1000倍液或辟蚜雾1000～1500倍液喷雾配合80%的敌敌畏乳剂1000倍液，兼治猿叶虫、黄曲跳岬和菜青虫等。施药应在晴天进行，以喷雾为好，力求心叶、外叶、叶面、叶背喷洒周到。

2. 适时移栽，合理密植。早市青菜头栽培地，应尽可能选择土层深厚、保水保肥性能好、富含有机质的土壤。冷沙地、保水保肥较差的土壤不宜作为栽培地。土质过于黏重、水分含量过高的土壤也不适于作为栽培地。当菜苗具4～5片真叶，苗龄约25～30天时就应及时移栽。力争在一周内移栽完毕。拔苗移栽时若苗床干燥，应于前一天浇水让床土湿润，以减少拔苗对根系的损伤，提高成活率。移栽宜选择在阴天或晴天下午进行，切忌雨天或雨后土壤湿度过大的情况下移栽。早市青菜头的移栽密度为每亩5000～5500株为宜。

3. 合理追肥。涪陵早市青菜头在本田的生长期仅60天左右，需肥量较正常季节栽培的要少，要求及时施用，以满足其生长和发育的需要。在施肥上，要施足底肥，薄施勤施追肥。其一是以有机无机复合肥做底肥。按有机无机复合肥或榨菜专用肥每亩50千克的用量进行施用。采取窝施。即按常规方法打窝后，将菜苗栽于一侧，另一侧距菜苗根部2～3寸处丢肥并盖土。其二是适时追肥。主要以农家肥和氮素化肥配合作追肥。移栽后1～2天，施“定根肥”，使菜苗根系与土壤紧密结合，提高成活率，每亩用60～70担腐熟的清淡人畜粪水；移栽后7～10天菜苗返青成活后，施第一次追肥，每亩用10千克尿素兑60～70担腐熟的清淡人畜粪水；移栽后25～30天瘤茎膨大始期，施第二次追肥，每亩用20千克尿素兑90～100担腐熟的人畜粪水。追肥还应考虑土质、气候等因素，保水保肥力差的土壤，追肥次数适当增加，每次用量可适当减少；如遇干旱，追肥必须结合抗旱来进行，施肥次数增多，每次肥料浓度降低；如土壤过分潮湿，应减少水粪用量，增施干肥。

4. 病虫害防治。主要加强蚜虫、小菜蛾、菜青虫等虫害的防治。可用归克、吊丝虫、菊酯类农药等药剂防治，一般每隔7～10天一次，连喷2～3次。药液浓度根据病虫害程度和菜苗的素质酌情掌握。

5. 适时分期分批收获。根据田间青菜头的生长情况，结合市场需要，采取分期分批收获。即当单个瘤茎（青菜头）的重量达150克以上，就可择株收获（叼砍），以期获得最大的经济效益。

（二）涪陵晚季（二季）榨菜丰产优质栽培技术。近年来，涪陵晚季（二季）榨菜选用抗（耐）病性、耐抽薹性较强、生育期较晚、瘤茎膨大较快的茎瘤芥（榨菜）杂交种“涪杂8号”为主栽品种。其栽培技术要点如下：

1. 苗床准备及管理。床土应选择在土层深厚，质地疏松，地势向阳，排灌方便，远离十字花科蔬菜地的地方。在播种前30～40天，一般每亩用氧化钙（生石灰）150千克与床土混匀或用50%多菌灵可湿性粉剂与50%福美双可湿性粉剂按1∶1比例混合进行喷雾。床土整地时，每亩苗床施腐熟的无菌土杂肥1000～1500千克、较浓的腐熟人畜粪水50～60担、过磷酸钙15～20千克、完全燃烧的草木灰40～50千克，注意：各种肥料要均匀混合撒于苗床土表面。播种前开沟做厢，厢宽1.3～1.5米，厢长随地形和需要而定，厢面要细碎疏松。厢间沟宽20～25厘米，沟深15～20厘米左右。床土四周要理好排水沟，避免土中积水。涪陵海拔600米以上的地区，“涪杂8号”的适播期为：10月5～10日播种，11月下旬至12月上旬移栽。种子发芽率在75%以上，每亩苗床用种量400～500克；发芽率在60%以下的，每亩苗床用种450～500克，播后，用草木灰或草木灰混细石骨子盖种。当幼苗出现第二片真叶时，第一次匀苗，苗距保持3～4厘米；当第三片真叶出现时，第二次匀苗，苗距保持6～7厘米。匀苗时，应去掉杂苗、劣苗、病苗、弱苗以及生物学混杂的特大苗。第二次匀苗后，施第一次追肥，每亩苗床用腐熟的稀薄人畜粪水 40～50 担，兑尿素 4～5 千克；当幼苗出现第五片真叶时，每亩苗床用腐熟的稀薄人畜粪水 50～60 担，兑尿素 5～6 千克进行第二次追肥。苗床期如遇干旱，应注意抗旱保苗，增加施肥次数，降低每次的肥料浓度。

2. 适时移栽。晚熟青菜头的栽培土地，应选择在排灌良好、土层深厚、质地疏松的中性或微酸性的壤土、黏壤土或砂壤土。土壤含水量过饱和、长期积水或排水不畅以及干旱的土壤不宜做第二季榨菜栽培。当菜苗出现 5～6 片真叶时，苗龄约 45～50 天时移栽为宜，力求 10～15 天移栽完毕。移栽宜选择在阴天或晴天的下午进行，切忌雨天或雨后土壤湿度过大的情况下进行移栽。晚季青菜头的种植密度一般为每亩 8000～10000 株。在此范围内，早播者宜稀、晚播者宜密，肥土宜稀、瘦土宜密。

3. 田间管理。一般以榨菜专用肥做底肥，以农家肥和氮素化肥配合作追肥。移栽前按每亩 80～100 千克的用量，将榨菜专用肥均匀撒于土面上，然后培土，尽量把肥料均匀地培入土壤耕作层内，再打窝进行菜苗移栽。在菜苗移栽返青成活后，每亩用榨菜专用肥 100 千克左右，每窝在距菜苗根部 8～10 厘米处丢肥并进行盖土。移栽后 1～2 天，以清淡人畜粪水施“定根水”；移栽后 20～25 天，每亩用 40～50 担腐熟的清淡人畜粪水、兑尿素 5 千克，进行第一次追肥；移栽后 50～55 天，每亩用 70～80 担腐熟的人畜粪水、兑尿素 18 千克，进行第二次追肥；移栽后 75～80 天，每亩用 40～50 担腐熟人畜粪水、兑尿素 2～3 千克，进行第三次追肥。追肥应充分考虑土质、气候等因素灵活掌握。在第二次追肥后，菜株未封行前，进行浅中耕，以锄松表土和除去杂草。若土壤湿度过大、板结严重，则应提前进行行间深中耕，实行亮行炕土，再配合施提苗肥，提高菜株长势。以后是否中耕除草，应根据田间杂草危害情况、土壤板结状况和菜株的长势因地制宜进行。

4. 病虫防治。其一是蚜虫。当菜苗出现第一片真叶时，开始第一次施药，以后每隔 7 天左右施一次，移栽前加施一次，移栽后再施一次。药液可选用 20% 氰戊菊酯 800～1000 倍液、10% 吡虫灵 800～1000 倍液、80% 敌敌畏 500～800 倍液以及辟蚜雾 1000～1500 倍液等，进行喷雾。其二是菜青虫。当菜苗出现 10% 以上的植株叶片被菜青虫危害后就应进行防治，其药液可选用 70% 的艾美东颗粒，每亩 1.9 克兑水 60 千克喷雾或选用 Bt 乳油，每亩 100 克兑水 60 千克或选用 20% 氰戊菊酯每亩 40 毫升兑水 60 千克进行喷雾。其三是病毒病。防治病毒病，以前期特别是苗期治蚜避害为重点。但当本田间有中心病团出现后，应及时用20%的病毒A或病毒B粉剂600倍液，每隔7天进行喷雾。连续施药3~5次。其四是霜霉病。在发病初期，用80%的代森锰锌或70%的乙磷锰锌或50%的多菌灵或75%的百菌清500~800倍液轮换喷雾，7~10天一次，连续防治2~3次。其五是根肿病。在根肿病常发区或重病区，可选用渝东南农科院配制的90%“根肿消”，移栽时每亩用1.3千克兑水400千克进行灌窝，防效可达70%以上。其六是软腐病。用72%农用链霉素可湿性粉剂400倍或77%氢氧化铜可湿性粉剂400~600倍液，在发病初期开始用药，每次用药间隔7~10天，连续防治2~3次。

5. 适时收获。当菜株“冒顶”时收获最为适宜，所谓“冒顶”，即用手分开2-3片心叶能见淡绿色花蕾的时期。过早收获，瘤茎未充分成熟，产量不高，影响菜农收入；过晚收获，青菜头（瘤茎）含水量增加，皮筋增厚增粗，营养物质降低，品质变劣。

第二节　涪陵榨菜加工工艺

榨菜属于半干状态发酵性腌制品，其加工工艺分为萎腌、鲜腌、盐渍三种。萎腌是将鲜菜头进行风干为半干菜块后，再加盐腌制，亦称风脱水。四川、重庆、湖北、湖南、广西、江西的部分地区主要利用这一工艺加工榨菜。其中四川、重庆出产者称为四川榨菜，今更名为涪陵榨菜，其余省份出产者称为川式榨菜。其特点是鲜香嫩脆，下锅不软，久贮越香。鲜腌即不通过风萎过程，直接用盐腌制，习惯称为盐脱水。浙江、江苏、安徽、福建、广东、河南、江西部分地区及北方省市均按此法加工榨菜。其中浙江出产者称为浙江榨菜，其余省份出产者称为浙式榨菜。其特点是鲜香程度较差，不能烹煮，久贮即发酸。盐渍即用高盐度保色保鲜的贮存方法，通过短期的贮藏，仍保持鲜食之用，其缺点是不耐贮藏，久贮即发软变色。涪陵榨菜是利用萎腌工艺制作榨菜。

一、涪陵榨菜加工的工艺原理

涪陵榨菜之所以鲜香嫩脆，主要是因为涪陵榨菜的传统风脱水和“三腌三榨”的特殊加工工艺。

（一）鲜菜头的风萎作用。涪陵榨菜加工工艺将鲜菜头经过风干萎缩后再进行腌制，其目的是使鲜菜头通过自然风力作用，排出过多的水分，保持菜块组织中可溶性物质的存在，使细胞组织更加紧密，同时增强果胶质的韧性。鲜菜头萎缩成为半干状态后在腌制过程中会发生一系列生物、化学变化，使榨菜获得特殊的鲜香风味。

（二）食盐的渗透作用。由于渗透压的作用，使菜块组织中的水分和可溶性物质从细胞里被抽出来，使微生物发生酶解，从而引起质地、风味和组织发生各种各样的一系列变化。同时，食盐有较强的防腐能力，可抑制腐败菌及其他有害微生物的生长，延长腌制品的保存期。

（三）微生物的发酵作用。主要包括乳酸发酵、酒精发酵和醋酸发酵。在正常发酵过程中主要产生乳酸、乙醇、醋酸和二氧化碳，乳酸和乙醇发生的酯化反应生成乳酸乙酯，是香气的主要因素，醋酸反应也会增加产品的风味。

（四）自身生化产物和辅料物质的交互作用。蛋白质的水解会生成多种氨基酸，与食盐中的钠离子生成氨基酸钠，是榨菜鲜味的主要物质。氨基酸与乙醇也能生成氨基酸乙醇，产生芳香气味。多种氨基酸在发酵过程中与食盐也能生成相应的核苷酸钠，与谷氨酸钠协调作用，增加产品的鲜味。同时，与香料中的有机酸、醛和菜块中的芥子等产生交互作用，生成榨菜特殊的鲜香风味。

二、涪陵榨菜加工的工艺设施

（一）粗加工生产必备的设施设备

1. 菜架。菜架是鲜菜头自然风脱水的主要设备，由檩木、脊绳、牵藤（用竹丝编制的绳索）组成。加工 50 吨半成品约需 60 叉，需檩木 6 米长的圆木 150 根，脊绳 50 米长的 8 根，牵藤 33 米长的 50 根，每叉菜架可晾鲜菜 1500 千克。搭架应选择风向好，平坦的地方为宜。如檩木缺乏，也可利用树木、屋梁晾菜，但在晾菜时必须保持菜块的通风，不能重叠晾菜，防止烂菜损失。

2. 菜池。菜池要在地基牢固周围无渗漏水的地方修建为宜。一般菜池以 30～50 吨为适合，菜池四周必须建污水排放沟，防止外面浸水渗入。菜池修建必须牢固，无渗漏。

3. 菜坛。菜坛是坛装榨菜的运装器具，又是榨菜后期发酵的容器。菜坛必须光滑美观、里外满釉。在装菜前必须清洗，滴干水分，检查要无气泡、裂漏，才能装菜。如有必须修补后再用。

4. 主要工具。包括扶梯、砍筋盆、淘洗桶、压榨机、拌料盆、踩池机、起池机、擂棒、鸭脚板、扁杵、扎片、周转筐、菜篾丝、撑子等。

5、生产设施。生产设施除菜池外，还必须具备相应的腌制车间、修剪车间、装运车间以及原辅料仓库、包装仓库、产品仓库，以及相应的卫生设施、消防设施、安全设施等。

（二）精加工生产必备的设施设备

1. 生产用水。方便榨菜企业的生产用水必须符合饮用水标准，并经再处理后才能在生产上应用。特别是自取水企业，在水的处理上要更加谨慎自取水的提取方法：水源必须清洁无污染，将提取的水先行澄清，再经由沙、石、棕垫组成的过滤层，二次过滤，再按每吨水持续加入1∶5有效的漂白粉澄清液30毫升，或者每100吨水加入2~3千克有效的漂白粉与10~15千克水稀释后的澄清液，或者按每1~3吨水加1小包灭菌清毒剂的稀释液，进行常规处理，加药量以水略有氯气味为止。而且所抽取的水必须经卫生防疫站检验，符合卫生标准的才能使用，否则请卫生防疫站同志一起查看水源，采取措施，直至达到标准才能使用。

2. 主要设施。包括应具备的半成品贮藏池、辅料仓库、包装器材仓库、机修配件仓库、预储库、成品库、化验室等。这些仓库和化验室必须按规定的面积、容量、内部装修及设备齐全，才能适应生产需要。

3. 主要设备。生产企业必须具备生产的所有设备，包括分切、脱盐、淘洗、脱水、拌料、计量、真空封装、杀（抑）菌措施及设备，检验设备等。

4. 车间布置及要求。厂区及车间的布置必须合理，能适应生产的需要，内部装修必须按食品生产的要求，做到能防尘、防蚊蝇、空气流通、照明适宜、瓷砖墙裙、排水便利，内部清洁、整齐，使工人生产时能感到舒适，有利于食品生产、检验。

三、涪陵榨菜加工的工艺流程

经过长期的实践探索，涪陵榨菜形成了一套科学的、合理的加工流程。涪陵坛装榨菜的工艺流程如下：原料选择→剥皮穿串→搭菜架→初腌→复腌→修剪整形→淘洗→上榨→拌料装坛→存放后熟→坛装榨菜→成品检验→运销。见图6－1。

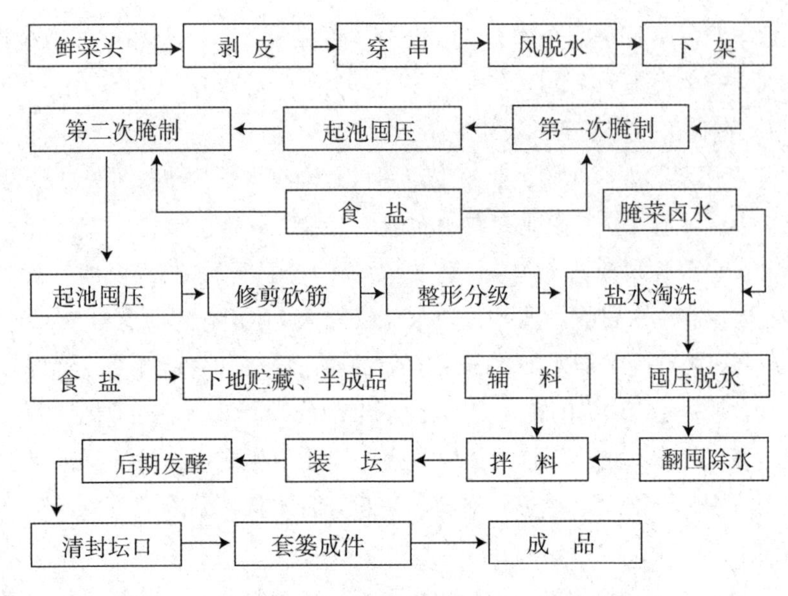

图 6-1 风脱水初加工、坛装榨菜加工工艺流程图

资料来源：涪陵市枳城区榨菜管理办公室《涪陵市榨菜志续志》，内部资料，1998 年。

涪陵袋装方便榨菜于 1982 年问世，其最初的工艺流程为：坛装榨菜→切分→拌料→计量袋装→脱气密封→杀菌检验→方便榨菜。1985 年，又总结出了大池贮藏半成品榨菜的方法，其操作流程为：将经二道腌制、修剪砍筋后的半成品榨菜下池踩紧，然后在面上加盐，盖上塑料薄膜两层，再用 10 厘米以上的河沙紧盖密封。由于大池贮藏半成品榨菜的研究取得成功，方便榨菜的加工工艺便改为：原料选择→剥皮穿串→搭架晾菜→初腌→复腌→修剪砍筋→下池贮藏→筛选分离→切分→淘洗→脱水→拌料→计量装袋→脱气密封→杀菌检验→装箱→打包入库→运销。采用这一新工艺流程后，降低了生产成本，提高了产品质量。据当时统计，每生产 1 吨方便榨菜成品，可减少陶坛开支 100 多元、人工费 20 元，共节约开支 120 多元。方便榨菜工艺流程见图 6-2。

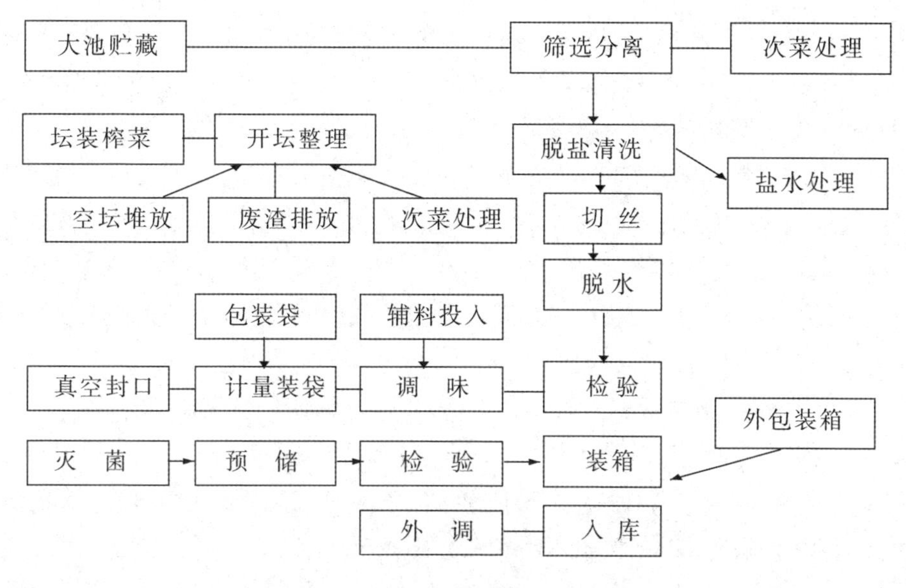

图 6－2 袋装方便榨菜工艺流程图

备注：涪陵市枳城区榨菜管理办公室《涪陵市榨菜志续志》，内部资料，1998 年。

四、涪陵榨菜加工的工艺要求

在涪陵榨菜的加工过程中，形成了一整套完整的加工工艺。每一道工艺均有特定的工艺要求。

（一）剥划。要求每个菜头剥净老皮，抽净硬筋，以不损伤青皮为标准。划块时要老嫩兼顾，青白齐全，成圆形或椭圆形，块头大小基本均匀，保持块重 5 两左右，轻重相差不大，整齐美观。每个菜头 5～7 刀剥完，不准撕大菜皮，以免伤肉过多。然后根据菜形和体重进行划块，掌握 7 两以下不划，7 两以上划成两块或三块，一般长圆菜头划滚刀块，圆形或扁圆形对开。

（二）穿串。要求每串 8～10 斤，必须大小分串，单个青菜头与划块青菜头分穿，划块穿成排块，两头回紧为标准。穿菜时要注意划块的白面对篾丝的青面，避免晾菜时折断篾丝，使菜块遭受损失。

（三）晾架。要求单个青菜头晾脊上，划块晾中间，小块菜晾下部，划块菜白面向外，青面向内，菜串密度均匀，头要搭稳，离地两尺为宜。当天的菜块必须当天穿剥上架，晾菜时注意架身保持平衡，每排应上下交替搭头，不能压在一根牵藤（用竹丝编制的绳子）上，以防断藤损失。菜架两头马尾不晾菜，架身适当留出风窗，尽量使菜架通风，菜块受风均匀，加快脱水速度。

（四）下架。晾晒后的青菜头的干湿度一般保持在40%左右，但要根据青菜头上市的不同时间和含水量多少来确定。眼看皮面现皱纹，手摸里面无硬心，周身和软即可下架。

（五）腌制。当天下架菜块必须当天入池腌制。下池时分批入池，均匀撒盐，层层踩压，踩到盐化菜润为止，早晚追踩一次，以保持菜块紧密。通过72小时腌制后，起池上囤滤去卤水后，再进行第二次腌制，方法与第一次相同，时间掌握在10天以上。在腌制期间，要注意气候的变化，检查池内的温度，避免温度过高导致榨菜变质腐烂。

（六）修剪。腌制成熟的菜块，必须逐个进行修剪，达到无飞皮、虚边、菜匙，抽去硬筋，剪净黑斑、烂点，但不能撕去青皮或剪伤肉。

（七）整形分级。各种等级内的长形菜都要改刀成为圆形或椭圆形，所有菜块都无尖锥和雀尾，然后按照各种等级规格进行分级。

（八）淘洗。将分级后的菜块分别进行淘洗，洗除泥沙和污物，保持菜块青皮白面，清洁卫生。把通过3次淘洗后的菜块囤压或压榨，榨掉卤水后方能装坛。

（九）拌料。拌料时按标准称足辅料，分两次撒料，两次拌和均匀，使菜块均匀沾满配料后才能装坛。用盐量要严格把握，防止产品过咸或发酸。

（十）装坛。每坛分5次装满，经五杵五压，层层装紧，排出坛内空气，保持菜块紧密，不松膀、不霉口、无破烂菜为合格。装满坛后，在坛口上交错盖上2~3层干净的玉米壳，再用腌制后的榨菜叶扎紧坛口。

（十一）封口。先将坛口打开，取出过多的菜块，然后压紧填平，加少许红盐，上面重新加盖3层玉米壳，用腌制好的榨菜叶扎紧坛口，然后再加水泥封口，到水泥半干时，再用竹签在坛口上打一个出气孔，防止坛口炸裂。

五、涪陵榨菜加工的影响因素

在榨菜加工过程中，由于多方面的作用，其品质结构均发生了很多变化，因此必须兼顾这些制约因素，否则会造成不同程度的损失。

（一）水分。因为榨菜属于半干状态发酵性腌制品，菜胚（半干菜块）的含水量必须适度，在生产工序中由于食盐渗透压和水分流失，最终形成盐水，只有两者相互吻合，才能使其起正常的生物和化学变化。若含水量过大，会冲淡盐液浓度，带来的结果是味酸，产品容易软化。反之，则产品软绵，失去脆性。更严重的是水分含量过大，用盐量必多，渗透压更强，迫使菜块细胞内的可溶性物质流失过多，会减弱产品的鲜香程度。

（二）食盐。食盐在腌制过程中起着非常重要的作用，除调味外，对产品的保鲜、保脆也起着重要的作用，而且也有较强的防腐能力，能抑制腐败菌及其他有害微生物的生长，延长产品的保存期。用多用少，分批使用或集中使用都是生产过程中的关键因素。用少了，不能抑制有害微生物的生长，会使产品变质；用多了，则抑制了正常的生化过程，并影响产品的风味和香气；集中使用，会引起剧烈的渗透作用，使营养物质流失过大；所以分批加盐经数次腌制为好。

（三）酸度。酸度的高低、PH 值的大小对微生物的活动关系很大，也对腌制产生直接的影响。榨菜腌制过程中的酸度要求较高，利于乳酸发酵，并能抑制其他有害微生物的生长。在酸性环境中，维生素 C 也比较稳定。因此，榨菜的生产过程应维持在酸性条件下进行。

（四）温度。为了既有利于发酵，又保证产品的质量，榨菜腌制过程的温度以 15℃ ~20℃ 为宜。温度的变化对生产周期的长短、产品质量的优劣有直接的关系。温度过高，利于有害微生物生长和发育，会使产品败坏；温度过低，不仅延长生产周期，同时也影响产品鲜香程度。

（五）空气。氧气对榨菜腌制不利，因为腌制过程中的乳酸菌是厌氧菌，它的发酵性作用要在无氧条件下才能正常进行。氧气会使产品失去绿的光泽，生长霉菌，导致表皮腐烂、质地变软。所以，在腌制过程中必须做到与空气隔绝，以减少氧化作用。

六、涪陵榨菜加工的复合利用

榨菜种植和榨菜加工生产与农民收入和国家财政收入密切相关。因此，榨菜复合加工利用甚广。其利用及相关加工工艺如下：

（一）盐渍菜头：剥皮去筋→水洗→晾干→盐水腌渍→包装→产品。

（二）榨菜：剥皮去筋→晾架脱水→下架→一次腌制→上囤→二次腌制→修剪砍筋→整形分级→淘洗→压榨→拌辅料→装坛→扎口→后期发酵→成品。

（三）榨菜菜尖：晾架脱水→腌制→淘洗→压榨→拌辅料→装坛→酸菜尖。

（四）榨菜菜叶：脱水→压榨→淘洗→压榨→拌辅料→装坛→酸菜叶。

（五）榨菜脚叶：不可加工，作饲料或肥料使用。

（六）腌制的榨菜水：1. 榨菜酱油生产。澄清→熬制→过滤→酱油；2. 食盐回收。

（七）榨菜副产品：碎菜、菜耳：去杂→淘洗→压榨→拌辅料→装坛→扎口

→成品。

（八）榨菜深度加工：1. 袋装菜丝：切丝→拌料→排氧热合→包装→成品。2. 瓶装菜丝：切丝→拌料→装瓶→装箱→成品。3. 小坛榨菜：选块→拌料→装坛→封口→成品。4. 榨菜罐头：选块去杂→盐水清洗→压榨→切丝或丁→配辅料→装罐→封口排氧→杀菌冷却→贴商标装箱→成品入库。

七、涪陵榨菜加工工艺与其他同类产品的比较

目前，与涪陵榨菜加工工艺不同的主要是鲜腌榨菜加工工艺，即浙江榨菜和浙式榨菜加工工艺。二者互有优劣。见表6－9

表6－9　萎腌、鲜腌工艺比价表

比较项目	萎腌工艺	鲜腌工艺
适用对象	四川榨菜、涪陵榨菜、川式榨菜	浙江榨菜、浙式榨菜
设备	要檩木搭架，占地多，受木材计划限制，难以解决	不需要檩木搭架，不占用架地，只需要多备菜池，容易解决
来料	上市集中，人力设备严重不足	收多少处理多少，无积压矛盾
脱水	遇气候不良，造成烂菜或发梗生芽，风险大	直接入池腌制，无烂菜损失风险
腌制	分批用盐较轻，工作突击性强	集中于二道用盐，压池内慢慢处理，工作不催人
块形	质嫩形好，但有划块，影响美观	出苔菜、空花菜多，外形好，无划块
压榨	囤压，排水不均匀	机榨，排水均匀
装坛	装坛不紧，空隙大，易存水	紧密程度好，无卤水
颜色	处理过程褪色程度稍大，但坛内保色时间长	处理过程褪色程度小，但贮存后期易变色
鲜香	味道鲜美，香气浓郁	鲜香味差，后期发酵
卫生	篾丝孔藏有泥沙，有黑疤烂点	无泥沙、污物、黑疤、烂点
质地	容易起棉花包（表面柔软实则较硬并呈白色）和溏心蛋（外表正常实则变质）菜	无棉花包（表面柔软实则较硬并呈白色）和溏心蛋（外表正常实则变质）菜，但粉尖菜多

（续表）

比较项目	萎腌工艺	鲜腌工艺
霉汯	如追口不及时，易霉口，海椒面容易掉色	用化学防腐剂后不霉不汯，海椒面不掉色，但停止后期发酵
盐量	12%～15%，味偏咸，能保质量	10%～12%，易变质，味发酸
水分	70%～74%，易于正常发酵	76%～80%，容易发酵过度
总酸	0.3%～0.6%，味正，鲜香	0.7%～0.9%，味不正，不鲜香
包装	陶坛美观大方	坛形不正，欠佳
贮藏	久贮越香	久贮越酸，变软
烹调	下锅不软	下锅即软
市场	消费者喜食，畅销	消费者不欢迎，滞销
售价	一级菜每担52元	一级菜每担34元

备注：1. 资料来源《涪陵榨菜（历史志）》，内部资料，第157～158页；2. 本表有变动。

日本酱腌菜的前半部半成品加工工艺及其设备与我国相同，后半部加工则样式繁多。据考察，其加工工艺流程主要是：鲜菜挑选→洗净→风干或不风干→加盐入池→翻倒→半成品→脱盐加工→成品。日本每年进口贮藏4000～6000吨半成品，全由涪陵、丰都供给，运到日本后再深加工。

日本改装小瓶装榨菜的工艺流程是：原坛榨菜→挑选去杂→盐水清洗→切丝或丁→脱盐加工→配料正味→高温杀菌→装瓶→封口排氧→装箱→成品。

八、涪陵榨菜的工艺创新

涪陵榨菜加工工艺是一个不断摸索、实践、创新的过程，充分体现了涪陵榨菜人的工艺创新精神。

在涪陵榨菜起源的传说中，就涉及风脱水工艺、搭架上架工艺、去除水分工艺、辅料工艺、榨菜酱油的利用、下江菜的开发等。

邓炳成作为涪陵榨菜的第一代掌脉师，其榨菜加工工艺是：将菜头连叶带皮，挂在屋檐或树枝上晾干，或打桩挂绳晾于绳上。晾干后，去叶加盐制成块状腌菜头，用木榨去盐水，拌香料装坛而成坛装榨菜。

民国元年（1912年）春，有涪陵榨菜加工户开始对传统晾菜法（即连头带叶挂在屋檐下、房前屋后树枝或所扯竹绳上）进行改进，采用河边搭菜架、去菜叶留青菜头并一分为二的晾菜办法，使工效大为提高。此法后为其他加工户普遍仿效，并流传至今。此为榨菜工艺的首次大变革。

民国十七年（1928年）春，涪陵榨菜加工行业在总结外地经验的基础上，对穿菜、腌制等工艺设备进行一系列改进，即改叠块穿菜为排块穿菜，改一次腌制为二次腌制，腌制容器由瓦缸改为水泥菜池，改手搓拌盐为脚踩。使之更有利于提高工效和产品质量，适应大批量商业加工。此为榨菜工艺的第二次大变革。

民国二十年（1931年）春，为适应榨菜出口外销需要，涪陵榨菜加工中开始对菜块进行修剪（剔筋和剪去飞皮、菜匙、抽尽老筋等），此为榨菜工艺的第三次大变革。

民国二十三年（1934年），巴县木洞镇“聚义长”榨菜掌脉师胡国璋等对过去用石灰、猪血、豆腐等材料混合做涂料给菜坛封口的专项工艺进行改革，试用水泥封口，密封效果甚佳，但菜坛遇气温升高或震动很容易发生爆坛事故。后发明在用水泥封口时打一个小小的出气孔，从而完善了这项装坛工艺的革新，并一直沿用至今，此为榨菜工艺的第四次大变革。

2006年，涪陵榨菜（集团）有限公司研究出榨菜“网挂式”风脱水加工工艺，把尼龙线编织成长网状，将青菜头装入网内上架风晾脱水，这是涪陵榨菜风脱水加工工艺的第五次大变革。

1954年，根据青菜头上市的不同时间和含水量多少来确定掌握洗净菜块的干湿度，立春前后砍收的菜头，内部组织紧密，含水量少，下架成率掌握在40%～42%；立春前后至雨水节前砍收的菜头，体质较好，下架成率掌握在38%～40%；雨水节后砍收的菜头，内部组织疏松，含水量高，下架成率掌握在36%～38%。并进行分期试点，解决了下架无标准，出现偏干偏湿的情况。

1957年，将菜块大小分穿分晾，单个青菜头与划块分穿分晾等，保证了菜块的干湿一致。

1964年，应外商要求，在对出口菜修剪时增修“团鱼边”，使菜块外形质量进一步提高，外观更为光滑美观。

1974年12月20日，四川省商业厅发布《关于榨菜等级规定的规定》（川商副发〔1974〕687号），从1975年榨菜加工时开始，榨菜质量全面执行“整形分级，以块定级”办法，改变以往只分大小块，不重外观形状的分级办法。对腌制后的菜坯进行整形分级，按一、二、三级和小菜、碎菜分别包装。这是榨菜史上等级规格的一次重大变革，此后逐渐推行全川。具体操作如下：

（一）对长形菜的处理。通过改刀整形，作为两块一级菜，或只救一块一级菜，再作一块小菜。

（二）对畸形菜的处理。畸形必须整形，整形后再以块定级，但整形时必须考虑能整理成一级的绝不能使其降级。

（三）对划块菜下半截的处理。改刀时应对三分之二以上的青皮整理为一级，二分之一的青皮整理为二级，三分之一的青皮整理为三级，重量不足 8 两作为小菜。

（四）对白空心菜的处理。空度不大、肉头较厚的整理为一级；空度较大、肉头较薄的可整理为二级或三级；如空度过大，估计装坛时会腐烂的，改刀作为小菜或碎菜。

（五）对黄空心菜的处理。只能改作小菜或碎菜。

（六）对破损菜的处理。通过改刀整形后，以块定级，否则改刀后做小菜或碎菜。

（七）对溏心蛋（外表正常实则变质）菜的处理。必须仔细选出，用刀划破，刮去污物。肉厚的可整理为二级或三级，肉薄的估计装坛时会腐烂的，改刀后做小菜或碎菜。

（八）对棉花包（表面柔软实则较硬并呈白色）的处理。凡属棉花包都要通过回池腌制，待加工后期按其转变程度处理。

（九）对既有茎瘤又带有干干菜（俗称青皮软白头）的处理。改刀时尽量将青头部分整理为等级菜，无青皮的下半截不能混入小菜，只能改刀做碎菜。

（十）对没有茎瘤只有干干菜（俗称光白头）的处理。不能混入小菜，只能改刀做碎菜。

（十一）对全部老筋菜和硬头的处理。坚决不能混入正副产品之内，只能做废品处理。

（十二）对细小青菜头的处理。5 钱以上、8 钱以下的小单个青菜头，可以选作三级菜。

（十三）凡水湿生半的菜块和超重块，必须选出，通过改刀后重新回池腌制。

（十四）凡选出口菜时，每批必须一次选尽，剩下部分只能做二级或三级，不能再选一级菜。

1975 年，改用踩池机、起池机、淘洗机后，既减轻了体力劳动，又提高了功效，且保证了产品质量。

1977 年，开始研制全国第一条榨菜机械加工生产线。同时取消干菜叶扎口，封口时采用双层法。口叶第一层用半斤以上能吃的香叶扎口，第二层用一斤半以上的盐叶扎口。这样保证了口叶不变质，菜块不掉色，减少了霉口损失。

1978 年，根据食盐的质量变化以及颗粒小、化得快的特点，将一次盐改为每百斤菜块用盐 4 斤，坚持 72 小时腌制时间；二次盐 7～8 斤，延长腌制时间 10 天以上，使二次腌制达到食盐充分入骨，并能在池内坚持 20 天以上不变色变味，便于合理安排砍筋和淘洗装坛，这解决了突击砍筋、突击装坛的矛盾。同时减少了进坛时的用盐量，可保证产品质量，也不增大用盐量。

1979 年，改进收购规格，保证全形加工，以每个菜头 3～7 两为合格，过大菜为不合格。在划块时 7 两以下不划块，7 两以上才划块，全形菜的比例大大增加，增强了菜形的美观。

1980 年，将竹篾丝改用聚丙烯制作，增强其韧性，提高利用率，解决了不会因晾晒时菜串断碎掉地的损失，又将过去的玉米壳搪口改用聚乙烯食品薄膜搪口，避免了烂菜叶污染菜块。

1981 年，将一级菜内的超重块（2 两以上）在分级时单独分选再经过重新腌制，单独装坛，使块重的差距缩小，块头更加均匀，保证了大块菜的产品质量。

1982 年 3 月，涪陵地区榨菜科研所试制成功第一批塑料复合薄膜袋装方便榨菜，实现涪陵榨菜由单一陶坛包装向多样化精制小包装转变。当年生产 38 吨，受到消费者欢迎，并在涪陵地区推广生产方便榨菜。同年，开始研究用大池贮藏榨菜半成品。

1983 年，涪陵地区榨菜科研所研制成功榨菜切丝机，并对方便榨菜生产设施进行改造。涪陵地区榨菜科研所开展生产线配套研究，历时两年，1984 年正式研制成功一套完整的方便榨菜生产线，当年生产销售方便榨菜 530 吨。是年，涪陵地区榨菜科研所研制成功六味榨菜，即麻辣、鲜味、怪味、甜香、爽口、甜酸等榨菜，同时生产出榨菜肉丝，海味榨菜，蒜味榨菜。是年，榨菜科研所研制成功纸盒装榨菜，分别生产六味、四味榨菜。

1986 年，涪陵市榨菜公司研制生产低盐榨菜获得成功，榨菜含盐量由过去的 12%～15% 降到 8%。当年生产 2000 吨，迅速销售一空。同年，涪陵榨菜（集团）有限公司乌江牌榨菜获四川省包装协会优秀包装奖。

1987年，涪陵榨菜研究所研制出肉丝、金钩、海带、糖醋等5种低盐榨菜小包装系列产品，上旬通过涪陵地区科委、食品工业协会等部门的初审验收，不久即投入批量生产。5月30日，涪陵市榨菜公司生产的低盐榨菜，通过了中国商检局重庆分局检定。该项目自1985年开始研制，在不使用化学防腐剂的条件下，含盐量比原榨菜降低25%～40%，保存期与原榨菜一样。

1992年12月23日，《涪陵日报》报道，涪陵地区科委科研人员刘晓峰研制的榨菜香辣酱获国家专利。该产品以榨菜精加工产生的副产品制成酱类佐餐调味品，具有味鲜、香辣、滋味绵醇的特点。该产品后转让给市粮油工业公司生产。

1993年3月，涪陵榨菜集团公司、涪陵地区科委共同研制成功脱水榨菜设备，该设备可用于生产保鲜榨菜、榨菜干、榨菜松、榨菜汤料等，并获得专利。

2001年，榨菜行业开发出“袖珍珍品”（涪陵榨菜集团）、瓶装“口口脆”、“红油榨菜肉丝”、“开胃菜头”、“可视速食榨菜”等8个榨菜新品种和“橄榄菜”（涪陵榨菜集团）、“水豆豉”、“满堂红调味辣”、“红油竹笋”4个附产物产品。同年，由涪陵榨菜集团公司承担的“新一代无防腐剂中盐榨菜新产品”科研项目通过市级鉴定，涪陵榨菜成功突破中盐榨菜普遍使用防腐剂的技术难题，至2005年年底，国内方便榨菜生产企业（厂）均采用这种杀菌法，全部取消化学防腐剂。

2002年，太极集团重庆国光绿色食品有限公司与西南农业大学食品工程学院联合研制成功“一步法榨菜”，彻底改变了涪陵榨菜的加工工艺，直接利用机械将鲜青菜头（榨菜原料）风干脱水，然后采用拌料包装的后熟工艺。“一步法榨菜”由于采用鲜青菜头直接机械风干，整个工艺过程不产生盐水，实现了榨菜加工的清洁生产，对环境不造成污染，是一项绿色环保食品加工工艺。

2004年10月20日，太极集团重庆国光绿色食品有限公司研制开发的榨菜调味液（榨菜酱油），通过了重庆地方标准专家会评议审定。10月30日，“太极榨菜酱油”通过国家QS认证生产现场评审和抽检合格正式上市，填补了国内调味品的一项空白，为“涪陵榨菜酱油”在全国市场上销售探索出一条出路。11月，涪陵榨菜（集团）公司成功研制出乳化浸提新技术的“乌江”牌榨菜酱油。

2006年，涪陵榨菜（集团）有限公司研究出榨菜“网挂式”风脱水加工工艺，即把尼龙线编织成长网状将青菜头装入网内上架风晾脱水，不仅简化了工艺，节省了劳动力，而且对提高榨菜成品加工率，提升榨菜产品品质及档次，增加产品附加值，做精、做强、做大涪陵榨菜产业起到了积极的推动作用。

第三节 涪陵榨菜包装工艺

"佛靠金装，人靠衣装"、"一等产品，二等包装，三等价格"，足见包装的社会价值和影响力。包装是现代物质文明的产物，它充分地反映出一种产品的文化内涵和文化水平。特别是随着现代社会的发展，人们对某种产品、商品的消费，不仅在于产品、商品本身，更在于消费某种特定的文化。因此包装的意义非凡。涪陵榨菜的包装工艺，本属于榨菜加工工艺的重要组成部分，考虑到包装在现代人生活中的特定价值和影响，故这里将其独立出来进行专门的考察。

一、涪陵榨菜的传统包装

在20世纪80年代以前，涪陵榨菜主要为坛装榨菜，因此，涪陵榨菜的包装工艺主要围绕陶坛进行。

1898年，涪陵榨菜问世。1899年，邱寿安将涪陵榨菜在湖北宜昌"荣生昌"酱园销售，数量达到80坛。在这里，坛即是土陶坛，是最早的榨菜包装，且比较规范。同时，这时的涪陵榨菜由于以陶坛包装，因此成为涪陵榨菜的计量单位——坛。这种定量制作的土陶坛之所以得以采用，主要有五个方面的原因：其一是便于计量；其二是便于交易；其三是利于质量检查；其四是利于运输；其五是便于销售。这种情况一直持续到当代。

按照榨菜生产规范的操作工艺，一个标准的陶坛，必须能够容下50斤左右的榨菜，才能排出坛内空气，起到保鲜作用。否则，菜量不足，坛内空气无法排出，榨菜质量就无法保证。一坛坛装榨菜，重50斤左右，不仅有计量标准，便于交易，而且在交易中不必每坛过秤，按坛计价简单易行。因当时的运输条件主要靠人力搬运，故每坛榨菜重70多斤，其中菜50斤，封口物2斤左右，坛子20斤左右。一个人担两坛，140斤左右，比较合适。在销售中，每坛榨菜70余斤，一般人也可搬动1坛，也比较适合城市商店的销售。

当时，榨菜坛的封口是下层为玉米壳，表层用干萝卜叶扎紧。后来榨菜业发展，数量增多，保鲜和销售时间增长，又在榨菜坛包装的最表层加上一层用猪血拌和石灰的物料封固坛口。为减轻运输中坛与坛之间的冲撞破损，将每个坛子穿上用稻草编成的草绳外衣，以便起到坛间的缓冲作用，达到保护产品的目的。标准榨菜坛的出现远在榨菜创始之前，邱寿安用陶坛作为榨菜的包装，只不过是对其他酱腌菜包装的经验借鉴而已。

在涪陵榨菜的包装工艺发展过程中，虽然整体上是坛装，但随着试销、小包装销售的发展，涪陵榨菜包装亦向多元化发展。1912 年，邱寿安之弟邱汉章首先在上海试销 80 坛，因上海市民不知道榨菜为何物，无人购买，邱汉章为开拓市场，乃在上海到处张贴广告，并登报宣传。随着试销的推行，榨菜包装也发生变化。邱汉章将榨菜切细，装成小包，附上产品说明书，派人在戏院、浴室、码头等地销售。这种小包装榨菜，主要为纸质包装。

早期菜坛包装的封口，表皮主要采用猪血加石灰密封，随着榨菜加工技术的外传，于是逐渐有人探索榨菜包装技术，开始用洋石灰（水泥）封口，保鲜成本不高，且简便易行。同时，菜坛包装套草绳外衣，也因成本高而改用廉价、牢实的竹箩代替。

随着榨菜加工厂户的增加，为了对其产品进行识别，于是商人们乃在自家生产的产品包装上（坛子上）做上记号（带有商标的性质），或在竹箩上用布条做标识，以此辨别不同商家的产品。

1950 年后，涪陵对各厂家生产的榨菜包装进行了规范，对土陶坛的形状、厚薄、高矮、直径大小、容量、竹箩、封口印的规格进行了明确的规定。为了区分各厂家的产品及其等级，生产厂家必须在调运前，在坛子封口水泥未干时，盖上代表自己厂名标记的封口印章，印章尺寸比坛口约小，印章为阳印；用不同颜色的布条系于竹箩上，以区分不同的等级。由此，涪陵榨菜的包装方法定型，并沿袭到当代。这一时期的包装计量主要有 80 斤装、50 斤装、3 斤装等。对 3 斤装小坛包装开始使用纸吊牌，吊牌上印有介绍涪陵榨菜的说明文字以及生产厂家的名称、地址等内容。同时，吊牌造型较好，彩色印刷，配以红色丝带于坛箩之上，从而对扩大销售起到了积极的作用。

二、涪陵榨菜的现代新型材料包装及其多元化

20 世纪 60 年代起，世界上开始探索各种各样的新型材料，由此引发了“包装”革命。美国大陆制罐公司等用两层或三层以上的种类相同或不相同的塑料薄膜黏合在一起，制成了复合包装食品的新材料，用以制作蒸煮袋，作为宇航员的食品包装，从而成为较理想的食品包装材料。复合薄膜袋遂成为食品包装业的后起之秀，极大地影响到世界食品业的包装及其工艺。因为它在气密性、

防潮性、耐化学性、透明性等方面具有诸多独特的优点，即以保质期而言，一般用二层和三层塑料薄膜组成的复合薄膜做成的食品袋经过120℃的高温杀菌后，食品可保存约半年左右；用三层以上的塑料薄膜和纸箔组成的食品复合袋，经过135℃以上的高温杀菌后保存期可达两年左右。

鉴于新材料引发“包装”革命及其世界性运用，中国也积极地将此运用到榨菜包装工艺的改革之中。1975年，为了改革出口榨菜包装，西南农学院食品学系、涪陵地区外贸局合作在韩家沱菜厂进行榨菜软包装试验研究，将土陶坛包装改为聚乙烯复合薄膜包装，每袋5千克，还特地从上海购买了一台真空包装机，经过抽空封口，装入纸箱外销。不过，由于当时我国包装工业不发达，包装袋需要进口，无法解决外汇问题导致价格过高，因此未能形成商品生产。与此同时，韩家沱菜厂还将全形榨菜切成片、丝、丁等类型，拌以不同口味的辅料后，分别装入玻璃瓶、陶瓷杯等包装在当地市场销售，不过也未形成批量生产。但这却开启了涪陵榨菜多元化包装的风潮。

进入20世纪80年代，随着改革开放政策的推行，涪陵榨菜业迎来大发展，涪陵榨菜包装工业也得到巨大发展。1981年，涪陵榨菜包装工艺研究的步伐加快，经过近两年的试验研究，确定选用双方拉伸聚丙烯/铝箔/聚乙烯（OPP/AL/PE）、双方拉伸尼龙/聚乙烯（ONY/PE）、聚酯/聚乙烯（PET/PE）复合材料包装榨菜较为理想，适宜印刷精美图案，保鲜期可达半年以上，能够确保榨菜的风味和营养成分。

涪陵榨菜进入市场的第一个复合塑料袋包装设计图案是采用线条色块图形，1982年在无锡塑料彩印包装厂印刷制袋，由涪陵榨菜厂试制成功并投放市场。包装的改进，促进了涪陵榨菜的发展。1983年，坛装榨菜每吨产值约720元，小包装榨菜每吨约1600元，增加产值1.27倍。1984年4月，乌江牌鲜味、麻辣小包装榨菜参加北京展销会，受到中央领导的充分肯定。1985年，涪陵成立包装技术协会。1993年，引进日本、德国复合塑料包装生产线，建立涪陵塑料彩印包装厂，年产小包装榨菜包装袋4亿个，产值可达3000多万元，从而解决了涪陵榨菜包装袋的供应问题，推动了涪陵榨菜包装工业的发展①。

进入21世纪后，涪陵榨菜包装工艺更是引起党和政府的高度重视和各企业的极大关注，成为涪陵榨菜产业化的重要组成部分。各企业或厂家的新包装推陈出新，并积极申报国家专利保护。如2001年3月28～29日，涪陵榨菜集团有

---

① 冉从文《涪陵榨菜包装的演变》，《榨菜诗文汇辑》，内部资料，1997年。

限公司1999～2001年研制开发的宜兴紫砂榨菜包装罐（“袖珍珍品”榨菜，小坛500克）、宜兴紫砂包装罐（“袖珍珍品”榨菜，大坛1000克）、纸制礼品盒包装盒（“好心情”旅游榨菜，大坛1000克）、榨菜包装袋（“鲜脆菜丝”）、榨菜包装袋（“鲜脆菜片”）、桦木雕刻榨菜包装箱（木箱“珍品榨菜”）、纸制榨菜包装盒（“礼”盒榨菜）、纸制包装盒（精制“六味”榨菜）、纸制包装盒（“红油榨菜丝”）、纸制包装盒（“口口脆”榨菜）、纸制包装盒（“橄榄菜”）、纸制包装盒（“满堂红”榨菜）、纸制包装盒（“虎皮碎椒”）、纸制包装盒（立式“合家欢”榨菜）、纸制包装盒（瓶装“合家欢”榨菜）15个榨菜包装设计获国家专利局专利认证。涪陵榨菜（集团）有限公司新开发的这15个榨菜包装，设计美观新颖、风格独特，既展示了涪陵现代的包装水准，又宣传了涪陵悠久的榨菜文化，有力推进了涪陵榨菜包装更新换代的步伐。

2003年，涪陵辣妹子集团有限公司开发的榨菜包装袋（80克碎米榨菜粒、80克香辣榨菜丝、80克美味榨菜片、100克鲜脆榨菜芯、香妹仔包装袋）、榨菜包装纸箱（80克碎米榨菜粒、80克香辣榨菜丝、100克鲜脆榨菜芯、70克低盐榨菜丝）等10个榨菜包装及350克瓶装榨菜瓶贴设计，分别于2003年2月和5月通过国家专利局认证，获得国家专利。

2004年3月，涪陵榨菜集团有限公司研制生产的“乌江”牌香脆榨菜系列产品均选用特殊加香原料精制而成，分为丝、片、芯三个品种，采用透明袋包装，改写了涪陵榨菜只有用铝箔袋包装的历史。5月，涪陵辣妹子集团有限公司向国家知识产权局申请的“辣妹子牌”、“辣椒榨菜粒”、“爽口榨菜片”、“浓香榨菜丝”四个产品的包装专利，经国家知识产权局核准。

从涪陵榨菜包装的角度看，涪陵榨菜大体有3大系列。其一是以陶瓷坛装为主的全形榨菜；其二是以铝箔袋、镀铝袋为主的精制小包装方便榨菜；其三是以瓶、听、罐为内装，外加纸制盒装、木制盒装的高档礼品榨菜。产品销往全国各省、市、自治区及港、澳、台地区，出口日本、美国、俄罗斯、韩国、东南亚和欧美各国等50多个国家和地区。

第七章

涪陵榨菜科技文化

科学技术是第一生产力。科技在涪陵榨菜产业化过程中发挥了至关重要的作用，涪陵榨菜近120年的发展历史，也是涪陵榨菜科技文化不断丰富与完善的历史。

第一节　涪陵榨菜的主要科技实录

在涪陵榨菜近120年的发展史上，涪陵榨菜的原料定名、原料品种、加工工艺、文化生态、工艺改进、产品研发、品牌塑造等都体现了“科技”的无穷魅力，尤其是在涪陵榨菜的历史发展、科技研发平台与队伍建设、涪陵榨菜的科学研究与产品开发、涪陵榨菜科技研发实效等方面体现得尤为明显。

一、科技与涪陵榨菜的历史发展

（一）传统市场经济阶段的涪陵榨菜科技。从某种意义上说，涪陵榨菜的问世本身就是科技活动的结果。赵志宵在《涪陵榨菜的传说》一文提出，榨菜的问世主要有以下六方面的因素：第一是涪陵榨菜创始人邱寿安对榨菜原料的悉心观察；第二是风脱水技术的出现（邱寿安及其子邱仁良）；第三是榨菜“压制”技术的出现（邱寿安及其子邱仁良）；第四是榨菜副产品“榨菜酱油”的利用（邱仁良）；第四是榨菜辅料（辣椒）的运用（邱仁良）；第五是榨菜新品种（下江菜）的开发（邱仁良）；第六是邱寿安与邱仁良为榨菜创生所付出的心智。可见，邱寿安、邱汉章、邓炳成、邱仁良等人对榨菜的贡献本身就是科技活动的结果，他们对涪陵榨菜的问世付出了艰苦努力并产生了重要影响。

在涪陵榨菜发展的传统市场经济阶段，涪陵榨菜科技主要有三点值得关注：

1. 涪陵榨菜加工工艺的拥有与改进。1898～1909 年，邱寿安等人依靠技术保密而实现涪陵榨菜加工的垄断，被视为涪陵榨菜的独家经营期。其后，随着涪陵榨菜加工技术的泄密，榨菜加工企业犹如雨后春笋般建立起来。因此，涪陵榨菜加工工艺的拥有和改进就决定了商家的市场商机，而榨菜加工工艺拥有和改进掌握在掌脉师手中。清宣统二年（1910 年），邱家厨师谭治合将加工过程告之欧炳胜（欧秉胜），榨菜加工之密外泄，欧在李渡石马坝设厂仿制成功，成为涪陵第二家榨菜厂，标志着涪陵榨菜开始走出由邱氏独家经营的局面。宣统三年（1911 年），邱寿安邻居骆兴合得到邱氏掌脉师邓炳成榨菜技术真传，涪陵商人骆培之在三抚庙开办榨菜厂，骆兴合成为其掌脉师，这是涪陵第三家榨菜厂。可见，榨菜掌脉师在涪陵榨菜发展史上有着至为重要的作用。榨菜掌脉师虽非后世的科技人员，但他们是那个时代名副其实的科技工作者。今天，我们虽然无法见到他们的科学研究成果，但却不能抹杀他们对榨菜科技所做出的贡献。他们工作、生活在榨菜加工的第一线，对榨菜科技有更深刻的理解和认识，对榨菜加工工艺的改进更有发言权，引领着涪陵榨菜的发展。正是在邓炳成、谭治合、骆兴合等一批榨菜掌脉师的努力之下，涪陵榨菜加工工艺得到改进，涪陵榨菜也更加市场化。

在中国近代，涪陵榨菜的工艺改革主要经历了四次：第一次是民国元年（1912 年）春，有涪陵榨菜加工户开始对传统晾菜法（即连头带叶挂在屋檐下和房前屋后树枝或所扯竹绳上）进行改进，采用河边搭菜架、去菜叶留青菜头并一分为二的晾菜办法，使工效大为提高。此法后为其他加工户普遍仿效，并流传至今。此为榨菜工艺的首次大变革。第二次是民国十七年（1928 年）春，涪陵榨菜加工行业在总结外地经验的基础上，对穿菜、腌制等工艺设备进行一系列改进，即改叠块穿菜为排块穿菜，改一次腌制为二次腌制，腌制容器由瓦缸改为水泥菜池，改手搓拌盐为脚踩，使之更有利于提高工效和产品质量，适应大批量商业加工。此为榨菜工艺的第二次大变革。第三次是民国二十年（1931 年）春，为适应榨菜出口外销需要，涪陵榨菜加工中开始对菜块进行修剪（剔筋和剪去飞皮、菜匙等），此为榨菜工艺的第三次大变革。第四次是民国二十三年（1934 年）巴县木洞镇“聚义长”榨菜掌脉师胡国璋等对过去用石灰、猪血、豆腐等材料混合做涂料给菜坛封口的专项工艺进行改革，试用水泥封口，密封效果甚佳，但菜坛遇气温升高或震动很容易发生爆坛事故。后发明在用水泥封口时打一个小小的出气孔，完善了这项装坛工艺的革新，并一直沿用至今。

2. 涪陵榨菜的推介。涪陵榨菜问世以后，榨菜加工得到迅猛发展，青菜头种植面积不断扩大，榨菜加工厂商不断增多，榨菜加工产量日益提高，20世纪20年代，涪陵榨菜发展为一大产业。到1940年，涪陵榨菜加工厂户达671家，其中2000坛以上10家，1000坛以上6家，500坛以上45家，200坛以上69家，100坛以上73家，100坛以上468家。同时，榨菜商帮出现，榨菜市场开拓，榨菜加工技术外传，对中国乃至世界饮食文化产生了重要的影响。涪陵榨菜的迅猛发展，引起了当时社会的高度关注，不少人来到涪陵考察涪陵榨菜的生产、加工情况，形成不少涪陵榨菜的产业调研报告或研究报告。但这些报告只是介绍涪陵榨菜的原料及其加工工艺等，尚谈不上真正的科学研究。民国十五年（1926年）出版发行的《中华民国省区全志·秦陇羌蜀四省区志》就记载了涪陵榨菜的加工、销售情况。民国十七年（1928年），王鉴清等主修、施纪云总纂的《涪陵县续修涪州志》也有对涪陵榨菜的描述。民国二十一年（1932年），涪陵乡村师范学校出版的校刊《涪陵县立乡村师范学校一览·本校实施报告》，首次刊载有该校教师余必达撰写的《榨菜》一文，提出榨菜（原料）是普通青菜的变种的观点，该文被认为是最早对榨菜（原料）生态、种植、加工进行详细记载的科技文献。这是榨菜问世以来第一篇系统介绍青菜头种植、加工的技术性文献。民国二十二年（1933年）春，中国银行涪陵办事处在给其总行的政治经济调查报告中称：涪陵为四川省榨菜出口（省）第一码头，年约销7万坛，价值40万元（银圆）。民国二十三年（1934年）《四川农业》第一卷第二期刊载有余必达《四川榨菜之栽培和调制》长篇论文，详细介绍青菜头性状、栽培和榨菜加工的全部技术。这是他在涪陵县立乡村师范学校指导学生进行种菜、加工、实验和对产地进行较长时间考察的成果。民国二十四年（1935年），平汉铁路调查组详细采访涪陵县榨菜业同业公会的“泰和隆”等著名字号，写出榨菜专题调查报告，后编入1937年1月出版的《涪陵经济调查》一书。1939年，金陵大学园艺系教授李家文等人到涪陵等榨菜产区调查青菜头种植和榨菜产销情况，并访问榨菜技师和创始人亲属，后形成专题调查报告《榨菜调查报告》。同年，张肖梅在《四川经济参考资料》发表《榨菜》一文。1940年，傅益永编著的《四川榨菜》出版发行。该书以不足6000字的篇幅简明扼要地介绍榨菜在涪陵县的缘起、栽培和加工技术，并在每个汉字旁边辅以国音字母注音，系榨菜史上第一本形式新颖的科普读物。

3. 涪陵榨菜原料茎瘤芥学名研究。涪陵榨菜的迅猛发展、涪陵榨菜的产业化也引起学术界的高度关注。民国二十五年（1936年）1月，国立四川大学农学院毛宗良教授等深入涪陵、丰都等产区考察柑橘和榨菜，回校后做了学术报告。4 月，在《川大周刊》四卷二十八期上发表《柑橘与榨菜》一文，确认涪陵榨菜（俗名“青菜头”）为芥菜的一个变种，并给予 Brassica Juncea coss Var bulbifera Mao 的拉丁文命名。同年在《园艺学刊》第二期发表《四川涪陵的榨菜》一文。民国三十一年（1942 年），金陵大学教授曾勉、李曙轩对青菜头进行科学鉴定，认定它属于十字科芸薹属芥菜种的变种，并给予植物学的标准命名：Brassica juncea Coss. var. tumida Tsen et Lee。这一鉴定结论和命名，得到国际植物学界认可，一直沿用至今。

另外，民国三十四年（1945 年），匡盾曾在《四川经济季刊》第 3 期上撰文全面论述了榨菜加工工艺改革问题。

（二）计划经济阶段的涪陵榨菜科技。在涪陵榨菜发展的计划经济阶段，涪陵榨菜科技的发展主要体现以下三点：

1. 涪陵榨菜科技的“国家性”。在这一阶段，涪陵榨菜的发展发生极为重大的变化。一方面，涪陵榨菜逐步国营化、集体化，确定了涪陵榨菜发展的社会主义性质。另一方面，涪陵榨菜的战略地位提高，由国家三类物资提升为二类物资，由国家掌控和调剂，并成为军用战备物资和出口创汇资源。因此，涪陵榨菜科技也就相应上升为国家战略，成为国家体制主导下的集体科研，并围绕国家主导战略的实施而展开。1965 年，国家科委将榨菜研究列为国家科研项目，下达给西南农学院。不仅如此，由于社会制度发生重大变化，人民当家做主，故涪陵榨菜科技的积极性、创造力被充分激发，体现出建设伟大社会主义的革命激情。如 1958 年 3 月 4 日，国务院总理周恩来视察丰都，参观城关镇第二菜厂，作出“榨菜生产要讲卫生，要保护工人同志的健康，要搞工具改革，减轻工人同志的体力消耗”的重要指示。于是，涪陵掀起一场轰轰烈烈的榨菜加工机具改革运动。1959 年，中共涪陵县委召开榨菜机具改革会议，县委号召“大战一冬春，实现榨菜加工机械化”。会上落实人员和改革项目计划，并强调各行各业都要全力支持，做到要人有人，要钱有钱，要物资有物资，保证改革计划的实现。积极开展技术革新运动，研究试制有辣椒切碎机等 21 种工具。

2. 涪陵榨菜科技的奠基。在这一时期，产生了众多的涪陵榨菜科技成果，对以后涪陵榨菜的发展产生了重要影响。如 1960 年培育出涪陵榨菜耐病品种“63001”，1965 年选育出涪陵榨菜新品种蔺氏草腰子，成为 20 世纪 70 ~ 80 年代涪陵榨菜的优良品种。李新予从 1959 年开始进行的茎瘤芥病毒病研究获得成果，于 1974 年总结出“茎瘤芥病毒病流行程度测报法”。1974 年陈材林等根据榨菜全形加工质量要求，开始进行榨菜“六改”探索，历经3年，总结出茎瘤芥栽培“六改”技术方案，于1978年在涪陵县大面积施行。此外，还有涪陵榨菜质量标准的制定、涪陵榨菜第一条自动化生产加工线的研制等。

3. 涪陵榨菜文化开始受到关注。1961年，四川人民出版社出版发行由中共涪陵地委多种经营领导小组主编、何裕文执笔的《涪陵榨菜》一书，全面记述了半个多世纪以来榨菜业的发展演变。1963年，涪陵县供销合作社编印发行1.5万字的老工人、老农民、老职员口述资料《涪陵榨菜简史》。1972年，涪陵县革命委员会科技组以《科技简讯》第十一期印发1.4万字的《涪陵榨菜》资料，详细介绍涪陵榨菜加工技术，推动多种经营生产。1973年，涪陵地区农业科学研究所、重庆市农业科学研究所合编《四川茎用芥菜栽培》一书，系统的记述和总结了以涪陵榨菜为重点内容的四川榨菜栽培。1978年，峨眉电影制片厂在韩家沱菜厂摄制科教片《榨菜气动自控装坛机》，后编入《科技新花》第十号在全国放映。1979年，《人民中国》记者沈大兴编撰的《中国榨菜之乡——涪陵访问记》，刊于同年《人民中国》日文版第八期。1980年，中央电视台《长江》电视片中日联合摄制组到涪陵拍摄《榨菜之乡》，涪陵县土产公司榨菜技师何裕文、县文化馆干部蒲国树向日方编导介绍涪陵榨菜情况。

（三）现代市场经济阶段涪陵榨菜科技。1985年至今，是涪陵榨菜发展的现代市场经济阶段。在这一阶段，涪陵榨菜科技更是与国家政策、市场研发接轨，体现出迅猛的发展态势，领域广泛，成果众多，特别是在新品种的培育、新工艺的探索、新产品的开发、涪陵榨菜文化的充分利用等方面更是成效显著。

2002年重庆国光绿色食品有限公司与西南农业大学食品工程学院研制成功“一步法榨菜”，彻底改变了涪陵榨菜的加工工艺，直接利用机械将鲜青菜头（榨菜原料）风干脱水，然后采用拌料包装的后熟工艺。整个工艺流程最大限度地保留了原料的各种营养成分，避免了传统榨菜工艺盐渍过程营养成分随盐水流失的问题。“一步法榨菜”既保持了涪陵榨菜嫩脆鲜香的特点，又融入了涪陵农家“水盐菜”的风味，味道醇厚，鲜香可口，品质脆爽，盐分含量适中。经重庆市科学技术委员会鉴定，“一步法榨菜”工艺技术可靠，产品品质高，风味独特，营养丰富，可谓榨菜中的极品。“一步法榨菜”的成功开发，对涪陵榨菜的未来发展发生了重大影响。同年，该公司还成功研制开发出“大豆菜汁酱油”。该产品具有酱香浓郁、滋味鲜美、品质纯正、营养丰富的特点。

2004年，涪陵榨菜集团公司投资2000余万元，建成行业内首条乳化辅料生产线，对调料有效成分萃取、高压均质乳化和真空渗透调味，达到调味料无渣化，实现产品标准化生产和品质始终如一，解决了传统榨菜调料有渣，大小不一，品质不一，拌料不均，口感差、稳定性差等问题，给消费者更佳的口感和感观。

2014年，涪陵榨菜集团公司投入5000余万元，率先建设机器人自动装箱设备项目，经过两年的技术认证、调试安装，两条全自动装箱生产线正式投入生产，运行情况良好，完成设计目标90%以上。机器人采用瑞士史陶比尔机器人，通过红外传感技术把混乱的产品理顺并均匀排列后，全自动机器人将每袋产品标准化、精确快速地装入包装箱内，大大降低了劳动强度和生产成本。

2015年，涪陵榨菜集团公司为满足消费需求，投资5000万元对乳化辅料生产线扩能升级改造，2016年3月，技术先进、安全高效的现代乳化辅料生产线全面投入生产。

二、涪陵榨菜的科技研发平台与队伍

涪陵自唐朝以来一直为州所在地，中华人民共和国成立后为涪陵地区，科技机构比较健全，科研实力较为雄厚，科研队伍比较稳定。

（一）涪陵榨菜科技管理机构。涪陵是榨菜的发源地，同时也是中国的榨菜之乡，不但榨菜科技管理机构健全，而且研发实力一直居于全国领先地位，尤其是榨菜自然科学研究。

1. 涪陵区科学技术委员会。涪陵区科学技术委员会，简称涪陵区科委，是全区科技、知识产权、防震减灾工作的最高管理机构，当然也是涪陵榨菜科技的管理机构。

2. 涪陵区榨菜管理办公室。涪陵区榨菜管理办公室，简称榨菜办，是全区具体负责榨菜业务管理方面的专职机构。1996年11月28日，涪陵市机构编制委员会下发文件《关于同意设立涪陵市榨菜办公室的批复》（涪市编委发〔1996〕39号），同意设立涪陵市榨菜办公室，为归口市财贸办公室管理的事业单位，属全额预算管理单位，编制15名，其中领导职数2名。1997年6月18日，涪市编委发〔1997〕27号文件将榨菜办升格为市政府管理榨菜行业的职能机构，由市财贸办公室代管，规格副县级，人员编制8名，其中领导职数3名。内设两个科室：综合科和业务科，科室领导职数2名。1999年3月31日，涪编委发〔1999〕45号文件同意原涪陵市枳城区榨菜管理办公室和重庆市涪陵区榨菜管理办公室归并，设立重庆市涪陵区榨菜管理办公室。规格为全额预算的副县级机构，领导职数1正1副，内设综合科、业务科、质量管理监督科共计3个科室，中层领导职数3名。2004年8月18日，涪编委发〔2004〕89号设置规格为副处级财政全额拨款的重庆市涪陵区榨菜管理办公室，属区政府参公直属事业单位，由区商委代管，内设综合科、业务科、质量监督管理科、证明商标管理科共计4个科室，核定事业编制15名，其中领导职数1正2副，中层领导职数4名。2014年，重庆市涪陵区榨菜管理办公室调整编制为16人。

榨菜办职能职责：（1）实施榨菜生产、加工、销售、质量等行业管理，搞好统筹协调、指导服务。（2）宣传贯彻执行《重庆市涪陵区榨菜生产管理规定》，制定榨菜生产发展方针、政策、总体规划和年度计划。（3）负责审查榨菜加工企业的基本生产条件。（4）负责榨菜加工企业的生产安全监管工作。（5）对榨菜生产加工进行业务指导和技术服务，组织实施全区榨菜科技攻关和新产品开发。（6）负责榨菜项目实施的审查及监管工作。（7）负责榨菜企业职工职业技能培训和考核鉴定工作；负责对榨菜行业协会的指导工作。（8）负责榨菜企业使用“涪陵榨菜”证明商标的资格审批和监督管理。（9）负责对榨菜企业产品质量的管理和监督检查，配合有关职能执法部门开展区内外榨菜打假治劣工作。（10）负责榨菜产销和质量整顿工作考核，负责对先进乡镇榨菜生产企业的评比上报。（11）负责榨菜原产地域产品保护和依法治农工作。（12）完成交办的其他工作。从以上可以看出，涪陵榨菜科技亦属榨菜办的管理范畴。

（二）涪陵榨菜科技研发机构

1. 涪陵地区农科所。1959年，涪陵专区农科所成立，有专职农业科技人员对茎用芥菜（主要是茎瘤芥）进行研究。涪陵专区农科所驻原涪陵县世忠乡。1983年10月，涪陵地区农科所成立榨菜研究室，专门从事榨菜作物研究。1995年8月，涪陵市（地级市）在涪陵地区农科所成立涪陵榨菜研究所，实行“一班人马，两块牌子”体制进行榨菜作物研究。2011年5月，经重庆市发展改革委员会批准，重庆市榨菜品种改良栽培技术工程实验室在涪陵区农科所挂牌。2011年11月，经国家发展改革委员会批准，南方芥菜品种改良与栽培技术国家地方联合工程实验室在重庆市涪陵区农科所挂牌。2014年1月，经重庆市科学技术委员会批准，重庆市芥菜工程技术中心在重庆市涪陵区农科所挂牌成立。

2. 涪陵榨菜研究所。1981年1月1日，涪陵榨菜研究所成立，隶属原涪陵地区供销社，以涪陵城西东方红榨菜厂为实验基地。

3. 企业研发部门。很多榨菜生产加工企业如涪陵榨菜集团有限公司、重庆国光绿色食品有限公司、辣妹子集团有限公司等均设立有自己的科学研究和产品开发机构。

4. 涪陵榨菜研究会。1982 年 1 月 5 日，涪陵榨菜研究会经两年多筹备正式成立，有会员 69 人。该会主要吸收热爱榨菜事业并具有一定榨菜生产知识的科技工作者、干部职工和菜农为会员，是一个学术性与科普性相结合的科技团体，受县榨菜公司和县科协双重领导，下设栽培、加工工艺、加工机具、经营管理 4 个研究小组，分别承担相应的科研课题。

（三）涪陵榨菜科技队伍。早在 20 世纪 30 ~ 40 年代，涪陵县建设科农场、县立乡村师范农事部、县农业改进所等单位间或有科技人员进行榨菜栽种密度、施肥、收获、加工等方面的试验和研究。1953 年，原西南农林部责成西南农业科学研究所、西南农学院、江津园艺站和涪陵县农技站共同组成“榨菜工作组”，深入涪陵、丰都等榨菜主产区总结民间生产经验，收集和整理品种资料，并对其生物学特性和栽培技术等进行研究。其后，“榨菜工作组”的领导体制虽有改变，但工作一直持续到 1957 年。1981 年，涪陵榨菜研究所成立后，有专职技术人员研究茎瘤芥。1982 年，涪陵榨菜研究会成立，有会员 69 人。1988 年，涪陵农科所成立榨菜研究所，对茎瘤芥良种培育、土壤、种植技术、病虫害防治等开展专题研究。至 2005 年，全区从事茎瘤芥种植研究的科技人员近 40 人，其中研究员 3 人（陈材林、季显权、彭洪江），高级农艺师 7 人（周光凡、范永红、余家兰、林合清、王彬、高明泉、王旭祎），享受国务院特殊津贴专家 5 人（陈材林、季显权、彭洪江、周光凡、范永红）。榨菜管理部门、科研单位及企业从事榨菜生产加工工艺、榨菜食品研究的科技人员 100 余人，其中享受国务院特殊津贴专家 1 人（何裕文），高级工程师 2 人（何裕文、杜全模），食品工程师 3 人（向瑞玺、赵平、房家明），榨菜工程师 74 人，榨菜助理工程师 6 人，榨菜加工技师 24 人，榨菜高中级技术工 174 人。

此外，还有部分高校如西南大学、长江师范学院的部分学者在从事涪陵榨菜科技研究。

三、涪陵榨菜主要科研课题与研发领域

（一）涪陵榨菜主要科研课题。为推动涪陵榨菜的发展，涪陵榨菜的科技研发机构先后承担了大量各级各类不同的榨菜科研课题。据不完全统计，自 1982 年以来，涪陵农科所（今为渝东南农科院）就先后承担了国家级课题 8 项，省部级课题 10 项，重庆市级课题 25 项，厅、地、局（委）级课题 23 项，涪陵区级课题 10 项，总计 76 项，见表 7 - 1。

表7-1 涪陵农科所（渝东南农科院）课题一览表

序号	名称	来源	时间（年）
1	榨菜杂种优势利用研究	国家科委	1994~1999
2	榨菜杂交良种“涪杂一号”产业化配套技术试验示范	科技部	2001~2003
3	杂交榨菜新品种“涪杂一号”产业化开发	科技部	2002~2004
4	早熟丰产杂交榨菜新品种“涪杂2号”产业化关键技术研究与示范	科技部	2008~2010
5	涪陵榨菜产业发展关键技术集成应用与创新服务体系建设	科技部	2011~2013
6	榨菜品种及配套安全高效栽培技术示范推广	科技部	2011~2013
7	抗抽薹杂交榨菜“涪杂7号”产业化关键技术研究与示范	科技部	2012~2014
8	涪陵青菜头（茎瘤芥）生物保鲜技术研究及产业化中试	科技部	2014~2016
9	芥菜分类与分布	农业部	1982~1987
10	中国芥菜分类起源研究及品种资源的主要性状鉴定	农业部	1987~1990
11	四川芥菜品种资源种子征集入库	农业部	1987~1989
12	《中国芥菜品种标准指南》的制定	农业部	2007~2008
13	西南生态区蔬菜规范化生产技术研究与集成示范	农业部	2006~2009
14	早熟丰产抗病茎瘤芥（榨菜原料作物）杂一代新品种高技术产业化	国家发改委	2009~2012
15	三峡库区鲜榨菜杂交新品种选育及关键技术研究示范	国务院三建委	2009~2011
16	涪陵榨菜优质丰产及加工新技术开发	四川省科委	1987~1989
17	榨菜新品种制种基地建设及栽培技术推广	财政部	2005
18	南方芥菜品种改良与栽培技术国家地方联合工程实验室建设	国家发改委	2013~2015
19	榨菜杂种优势利用研究	重庆市科委	1997~2001
20	榨菜专用复合肥的研究与开发	重庆市科委	1998~2001
21	榨菜杂一代制种技术研究	重庆市科委	1998~2000
22	榨菜根肿病发生危害规律及防治技术研究	重庆市科委	1999~2002

（续表）

序 号	名 称	来 源	时 间（年）
23	杂交榨菜新品种“涪杂一号”应用推广	重庆市科委	2000～2002
24	早熟丰产茎瘤芥（榨菜）杂一代新品种选育	重庆市科委	2001～2005
25	茎瘤芥（榨菜）主要性状遗传规律研究	重庆市科委	2004～2007
26	茎瘤芥（榨菜）抗（耐）病毒病霜霉病杂一代新品种选育和材料的发掘创制	重庆市科委	2006～2009
27	芥菜遗传资源 ALFP 分子标记分类及核心种质构建	重庆市科委	2007～2009
28	榨菜早熟优质抗病新品种选育	重庆市政府育种专项	2008～2013
29	茎瘤芥（榨菜）根肿病菌差减文库构建及抗性鉴别体系建立	重庆市科委	2008～2011
30	茎瘤芥（榨菜）种质资源遗传多样性及其杂种优势研究	重庆市科委	2009～2012
31	茎瘤芥霜霉病鉴定、单倍体育种技术研究及材料创制	重庆市科委	2010～2012
32	茎瘤芥（榨菜）花芽分化和现蕾抽薹的温光反应特性及机制研究	重庆市科委	2008～2012
33	利用航天诱变技术创制芥菜育种新材料研究	重庆市科委	2010～2012
34	涪陵榨菜产业结构调整的战略研究	重庆市科委	2010～2011
35	不同海拔区域气候表象与茎瘤芥（榨菜）两季栽培关键技术研究	重庆市科委	2011～2013
36	涪陵农科所生物技术中心建设（Ⅰ期）	重庆市科委	2011
37	茎瘤芥（榨菜）瘤状茎膨大相关的功能基因研究及应用	重庆市科委	2011～2013
38	抗霜霉病晚熟茎瘤芥（榨菜）杂交新品种选育及优良育种材料创新	重庆市科委	2012～2015
39	茎瘤芥（榨菜）根肿病生防菌的筛选研究	重庆市科委	2013～2016
40	茎瘤芥（榨菜）杂交种纯度 SSR 标记检测技术研究与应用	重庆市科委	2013～2016
41	茎瘤芥（榨菜）抽薹性状遗传规律分析及分子标记的筛选	重庆市科委	2013～2016

（续表）

序 号	名 称	来 源	时 间（年）
42	杂交茎瘤芥制种技术优化研究与集成	重庆市科委	2013～2016
43	宽柄芥（酸菜）杂种优势利用研究	重庆市科委	2014～2016
44	榨菜抗病毒病品种选育	四川省农牧厅	1978～1986
45	芥菜品种（系）对病毒病的抗性鉴定	涪陵地区科委	1982～1987
46	榨菜加工机理的研究	四川省农牧厅	1980～1990
47	芥菜新产品开发利用研究	四川省农牧厅	1985～1988
48	榨菜良种提纯复壮	四川省供销社	1983～1987
49	榨菜早、中、晚熟品种配套选育	四川省农牧厅	1985～1990
50	榨菜新品种选育	四川省农牧厅	1986～1990
51	榨菜施肥原理及技术研究	四川省农牧厅	1986～1990
52	四川“榨菜”病毒病原种群及其分布研究	四川省农牧厅	1987～1989
53	榨菜优质丰产施肥技术研究	四川省农牧厅	1987～1990
54	《四川省茎瘤芥病毒病》编写	涪陵地区科委	1992～1994
55	茎瘤芥不同熟性品种营养特性及施肥技术研究	涪陵地区科委	1992～1995
56	榨菜（茎瘤芥）杂种优势利用研究	涪陵地区科委	1992～1996
57	芥菜品种资源的保存和利用	涪陵市科委	1996～1999
58	鲜食茎用芥菜新品种选育	涪陵市科委	1997～2000
59	涪陵榨菜杂交良种规范化繁育及推广	重庆市扶贫办	2001～2003
60	重庆市榨菜良种基地建设	重庆市发改委	2005
61	茎瘤芥（榨菜）种子质量标准研究与制定	重庆市技监局	2008～2010
62	涪陵榨菜新品种培育	重庆市农委	2008～2013
63	早熟丰产抗病茎瘤芥（榨菜）杂一代新品种高技术产业化	重庆市发改委	2008～2009
64	杂交榨菜新品种及其配套技术示范推广	重庆市农综办	2008
65	重庆市榨菜工程实验室建设	重庆市发改委	2008
66	高产抗病杂交榨菜新品种“涪杂3号”示范推广	重庆市农委	2010～2011

（续表）

序　号	名　称	来　源	时　间（年）
67	高产优质广适茎瘤芥新品种“涪杂二号”示范推广	涪陵区科委	2005～2008
68	茎瘤芥（榨菜）种子质量标准研究与制定	涪陵区科委	2008～2010
69	涪陵高中海拔地区茎瘤芥（榨菜）新品种选育	涪陵区科委	2006～2010
70	高产优质广适杂交榨菜新品种良繁基地建设	涪陵区发改委	2008
71	榨菜（青菜头）贮藏保鲜关键技术研究与示范	涪陵区科委	2008～2011
72	早熟鲜榨菜无公害栽培关键技术研究与示范	涪陵区科委	2009～2012
73	宽柄芥（酸菜）优良种质发掘及新品种选育	涪陵区科委	2012～2015
74	茎瘤芥根肿病无农药污染防控技术研究与应用	涪陵区科委	2014～2016
75	榨菜病毒病安全防控技术研究与应用示范	涪陵区科协	2014～2016
76	抗抽薹、丰产茎瘤芥（榨菜）新品种培育和根肿病控防技术研究及其示范推广应用	涪陵区政府科技专项	2013～2017

备注：序号1～8为国家级课题；9～18为省部级课题；19～43为重庆市级课题；44～66为厅、地、局（委）级课题；67～76为涪陵区级课题。

（二）涪陵榨菜的主要研发领域。在涪陵榨菜科技发展史上，20世纪70年代后期至21世纪是榨菜科研高峰期。从榨菜的种植环境、气候、土壤、良种选育、栽培技术、病虫害防治，到榨菜加工工艺改革、方便榨菜试验、大池贮藏研究、新产品开发、加工基础研究、生产经营管理等方面，都取得可喜成绩和科研成果，对榨菜产业的发展起到了积极的推动作用。

1. 涪陵榨菜生物性研究。这是涪陵榨菜研发第一大领域，主要集中在涪陵榨菜原料茎瘤芥方面。这一方面的研究主要包括：

（1）茎瘤芥起源与学名研究。涪陵地区农科所与重庆市农科所合作研究，在《西南农业学报》1992年第3期发表《中国芥菜起源探讨》一文，明确中国是芥菜的原生起源中心或起源中心之一，中国西北地区是中国芥菜的起源地。芥菜在1500年前由中原地区传入四川盆地后逐渐演化发展，四川盆地成为芥菜的次生起源及多样化中心。18世纪中叶前在川东长江流域特别是川东长江沿岸河谷地带分化形成茎瘤芥。

关于茎瘤芥的学名，最早对之进行研究者是民国二十五年（1936年）国立四川大学农学院的毛宗良教授，他确认涪陵榨菜（俗名青菜头）为芥菜的一个变种，并给予 Brassica Juncea coss Var bulbifera Mao 的拉丁文命名。1942年，金陵大学教授曾勉、李曙轩对青菜头进行科学鉴定，认定它属于十字科芸薹属芥菜种的变种，并给予植物学的标准命名：Brassica juncea Coss. var. tumida Tsen et Lee。1982年以后，涪陵地区农科所、重庆市农科所对芥菜品种资源进行深入鉴定研究，最终确认榨菜原料茎瘤芥的植物学汉文名称。涪陵农科所与重庆市农科所合作研究，在《园艺学报》1989年第2期发表题为《芥菜分类研究》的论文，确定茎瘤芥的中文名称，明确其拉丁文名应为 Brassica juncea var. tumida Tsen et Lee，茎瘤芥为十字花科芸薹属茎菜种16个变种中的1个变种。

（2）茎瘤芥品种资源搜集鉴定。1981～1995年，即国家“六五”至“八五”期间，涪陵农科所在全国范围内先后3次专门开展对芥菜、茎瘤芥品种资源的搜集整理和特征、特性的鉴定研究。目前，该所保存有中国芥菜品种资源1000余份，其中茎瘤芥品种资源150多份。这些材料绝大部分为涪陵、丰都、长寿、万州等茎瘤芥主产区地方品种，也有浙江、湖南等地的品种。追根溯源，外地品种都是几十年或十几年前从川东引进过去的，如浙江的品种是20世纪30年代从涪陵引入浙江海宁、余姚等地，经过多年变异、淘汰和选择，形成适合浙江生态环境条件的品种类型。该所还编定有《中国芥菜品种资源目录》。

（3）茎瘤芥生长发育规律研究。明确茎瘤芥属长日照低温植物，瘤茎必须在旬均温16℃以下才能正常膨大，品种播期和施氮量是影响瘤茎空心的主要因素；研究探明茎瘤芥生育期光温综合反应敏感性、产量与生境敏感性及其主要性状的相互关系；初步探明茎瘤芥阶段发育特性及其与环境条件（温光）的关系；研究明确了茎瘤芥各生育时期农艺性状间的关系。

（4）茎瘤芥主要性状遗传规律及现代生物技术应用研究。明确茎瘤芥叶片缺刻与刺毛、瘤茎蜡粉、种子粒色等具有指示标记性状的遗传行为；探明了茎瘤芥主要数量性状的遗传变异特点。目前正在进行芥菜（含茎瘤芥）遗传资源ALFP分子标记分类及核心种质构建、茎瘤芥种质资源遗传多样性分析及其杂种优势研究和茎瘤芥远缘杂交、小孢子培养、植株再生遗传转化体系建立等研究。

（5）茎瘤芥新品种选育。从20世纪60～80年代初，涪陵农科所通过地方品种资源的发掘鉴定和选育，先后培育出“蔺市草腰子”、“三转子”、“63001”、

"永安小叶"、"涪丰14" 等优良品种，并大面积推广种植，实现了原四川省和长江流域产区榨菜品种的更新换代。其中 "永安小叶" 和 "涪丰14" 至今仍为川渝榨菜产区的主栽品种。1991年开始，涪陵农科所利用芥菜型油菜不育系 "欧新A" 为不育源，培育出22个各具特色的茎瘤芥胞质雄性不育系，在全国率先选育出杂交茎瘤芥新品种 "涪杂1号"，2001年通过重庆市农作物品种鉴定委员会审定并命名。1999~2006年，涪陵农科所用8年时间又培育出茎瘤芥新一代杂交早熟品种 "涪杂2号"，2006年6月通过重庆市农作物鉴定委员会审定并命名。"涪杂1号"、"涪杂2号" 杂交良种的育成，填补了我国芥菜类蔬菜不育系利用和优势育种的空白。后续品种 "涪杂3号"、"涪杂4号"、"涪杂5号"、"涪杂6号"、"涪杂7号"、"涪杂8号" 也在于2006~2013年培育成功并通过市级审定。

为进一步优化品种结构，涪陵区榨菜办、涪陵区农科所、涪陵榨菜（集团）有限公司共同合作，启动青菜头（榨菜原料）航天诱变（返回式卫星搭载）育种项目工程。2006年9月9日，在酒泉卫星发生中心运用 "长征二号丙" 运载火箭把 "实践8号" 育种卫星将 "永安小叶"、"涪丰14" 等榨菜种子搭载送入太空，榨菜种子在太空遨游15天后返回地面，目前涪陵区农科所等机构正在对榨菜良种进一步做优化培育试验。

表7-2　涪陵榨菜原料茎瘤芥品种培育统计表

品种名称	完成时间	完成单位	备注
蔺市草腰子	1965	涪陵农科所	
三转子	1962	涪陵农科所	
63001	1965	涪陵农科所	
永安小叶	1986	涪陵农科所	
涪丰14	1992	涪陵农科所	
涪杂1号	2000	涪陵农科所	
涪杂2号	2006	涪陵农科所	
涪杂3号	2007	涪陵农科所	
涪杂4号	2009	涪陵农科所	
涪杂5号	2009	涪陵农科所	
涪杂6号	2010	涪陵农科所	
涪杂7号	2011	涪陵农科所	
涪杂8号	2013	涪陵农科所	

（6）茎瘤芥栽培技术研究。20 世纪 70 年代，研究提出适应当时当地榨菜“全形加工”的“六改”栽培技术，并大面积推广，极大地提高了榨菜原料作物的产量和质量。茎瘤芥杂交种问世后，先后研究提出“涪杂 1～6 号”高产优质栽培技术，制定了《茎瘤芥（榨菜）无公害规范化生产技术规程》，同时提出“涪杂 1～6 号的秋季制种技术”并应用于生产，使杂交种的应用由希望变成现实，同时还提出榨菜无公害规范化生产技术规程等问题。

（7）茎瘤芥养分吸收规律及施肥技术研究。完成茎瘤芥同化产物积累分配规律和氮、磷、钾等主要养分吸收规律研究；研究了茎瘤芥主要种植土壤的肥料效应和施肥原理，提出茎瘤芥优质丰产施肥技术；开发出高、中浓度榨菜专用肥配方并进入工厂化生产阶段。

（8）茎瘤芥主要病害发生危害规律及综合防治研究。通过多年研究，首次明确茎瘤芥病毒病的主导病原种群为 TuMV（芜菁花叶病毒），占 61.99%；其次为 TuMV 和 CMV（黄瓜花叶病毒）等的复合侵染，占 23.78%；明确茎瘤芥病毒侵染的关键时期为苗床阶段 6 叶期以前，萝卜蚜和桃蚜是病毒病的主要传播媒介；提出病害调查分级和病情程度的划分标准；建立病害流行程度预测预报模型；提出以早期治蚜防病为重点的茎瘤芥病毒病综合防治技术并在大面积生产上推广应用；提出茎瘤芥根肿病的病原菌为十字花科芸薹属根肿菌并鉴定了其生物学特性，作侵染循环图；在病害发生危害规律研究及产量损失测定的基础上，制定病害分级标准；提出茎瘤芥根肿病防治技术并在生产上应用；开展茎瘤芥霜霉病的初步研究，建立茎瘤芥霜霉病抗性评价体系；提出茎瘤芥霜霉病的分级标准与抗性型划分标准；筛选出抗霜霉病的茎瘤芥育种材料。

2. 涪陵榨菜工艺性研究。这是涪陵榨菜科技的第二大研究领域，主要集中在榨菜加工领域。此领域的研究主要包括：

（1）基础理论研究。1981 年，何裕文撰写的《榨菜工艺标准和操作规程》被国家商业部作为内部资料印发全国榨菜生产加工企业执行。1984 年，何裕文编写《榨菜》一文并于 1985 年刊登在商业部出版的《商业知识》一书中。1985 年，何裕文撰写的《精制榨菜生产工艺》被商业部列为内部应用教材，作为榨菜专业培训班教学用。1986 年，杜全模撰写出《四川榨菜加工的基本原理及其在生产上的应用》，首次对榨菜加工原理进行系统论述。同年，该文刊登在《中国酿造》杂志上。1992 年，何裕文撰写的《榨菜》，作为当时涪陵市初中劳动教材应用。1999 年，杜全模编撰的《榨菜加工及操作技术》，作为涪陵区榨菜生产加工及榨菜职业能力鉴定、榨菜称职评审培训教材应用。2002 年，何裕文编撰的《涪陵榨菜加工技术》，作为涪陵区内部资料保存。2004 年，谭忠明撰写的《涪陵榨菜》，被纳入《涪陵区情简明读本》一书中。

（2）加工工艺变革研究。其一是方便榨菜生产工艺研究。1978 年始，原西南农学院李友霖、刘心恕教授多次到涪陵研究试制复合塑料薄膜袋方便榨菜；1982 年，涪陵地区榨菜科研所科技人员在总结试制阶段经验教训基础上，终于试产成功方便榨菜。其二是风脱水工艺研究。1982 ~ 1983 年，涪陵地区榨菜科研所与四川省土产公司进行“风脱水加工与环境条件关系的研究”，寻求最佳风脱水加工的环境，为机械化风脱水加工探索路子，该试验有成果，因种种原因未推广应用。其三是大池贮藏半成品原料的研究。1984 年始，涪陵地区榨菜科研所研究用大池腌制发酵贮藏保存半成品原料的加工工艺，1985 年获得成功，使每年一吨方便榨菜减少购陶坛费 100 多元、人工费 20 元，对提高产品质量和降低生产成本起到较大作用。其四是热风脱水研究。为解决榨菜加工风脱水工艺受自然气候影响的问题，1983 ~ 1984 年，涪陵地区榨菜科研所和涪陵市榨菜公司，投入人力财力研究热风脱水工艺，初获成功，由于设备投入和生产费用过大，未能继续深入研究及推广应用。

（3）加工设备及机具研究。其一是方便榨菜生产线的研究。涪陵地区榨菜科研所经过两年不断研究改进，解决了工艺流程、榨菜切丝机及其他设备设施问题，终于在 1984 年建成一套完整的方便榨菜生产线。其二是方便榨菜加工设备及机具改进的研究。20 世纪 90 年代后，涪陵榨菜科研部门及方便榨菜企业加大技改投入，积极开展对榨菜加工流程中起池、淘洗、脱盐、脱水、装袋、计量、抽空、热合联动等设备及机具改进的研究，实现方便榨菜生产由半自动化、半机械化向自动化、机械化的转变。

（4）杀菌工艺研究。方便榨菜研制成功后，防腐保鲜一直采用添加苯甲酸钠化学防腐剂杀菌。1991 年，地区农科所试验成功“微波杀菌”法，由于包装袋及生产成本等问题，未能推广应用。1994 年，四川省工业学院食品工业系教授苏履端到涪举办榨菜换气包装技术培训，对换气抑菌的原理、工艺操作进行讲解和示范，后在涪陵各水溪榨菜厂试验成功“充气抑菌”法，但由于包装、运输等问题未能推广。2001 年，涪陵榨菜（集团）有限公司投资 2000 多万元，组织科研人员攻关，成功研究出方便榨菜“巴氏”杀菌法。2001 年 8 月，“乌江”牌榨菜系列产品全部采用“巴氏”杀菌，取消苯甲酸钠杀菌防腐保鲜，在全国榨菜食品行业中率先取消化学防腐剂，攻克了长期困扰涪陵榨菜质量的一大难题。2002 年，涪陵区 26 家方便榨菜生产企业（厂）进行技改，增添高温杀菌设备，采用“巴氏”杀菌法。至2005年年底，国内方便榨菜生产企业（厂）生产的榨菜产品均采用“巴氏”杀菌法，全部取消化学防腐剂。涪陵榨菜真正成为绿色健康食品。

（5）包装改革研究。2002年，涪陵榨菜（集团）有限公司15件榨菜产品包装设计获国家专利：宜兴紫砂榨菜包装罐（“袖珍珍品榨菜”小坛500克、“袖珍珍品榨菜”大坛1000克）、纸制礼品盒包装盒（“好心情”旅游榨菜）、榨菜包装袋（“鲜脆菜丝”、“鲜脆菜片”）、桦木雕刻榨菜包装箱（木箱“珍品榨菜”）、纸制榨菜包装盒（“礼”盒榨菜）、纸制包装盒（精制“六味”榨菜、“红油榨菜丝”、“口口脆”榨菜、“橄榄菜”、“满堂红”榨菜、“虎皮碎椒”、立式“合家欢”榨菜、瓶装“合家欢”榨菜）。涪陵辣妹子集团有限公司研制开发的11个榨菜产品包装设计，于2003年获国家专利。经过不懈努力，涪陵榨菜包装实现5大变化：其一是榨菜包装的材质发生变化，由过去粗糙的陶坛、铝箔袋包装改为透明的玻璃和塑料瓶装、精美的听装及做工精细的陶瓷罐装和紫砂罐包装。其二是榨菜包装的工艺发生变化，不再是单一的印刷包装，增添了陶瓷烧制和木制雕刻。其三是榨菜包装的图案发生变化。增添印、烧刻有涪陵榨菜传统加工工艺流程内容的图案，向世人展示和宣传涪陵悠久的榨菜文化。其四是榨菜包装的形式发生变化，由过去几十斤重的全形榨菜坛装、方便榨菜箱装，增添了手提式礼品纸盒装、袋装、瓶装、听装、罐装、木制盒装，消费者携带更加方便。其五是方便榨菜外包装色泽发生变化，由过去单一的素色包装箱改为五颜六色的彩色包装箱。

（6）新产品开发研究。其一是榨菜口味，由过去单一的麻辣味向鲜味、怪味、海味、甜酸、鲜香、葱香等多口味研制开发。其二是榨菜菜型，由过去单一的丝型向片、丁、粒、酱等多形状研制开发。其三是榨菜盐度，由过去单一的高盐榨菜向中、低盐榨菜研制开发。其四是榨菜营养，向绿色健康型食品方向研制开发。20世纪90年代后，涪陵榨菜行业研制开发出“口口脆”、“儿童开味”、“老年寿星”、“袖珍珍品”、“红油榨菜肉丝”、“开胃菜心”、“清真榨菜”、“开胃菜丝”、“开胃菜片”、“辣椒榨菜粒”、“香辣榨菜丝”、“爽口榨菜片”、“浓香榨菜丝”、“葱香榨菜丝”、“可视速食榨菜”、“一步法榨菜”、“海带丝榨菜”、“棒棒榨菜”、“饱猫榨菜”、“榨菜牛肉酱”等各类罐装、瓶装、听装榨菜，以及“虎皮碎椒”、“橄榄菜”、“红油竹笋”、“满堂红调味辣”、“翡翠泡椒”、“麻辣萝卜”、“香辣萝卜”、“香辣盐菜”等120余个新产品。

（7）附产物开发研究。2001年，涪陵榨菜（集团）有限公司利用青菜头收砍后的菜尖、菜叶，成功研制开发出“橄榄菜”。2004 年，涪陵榨菜（集团）有限公司以精选青菜头嫩叶为原料，研制开发出“香辣盐菜”。2004 年，太极集团重庆国光绿色食品有限公司以榨菜卤汁、优质大豆、小麦为原料采用微生物发酵工艺，研制开发出“太极榨菜酱油”。2004 年，涪陵榨菜（集团）有限公司以“风脱水”榨菜卤汁为原料，运用高科技真空浓缩技术，研制开发出“乌江”牌榨菜酱油。

3. 榨菜标准化研究

（1）榨菜标准化的探索。早在新中国建立前，就有不少榨菜标准化的探索。1951 年 2 月，涪陵县人民政府发布《关于制定榨菜标准的通告》，这是新中国第一个要求对涪陵榨菜进行标准化建设的文件，开启涪陵榨菜标准化的进程。1974 年 12 月 20 日，四川省商业厅发出《关于榨菜等级规定的规定》（川商副发〔1974〕687 号），规定从 1975 年榨菜加工时开始，榨菜质量全面执行“整形分级，以块定级”办法，改变以往只分大小块，不重外观形状的分级办法，这是榨菜史上等级规格的一次重大变革，以后逐渐推行全川。1978 年 12 月 5 日，涪陵地县土产公司召开全县榨菜厂厂长、技师会议，讨论通过《涪陵榨菜工艺标准和操作规程》，并于 1979 年 2 月榨菜加工时开始施行。

（2）涪陵榨菜标准的制定。1979 年，四川省土产果品公司组织起草《川 Q27－80 四川省出口榨菜标准》，1980 年由四川省标准计量局颁布实施，对榨菜感官指标、理化指标、卫生指标做出具体规定，并把榨菜术语规范为标准术语。这是榨菜史上的第一个标准。从此，涪陵榨菜始有地方标准。1981 年 4 月 1 日，涪陵县开始实施四川省标准计量局于 1980 年 11 月 5 日发布的《四川出口榨菜标准》。

1981 年，由阮祥林、陈材林、何裕文共同研究的“提高涪陵榨菜质量情报研究”课题，对提高涪陵榨菜质量、促进涪陵榨菜生产发展、制修订涪陵榨菜标准提出了很好的建议和意见。1981 年 5 月 12 日，重庆进出口商品检验局、四川土产进出口公司、四川省土产果品公司联合在涪陵召开四川出口榨菜检验专业会议。会议讨论通过了《四川省企业标准川 Q27－80 号（出口榨菜）》、《标准有关检验项目的解释和检验掌握幅度的说明》和《四川出口榨菜实施商品检验方案》。5 月 15 日，中华人民共和国重庆商品检验局发布《关于转发开展出口榨菜检验有关文件的通知》（渝检〔81〕农字第 119 号）。当年，由四川省供销社提出，四川省土产果品公司组织起草，四川省标准计量局于当年 12 月 23 日发布的《四川省榨菜企业标准》（川 Q357－82）从 1982 年 12 月 31 日试行。

1983年8月1~5日，由中国副食品公司等单位主持的全国榨菜制标工作会在四川省峨眉县召开，四川、浙江等省市主产地、县的代表29人与会，会议讨论修改榨菜标准第一稿，形成第二稿。15日，中国副食品公司发出通知，标准修订稿定于1984年1月1日起执行。

1985年6月，涪陵地区供销社提出制定方便榨菜地区标准，地区榨菜科研所组织起草，杜全模、钱永忠、王虹等人执笔，涪陵地区标准计量局发布第一个方便榨菜标准（川Q涪236-85）。标准的质量要求分感官指标、理化指标、卫生指标、包装指标四个方面，对运输、贮藏、检验也做了具体规定。是年，中国商业部提出，唐文定、易泽洪、何久艺、罗纪年负责起草，国家标准局颁布CB6094-85坛装榨菜国家标准，这是榨菜行业统一实施的国家标准。1986年2月1日，《中华人民共和国国家标准榨菜》（GB6094-85）正式实施。

1987年，国家商业部副食品局提出制定方便榨菜国家标准，四川省涪陵榨菜科研所和浙江海宁蔬菜厂负责起草，朱世武、胡晓忠、蒋润浩执笔，国家标准计量局于当年4月30日发布方便榨菜国家标准（GB9173-88），从1988年7月1日起实施。这是方便榨菜的首个国家标准。

1988年，涪陵地区标准局颁布实施《方便榨菜统检规定》（何裕文起草），对规范榨菜企业生产加工行为，加强企业标准化建设，起到一定的推动作用。见表7-3。

表7-3　涪陵榨菜标准制定一览表

榨菜标准名称	完成时间	完成单位	备注
关于榨菜等级规定的规定	1974	四川省商业厅（发布）	
涪陵榨菜工艺标准和操作规程	1975	涪陵地区土产公司（会议通过）	
川Q27-80四川省出口榨菜标准	1979~1980	四川省土产果品公司组织起草，四川省标准计量局颁布	榨菜史上第一个标准
《四川省榨菜企业标准》（川Q357-82）	1982	四川省土产果品公司组织起草，四川省标准计量局颁布	榨菜史上第一个榨菜企业标准
方便榨菜标准（川Q涪236-85）	1985	涪陵地区供销社（提出）、涪陵地区榨菜科研所（起草）、涪陵地区标准计量局（发布）	榨菜史上第一个方便榨菜标准

续表

榨菜标准名称	完成时间	完成单位	备注
中华人民共和国国家标准榨菜（GB6094—85）	1985～1986	中国商业部（提出）、国家标准局（颁布）	榨菜史上第一个统一实施的国家标准
方便榨菜国家标准（GB9173－88）	1987～1988	国家商业部副食品局（提出）、四川省涪陵榨菜科研所和浙江海宁蔬菜厂（起草）	榨菜史上第一个方便榨菜国家标准。
方便榨菜统检规定	1988	何裕文（起草）、涪陵地区标准局（审定）	全地区方便榨菜统检实施细则执行

4. 榨菜产业化研究。1898 年，涪陵榨菜问世。民国二十年（1931 年），涪陵榨菜加工户发展至 100 余家，在涪陵县形成一大行业。1988 年，中共涪陵市委、涪陵市人民政府经 4 个多月考察论证后，制定“五个一”工程方案，将涪陵榨菜业的发展定为“五个一”工程之一。1993 年，联合国计划开发署将榨菜产业发展列入世界扶贫模式纪实案例资助项目。1997 年，涪陵榨菜全面实施产业化。1997～2015 年，涪陵榨菜产业化得到迅猛发展，无公害榨菜绿色原料基地得到巩固和扩大。2003 年，涪陵区被评为“中国果蔬十强县（区）”和“中国农产品深加工十强县（区）”。2005 年，涪陵区以青菜头为主的种植业被国家农业部验收认定为“2003～2004 年全国创建第二批无公害农产品（种植业）生产示范基地县达标单位”。涪陵榨菜已经建立起以市场引导企业、企业带动基地、基地连接农户的一体化产业模式。根据企业生产能力和经营状况，探索出榨菜产业化经营的三种模式：其一是“公司＋基地＋农户”；其二是“公司＋基地＋大户”；其三是“公司＋专业合作社”。这三种模式有利于促进榨菜产业化发展，促进产业化经营利益风险共享共担机制的形成。

涪陵榨菜产业化的发展，引起了众多学者的高度关注，对涪陵榨菜产业化问题开始进行深入研究。刘德福在《重庆工贸职业技术学院学报》2011 年 1 期发表的《基于统筹城乡发展的涪陵榨菜产业化研究》；唐润芝在《重庆社会科学》2011 年 11 期发表的《龙头企业与农户的联结模式及利益实现》；唐润芝在《安徽农业科学》2012 年 2 期发表的《涪陵榨菜农户与农产品加工企业利益联结模式与治理策略》；唐爱群在《现代农业科技》2007 年 4 期发表的《涪陵榨菜存在的主要问题研究》；徐安书在《中国调味品》2011 年 2 期发表的《涪陵榨菜特色产业建设与思考》；苏扬、张聪、王朝辉在《食品科技》2010 年 4 期发表的《榨菜加工工业及其发展战略的研究》；王斌在《南方农业》2012 年 11 期发表的《重庆市涪陵区百胜镇榨菜产业现状与发展对策探讨》；牛惊雷、龚志宏在《商场现代化》2006 年 11 月中旬刊发表的《基于“五种力量”模型分析乌江榨菜集团市场竞争环境》；谭淑豪、李旭然、廖贝妮在《中国农村经济》2011 年 10 期发表的《特色农副产品生产加工企业效率分析——以重庆市涪陵区榨菜产业为例》；叶汝坤、冯国禄在《湖南农业大学学报（社会科学版）》2012 年 12 期发表的《重庆涪陵榨菜产区生态足迹分析》；张钟灵、刘红雨、陈朝轩在《长江蔬菜》2004 年 5 期发表的《重庆市榨菜产业发展现状和对策》；西南大学唐志国 2011 年的硕士学位论文《重庆榨菜行业竞争分析及企业产品市场定位分析》；重庆工商大学陈凤驰 2013 年的硕士学位论文《基于统筹城乡发展的涪陵榨菜产业发展研究》；北京智研科信咨询有限公司发布的《2013 ~ 2017 年中国榨菜市场深度调研及投资前景研究报告》。尤其值得关注的是何侍昌等所著的《榨菜产业经济学研究》，被权威专家誉为“集原创性、系统性、科学性、实用性于一体的第一部榨菜产业经济学力作”，堪称涪陵榨菜产业发展工具书。

5. 榨菜文化的发掘与研究。涪陵榨菜历经 100 多年的发展，产生了众多的榨菜文献，积淀丰厚的榨菜文化，专家学者们付出了艰苦的努力，对此进行清理、发掘和研究。

（1）涪陵榨菜调研报告。早在 20 世纪 30 年代，即有专家学者到涪陵对榨菜进行考察调研。1932 年，余必达《榨菜》一文是最早对榨菜（原料）生态、种植、加工进行详细记载的科技文献。1934 年，余必达的《四川榨菜之栽培和调制》论文，更是他在涪陵县立乡村师范学校指导学生进行种菜、加工、实验和对产地进行较长时间考察的成果。1935 年，平汉铁路调查组有榨菜专题调查报告，后编入 1937 年 1 月出版的《涪陵经济调查》一书。1936 年，毛宗良的《柑橘与榨菜》、《四川涪陵的榨菜》是其在涪陵对柑橘与榨菜的考察成果。1939 年，金陵大学园艺系教授李家文等到涪陵等榨菜产区调查青菜头种植和榨菜产销情况，并访问榨菜技师和创始人亲属，后形成专题调查报告《榨菜调查报告》。1942 年，金陵大学教授曾勉、李曙轩对青菜头进行科学鉴定。1951 年，川东涪陵土产分公司在广泛深入调查的基础上，编印出《榨菜》小册子，对榨菜业历史及青菜头的种植、加工、销售经验做了比较系统的总结和介绍，用以指导恢复发展榨菜生产。1981 年，由阮祥林、陈材林、何裕文共同研究的“提高涪陵榨菜质量情报研究”课题，对提高涪陵榨菜质量、促进涪陵榨菜生产发展、制修订涪陵榨菜标准提出了很好的建议和意见。1985 年 12 月 21 日，张利泉在《四川日报》发表《“将军”之后的思考——关于四川涪陵榨菜发展趋势的调查》一文。

（2）榨菜类书志的编撰。1845 年，德恩修、石彦恬等撰成《涪州志》12 卷，该书《物产》对榨菜原料茎瘤芥（俗名包包菜、青菜头）有最早的文献记载。1926 年，《中华民国省区全志·秦陇羌蜀四省区志》出版发行，该志记载了涪陵榨菜的加工、销售情况。1928 年，王鉴清等主修，施纪云总纂《涪陵县续修涪州志》成书付梓，该书有对涪陵榨菜的描述。1940 年，傅益永编著的《四川榨菜》出版发行，该书以不足 6000 字的篇幅简明扼要地介绍榨菜在涪陵县的缘起、栽培和加工技术，并在每个汉字旁边辅以国音字母注音，系榨菜史上第一本形式新颖的科普读物。1963 年，涪陵县供销合作社按四川省供销社要求编印的《涪陵榨菜简史》告竣，该简史编写历时两个月，在广泛查阅榨菜历史文献资料和通过老工人、老农民、老职员口述的基础上整理编撰而成，共 1.5 万字。1973 年，涪陵地区、重庆市两地农业科学研究所合编的《四川茎用芥菜栽培》一书出版，该书对四川榨菜的栽培（以涪陵榨菜为重点内容）作系统而详细的记述和总结。1975 年，涪陵地区农科所李新予、陈材林参加编著《榨菜栽培与加工》一书，四川省科学技术出版社出版。1981 年，涪陵市榨菜公司何裕文编写《榨菜工艺标准和操作规程》，被商业部作为内部资料印发全国榨菜生产企业执行。1983 年，涪陵市榨菜公司何裕文撰写《涪陵榨菜》一文，被四川省文史办选用。涪陵市榨菜公司、涪陵县科委杜全模、骆长贵撰写《涪陵榨菜栽培技术》一文，被涪陵地区科委农村普及读物刊用。1984 年，涪陵市榨菜公司副经理何裕文（主笔）等人编撰的《涪陵县榨菜志》定稿，最后形成打印本，全书 13 万字。1985 年，何裕文撰写的《精制榨菜生产工艺》被商业部列为内部教材，作为榨菜专业培训班教学用。1992 年，陈材林参加编著《四川蔬菜品种志》（芥菜）一书，四川省科学技术出版社出版。何裕文的《榨菜》作为涪陵市初中劳动教材。1995 年，四川省涪陵市志编纂委员会编纂《涪陵市志》，由四川人民出版社出版，第十篇为榨菜，包括第一章原料——青菜头；第二章加工运销；第三章榨菜研究。刘培英、刘兴恕、陈材林等 8 人编著的《中国芥菜》一书由中国农业出版社出版发行，该书详细介绍了茎瘤芥的起源，发展、栽培和加工。陈材林、陈学群编著《中国蔬菜品种志》（上卷）（第二章芥菜类）一书，由中国农业出版社出版。1997 年，涪陵榨菜（集团）公司、涪陵市枳城区晚情诗社联合编印《榨菜诗文汇辑》。1998 年，涪陵榨菜（集团）有限公司与涪州宾馆餐饮部联合编印的《榨菜美食荟萃》一书打印成稿，系榨菜文化史上问世的首部榨菜菜谱。蒲国树、曾超等编著《涪陵榨菜百年》一书。涪陵市枳城区榨菜管理办公室编撰成《涪陵市榨菜志续志》。2000 年，杜全模编撰成《榨菜加工及操作技术培训讲义》。从 2001 年起，重庆市涪陵区人民政府开始编撰《涪陵年鉴》，设有“榨菜”专题部分，延续至今，2014 年，又编撰了新版《涪陵榨菜志》。2014 年，由何侍昌、李乾德、汤鹏主所著的《榨菜产业经济学研究》是第一部榨菜产业经济学力作。

（3）榨菜文化的发掘与利用。早在 20 世纪 70 代，涪陵榨菜文化即受到关注。1979 年 5 月 10 日，《人民中国》记者沈大兴到涪陵采访，后撰成《中国榨菜之乡——涪陵访问记》，刊于同年《人民中国》日文版第八期。1980 年 10 月下旬，中央电视台《长江》电视片中日联合摄制组到涪陵拍摄《榨菜之乡》和涪陵外景。涪陵县土产公司榨菜技师何裕文、县文化馆干部蒲国树向日方编导介绍榨菜和涪陵历史情况。1992 年 4 月，涪陵市（县级）邀请四川电视台、西安电影制片厂联合摄制了以“涪陵榨菜”为主题的上、中、下 3 集电视剧《乌江潮》（原名“神奇的竹耳环”），曾在四川电视台播出。1996 年 2 月，涪陵地区行署邀请四川峨眉电影制片厂来涪陵拍摄了以涪陵榨菜兴衰史为主题的 18 集电视连续剧《荣生茂风云》，在四川电视台播出。1998 年 11 月 8 ~ 11 日，涪陵榨菜诞生 100 周年，涪陵区人民政府举办首届“重庆市涪陵榨菜文化节”。目的是向世人展示涪陵榨菜之乡独具魅力的历史、地理、人文环境，依托榨菜这一特色、优势资源，推出内涵丰富、无形资产巨大的榨菜文化，为涪陵榨菜正本清源，扩大“榨菜之乡”的知名度，树立榨菜产业的名牌形象，推动涪陵区域经济发展。榨菜文化节由涪陵区人民政府主办，由区委宣传部、区财贸办公室、区榨菜管理办公室、宏声集团、太极集团、榨菜集团等单位和企业协办。1998 年 10 月，时任全国人大常委会委员长李鹏特为涪陵榨菜文化节题词：“榨菜之源　香飘百年。”这是对涪陵榨菜的高度评价和肯定，也是对涪陵榨菜产业发展的极大鼓舞。榨菜文化节的主要活动内容：其一是宣传活动。编印制作画册《三峡明珠——涪陵》1 万册；摄制电视专题片《三峡明珠——涪陵》、《榨菜之源　香飘百年》，在中央电视台第四、第七套节目中播放；在北京钓鱼台国宾馆举办新闻发布会；电台、电视台广告宣传，发布榨菜文化节信息；组织新闻采访团到涪陵采访，举行记者招待会；报刊宣传，《中国特产报》于 1998 年 10 月 29 日以专刊全面介绍涪陵榨菜的悠久历史和发展现状，展示涪陵的经济社会成就；设立榨菜文化节倒计时显示牌。其二是文化活动。举办阵容浩大的“榨菜怀”歌咏比赛；组织丰富多彩的方队游乐活动暨开幕式；安排高质量、高规格的文艺演出和体育比赛。其三是招商引资和经贸活动。举办“涪陵榨菜百年历史展览”，从历史的角度证实了中国榨菜起源于涪陵；举办涪陵重点企业展示暨商品展销会；举行重大经贸合同签字仪式。其四是研讨论坛会。榨菜文化专题研讨会；特产经济专家论坛。1998 年，涪陵区榨菜管理办公室会同涪陵榨菜（集团）组织人员编写《榨菜美食荟萃》食谱丛书，食谱以榨菜为主要原料，分凉菜、热菜（晕、素）、面食 3 个种类共 80 余个菜品，印刷 5000 册对外发送，现涪陵各大餐饮企业均按《榨菜美食荟萃》推出了各式的榨菜菜品，让人们一饱口福。2002 年，涪陵榨菜（集团）有限公司在李渡工业园区修建榨菜陈列馆，首次展示涪陵榨菜的种植、加工、销售以及榨菜文化的历史发展过程。2003 年 10 月 16 日，涪陵区质监局向重庆市质监局发文请示，申请成立涪陵榨菜原产地域产品保护办公室。2003 年 10 月 18 日，重庆市质监局批复同意成立该办公室。2003 年 10 月 20 日，涪陵区质监局、商委、榨菜办联合成立涪陵榨菜原产地域产品保护工作领导小组，领导小组下设办公室（在质监局），负责申报的日常工作。2003 年 10 月 31 日，涪陵区政府区长黄仕焱、副区长罗清泉再次召开区质监局、商委、榨菜办、工商分局、榨菜集团公司负责人会议，听取榨菜原产地域产品和原产地标记保护申报工作进展情况，进一步部署申报工作，落实经费。2003 年 11 月 2 日，重庆市质监局专程到涪指导涪陵榨菜原产地域产品和原产地标记保护申报工作，对申报材料提出修改意见。区质监局、榨菜办、榨菜集团公司等单位，组织有关专家和工作人员对申报材料进行修改、补充和完善，2003 年 11 月 25 日上报国家质量监督检验检疫总局。2003 年 12 月 2 日，区政府副区长罗清泉带领区榨菜办副主任曾广山、榨菜集团公司总经理周斌全一行，专程到国家质检总局汇报涪陵榨菜原产地域产品和原产地标记保护申报工作情况，并请求尽快将涪陵榨菜“乌江”牌、“健”牌进行原产地标记公示、注册。2003 年 12 月 9 日，涪陵区人民政府成立以区长黄仕焱为组长，区人大常委会副主任喻扬华、副区长罗清泉、区政协副主席伍国福为副组长，区府办、商委、质监局、出入境检验检疫局、工商分局、榨菜办、榨菜集团公司负责人为成员的涪陵榨菜原产地域产品保护申报工作领导小组，领导小组下设办公室（在质监局），由区质监局局长周建国兼任办公室主任，具体负责申报工作。2004 年 10 月 25 日，涪陵榨菜原产地域产品保护在北京顺利通过国家质量监督检验检疫总局组织的专家会审查。2004 年 12 月 13 日，国家质量监督检验检疫总局发布 2004 年第 178 号公告，对涪陵榨菜实施原产地域保护。自公告发布之日起，全国各地质量技术监督部门开始对涪陵榨菜实施原产地域产品保护措施。

2005年12月23日至2006年1月1日，涪陵区商委、区榨菜办、涪陵榨菜（集团）共同举办“2005‘乌江涪陵榨菜杯’榨菜美食烹饪大赛”，全区各饮食服务行业的厨师参加了烹饪大赛，并评出奖项颁奖。同时，大赛期间有14家榨菜生产企业的18件商标品牌的榨菜被大会组委会评为“涪陵人民最喜爱和放心的榨菜”。2006年6月29日，涪陵区商委、区民政局、区工商分局、区工商联、区榨菜办和饮食服务行业协会各成员单位在太极大酒店召开“打造涪陵榨菜美食之乡”研讨会，就打造涪陵榨菜美食之乡的相关问题展开讨论，与会单位发表了各自的意见和建议，这对推动涪陵榨菜美食之乡建设起到积极作用。2006年，涪陵辣妹子集团有限公司将涪陵的“八景”（即松屏列翠、黔水澄清、群猪夜吼、白鹤时鸣、鉴湖渔笛、铁柜樵歌、桂楼秋月、荔圃春风）名胜景观图案印制在“辣妹子”牌榨菜的外包装盒上，将涪陵榨菜文化与旅游文化融入一体，探索榨菜文化与理学文化及相关文化的联系，推动了涪陵榨菜文化的延伸和发展。2006年5月，涪陵区榨菜管理办公室与区文化广电新闻出版局共同将“涪陵榨菜传统手工制作技艺”向重庆市申报省级非物质文化遗产保护，2007年6月10日，重庆市人民政府正式批准将“涪陵榨菜传统手工制作技艺”列为重庆市第一批省级非物质文化遗产保护名录。2007年6月6日，涪陵区榨菜管理办公室与区文化广电新闻出版局共同又将“涪陵榨菜传统手工制作技艺”申报国家级非物质文化遗产保护名录。2007年6月，“涪陵榨菜传统手工制作技艺”通过市非物质文化遗产保护工作局际联席会议办公室初审，并转报国家非物质文化遗产保护工作部际联席会议办公室审定。2007年，涪陵区榨菜管理办公室与涪陵榨菜（集团）有限公司筹划联合举办涪陵榨菜书法作品比赛，将《涪陵榨菜百年颂》、《榨菜之乡颂歌》等二十多幅优秀书法作品向涪陵人民展示。

四、涪陵榨菜科技研发的实效

涪陵榨菜科技主要是为解决涪陵榨菜生产、加工的实际问题，因此，涪陵榨菜科技有着极强的实效性。很多榨菜科研成果得到转化，并创造了极好的经济效益和社会效益。

（一）著述类成果。在涪陵榨菜科技100多年的发展过程中，产生了众多的著述类成果。见表7－4。

表 7－4 涪陵榨菜著述类成果统计表

成果名称	完成单位（人）	认定机构	认定时间（年）	备注
（咸丰）涪州志．物产	德恩修、石彦恬等撰	涪州州政府	1845	榨菜原料茎瘤芥最早的文献记载
中华民国省区全志·秦陇羌蜀四省区志			1926	
涪陵县续修涪州志	王鉴清等主修，施纪云总纂	涪陵县人民政府	1928	
四川榨菜	傅益永编著		1940	榨菜史上第一本形式新颖的科普读物
榨菜	川东涪陵土产分公司	涪陵县人民政府	1951	
涪陵榨菜简史	涪陵县供销合作社	涪陵县人民政府	1963	
四川茎用芥菜栽培	涪陵地区农科所、重庆市农科所		1973	
榨菜栽培与加工	李新予、陈材林编著	科学技术出版社	1975	
涪陵榨菜工艺标准和操作规程		涪陵地县土产公司（会议通过）	1975	
川 Q27－80 四川省出口榨菜标准	四川省土产果品公司起草	四川省标准计量局颁布	1979～1980	榨菜史上第一个标准
榨菜工艺标准和操作规程	何裕文		1981	商业部作为内部资料印发全国榨菜生产企业执行
四川省榨菜企业标准（川 Q357－82）	四川省土产果品公司起草	四川省标准计量局颁布	1982	榨菜史上第一个榨菜企业标准
涪陵榨菜志	何裕文		1983	四川省文史办选用

（续表）

成果名称	完成单位（人）	认定机构	认定时间（年）	备注
涪陵县榨菜志	何裕文主笔		1984	
精制榨菜生产工艺	何裕文		1985	被商业部列为内部教材，作为榨菜专业培训班教学用
方便榨菜标准（川Q涪236－85）	涪陵地区供销社（提出）、涪陵地区榨菜科研所（起草）	涪陵地区标准计量局（发布）	1985	榨菜史上第一个方便榨菜标准
中华人民共和国国家标准（GB6094—85）	中国商业部（提出）	国家标准局（颁布）	1985～1986	榨菜史上第一个统一实施的国家标准
方便榨菜国家标准（GB9173－88）	国家商业部副食品局（提出）、四川省涪陵榨菜科研所和浙江海宁蔬菜厂（起草）		1987－1988	榨菜史上第一个方便榨菜国家标准
方便榨菜统检规定	何裕文起草	涪陵地区标准局审定	1988	全地区方便榨菜统检实施细则执行
四川蔬菜品种志	陈材林编著	四川省科学技术出版社	1992	
榨菜	何裕文		1992	涪陵市初中劳动教材
涪陵市志·第十篇榨菜	四川省涪陵市志编纂委员会编纂	四川人民出版社	1995	
中国芥菜	刘佩英、刘兴恕、陈材林等编著	中国农业出版社	1995	
中国蔬菜品种志（上卷）	陈材林、陈学群编著	中国农业出版社	1995	
榨菜诗文汇辑	涪陵榨菜（集团）公司、涪陵市枳城区晚情诗社编印	涪陵榨菜（集团）有限公司	1997	
榨菜美食荟萃	涪陵榨菜（集团）有限公司、涪州宾馆餐饮部编印	涪陵榨菜（集团）有限公司	1998	榨菜文化史上首部榨菜菜谱

（续表）

成果名称	完成单位（人）	认定机构	认定时间（年）	备注
涪陵榨菜百年	蒲国树、曾超等编著	涪陵榨菜（集团）有限公司	1998	
涪陵市榨菜志续志	涪陵市枳城区榨菜管理办公室编撰	涪陵市枳城区政府	1998	
杜全模	榨菜加工及操作技术		1999	涪陵区榨菜生产加工、职业能力鉴定、称职评审培训教材
榨菜加工及操作技术培训讲义	杜全模		2000	
涪陵年鉴 2001·榨菜业	涪陵区地方志办公室	涪陵区人民政府	2002	
涪陵年鉴 2002·榨菜业	涪陵区地方志办公室	涪陵区人民政府	2003	
涪陵年鉴 2003·榨菜业	涪陵区地方志办公室	涪陵区人民政府	2004	
涪陵年鉴 2004·榨菜业	涪陵区地方志办公室	涪陵区人民政府	2005	
涪陵年鉴 2005·榨菜业	涪陵区地方志办公室	涪陵区人民政府	2006	
涪陵年鉴 2006·榨菜业	涪陵区地方志办公室	涪陵区人民政府	2007	
涪陵年鉴 2007·榨菜业	涪陵区地方志办公室	涪陵区人民政府	2008	
涪陵年鉴 2008·榨菜业	涪陵区地方志办公室	涪陵区人民政府	2009	
涪陵年鉴 2009·榨菜业	涪陵区地方志办公室	涪陵区人民政府	2010	
涪陵年鉴 2010·榨菜业	涪陵区地方志办公室	涪陵区人民政府	2011	
涪陵年鉴 2011·榨菜业	涪陵区地方志办公室	涪陵区人民政府	2012	
涪陵年鉴 2012·榨菜业	涪陵区地方志办公室	涪陵区人民政府	2013	
涪陵年鉴 2013·榨菜业	涪陵区地方志办公室	涪陵区人民政府	2014	

（续表）

成果名称	完成单位（人）	认定机构	认定时间（年）	备注
涪陵年鉴 2014 · 榨菜业	涪陵区地方志办公室	涪陵区人民政府	2015	
涪陵榨菜志	涪陵区地方志办公室	涪陵区人民政府	2014	
榨菜产业经济学研究	何侍昌、李乾德、汤鹏主著	中国经济出版社	2014	榨菜史上第一部系统性研究产业发展专著

（二）论文类成果。1898 年涪陵榨菜问世以来，不少专家学者先后发表了有关涪陵榨菜研究的诸多论文。见表 7－5。

表 7－5　涪陵榨菜科研论文成果统计表（部分）

作　者	论文名称	发表刊物与时间
余必达	榨菜	涪陵县立乡村师范学校一览本校实施报告，1932 年
余必达	四川榨菜之栽培和调制	四川农业，1934 年第 1 卷第 2 期
毛宗良	柑橘与榨菜	川大周刊，1936 年第 4 卷 28 期
毛宗良	四川涪陵的榨菜	园艺学刊，1936 年第 2 期
李家文等	榨菜调查报告	1939 年
涪陵县革命委员会科技组	涪陵榨菜	科技简讯，1972 年第 11 期
沈大兴	中国榨菜之乡——涪陵访问记	人民中国（日文版），1979 年第 8 期
陈材林	榨菜“六改”栽培技术研究及其初步应用效果	涪陵科技，1980 年第 2 期
李新予	茎用芥菜病毒病流行程度预测预报及综合防治	植物保护，1981 年第 2 期
李新予	中国植物病理学会 1981 年第二次代表大会论文摘要集	
何裕文	涪陵榨菜志	四川省文史办，1983 年
杜全模、朱世武	榨菜盐酸水含量与蛋白质转化关系	中国酿造，1989 年第 2 期
杜全模	四川榨菜加工的基本原理及其在生产上的应用	中国调味品，1984 年第 1 期

（续表）

作者	论文名称	发表刊物与时间
陈材林、杨以耕	芥菜的一个新变种	园艺学，1984 年第 4 期
张利泉	“将军”之后的思考——关于四川涪陵榨菜发展趋势的调查	四川日报，1985 年 12 月 21 日
季显权、刘泽君	榨菜合理施肥	土壤通讯，1985 年第 4 期
杜全模	四川榨菜加工的基本原理及其在生产上应用的初步探讨	中国酿造，1989 年第 2 期
李新予、余家兰	芥菜品种（系）对芜菁花叶病毒抗病性鉴定研究	植物病理学报，1988 年第 1 期
涪陵农科所、重庆市农科所	芥菜分类研究	园艺学报，1989 第 2 期
杨以耕、陈材林等	芥菜分类研究	园艺学，1989 第 2 期
蔡岳松、李新予等	四川榨菜病毒病的毒原种群及其分布	西南农业学报，1991 年第 4 期
李新予、余家兰等	四川“榨菜”病毒病原种群分析	云南农业大学学报，1991 年第 3 期
唐地元、陈材林等	无防腐剂方便榨菜—微波杀菌保鲜工艺研究报告	食品科学，1991 年第 9 期
涪陵地区农科所、重庆市农科所	中国芥菜起源探讨	西南农业学报，1992 年第 3 期
季显权、刘泽君等	茎瘤芥优质丰产施肥原理及应用技术研究	土址农化通报，1992 年第 7 卷第 3 期
李新予、王彬等	芥菜品种资源对芜菁花叶病毒抗病性鉴定研究	植物保护，1992 年第 2 期
蔡岳松、李新予等	四川主要芥菜病毒种群分析	四川农业大学学报，1992 年第 1 期
李新予、蔡岳松	四川“榨菜”花叶病毒鉴定及不同季节和地点发生情况调查	植物病理学报，1992 年第 3 期
李新予、蔡岳松等	酶联免疫吸附法（ELISA）检测四川榨菜病毒种类	中国病毒学，1992 年第 3 期
陈材林、周源等	中国的芥菜起源探讨	西南农业学报，1992 年第 3 期
季显权	茎瘤芥目标产量施肥程序设计	全国计算机应用技术学术交流会论文集，1992 年
蔡健鹰	涪陵榨菜主要品种及其栽培要点	四川农业科技，1993 年第 4 期
余贤强	涪陵地区茎用芥菜选育概述	中国蔬菜，1993 年第 3 期

（续表）

作者	论文名称	发表刊物与时间
周光凡、范永红等	芥菜的种内进化及进化机制探讨	西南农业学报，1993年第3期
李新予、余家兰等	芥菜抗病毒病品种“弥度绿杆”	山东大学学报，1994年增刊
李新予、王彬	“榨菜”病毒病的综合防治	植物病害综合防治学术讨论会论文摘要汇编，1995年
李新予	茎芥菜（榨菜）病毒病	中国农作物病虫害，1995年
陈材林、周光凡等	中国芥菜起源探讨	《国际园艺学报》1995年（荷兰出版）第402期
唐地元、罗永统	降低“微波榨菜”包装成本试验	食品科学，1997年第3期
蔺同	榨菜起源于何时——从神秘的传说谈起	三峡纵横，1997年第1期
蔺同	咸菜一盘有学问——榨菜·青菜头·茎瘤芥	三峡纵横，1997年第2期
蔺同	天时地利育特产——涪陵榨菜的“五个特”	三峡纵横，1997年第4期
蔺同	一荣俱荣百业旺——榨菜业与致富工程	三峡纵横，1997年第5期
蔺同	一菜百味任君爱——榨菜吃法与用途种种	三峡纵横，1997年第6期
蔺同	好吃不过咸菜饭——榨菜与健康长寿	三峡纵横，1997年第6期
蔺同	竹耳环里藏玄妙——涪陵榨菜的神秘文化色彩	三峡纵横，1998年第1期
蔺同	涪陵风情话菜乡——榨菜民俗琐谈	三峡纵横，1998年第1期
蔺同	为看为尝千里来——涪陵榨菜与旅游业	三峡纵横，1998年第3期
蔺同	无限风光乌江牌——涪陵榨菜名牌古今	三峡纵横，1998年第4期
蔺同	百年难逢金满斗——榨菜业的历史机遇	三峡纵横，1998年第4期
蔺同	榨菜起源于何时——从神秘的传说谈起	榨菜诗文汇辑，1997年
蔺同	咸菜一盘有学问——榨菜·青菜头·茎瘤芥	榨菜诗文汇辑，1997年
蔺同	天时地利育特产——涪陵榨菜的“五个特”	榨菜诗文汇辑，1997年

（续表）

作者	论文名称	发表刊物与时间
蔺同	一荣俱荣百业旺——榨菜业与致富工程	榨菜诗文汇辑，1997 年
蔺同	一菜百味任君爱——榨菜吃法与用途种种	榨菜诗文汇辑，1997 年
蔺同	好吃不过咸菜饭——榨菜与健康长寿	榨菜诗文汇辑，1997 年
蔺同	竹耳环里藏玄妙——涪陵榨菜的神秘文化色彩	榨菜诗文汇辑，1997 年
蔺同	涪陵风情话菜乡——榨菜民俗琐谈	榨菜诗文汇辑，1997 年
蔺同	为看为尝千里来——涪陵榨菜与旅游业	榨菜诗文汇辑，1997 年
蔺同	无限风光乌江牌——涪陵榨菜名牌古今	榨菜诗文汇辑，1997 年
蔺同	百年难逢金满斗——榨菜业的历史机遇	榨菜诗文汇辑，1997 年
曾超	涪陵榨菜的根气神魂	涪陵榨菜文化交流论文，1998 年
瞿仁有	涪陵榨菜文化溯源	涪陵榨菜文化交流论文，1998 年
冉从文	涪陵榨菜包装的演变	涪陵榨菜文化交流论文，1998 年
王天义	百年沧桑　再铸辉煌	涪陵榨菜文化交流论文，1998 年
蒲国树	涪陵榨菜业百年辉煌与展望	涪陵榨菜文化交流论文，1998 年
熊佑荣	回顾历史　展望未来——再谈振兴涪陵榨菜之我见	涪陵榨菜文化交流论文，1998 年
谭英利	论榨菜产业一体化	涪陵榨菜文化交流论文，1998 年
万志鹏	名牌战略与涪陵榨菜	涪陵榨菜文化交流论文，1998 年
冉光海	榨菜业在涪陵农业产业化链条中的重要作用	涪陵榨菜文化交流论文，1998 年
何裕文	依靠科技进步　勇于改革创新　重振涪陵榨菜雄风	涪陵榨菜文化交流论文，1998 年
王平、汪成抗	确保名牌产业　振兴涪陵榨菜	涪陵榨菜文化交流论文，1998 年

（续表）

作者	论文名称	发表刊物与时间
计晓龙	榨菜产品结构调整的基本思路	涪陵榨菜文化交流论文，1998 年
计晓龙	实现榨菜产业化经营是振兴涪陵榨菜必由之路	涪陵榨菜文化交流论文，1998 年
李乾德	我看涪陵特产——榨菜之“特”	涪陵榨菜文化交流论文，1998 年
王自力	刍论涪陵榨菜文化	涪陵榨菜文化交流论文，1998 年
刘义华	茎芥菜（茎瘤芥）单株产量与主要性状的关系	中国蔬菜，1999 年第 3 期
曾超	试论枳巴文化对涪陵榨菜文化的影响	三峡新论，1999 年第 3～4 期（合刊），内部
曾超	涪陵榨菜文化中的枳巴文化因子	土家学刊，1999 年第 3 期，内部
曾超	涪陵榨菜文化中的枳巴文化因素	四川三峡学院学报，1999 年第 6 期
曾超	涪陵榨菜的根气神魂	涪州论坛，1999 年第 1 期，内部
曾超	涪陵榨菜文化中的枳巴文化因素	中国湘鄂渝黔边区研究（第四卷），中国财经出版社，1999 年
曾超	试论涪陵榨菜文化的构成	土家学刊，2001 年第 2 期，内部
范永红、周光凡等	茎瘤芥胞质雄性不育系的选育及其主要性状调查	中国蔬菜，2001 年第 5 期
曾超	试论涪陵榨菜文化的构成	涪陵特色文化研究论文辑，第一辑，2001 年，内部
夏述华	涪陵榨菜文化的特殊历史贡献	涪陵特色文化研究论文辑，第一辑，2001 年，内部
刘义华、范永红等	“涪杂一号”榨菜制种产量构成因素分析	西南园艺，2002 年第 3 期
刘义华、周光凡等	茎瘤芥杂种一代的优势研究	西南农业学报，2002 年第 3 期
王旭祎、高明泉等	榨菜根肿病可控栽培因子控害技术研究	西南园艺，2002 年第 4 期
高明泉、彭洪江等	涪陵榨菜根肿病的危害与产量损失测定	植物保护，2002 年第 6 期

（续表）

作者	论文名称	发表刊物与时间
彭洪江、王旭祎等	涪陵榨菜上严重发生根肿病	植物保护，2002 年第 2 期
刘义华、周光凡等	茎瘤芥瘤芥生长量与瘤芥相关性状的回归分析	耕作与栽培，2002 年第 6 期
王旭祎、彭洪江等	茎瘤芥（榨菜）根肿病病原初步鉴定及发病影响因素	西南农业学报，2002 年第 4 期
刘华强、李昌满等	“保得”生物肥在茎瘤芥（榨菜）上的应用效果	长江蔬菜，2002 年学术专刊
陈材林、周光凡等	茎瘤芥新品种涪杂 1 号的选育	中国蔬菜，2003 年第 1 期
刘义华、张红等	茎瘤芥生育期与主要性状的关系初探	中国蔬菜，2003 年第 2 期
王旭祎、高明泉等	茎瘤芥（榨菜）根肿病控害技术研究	长江蔬菜，2003 年第 5 期
孙小红、刘华强等	杂交茎瘤芥干物质和磷积累转运规律研究	西南农业大学学报，2003 年第 2 期
刘义华、张红等	茎瘤芥生育期光温综合反映敏感性的研究	西南农业大学学报，2003 年第 4 期
曾超	试论涪陵榨菜文化的构成	西南农业大学学报，2003 年第 4 期
殷明	榨菜副产品的加工与利用	加工与贮藏，2004 年第 3 期
孙小红、刘华强等	茎芥菜钾积累规律	中国蔬菜，2004 年第 2 期
王旭祎、高明泉等	涪陵茎瘤芥根肿病调查与防治	中国蔬菜，2004 年第 5 期
刘义华、周光凡等	茎瘤芥（榨菜）各生育期农艺性状间的关系	西南农业大学学报，2004 年第 5 期
刘义华、周光凡等	灰色关联度法在茎瘤芥（榨菜）育种上的应用初探	园艺学进展，2004 年第 6 期
刘义华、周光凡等	茎瘤芥（榨菜）产量生境农广校的初步研究	植物遗传资源学报，2004 年第 4 期
王旭祎、刘义华等	迟播对茎瘤芥（榨菜）主要性状的影响	耕作与栽培，2004 年第 5 期
高明泉等	正肥丹对茎瘤芥（榨菜）根肿病的控害效果	长江蔬菜，2004 年第 9 期
高明泉、王旭祎	PELKA 对茎瘤芥（榨菜）根肿病的控害效果	西南园艺，2004 年第 5 期
张钟灵、刘红雨等	重庆市榨菜产业发展现状和对策	长江蔬菜，2004 年第 5 期

（续表）

作者	论文名称	发表刊物与时间
曾超	试论涪陵榨菜文化的构成	乌江经济文化研究，第一辑，重庆出版社，2004 年
雅蕊	涪陵榨菜的独特价值	
张钟灵、刘红雨等	重庆市榨菜产业发展现状和对策	长江蔬菜，2004 年 9 期
赵志宵	榨菜的传说	涪陵特色文化研究论文辑，第三辑，2004 年，内部
张红	杂交茎瘤芥涪杂 1 号制种技术研究	长江蔬菜，2005 年第 2 期
王旭祎	涪陵茎瘤芥主要病害的发生与防治	长江蔬菜，2005 年第 6 期
林合清	播种期对茎瘤芥主要性状影响	西南农业大学学报，2005 年第 3 期
曾超	试论涪陵榨菜文化的构成	余继平主编《乌江流域民族民间手工文化研究文集》，四川出版集团 · 四川美术出版社，2006 年
胡代文、张红等	涪陵中海拔地区茎瘤芥高产栽培技术研究	耕作与栽培，2006 年第 2 期
王旭祎、范永红等	播种和密度对茎瘤芥主要经济性状的影响	西南园艺，2006 年第 4 期
胡代文、李娟等	涪陵中海拔地区茎瘤芥高产栽培技术研究Ⅱ品种、密度与肥料对主要性状及产量的影响	耕作与栽培，2006 年第 3 期
胡代文、高明权等	涪陵中海拔地区茎瘤芥高产栽培技术研究Ⅲ播期对主要性状及产量的影响	耕作与栽培，2006 年第 4 期
胡代文、刘义华等	茎瘤芥主要品种永安小叶高产栽培模型研究	西南农业大学学报，2006 年第 2 期
张召荣、胡代文等	茎瘤芥不同品种在涪陵高海拔地区适应性鉴定	长江蔬菜，2006 年第 7 期
林合清、王彬等	茎瘤芥杂交新品种“涪杂 2 号”高产优质无公害栽培技术	科学咨询，2006 年第 16 期
刘义华、冷容等	茎瘤芥主要数量性状遗传力和遗传进度的初步研究	植物遗传资源学报，2006 年第 4 期
刘义华、冷容等	茎瘤芥（榨菜）性状间的遗传相关性研究	中国农学通报，2006 年第9 期

（续表）

作者	论文名称	发表刊物与时间
牛惊雷、龚志宏	基于“五种力量”模型分析乌江榨菜集团市场竞争环境	商场现代化，2006 年 11 月中旬刊
蒲国树	榨菜之乡与榨菜文化	涪陵特色文化研究论文辑，第四辑，2006 年，内部
刘义华、冷容等	茎瘤芥榨菜数量性状遗传差异的研究	中国农学通报，2007 年第 3 期
刘义华、冷容等	茎瘤芥（榨菜）数量性状遗传关系分析	西南农业大学学报，2007 年第 3 期
刘义华、冷容等	应用因子分析法研究茎瘤芥（榨菜）数量性状间的关系	植物遗传资源学报，2007 年第 4 期
唐爱群	涪陵榨菜存在的主要问题研究	现代农业科技，2007 年第 4 期
林合清	茎瘤芥瘤茎风脱水速度及其影响因子	南方农业，2007 年第 4 期
姚成强	包装榨菜食品主要加工技术的研究	中国食品工业，2008 年第 3 期
姚成强	榨菜生产加工中亚硝酸盐含量的主要影响因子及其优化	安徽农业科学，2008 年第 1 期
姚成强	低盐无防腐剂小包装榨菜的加工工艺	安徽农业科学，2008 年第 4 期
王旭祎、王彬等	茎瘤芥霜霉病抗性评价标准的建立与应用	植物保护，2008 年第 6 期
范永红、周光凡等	茎瘤芥新品种“涪杂 2 号”选育	中国蔬菜，2008 年第 8 期
刘义华、冷容等	茎瘤芥（榨菜）叶性状的基因效应研究	西南农业大学学报，2009 年第 1 期
何士敏	茎瘤芥种子萌发期过氧化物酶的研究	安徽农业科学，2009 年第 1 期
刘义华、张召荣等	茎瘤芥（榨菜）数量性状的相关遗传力与选择指数分析	中国农学通报，2009 年第 16 期
付晓红	榨菜腌制过程中微生物区系多样性分析及发酵剂研制	重庆大学硕士学位论文，2009 年
刘义华、张召荣等	茎瘤芥（榨菜）对播种期的响应及其筛选研究	西南农业大学学报，2010 年第 3 期
张红、杨斌等	大头芥杂一代新组合在湖北襄樊的适应性研究	耕作与栽培，2010 年第 3 期
苏扬、张聪等	榨菜加工工业及其发展战略的研究	食品科技，2010 年第 4 期

（续表）

作者	论文名称	发表刊物与时间
王旭祎、范永红等	叶面损伤对茎瘤芥主要经济性状的研究	中国园艺，2011 年第 3 期
刘红芳	茎瘤芥（榨菜）黑斑病病原菌生物学特性	湖南农业科学，2011 年第 4 期
况小锁、陈法波	茎瘤芥（榨菜）种质资源研究进展	现代农业科技，2011 年第 13 期
张红、张召荣等	播期、施氮量对茎瘤芥（榨菜）先期抽薹及腋芽抽生影响研究	耕作与栽培，2011 年第 2 期
冷容、刘义华等	茎瘤芥（榨菜）晚播条件下主要数量性状遗传参数分析	西南农业大学学报，2011 年第 2 期
胡代文、周光凡等	茎瘤芥新品种“涪杂 7 号”的选育	西南农业大学学报，2011 年第 20 期
徐安书	涪陵榨菜特色产业建设与思考	中国调味品，2011 年第 2 期
重庆工贸职业技术学院课题组	基于统筹城乡发展的涪陵榨菜产业化研究	重庆工贸职业技术学院学报，2011 年第 1 期
谭淑豪、李旭然等	特色农副产品生产加工企业效率分析——以重庆市涪陵区榨菜产业为例	中国农村经济，2011 年第 10 期
唐润芝	龙头企业与农户的联结模式及利益实现	重庆社会科学，2011 年 11 期
唐润芝	涪陵榨菜农户与农产品加工企业利益联结模式与治理策略	安徽农业科学，2012 年第 2 期
唐志国	重庆榨菜行业竞争分析及企业产品市场定位分析	西南大学硕士学位论文，2011 年
苏扬、张聪等	榨菜加工新工艺的探讨	中国调味品，2011 年第 4 期
王亚飞、艾启俊等	超高压处理对袋装榨菜杀菌效果的研究	农产品加工，2011 年第 3 期
刘江国、陈玉成等	榨菜废水的混凝处理研究	西南大学学报，2011 年第 5 期
刘冰	近红外光谱法快速鉴别涪陵榨菜品牌的研究	食品工业科技，2011 年第 4 期
刘冰	傅立叶变换近红外光谱法快速评价涪陵榨菜品质	分析测试学报，2011 年第 1 期
叶林奇	涪陵榨菜酱油香气成分的 GC－MS 分析	安徽农业科学，2011 年第 3 期
刘冰	近红外光谱法快速鉴别涪陵榨菜品牌的研究	食品工业科技，2011 年第 4 期

（续表）

作者	论文名称	发表刊物与时间
闫子乐	《飘香·涪陵记忆》创作随笔	大舞台，2011年第2期
郑俏然	方便榨菜肉末关键工艺参数的研究	食品科技，2011年第5期
叶汝坤、冯国禄	重庆涪陵榨菜产区生态足迹分析	湖南农业大学学报（社会科学版），2012年第6期
张谌、曾凡坤	发展涪陵榨菜的制约因素与推进措施	农产品加工，2012年第2期
刘红芳	茎瘤芥（榨菜）黑斑病菌的分离与鉴定	长江蔬菜，2012年第6期
王斌	重庆市涪陵区百胜镇榨菜产业现状与发展对策探讨	南方农业，2012年第11期
陈凤驰	基于统筹城乡发展的涪陵榨菜产业发展研究	重庆工商大学硕士学位论文，2013年
何侍昌等	重庆榨菜产业发展问题与对策研究	改革与战略，2013年第2期
许明惠	榨菜细胞质对杂一代主要农艺性状的影响	黑龙江农业科学，2013年第2期
聂西度	电感耦合等离子体质谱测定茎瘤芥（榨菜）中无机元素的研究	食品工业科技，2014年第2期
陈发波	茎瘤芥（榨菜）品种亲缘关系的SSR分析	种子，2014年第4期
李敏	茎瘤芥皮筋叶绿素提取工艺优化	食品研究与开发，2014年第2期
孙钟雷	榨菜脆性的感官评定和仪器分析	食品科技，2014年第4期
秦明一	涪陵地域文化景观营造要素探究	现代园艺，2014年第2期
余继平	涪陵非物质文化遗产保护与发展——以民间传统手工艺为视角	铜仁学院学报，2014年第2期
沈进娟、刘义华、张召荣等	芥菜航天诱变选育后代的酯酶同工酶与SSR分析	核农学报，2012vol. 26 no. 9
罗远莉、殷幼平、裴晓兔等	十字花科根肿病致病机理的研究现状与进展	中国植物病理学会，2011年学术年会论文集

（续表）

作者	论文名称	发表刊物与时间
Yuanli Luo，Youping Yin，Yan Liu（罗远莉、尹幼萍、刘燕）	Identification of differentially expressed genes in brassica juncea var. tumida tsen following infection by plasmodiophora brassicae	eurj plant pathol
刘义华、张召荣、肖丽等	茎瘤芥茎、叶性状遗传体系分析	中国蔬菜，2013（12）
刘义华、张召荣、赵守忠等	茎瘤芥（榨菜）瘤茎蜡粉遗传的初步研究	西南农业学报，2013年26卷第3期
胡代文、张红、王旭祎等	品种、播期及育苗方式对第二季茎瘤芥（榨菜）生育期及产量的影响	中国农学通报，2013年第29卷第9期
Quan Sun，Guangfan Zhou，Yingfan Cai（孙权、周光凡、蔡应繁）	transcriptome analysis of stem development in the tumorous stem mustard brassica juncea var. tumida tsen et lee by rna sequencing	bmc plant biology，2012
Liuxin Xiang，Yuxian Xia，Yingfan Cai（刘向欣、夏玉先、蔡应繁等）	characterization of the first tuber mustard calmodulin - like gene，bjaar1，and its functions in responses to abiotic stress and abscisic acid in arabidopsis	j. plant biol，2013
沈进娟、范永红、冷容等	茎瘤芥（榨菜）先期抽薹鉴定方法和评价体系的研究	中国园艺学会十字花科蔬菜分会第十一届学术研讨会论文集（2013年）
Jinjuan Shen，Ping Zhong Cai，Feng Qing（沈进娟、蔡平钟、秦峰）	A primary study of high performance transgenic rice through maize ubi - 1 promoter fusing selective maker gene	重庆市园艺学会优秀论文一等奖
冷容、沈进娟、董战等	不同药剂和肥料对涪陵榨菜根肿病的控防研究	重庆市园艺学会优秀论文三等奖
刘义华、张召荣、冷容等	茎瘤芥（榨菜）瘤茎性状的遗传研究	植物科学学报，2014年第32期
沈进娟、范永红、王旭祎等	茎瘤芥（榨菜）病毒病抗性分析及材料创制研究	中国园艺学会十字花科蔬菜分会第十二届学术研讨会青年优秀学术报告
王旭祎、吴朝君	茎瘤芥霜霉病病原菌鉴定及其生物学特性	中国农学通报，2014年第30卷第30期（10月）

（续表）

作者	论文名称	发表刊物与时间
刘义华、李娟、张召荣等	茎瘤芥（榨菜）现蕾期的遗传分析	西南农业学报，2014 年第 27 卷第 6 期
冷容、李娟、杨仕伟等	晚熟宽柄芥（酸菜）新品种渝芥 1 号的选育	中国蔬菜，2015 年第 9 期
蔡敏、吕发生、周光凡等	苎麻/榨菜套作模式对土壤有效养分及相关酶活性的影响	贵州农业科学，2015 年第 9 期
朱学栋、何晓蓉、杨霞等	茎瘤芥（榨菜）离体培养研究初报	第四届“全国植物组培、脱毒快繁及工厂化生产种苗新技术研讨会”论文
何晓蓉、朱学栋、刘华强等	芥菜类蔬菜的组织培养技术应用研究进展	南方农业，2015. 11
朱学栋、何晓蓉、刘华强等	茎瘤芥（榨菜）子叶及带下胚轴茎段离体培养研究	安徽大字学报，2016 年第 1 期

第二节　涪陵榨菜科技文化意蕴

透视涪陵榨菜的科技实录，蕴涵着极为丰富的科技文化内涵，充分展示了涪陵榨菜科技工作者的科技文化精神。

一、政府助推

涪陵榨菜的发展始终与国家和社会的高度关注分不开，体现为政府“在场”。20 世纪 30 年代，为加强对榨菜业的管理，涪陵县专门成立榨菜业同业公会。新中国建立后，为建立涪陵榨菜业的国营经济体系，广大科技工作者深入一线，积极调研，论证公私合营。改革开放后，随着涪陵榨菜由国家二类物资调整为三类物资，为适应计划经济向市场经济的转轨，广大科技工作者参观考察，深入论证，推动着涪陵榨菜业的商品化与市场化。随着市场经济的逐步建立和完善，为增强社会竞争实力，政府和广大科技工作者为涪陵榨菜的集团化、产业化发展建言献策，于是乌江榨菜集团、辣妹子榨菜集团等一批榨菜业龙头企业纷纷诞生。随着国家农业产业化政策的实施和推进，广大科技工作者深入研究涪陵榨菜的农业产业化问题。随着国家非物质文化遗产抢救与保护工作的深入推进，为进一步抢救和保护涪陵榨菜传统制作工艺，广大科技工作者深入论证涪陵榨菜的特殊文化价值，积极推进涪陵榨菜传统制作工艺的国家非物质文化遗产申报工作，并取得可喜成就。涪陵榨菜传统制作工艺进入重庆市及国家非物质文化遗产保护名录，涪陵建立涪陵榨菜工业园，辣妹子集团被确定为涪陵榨菜传统制作工艺保护基地，乌江榨菜集团建立涪陵榨菜文化陈列馆等。

二、问题导向

涪陵榨菜研究主要为解决涪陵榨菜种植、加工、储存、运输、营销等过程中的实际问题、具体问题，问题导向特征非常明显。因此，不论是茎瘤芥的定名、茎瘤芥的种植、新品种的研发、病虫害的防治、榨菜加工机具的改制、新工艺的推广、新产品的开发、新技术的运用、新材料的使用等均旨在解决涪陵榨菜发展过程中出现的问题。

广大科技工作者积极响应周恩来总理“榨菜生产要讲卫生，要保护工人同志的健康，要搞工具改革，减轻工人同志的体力消耗”的重要指示，积极开展技术革新运动，先后研究试制有辣椒切碎机等21种工具。可见，榨菜机具革新运动的目的在于减轻榨菜加工过程中榨菜工人的体力消耗问题。1960年培育出涪陵榨菜耐病品种“63001”，1965年选育出涪陵榨菜新品种蔺氏草腰子，成为20世纪70～80年代涪陵榨菜的优良品种。可见，这主要是解决榨菜品种的培育问题。李新予从1954年开始进行的茎瘤芥病毒病研究获得成果，1974年，总结出“茎瘤芥病毒病流行程度测报法”。可见，这主要是为解决榨菜种植过程中的病虫害问题。1974年陈材林等根据榨菜全形加工质量要求，开始进行榨菜“六改”探索，历经3年，总结出茎瘤芥栽培“六改”技术方案，并于1978年在涪陵县大面积施行。可见，这主要是为解决茎瘤芥种植及其产量问题。

三、团队协作

涪陵榨菜科研更多的并非个别科研工作者的单打独斗，而是诸多科研单位、科研人员团结攻关、合作攻关、协作攻关的产物，体现出强烈的团队协作精神。

1953年，原西南农林部责成西南农业科学研究所、西南农学院、江津园艺站和涪陵县农技站共同组成“榨菜工作组”，深入涪陵、丰都等榨菜主产区总结民间生产经验，收集和整理品种资料，并对其生物学特性和栽培技术等进行研究。《西南农业学报》1992年第3期发表《中国芥菜起源探讨》一文，这是涪陵地区农科所与重庆市农科所合作研究的成果。《园艺学报》1989年第二期发表《芥菜分类研究》的论文，亦是涪陵地区农科所与重庆市农科所合作研究的结晶。2002 年研制成功的“一步榨菜法”新工艺，这是重庆国光绿色食品有限公司与西南农业大学食品工程学院共同合作的成果。又如涪陵区榨菜办、涪陵区农科所、涪陵榨菜（集团）有限公司共同合作，启动了青菜头（榨菜原料）航天诱变（返回式卫星搭载）育种项目工程。

四、注重成果转化

涪陵榨菜科技主要是为解决涪陵榨菜在种植、加工、运输、销售过程中的实际问题，因此，涪陵榨菜科技极为注重其科技成果的转化与运用。涪陵榨菜的加工离不开榨菜加工原料茎瘤芥的种植，而茎瘤芥的种植离不开优良的品种。因此，对茎瘤芥优质品种的培育不仅成为重要的科研成果，而且转化到涪陵榨菜的生产领域。20 世纪 70 年代，涪陵地区农科所、涪陵县农科所、重庆市农科所和西南农学院园林系 4 家科研单位，在涪陵蔺市区龙门乡胜利二社发掘和培育出“蔺市草腰子”良种，成为 20 世纪 70 ~ 80 年代涪陵青菜头主要品种。20 世纪 90 年代，涪陵地区农科所选育出新型良种“永安小叶”、“涪丰 14”两个品种，成为重庆市青菜头当家品种。20 世纪 90 年代和 21 世纪初，涪陵区农科所又在全国率先育成杂交新品种“涪杂 1 号”和“涪杂 2 号”。该品种与上述良种皆具耐肥、丰产、含水量低、皮薄、脱水快、蛋白质高特点。“永安小叶”一般亩产 2000 千克，高产栽培亩产 3000 千克以上；“涪丰 14”，一般亩产 2000 ~ 2200 千克，高产栽培亩产 3000 千克以上；“涪杂 1 号”一般亩产 2500 千克左右，高产栽培亩产可达 3500 千克以上，较“永安小叶”、“涪丰 14”亩产增长 20% 以上。

同时，榨菜加工原料高产的获得离不开茎瘤芥栽培技术的改良，因此，探索优质、高产的榨菜栽培技术就成为一个极为重要的课题。1975 年，在涪陵榨菜公司的配合下，陈材林等根据榨菜全形加工质量要求，开始进行榨菜“六改”探索，历经三年，总结出茎瘤芥栽培“六改”技术方案。即改“稀植”为“密植”；改白露前后播种为九月中旬到秋分播种；改密播长苗为稀播小头苗；改嫩种为老种；改不施底肥为增施底肥；改变施肥方法。由于“六改栽培技术”大力推广，青菜头产量迅速提升，产生了良好的经济效益和社会效益。1979 年，该成果获四川省科技成果三等奖，后又获涪陵地区科技成果推广一等奖。

五、科技理性精神

涪陵榨菜科技注重服务国家的社会发展战略、强调基于问题导向、注重团队协作精神、注重科技成果转化，充分反映出涪陵榨菜文化的科技理性精神。在涪陵，一直存在一种科技理性精神，早在涪陵文化源头——枳巴文化中就有充分的反映。通过对涪陵小田溪战国巴人墓出土的青铜兵器进行化验分析，其科技含金量基本接近《考工记》记载的标准和水平，可与当时的中原文化相媲美，强烈地折射出枳地巴人讲求质量、注重科技的科技理性精神[①]。

这种科技理性精神在涪陵社会代有传承，如白鹤梁题刻就具有极为浓郁的科技理性精神[②]。在涪陵榨菜文化中，这种科技理性精神同样有着极为强烈、充分的反映。这主要反映在：第一，特别注重榨菜掌脉师、榨菜技师的作用与价值，涌现出一大批著名人物，如邓炳成、骆兴合、谭治合、张汉之、张子成、陈国祥、陈得顺、周绍坤、周海清、张惠廷、陈子元、张合清、张顺成、赵国太、郭友昭、苏金成、苏金和、高仕清、张官品、吴国春、曾元和、苏海清等。第二，特别重视榨菜产品的质量标准，先后制定了四川出口榨菜标准川 Q－80（榨菜史上第一个立法标准，1981 年）、四川榨菜（内销）标准（1982 年）、坛装榨菜国家标准 GB6094－85（榨菜第一个国家标准，1985 年）、中国第一个方便榨菜标准川 Q236－85 等，标志着涪陵榨菜真正走上了质量标准化之路。第三，注重产品的质量定级和评优。第四，注重工艺改进和质量提高。第五，强调以质量行走天下。第六特别重视提高榨菜的科技含金量和文化含量，积极进行榨菜科研专题研究，注重产品的科技开发，走科技兴菜、实业裕民富国之路[③]。

---

① 曾超，《枳巴文化研究》，中国戏剧出版社，2014 年，第 280 页。

② 参见曾超，《枳巴文化研究》，中国戏剧出版社，2014 年，第 280～282 页。曾超，《试论白鹤梁石鱼文化的科技理性精神》，《重庆三峡学院学报》，2001 年第 6 期。

③ 参见曾超，《枳巴文化研究》，中国戏剧出版社，2014 年，第 280～282 页。曾超，《涪陵榨菜中的枳巴文化因素》，《四川三峡学院学报》，1999 年第 5 期。

第八章

涪陵榨菜饮食文化

饮食文化是人们的饮食方式、过程和功能等食事的总和。作为世界三大名腌菜之一的涪陵榨菜，不但鲜香嫩脆，色、香、味美，而且还有滋、养、补等保健功效，在近120年的榨菜发展中创造了极为丰富的榨菜饮食文化，对世界饮食文化产生了深远影响。

第一节　涪陵榨菜的功用

一、中国芥菜的传统功能

涪陵榨菜的原料为青菜头，学名茎瘤芥，属于芥菜类。中国种植芥菜的历史极为悠久。在中国传统社会中，芥菜的功能主要为食用、药用、救荒三个方面：

（一）食用。在中国传统饮食文化中，芥菜的首要功能是食用，主要是将其作为蔬菜食用，也有将其当作调味品使用者。先秦典籍《诗经·谷风》云："采葑采菲，物以下体。""葑"，《尔雅疏》说："蘴与葑字虽异，音实同，则葑也，须也，芜菁也，蔓菁也，芀芜也，荛也，芥也，七者一物也。"1978年出版的《辞海》称："葑，蔓菁。"历代专家多将其解释为芸薹、芜菁、芥菜一类蔬菜。在《礼记》中有"鱼脍芥酱"和"脍春用葱，秋用芥"的记载，这表明在我国先秦时代就栽培芥菜取籽做调味品。其后，芥菜一直被作为食用蔬菜和调味品使用。

（二）药用。随着芥菜在中国的广泛种植，除芥菜的食用功能被利用外，芥菜的药用功能也开始被人们所发现。到南北朝时，梁代《千家文》有"菜重姜芥”。李璠对此解释说：“这是由于当时农民每天劳作辛苦，风吹雨淋，难免不感受风邪，如果经常吃一点儿芥菜、生姜之类的蔬菜，就可以兼收驱寒散风减少疾病的功效。”这说明当时不仅认识到芥菜的菜用价值，更认识到芥菜的药用功效。芥莱入药始见于南朝梁人陶弘景的《名医别录》，文云：“芥菜性味辛、温。入肺、胃、肾。功效宣肺化痰、温中利气。”主治寒饮内盛、咳嗽痰滞、胸膈懑闷等。

（三）救荒。到明代，遇到灾荒年景，芥菜常被人们用于救荒。徐光启《农政全书》就云：“水芥菜，水边多生，苗高尺许。叶似家芥叶极小，色微淡绿，叶多花叉，茎叉亦细，开小黄花，结细短小角儿，味辣微辛。救饥，采苗叶煠熟，水浸去辣气，淘洗过，油盐调食。”又云：“山芥菜，生密县山坡及冈野中。苗高一二尺，叶似芥菜菜叶，瘦短而尖而多花。叉开小黄花结小短角儿。味辣，微甜，救饥。采苗叶拣干净，煠熟，油盐调食。”

二、涪陵榨菜功用的影响因素

涪陵榨菜的功用，受诸多因素的影响，如涪陵榨菜的加工原理、涪陵榨菜的成分、涪陵榨菜的发育环境、涪陵榨菜的加工工艺与品种开发、涪陵榨菜的辅料等。

（一）涪陵榨菜的加工原理。涪陵榨菜采用独特的自然风脱水加工工艺。在风脱水过程中，独特的风萎作用会保证榨菜质地嫩脆。在腌制过程中，菜胚将会发生一系列缓慢而复杂的生物化学作用，主要包括渗透作用、含氮物质（主要是蛋白质）的分解作用及发酵作用。这一系列的生物化学作用，使榨菜获得独特的鲜香风味。1984 年，涪陵榨菜研究所杜全模通过研究，指出榨菜是半干性的具有轻微乳酸发酵的腌制蔬菜。其腌制原理主要是利用食盐的高渗透压作用、微生物的发酵作用、蛋白质的分解以及其他一系列的生物化学作用①。具体地说：

1. 青菜头的风萎作用。鲜菜头通过自然风的微微吹拂，既慢慢地脱掉了过多的水分又保持了菜头组织中可溶物质的存在，从而使细胞组织更加紧密，果胶质的韧性增强，使榨菜质地嫩脆。

2. 食盐的渗透作用。在榨菜腌制过程中，食盐溶液会产生强大的渗透压，

① 杜全模，《四川榨菜加工的基本原理及其在生产上的应用》，《调味副食品科技》，1984 年第 1 期。

使大多数微生物（嗜盐菌除外）产生生理性脱水，即细胞质膜分离，有害微生物难以生长，具有防腐效应。同时，高渗的食盐溶液造成榨菜原料细胞发生质壁分离，水分向外渗透。一方面，可提高原料中可溶性固形物的含量；另一方面，随水分向外渗透，一些可溶物（如 VC、糖、蛋白质）也部分脱出，产生咸卤水，影响制品质量。

3. 蛋白质的分解作用。蛋白质分解作用及其产物氨基酸的变化，是腌制品色、香、味的主要来源。蛋白质依靠原料中蛋白酶的分解作用，产生许多种氨基酸，氨基酸都有一定的鲜味，但以谷氨酸与食盐作用产生的谷氨酸钠为主要的鲜味来源，其次是天门冬氨酸。此外，少量的乳酸及甜味的甘氨酸、丙氨酸等，也能增加鲜味。因榨菜含氨基酸丰富，所以鲜味极浓。

榨菜腌制品的香气主要来源于：（1）青菜头含有芥子苷，属硫葡萄糖苷，新鲜原料中芥子苷带有刺鼻性的苦辣味，腌制之初叫“生味”，当原料细胞破裂时，芥子苷则在硫葡萄糖苷酶的作用下分解，“生味”消失，形成独特的辛辣香气。（2）腌制时，伴随乳酸菌类将糖发酵为酸的同时，还产生具芳香的双乙酰和乙偶姻。（3）氨基酸与戊糖或甲基戊糖的还原物 4 – 羟基戊烯醛作用，生成含有氨基的烯醛类香味物。原料中的有机酸或氨基酸与发酵产生的酒精作用，生成芳香的低级酯，如乳酸乙酯、氨基丙酸乙酯等。（4）腌制品中加入不同的香料和调味品，可带来香质，增加香气。

4. 乳酸发酵的发酵作用。主要有酒精及乳酸发酵，增加制品的风味及贮藏性。

5. 辅料的辅助作用。在榨菜加工中使用辣椒、花椒、胡椒、干姜、八角、甘草等组成的传统配方辅料，不但具有防腐杀菌作用，也有一定食疗价值。辅料之香不压抑独特的榨菜之香，彼此相得益彰，滋味鲜美，闻之食之皆使人轻松舒适。故榨菜历来被誉为素菜佳品，为庙会斋席所重视。

（二）涪陵榨菜功用的成分。关于涪陵榨菜的成分，20 世纪 70 年代中央卫生研究院营养系出版的《食物成分表》记载：每 100 克榨菜含蛋白质 4.1 克、胡萝卜素 0.04 毫克、硫胺 0.04 毫克、核黄素 0.09 毫克、抗坏血酸 0.02 毫克、醣 9 克、脂肪 0.2 克、粗纤维 2.2 克、无机盐 10.5 克、水分 74 克及热量 54 千卡。四川省原子核研究所化学室还测定，榨菜中含有谷氨酸、天门冬氨酸、丙迄酸等 17 种游离氨基酸。另据测定，每 100 克榨菜还含有钙 280 毫克、磷 130 毫克、铁 6.7 毫克等营养成分。以上营养成分基本上都是人体所必需的，对增进身体健康十分有益。

（三）涪陵榨菜的发育环境。“橘生淮南则为桔，生于淮北则为枳。”独特的地理条件使青菜头在涪陵长势好，菜头肉质肥实，嫩脆，少筋，质量优良。越出涪陵，超越主产区，则生长和质量甚差。

关于涪陵榨菜的发育及其加工，有学者将其归为“五特”[①]，说“涪陵榨菜是中国著名土特产，是以在特定区域土壤、区域气候环境条件下培育出来的青菜头为原料，在特殊的加工环境中，运用特殊的加工工艺制造出来的佐餐调味食品。土壤、气候、加工环境、加工工艺‘四特’，占尽地利、天时、人和；‘四特’统于一体，不可分割和复制，又占‘一个特’，故简称‘五个特’。其产品显现出的特质是‘鲜、香、嫩、脆’，秀拔于群，大有‘南橘北枳’之奇，此乃特产之为特产的本质所在也”。

事实上，与青菜头发育环境密切相关的是“前三特”：第一，特定区域。涪陵榨菜的正宗产区，即涪陵榨菜的原产地，仅限于川东涪陵上下200余公里长江沿岸地区，其余地区不产或其品质大为逊色。第二，特定土壤。盛产青菜头的地区，土壤由侏罗系中上统沙溪庙组等砂岩和砂质泥岩、页岩等风化熟耕而形成，加上涪陵地处新华夏构造与川黔南北径向构造两大地质板块接触交汇地带，地气蕴集，在土壤中形成特殊的微量元素组合，对青菜头的形成及其基因组合产生了特殊影响。第三，特定气候。青菜头的种植，在白露前后播种，次年雨水前后收获，其间涪陵平均气温处于4～21度，各月气温变化曲线呈现高—低—高的“马鞍形”状态，其中4～10度区间气温持续100天左右，使青菜头肉质慢慢生长，细胞长得特别紧密，营养物质积累丰富。

（四）涪陵榨菜的加工工艺与品种开发。青菜头边收获边脱水加工，持续期1个月左右（惊蛰到春分），此间涪陵小气候特征主要为阴天、无雨、湿润、微风天气，非常适合青菜头的露天自然风脱水加工，保证了榨菜的柔软、嫩脆等品质优良。经自然风脱水的菜块，用自贡产的食盐（即贡盐）腌制，再进行翻池、压榨、除菜筋、去菜耳、淘洗、再榨等10余道工序，最后拌以特殊配方的辅料之后装坛，储存发酵生香。这一整套工艺历经20世纪前期半个多世纪的探索改进，已臻于精细和完美。

随着现代涪陵榨菜加工工艺的发展，许多具有不同用途的榨菜产品被推向市场。2001年，涪陵榨菜行业开发出“袖珍珍品”榨菜、瓶装“口口脆”榨菜、“红油榨菜肉丝”、“开胃菜头”、“清真榨菜”、“开胃榨菜丝”、“开胃榨菜片”、“可视速食榨

---

① 蔺同《天时地利育特产——涪陵榨菜的“五个特”》，《三峡纵横》，1997年第4期。

菜”8个榨菜新产品和“橄榄菜”、“水豆豉”、“满堂红调味辣”、“红油竹笋”4个副产物产品投放市场，深受消费者欢迎，不仅极大地满足了市场需求，而且带来了良好的经济效益。如涪陵榨菜集团有限公司开发的“袖珍珍品”榨菜，外观色泽鲜艳，青似碧玉，红如玛瑙，人见人爱。其味道嫩脆鲜香，让人食后回味无穷，是馈赠亲友的佳品。“乌江”牌“袖珍珍品”榨菜限量生产，销价喜人，500克装的市场零售价是每套500元，1000克装的市场零售价是每套800元，产品附加值极高。又如涪陵榨菜集团有限公司开发的“橄榄菜”，鲜香可口，风味独特，食用、携带方便，是佐餐、旅游、汤菜调味的佳品。2002年，重庆国光绿色食品有限公司与西南农业大学食品工程学院研制成功“一步法榨菜”，彻底改变了涪陵榨菜的加工工艺，直接利用机械将鲜青菜头（榨菜原料）风干脱水，采用拌料包装的后熟工艺制作而成。整个工艺流程最大限度地保留原料的各种营养成分，避免传统榨菜工艺盐渍过程营养成分随盐水流失的问题。“一步法榨菜”既保持涪陵榨菜嫩脆鲜香的特点，又融入涪陵农家“水盐菜”的风味，味道醇厚，鲜香可口，品质脆爽，盐分含量适中。经重庆市科学技术委员会鉴定，“一步法榨菜”工艺技术可靠，产品品质高，风味独特，营养丰富，可谓榨菜中的极品。“一步法榨菜”由于采用鲜青菜头直接机械风干，整个工艺过程不产生盐水，实现了榨菜加工的清洁生产，对环境不造成污染，是一项绿色环保食品加工工艺。“一步法榨菜”的成功开发，对涪陵榨菜的未来发展产生了重大影响。同年，该公司还成功研制开发出“大豆菜汁酱油”。该产品具有酱香浓郁、滋味鲜美、品质纯正、营养丰富的特点。

表8-1 涪陵榨菜新产品开发统计表

产品名称	开发时间（年）	开发公司	备注
一步法榨菜	2002	重庆国光绿色食品有限公司	涪陵年鉴2003，第194页
大豆菜汁酱油	2002	重庆国光绿色食品有限公司	涪陵年鉴2003，第195页
“袖珍珍品”榨菜	2001	涪陵榨菜集团有限公司	涪陵年鉴2002，第165页
橄榄菜	2001	涪陵榨菜集团有限公司	涪陵年鉴2002，第165页
瓶装“口口脆”榨菜	2001		涪陵年鉴2002，第165页
红油榨菜肉丝	2001		涪陵年鉴2002，第165页
开胃菜头	2001		涪陵年鉴2002，第165页

（续表）

产品名称	开发时间（年）	开发公司	备注
清真榨菜	2001		涪陵年鉴2002，第165页
开胃榨菜丝	2001		涪陵年鉴2002，第165页
开胃榨菜片	2001		涪陵年鉴2002，第165页
可视速食榨菜	2001		涪陵年鉴2002，第165页
水豆豉	2001		涪陵年鉴2002，第165页
满堂红调味辣	2001		涪陵年鉴2002，第165页
红油竹笋	2001		涪陵年鉴2002，第165页
榨菜肉丝罐头	2003年前		涪陵年鉴2004，第165页
虎皮碎椒	2003年前		涪陵年鉴2004，第193页
棒棒榨菜	2003年前		涪陵年鉴2004，第193页
四川泡菜	2003年前		涪陵年鉴2004，第193页
翡翠泡椒	2003年	涪陵辣妹子集团有限公司	涪陵年鉴2004，第193页
馋猫榨菜	2003年前		涪陵年鉴2004，第193页
海带丝榨菜	2003年	重庆国光绿色食品有限公司	涪陵年鉴2004，第193页
榨菜酱油	2003年前		涪陵年鉴2004，第193页
乌江牌香脆榨菜	2004	涪陵榨菜集团股份有限公司	涪陵年鉴2005，第196页
乌江牌麻辣萝卜	2004	涪陵榨菜集团股份有限公司	涪陵年鉴2005，第196页
乌江牌香辣萝卜	2004	涪陵榨菜集团股份有限公司	涪陵年鉴2005，第196页
乌江牌香辣盐菜	2004	涪陵榨菜集团股份有限公司	涪陵年鉴2005，第196页
乌江牌榨菜酱油	2004	涪陵榨菜集团股份有限公司	涪陵年鉴2005，第196页
辣妹子牌辣椒榨菜粒	2004	涪陵辣妹子集团有限公司	涪陵年鉴2005，第197页
辣妹子牌香辣榨菜丝	2004	涪陵辣妹子集团有限公司	涪陵年鉴2005，第197页

（续表）

产品名称	开发时间（年）	开发公司	备注
辣妹子牌爽口榨菜片	2004	涪陵辣妹子集团有限公司	涪陵年鉴 2005，第 197 页
辣妹子牌浓香榨菜丝	2004	涪陵辣妹子集团有限公司	涪陵年鉴 2005，第 197 页
辣妹子牌葱香榨菜丝	2004	涪陵辣妹子集团有限公司	涪陵年鉴 2005，第 197 页
太极榨菜酱油	2004	重庆国光绿色食品有限公司	涪陵年鉴 2005，第 197 页
乌江牌原味榨菜	2005	涪陵榨菜集团股份有限公司	涪陵年鉴 2006，第 206 页
乌江牌榨菜碎米	2005	涪陵榨菜集团股份有限公司	涪陵年鉴 2006，第 206 页
乌江牌川香菜片	2005	涪陵榨菜集团股份有限公司	涪陵年鉴 2006，第 206 页
乌江牌鲜爽菜丝	2005	涪陵榨菜集团股份有限公司	涪陵年鉴 2006，第 206 页
乌江牌低盐榨菜	2005	涪陵榨菜集团股份有限公司	涪陵年鉴 2006，第 206 页
乌江牌古法榨菜	2005	涪陵榨菜集团股份有限公司	涪陵年鉴 2006，第 206 页
乌江牌古坛榨菜	2005	涪陵榨菜集团股份有限公司	涪陵年鉴 2006，第 206 页
乌江牌新一代“橄榄菜”	2005	涪陵榨菜集团股份有限公司	涪陵年鉴 2006，第 206 页
辣妹子牌川辣榨菜丝	2005	涪陵辣妹子集团有限公司	涪陵年鉴 2006，第 206 页
辣妹子牌原味榨菜丝	2005	涪陵辣妹子集团有限公司	涪陵年鉴 2006，第 206 页
川陵牌八缸榨菜	2008	涪陵宝巍食品有限公司	涪陵年鉴 2009，第 174 页
亚龙牌八缸榨菜	2008	涪陵宝巍食品有限公司	涪陵年鉴 2009，第 174 页
川陵牌八缸和黄玉老榨菜	2008	涪陵宝巍食品有限公司	涪陵年鉴 2009，第 174 页
亚龙牌八缸和黄玉老榨菜	2008	涪陵宝巍食品有限公司	涪陵年鉴 2009，第 174 页
辣妹子牌盛世开坛榨菜	2008	涪陵辣妹子集团有限公司	涪陵年鉴 2009，第 174 页

（续表）

产品名称	开发时间（年）	开发公司	备注
乌江牌五年沉香榨菜	2009	涪陵榨菜集团股份有限公司	涪陵年鉴 2010，第 172 页
乌江牌听装礼盒盐酸菜	2009	涪陵榨菜集团股份有限公司	涪陵年鉴 2010，第 172 页
渝杨牌 1898 高档礼盒榨菜	2009	涪陵区渝杨榨菜（集团）有限公司	涪陵年鉴 2010，第 172 页
渝杨牌巴山翡翠高档礼品盒榨菜	2010	涪陵区渝杨榨菜（集团）有限公司	涪陵年鉴 2011，第 185 页
餐餐想牌有机榨菜	2010	涪陵区洪丽食品有限公司	涪陵年鉴 2011，第 185 页
浩阳牌香辣盐菜	2011	涪陵区浩阳食品有限公司	涪陵年鉴 2012，第 192 页
渝盛牌风脱水陈年窖藏香辣榨菜	2011	重庆市剑盛食品有限公司	涪陵年鉴 2012，第 192 页

（五）涪陵榨菜的辅料。在榨菜加工中使用辣椒、花椒、胡椒、干姜、八角、甘草等组成的传统配方辅料，不但具有防腐杀菌作用，也有一定食疗价值。辅料之香不压抑独特的榨菜之香，彼此相得益彰，滋味鲜美，闻之食之皆使人轻松舒适，故历来被誉为素菜佳品，为庙会斋席所重视。

三、涪陵榨菜的主要功用

涪陵榨菜问世以后，除传承芥菜的传统功用外，还衍生出很多新的功用。

（一）食用。涪陵榨菜首先是一种食品，故涪陵榨菜的首要功能是食用。具体来说，涪陵榨菜的原料可以作为蔬菜直接利用；涪陵榨菜的原料可以制作为榨菜、风菜、腌菜、泡菜等类别进行食用；涪陵榨菜可以块状、条状、丝状、片状、粒状等形状食用；涪陵榨菜适合佐餐、拌菜、主食、副食、零食等食用；涪陵榨菜适合老人、成年人、儿童等食用。涪陵榨菜主用于佐餐，可直接食用；亦可用于调味，或者说间接食用。以致有人说“榨菜的食用不分四季、冷热、国籍、信仰、贵贱、男女、老少、场合及吃法，竟有‘九个不分’，这在酱腌菜食品中并不多见，难怪涪陵榨菜产销百年不衰”。

1. 佐餐。榨菜的最大用途是佐餐。辅助食用米饭、馒头等主食；或大病初愈，以粥养胃，若以榨菜佐助，进食效果甚佳。涪陵榨菜乃世界名菜，价廉物美，菜品营养而食用方便，日常家庭餐桌，宴会宾客酒席，皆可派上用场，而品位不俗。勿论男女老幼、贫富贵贱、慢餐快餐、室内野外，四季皆宜。入席品榨菜生津开胃；离席前嚼少许榨菜，清口除腻，口齿留香。

2. 拌菜。榨菜可用于拌菜，勿论生熟凉菜，视其需要，皆可加入其中调拌。如凉拌黄瓜、豇豆、豆芽菜等，加点儿榨菜，红绿相映，其色、香、味更佳。

3. 烹饪调味。榨菜是菜，也可当调味品使用，亦可作为烹调荤素菜品的辅料，还可作熬鲜汤的主料或配料，用途广泛，风味别致。如烧肉、炒肉丝（片）、炖鸡鸭、焖鱼等，加入适量榨菜，可增进菜品鲜香口味，或压制、减少腥膻之气；即使烹调山珍海味，榨菜也可跻身其中，使之相得益彰。若在制作包子、饺子、馄饨等面食馅子里加点儿榨菜共剁，会使面食别具风味。配制活水豆花的调料，加点儿剁细的榨菜粒，会使活水豆花风味别致。

（二）药用。芥菜的药用功能早已为古人所认识，到涪陵榨菜问世后，其药用功能得到进一步利用，并进而与食疗、保健密切地联系在一起。

1. 榨菜能生津开胃健脾益气，见李时珍《本草纲目》卷26芜菁条。

2. 榨菜能醒酒，见沈兴大《中国榨菜之乡——涪陵访问记》云："当喝酒稍为过量的时候，吃几片榨菜，顿觉满口鲜香……不少日本消费者把它称作'喝酒者之友'。"[①] 当饮酒不适或过量时，榨菜可缓解其头昏脑涨、气烦气闷、躁动不安的不舒服感和不适应感，起到醒酒、解酒、止烦、去闷、消除呕吐、止泻的作用，故日本人将其称为"酒之友"。

3. 榨菜能防晕，见蒋乃珺《榨菜是天然"乘晕宁"》，其主要原理是榨菜有利通九窍的作用[②]。若旅游者坐车、行船、乘飞机，出现头痛头昏、想吐时，榨菜可缓解烦闷情绪，有"天然晕海宁"之说，特别适用于旅游之晕车晕船者食用。若攀山爬坡或长时行走，出现口干舌燥、口渴郁闷、头昏目眩、四肢乏力时，吃榨菜就会舌润生津，增强活力。

4. 榨菜可降低血压。低盐榨菜可降血压，张继业的《高血压病门诊》[③] 一书中有明确记载。

5. 榨菜能治感冒。常吃榨菜能治感冒，尤其是五香麻辣榨菜。涪陵民间早有这种说法，因初患感冒或大病初愈，胃口不佳，用五香麻辣榨菜佐餐，可多进食，补充身体能量增强抵抗力，或者说辣乎辣乎一下，发点儿汗（做成咸菜

---

① 沈兴大，《中国榨菜之乡——涪陵访问记》，《人民中国》，1979年第12期。

② 蒋乃珺，《榨菜是天然"乘晕宁"》，《生命时报》，2008年10月4日。

③ 张继业，《高血压病门诊》，浙江科技出版社，1996年，第95页。

汤喝效果更好)，好像感冒就轻了，甚至没了。这看似一种经验，其实五香榨菜能预防感冒，真还有一点科学道理。因为五香麻辣榨菜的辅料中有八角茴香，八角茴香中含有一种重要的药用成分——莽草酸，这是目前世界上对付禽流感、猪流感的特效药“达菲胶囊”的核心成分。2009 年 5 月，国家卫生部部长陈竺为预防流感支招，用八角茴香炖猪肉来吃可对付感冒，五香麻辣榨菜中也有八角茴香，效果应该类似。同时研究人员实验证实，泡菜中的杆状乳酸菌是抵御禽流感的活跃因子。榨菜不乏杆状乳酸菌，尤其是低盐榨菜，所以说榨菜能治感冒并非毫无根据。

6. 榨菜对白细胞、血小板减少等有缓解作用。据《文摘报》报道，我国科学家从油菜、青菜等十字花科植物中提取一种天然辐射保护剂 SP88，它不仅对处于电离、电磁等辐射环境下的人具有一定的保健作用，而且对恶性肿瘤患者放疗和化疗过程中引起的白细胞、血小板减少等也有一定的缓解作用。

7. 榨菜有防辐射功能。据《中国医药报》介绍，青菜等十字花科蔬菜，不仅是可口的菜肴，而且还具有防辐射损伤的功能。榨菜系青菜头制品，常吃榨菜可抗辐射，其理亦同。

8. 榨菜能抗癌。《科技文摘报》1998 年 3 月 24 日第四版报道，据美国国立癌症研究所的研究，在 20 种抗癌效果比较显著的蔬菜中，芥菜排在第 14 位，其奥秘在于芥菜中含萝卜硫素，而青菜头（榨菜原料）的萝卜硫素含量丰富，当有同样效果。

9. 榨菜有助于健脑。据日本专家研究发现，“成人血液中的谷氨酸以非常快的速度与脑内的谷氨酸进行交换，让人脑快活地发挥功能；另外，还发现酪氨酸是神经传导物质多巴胺的前驱物质，也可以增强脑的功能及活性，使头脑思维敏捷。”① 在榨菜中的谷氨酸含量十分丰富，占榨菜所含 17 种氨基酸总量的 25%；酪氨酸含量也不少，可见吃榨菜能帮助健脑。

10. 榨菜可保肝减肥。据测定，榨菜营养成分极为丰富，含有钙、磷、铁、糖、脂肪、蛋白质、粗纤维、无机盐、核黄素、硫胺素、胡萝卜素、抗坏血酸以及谷氨酸、天门冬氨酸、丙氨酸等 17 种游离氨基酸，均为人体所必需，对增进身体健康极为有益，尤其是姜味、甜香、鲜味等小包装低盐保健型榨菜，还能起到保肝减肥的作用。

11. 榨菜能增进食欲。榨菜营养丰富，利于儿童健康成长，增进成年人食

---

① 《健脑一二三》之二，《参考消息》，1999 年 10 月 6 日第七版。

欲，对老年人有较好的保健功效，尤其对大病初愈或患病而胃口不佳的人，对常吃鸡鸭鱼肉过多、腥味过重、腻味太浓的人，以榨菜佐餐，有特殊的功效，实乃食物疗法。即使青菜头，可当新鲜蔬菜食用，可制作泡菜、咸菜，同样营养丰富，历来受到人们喜爱。榨菜营养丰富，能够增进食欲，促进新陈代谢，增强活力，改变人的精神状态，起到食品保健作用，历来成为素菜佳品。城西天子殿僧人因长期食用青菜头咸菜，一般都活到80岁以上。清代涪州80岁以上的寿星就有1911人，100岁以上就有51人。可见，榨菜、泡菜对保健长寿文化具有重要价值。而今，涪陵榨菜集团有限公司更研制出儿童榨菜、寿星榨菜等品种，这更使榨菜药用、食疗、保健、长寿文化锦上添花。又如重庆国光绿色食品有限公司生产的“巴都”牌系列榨菜，不仅富含多种氨基酸，而且加有中药成分，具有开胃健脾、补气添精、增食助神的作用，深受广大消费者喜爱，是馈赠亲友之佳品。

12. 榨菜能侑茶。榨菜问世后，榨菜文化就吸收了茶文化，体现出榨菜文化与茶道文化的相互兼容性。民国版《涪陵县续修涪州志》云：“近代邱氏贩菜到上海，行销及海外”，“五香榨菜，南人以侑茶”。上海、广州及南洋人吃榨菜以侑茶，成为流行时尚，丰富充实了茶菜文化。

（三）旅游。榨菜对旅游文化有深刻影响，（1）它可以供旅游者充分使用。若旅游者坐车、行船、乘飞机，出现头痛头昏、想吐时，榨菜可缓解烦闷情绪，有“天然晕海宁”之说，特别适用于旅游之晕车晕船者食用。若攀山爬坡或长时行走，出现口干舌燥、口渴郁闷、头昏目眩、四肢乏力时，吃榨菜就会舌润生津，增强活力；（2）榨菜营养丰富，风味独特。榨菜是中国特产、中国三大出口菜、世界三大名腌菜之一，带回家用，送人作礼品，均极为体面；（3）榨菜品种繁多，风味不同。乌江牌榨菜就有美味、麻辣、五香、甜香、原汁、姜汁、蒜汁、葱油、海鲜、怪味、低盐等系列，品种繁多，风味俱佳；（4）榨菜质量上乘。它不易变质，价廉物美，携带极为方便，符合旅行食品条件，深受广大旅游消费者欢迎。榨菜凝聚于旅游文化之中，成为宝贵的旅游文化资源，游客来涪，涪人外出，国人出洋，无不将榨菜作为喜爱的旅行食品。

（四）礼用。中国社会是人情社会，“千里送鹅毛，礼轻情意重”，人情是中国社会绕不开的重大问题之一。榨菜营养丰富，风味独特，是中国特产、中国三大出口菜、世界三大名腌菜之一，带回家用，送人做礼品，均极为体面。

（五）会展。榨菜从近120年前一道毫不起眼的佐粥小菜发展而来，已形成兴旺不衰且快速发展的一大产业。今天，更因曾作为“军供食品”、“航天食品”、“上海世博会志愿者佐餐食品”、“深圳大运会志愿者佐餐食品”等不同时期不同领域的指定消费品而进一步扬名天下，受到海内外广大消费者的认可和青睐。

（六）生态。涪陵榨菜是一种生态环保产品，是一种绿色食品，涪陵榨菜业是一种生态环保产业。按照绿色食品的标准要求，青菜头种植于无公害种植基地，因要确保青菜头的嫩、脆，立春以前必须砍收。产在冬春的榨菜原料，一方面依靠光合作用维持生长，吸收二氧化碳，大量释放出人类必需的氧气，能在萧条的冬季营造出人们踏青出游的葱茏绿野；另一方面不与粮食作物争资源，只利用秋收后冬闲土地及冬季光热水资源生长，少有病虫危害，无化肥农药残留，且能增加土壤肥力促进粮食增产。据统计，菜地上接着种玉米或水稻等大春作物，一般能增产10%～15%。

榨菜加工属生化发酵加工，耗能少，排污量亦小，且易于处理，比如榨菜在生产加工过程中产生的高盐高浓度有机废水（即榨菜腌制液）也能“变废为宝”，充分利用好腌制卤汁，制成鲜美可口榨菜酱油，有机废水“变”酱油，还延伸了榨菜产业链，堪称绿色经济、生态循环经济。2005年“涪陵榨菜”通过国家质检总局原产地域产品保护审定的同时，涪陵还被农业部认定为全国创建第二批无公害农产品（种植业）生产示范基地达标单位和全国榨菜加工示范基地。

多年来，涪陵榨菜企业在继承传统工艺流程、突出传统风味、主张原生态制作的同时，注重坚持清洁化、标准化、无污染生产的原则，发扬光大百年产业，不断优化传统工艺，实现可持续发展。如今的涪陵榨菜在保持传统基础上，创新研发专有脱盐技术、气压脱水技术、充氮保鲜自动包装技术、天然香料有效萃取液体乳化技术、真空拌料技术、蒸汽喷淋式恒温巴氏杀菌技术等，去掉高盐及其他隐患，为消费者献上了一份放心的享受。

先进的技术使涪陵榨菜频频亮相高端的同时也进一步让生态文化深入人心，目前，榨菜集团公司“乌江”牌榨菜、太极集团国光绿色食品公司“巴都”牌榨菜、辣妹子集团公司“辣妹子”牌榨菜等都通过了国家绿色食品认证。

（七）互动。对茶文化的丰富，对酒文化的功用，对旅游文化的影响，对保健文化的功用等，都是榨菜饮食文化互动的重要体现。

第二节 涪陵榨菜饮食文化

涪陵榨菜经过近120年的创造、发展，积淀极为丰厚的饮食文化。

一、食史

食史即涪陵榨菜及其前身和附属品的食用历史。从考古发现看，1954年，在西安半坡遗址发掘了新石器时代文化遗址存放于陶罐中的碳化菜种，经C14测定，距今6000~7000年。经中国科学院植物研究所鉴定，认为该菜种属于芥菜或白菜一类①。由此可见，涪陵榨菜原料的前身芥菜的食用历史达7000年左右。从涪陵榨菜民间传说涪陵榨菜起源于诸葛菜来看，涪陵食用芥菜有1700多年历史。从现有文献资料分析，5~6世纪时，芥菜传入四川盆地。据此，四川盆地食用芥菜的历史有1500多年。从芥菜分化为涪陵榨菜的原料茎瘤芥来看，涪陵食用茎瘤芥的历史有200多年。从涪陵榨菜的问世来看，人们食用涪陵榨菜的历史有100多年。从涪陵榨菜的销售角度看，涪陵以外食用涪陵榨菜者为宜昌人，其食用历史有100多年；最早的榨菜出口地是南洋诸国，其食用历史也有100多年。从涪陵榨菜技术外传的角度，中国第二个加工生产涪陵榨菜的县域是丰都县，则丰都人的食用历史有100多年；中国第二个加工生产涪陵榨菜的省份是浙江，并逐渐演变成为中国发展榨菜的第二大省份，浙式榨菜成为中国两大榨菜（川式榨菜、浙式榨菜）之一，浙江人食用榨菜的历史近100年。

二、食料

涪陵榨菜的食料是茎瘤芥，属于芥菜类食用作物，涪陵民间俗称青菜头。芥菜（Brassica juncea）是十字花科（Cruciferae）芸薹属一年生或二年生草本植物，原产中国，是中国著名的特产蔬菜，多分布于长江以南各省。芥菜的主侧根分布在约30厘米的土层内，茎为短缩茎，叶片着生短缩茎上，有椭圆、卵圆、倒卵圆、披针等形状，叶色绿、深绿、浅绿、黄绿、绿色间纹或紫红。李时珍著《本草纲目》记载了芥菜的医用价值。

茎瘤芥是芥菜的一类，是制作榨菜的原料，其最初由野生芥菜（Brassica

---

① 刘佩瑛，《中国芥菜》，中国农业出版社，1995年，第17页。

juncea）进化而来，其进化次序是野生芥菜——大叶芥（Var. rugosa Bai-Ley）——笋子芥（Var. crassicaulis chen et ang）——茎瘤芥。成熟的未抽薹以前的茎瘤芥，其地上部分高60～80厘米，地下部分主根长20～30厘米，整株一般重2～4千克。地上部分的下部为肥大的瘤茎，茎上长着10余片大叶；大叶的叶柄基部长着瘤状的肉质茎，明显的瘤状凸起一般3～5个。瘤茎表皮青绿光滑，皮下肉质色白而肥厚，质地嫩脆。瘤茎部分，即青菜头，一般每个重0.5千克左右，大者1～1.5千克。

利用榨菜原料青菜头，可以作为食用蔬菜，可以制作成为菜用食品。其菜用食品，可以是榨菜，也可以是泡菜、风菜、腌菜等。

三、食具

食具是任何一种饮食文化都包含的重要内容之一。与涪陵榨菜密切相关的食用器具较多，概括起来，主要有以下三种：

（一）与榨菜加工、存放和运输密切相关的器具。主要为竹。在榨菜加工、存放和运输的过程中，亦离不开一个一个的竹篓，借以找到搬运的着力点，减轻摩擦，降低破坛率，节约时间和精力，保证运输。这一系列的事实说明竹已深深地融进榨菜文化之中。

（二）与涪陵榨菜包装密切相关的器具。主要为陶坛和方便榨菜薄膜包装。就是这些榨菜包装也在发生变化，并不断地体现出深刻的文化内涵。2001年，为适应国内各种消费层次和国际市场发展的需要，榨菜包装的更新换代基本实现了五大变化。

1. 榨菜包装的材质发生变化。由过去粗糙的坛装、铝箔袋包装改变为透明的玻璃和塑料瓶装、精美的听装及做工精细的陶瓷罐和紫砂罐装包装。

2. 榨菜包装的工艺发生变化。单一的印刷包装增添了陶瓷烧和木制雕刻。

3. 榨菜包装的图案发生变化。由过去企业根据自身特点需要设计图案，增添了印、烧、刻有涪陵榨菜传统加工工艺流程内容的图案，向世人展示和宣传涪陵悠久的榨菜文化。

4. 榨菜包装形式发生变化。由过去几十斤重的全形坛装榨菜、方便榨菜箱装，增添了手提式礼品纸盒装、袋装、瓶装、听装、罐装、木制盒装，使消费者携带更加方便。

5. 方便榨菜外包装色泽发生变化。由过去的素色包装箱改为五颜六色的彩色包装箱，增添了榨菜外包装的花色品种。

这些各种各样的榨菜包装，不少还申请了国家专利，得到国家的认可。从1999～2001年，涪陵榨菜集团有限公司研制开发的宜兴紫砂榨菜包装罐（“袖珍珍品”榨菜，小坛500克）、宜兴紫砂包装罐（“袖珍珍品”榨菜，大坛1000克）、纸制礼品盒包装盒（“好心情”旅游榨菜，大坛1000克）、榨菜包装袋（“鲜脆菜丝”）、榨菜包装袋（“鲜脆菜片”）、桦木雕刻榨菜包装箱（木箱“珍品榨菜”）、纸制榨菜包装盒（“礼”盒榨菜）、纸制包装盒（精制“六味”榨菜）、纸制包装盒（“红油榨菜丝”）、纸制包装盒（“口口脆”榨菜）、纸制包装盒（“橄榄菜”）、纸制包装盒（“满堂红”榨菜）、纸制包装盒（“虎皮碎椒”）、纸制包装盒（立式“合家欢”榨菜）、纸制包装盒（瓶装“合家欢”榨菜）等15个榨菜包装设计分别于2002年3月28～29日获国家专利局专利认证。这15个榨菜包装，设计美观新颖、风格独特，既展示了涪陵现代包装水准，又宣传了涪陵悠久的榨菜文化，推动了涪陵榨菜包装的更新换代。

（三）与涪陵榨菜具体食用密切相关的器具。主要为碟、盘、罐等。

四、食法

涪陵榨菜作为一种特产食品，对食文化的影响至为深刻和广泛。榨菜吃法众多，总体分为冷食和热食两大系列。侑茶、醒酒等就属于冷食系列。除此而外，冷食还包括：其一佐餐，这历来是最主要的用途和吃法。无论宴席、火锅、便餐，或是米饭、面食，或是家中，或是旅游，均可以佐餐，让你吃得津津有味，尤其是腥味过重、油腻过多、饮酒超量的时候，都会使你清爽舒服、畅快淋漓、洒脱无比。其二凉拌菜。在凉拌黄瓜、豇豆、青椒等新鲜蔬菜时，加上一定的榨菜，会使拌菜色彩更加鲜艳，风味更为独特、诱人，吃后倍觉舒适。其三零食。涪陵榨菜尤其是小包装榨菜，其食用不受时间、地点和条件的限制，它既可作为主食，亦可作为副食、零食，这在小学生用得较多，其他诸如成年人、老年人，无论在家，或是在外，不管坐车，或是坐船，抑或乘飞机，均可当作零食佳品。

榨菜热食主要是调味和作烹调辅料，无论是烧、蒸、焖、烩，或是制作汤菜，加工面食制品，均有特殊的功效，其菜食品种无一不显现出独特的风味，故榨菜有“天然味精”之说。运用榨菜可制作出一道道新颖的菜食品种，诸如榨菜豆芽汤、榨菜香菇汤、榨菜豆腐汤、榨菜黄花汤、榨菜包子、榨菜饺子、榨菜馄饨、榨菜鸡、榨菜鸭、榨菜鱼、榨菜海参、榨菜肉丝等。值榨菜诞生百年之际，涪陵榨菜集团隆重推出了榨菜食谱，共有100道榨菜食品品种，这只是榨菜菜谱众多品种的一小部分而已。运用榨菜可以制作出诸多式样繁多、风味不一的菜食，有些在国外也深有影响，像榨菜香菇汤就是深受广大日本消费者喜爱的一道菜。

五、食谱

食谱，即菜谱。“菜谱”一词来自拉丁语，原意为“指示的备忘录”，本是厨师为了备忘的记录单子。现代餐厅的菜单，不仅要给厨师看，还要给客人看。我们可以用一句话概括：“菜谱是餐厅提供的商品目录和介绍书。它是餐厅的消费指南，也是餐厅最重要的名片。”总之，菜谱是烹调厨师利用各种烹饪原料、通过各种烹调技法创作出的某一菜肴品的烧菜方法。现代餐厅中，商家用于介绍自己菜品的小册子，里面搭配菜图、价位与简介等信息。

随着涪陵榨菜的问世和发展，涪陵榨菜也进入到各种食谱之中，有的甚至成为名菜。陈熙桦主编的《四川名菜制作》[①] 就有榨菜生菜包。其中“原料”有“榨菜一袋”；“制法”提到有“榨菜”、“榨菜丝”、“榨菜鸡丝”；“操作关键”提到有“麻辣榨菜”。

《重庆菜谱》[②] 的“榨菜肉丝”（辅料：榨菜一两）、“榨菜肉丝汤”（辅料：涪陵榨菜一两）、（辅料：榨菜五钱）、“素烧菜头”（主料：净青菜头一斤二两）都有明确记载。

张富儒主编的《川菜烹饪事典》[③] “鱼羹菜头”提到有“青菜头”、“金钩菜头”、“干贝菜头”、“蟹黄菜头”、“奶油菜心”、“干贝菜心”；“油茶”提到有“榨菜粒”；“鸡丝豆腐脑”有“榨菜粒”；“杂烩席”冷盘有“香油榨菜”；“田席”提到“四八寸盘”有“泡菜头”；“随饭菜”有“红油菜头”；“素席”有“韭黄榨菜”；有始建于1957年的涪陵著名餐馆——清香饭店，其供应菜品有榨菜海参等。张夔明等编写的《川菜大全家庭泡菜》[④] 有“青菜头”、“青菜头皮”（嫩皮500克）。

邓开荣编写的《重庆乡土菜》[⑤] 有“好汉鸡”，其原料有“榨菜酱油”、“涪州榨菜鸭”，其原料有“榨菜125克”；“侧耳根炖老鸭”，其原料“榨菜酱油（适量）”；“砂锅糊涂鸭”其原料有“涪州榨菜（25克）”，其“制作”也提

---

① 陈熙桦，《四川名菜制作》，内蒙古人民出版社，2006年，第94页。

② 重庆市饮食服务公司革命委员会，《重庆菜谱》，1974年。

③ 张富儒，《川菜烹饪事典》，重庆出版社，1985年。

④ 张夔明，《川菜大全家庭泡菜》，重庆出版社，1988年。

⑤ 邓开荣，《重庆乡土菜》，重庆出版社，2002年。

到有“榨菜”、“榨菜片”等。这个菜起源于民间传说：有个糊涂厨师贪杯之后烂醉如泥，醉昏倒地，等到厨师酒醒，开饭时间快到，方慌忙动手，糊里糊涂做出了一道糊涂鸭，主人吃后竟大加赞扬，从此糊涂鸭在乡间流传开来。同时有“荷叶包烧鱼”，其原料有“涪陵榨菜（50 克）”，其“制作”提到有“榨菜”。这是一款流传于涪陵、丰都的民间菜，相传当年刘伯承在丰都打败了北洋军阀的进攻，在一农户家召开军事会议，老农将从河沟捕得的鲜鱼破腹洗净后，鱼腹内塞泡菜，用荷叶包裹好，放入柴灶内烤熟，招待打了胜仗的“少年军神”刘伯承，后代厨师根据传说，将此菜加以改进推出，受到食家的广泛好评。还有“瓦罐煨牛杂”，其原料有“榨菜块（100 克）”，其“制作”提到有“榨菜块”，其“特点”提到有“青菜头”。

侯汉初主编的《四川烹饪丛书·川菜宴席大全》① 中有“（二）万县地区筵席席谱之二”饭菜（二荤二素）中有“榨菜肉末”；“（三）首届全国烹饪名师技术表演鉴定会②川菜厨师献艺制作的筵席席谱之二”热菜有“奶汤菜头”；“（十四）成都市‘天府酒家’高级筵席席谱”饭菜有“榨菜肉丝”、“第五类分季节的筵席席谱五例”；“（一）春季筵席席谱之一”热菜有“干贝烩菜头”、饭菜有“泡青菜头”、“说明”中提到有“青菜头”；“（三）豆花筵席席谱”饭菜有“榨菜肉丝”、“泡青菜头”；“‘素席’筵席谱”有“韭黄榨菜”、“香油菜薹”、“红油菜头”；其“说明”提到有“红油菜头”；该菜品为顾问、特级厨师刘建成、曾亚光口授的素席席谱。“（十）豆腐席席谱”热菜有“榨菜软浆叶豆腐汤”；“第十一类家宴筵席席谱三例”之“（一）高档筵席席谱”饭菜有“榨菜肉丝”；“（二）中档筵席席谱”热菜有“金钩烩菜头”，其“说明”中提到有“金钩烩菜头”；“（三）普通家宴席谱”饭菜有“榨菜肉丝”；“第十二类农村田席席谱八例”之“（五）涪陵地区农村田席席谱”，具体情况是：“起席：葵瓜子；大菜（八大碗）：扣杂烩、扣鸡、扣榨菜鸡条、红烧肘子、肉烩笋子、焖大脚菌、扣酥肉、攒丝汤”，该席谱提供人为涪陵地区饮食服务公司刘国辅、王海泉、张聚兴；这是涪陵地区农村普遍采用的筵席格局。“瓜蔬类素菜”中有“金钩菜头”；“（十五）座汤 4. 猪肉类”有“榨菜肉丝汤”；“第三类饭菜

---

① 侯汉初，《四川烹饪丛书．川菜宴席大全》，四川科学技术出版社，1987 年。

② 1983 年 11 月 7 日，中华人民共和国成立以来的第一次全国烹饪名师技术表演鉴定会在北京召开，来自全国 28 个省、市、自治区的 83 名厨师、点心师表演献艺，经过评议委员会认真的品尝鉴定，以投票记分方式评出最佳厨师 10 名、最佳点心师 5 名、优秀厨师和优秀点心师 3 名。

(一) 俏荤菜”中有“榨菜碎末”、“肉末泡菜头”、“雪里蕻炒牛肉末”;“(二) 素菜”中有“红油榨菜”、“泡青菜头”。

1998年，涪陵榨菜问世百年。涪陵举办了首届中国涪陵榨菜文化节。为此，涪陵榨菜集团专门推出了系统性的榨菜食谱《榨菜美食》。将涪陵榨菜分为热菜类鱼虾菜：泡菜鱼头炖豆腐、乌江泡菜鱼头火锅、柴把榨菜鱼、榨菜龙舟鱼、石鱼兆丰年、榨菜回锅鱼、榨菜五柳鱼、榨菜鱼丝、榨菜鱼脯、榨菜烧鱼划水、三色鱼元、竹排榨菜虾、五彩虾仁、榨菜海参、榨菜鲜贝、三色烩鱿鱼片、榨菜三鲜鱼肚、乡村鱼；热菜类鸡鸭菜：巴王炙鸡、榨菜烧鸡、榨菜溜鸡丝、三色鸡片、三色鸡丁、榨菜炒鸡片、么果鸡丁、一鸡六吃（榨菜鸡)、鸡皮参果、榨菜托凤翅、榨菜鸡丝白菜卷、榨菜穿凤翅、榨菜凤尾鸡丝、三丝榨菜卷、榨菜炖鸡汤、榨菜烧仔鸭、榨菜全鸭、榨菜带丝全鸭、榨菜爆鸭丝、泡菜炒鸭脯、榨菜砂锅什锦；热菜类猪、牛、兔、肉菜：榨菜肉丝、榨菜火腿夹、榨菜碎米、榨菜鹅黄肉、榨菜腐皮卷、榨菜蒸肉饼、榨菜排骨、榨菜扒肘子、榨菜牛肉包、榨菜葡萄、榨菜狮子头、泡菜杂办、铁板泡菜鳝段、榨菜珍珠丸子、榨菜腰鼓蛋、榨菜炒牛排、榨菜偏牛肉丝、豆脑牛肉、榨菜烧兔、榨菜黄火焖、鱼香榨菜兔丝、宫保兔丁、榨菜焖兔、榨菜兔丁；热菜类素菜：吉庆榨菜、清炒榨菜、榨菜双菇、蝴蝶榨菜、虾仁烩榨菜、棋牌榨菜、泡菜粉皮、榨菜冬瓜、雪兆丰年、榨菜绍子蛋、榨菜烘蛋。凉菜类：麻辣榨菜丝、双色榨菜拼、酸辣榨菜条、香油菜头丝。小吃类：榨菜手工面、榨菜担担面、榨菜蒸饺、榨菜葱饺、小包子榨菜、榨菜玻璃烧麦、白菜饺、三鲜子耳面、鲜虾仁面、麻圆、涪陵油醪糟。

《涪陵榨菜食谱》(心食谱)[①] 有：香干榨菜肉丝、八宝榨菜卷、榨菜拌豆腐、榨菜牛柳盖饭、榨菜肉丝蛋花汤、榨菜肉丝煲饭、黄豆芽榨菜汤、榨菜肉丝（7种)、榨菜蒸肉片、榨菜豆腐汤、榨菜肉丝蒸鱼、榨菜肉丝面、榨菜肉丝紫菜炒饭、榨菜香干炒肉丝、花式炒榨菜、榨菜拌香干、榨菜鲜肉月饼、榨菜蒸猪肉、榨菜云耳炒豆角、榨菜肉丝、肉末榨菜蒸豆腐、榨菜鸡丝汤、榨菜豆芽肉丝汤、榨菜豆腐汤、杂炒榨菜、毛豆榨菜肉丝、榨菜蛋花汤、榨菜丝拌牛腱、肉末榨菜豆腐、榨菜肉丝扒豆腐、榨菜肉末蒸豆腐、苏式榨菜鲜肉月饼、青椒榨菜炒干子、榨菜鲜肉蒸饺、榨菜炒肉丝、榨菜蒸鱼头、香脆榨菜条、榨菜蒸鱼、榨菜肉丝面、虾酱榨菜蒸五花肉、青椒榨菜肉丝、榨菜肉丝炒年糕、菊花榨菜鱼卷、榨菜炒鸡丝、榨菜羊肉末、榨菜樱虾饭团、榨菜肉末拌面、榨

---

① 《涪陵榨菜食谱》(心食谱)，http: //www. xinshipu. com/caipu/1178/。

菜香菇炒菜丝、榨菜炒肉丁、炒肉丝榨菜、榨菜蛋包青丝冬粉、榨菜香皮煸豇豆、榨菜蒸猪心、青菜榨菜肉丝汤、榨菜肉丝酸菜汤、酸辣瓜皮榨菜丝、辣辣榨菜素小炒、榨菜焖鲩鱼腩、青椒榨菜泡菜、榨菜肉丝焖米、榨菜肉丝豆腐、银芽鸡丝榨菜、榨菜毛豆炒肉丝、榨菜炒肉丝、榨菜虾干蒸猪肉、榨菜肉丝汤面加米饭、榨菜炒火腿、榨菜素肉丝米线、糖拌西红柿榨菜肉酱面、橄榄油榨菜炒鸡蛋、榨菜肉酱、肉丝榨菜炒黄豆芽、迷糊牌榨菜、炒肉榨菜丝、榨菜干丝、拌面榨菜饭、超级下饭的榨菜丝小炒、里脊片黄瓜榨菜汤、榨菜肉丝面、凉拌榨菜丝、榨菜肉丝面、芥蓝头榨菜肉丝、南瓜头炒榨菜、榨菜钳鱼煲、榨菜叉烧汤濑粉、新鲜榨菜肉丝面、糖醋榨菜丁、牛肉香菇榨菜馅儿饺子、榨菜肉丝紫水晶面、鲜肉榨菜月饼、榨菜肉丁、榨菜素豆肠、水蟹榨菜汤、红烧榨菜头、榨菜肉丝面包、碧绿榨菜、榨菜肉皮、榨菜肉末发面饼、消暑解愁的榨菜蒸肉饼、榨菜肉丝冻豆腐汤、香菇榨菜韭苗炒绿豆芽叉烧肉围边、肉碎榨菜蒸豆腐、干炸菜花、炸菜角等。

中国菜谱网有榨菜食谱，榨菜菜品有：西芹榨菜炒肉丝、剁椒榨菜蒸豆腐、榨菜炒肉丝、肉末榨菜蒸豆腐、鱼香榨菜土豆丝、榨菜辣炒鸡胗、鲜肉榨菜月饼、榨菜鲜肉月饼、苏式月饼（榨菜肉末馅儿）、榨菜蒸肉饼、榨菜蒸鱼头、榨菜肉末多层饼、香辣榨菜肉丝面、榨菜肉丁剁椒鱼、榨菜肉松蛋饼、香辣榨菜蛋烘糕、榨菜香菇炒肉丝、香菇榨菜条、米饭杀手——榨菜肉丁、豆豉榨菜炒肉、榨菜虾皮煸豇豆、宫保榨菜、榨菜肉末、椒香榨菜炒肉丝、榨菜拌豆腐、榨菜钳鱼煲、毛豆榨菜肉丝、西芹榨菜肉丝、榨菜炒兔丁、榨菜羊肉丝、榨菜肉末蒸鱼、榨菜炒肉丝、茶香肉片榨菜汤、清蒸榨菜鳕鱼、清蒸榨菜鳕鱼、花式炒榨菜、榨菜肉片汤、榨菜滚肉片汤、榨菜鸡蛋汤、榨菜排骨汤、青椒榨菜泡菜、榨菜炒鸡柳、虾米榨菜蒸豆腐、榨菜豆腐汤、榨菜笋菇蒸鲩鱼等。

六、食品

食品，即食用的品种。因加工工艺等不同，涪陵榨菜食用品种极多。实质上，这涉及榨菜食品的分类学研究。

（一）按青菜头的利用是否具有压榨工艺，可分为榨菜和非榨菜。经过压榨工艺的制成品称为榨菜；未有经过压榨工艺的制成品即为非榨菜。非榨菜包括青菜头的直接食用以及经过其他工艺的制成品。这主要包括经过风干作用的风菜、经过腌制作用的腌菜、泡菜和咸菜。

（二）按脱水工艺分，可分为川式榨菜和浙式榨菜。川式榨菜，又称涪式榨菜，即涪陵榨菜或风脱水榨菜，其关键工艺是风脱水，其主要生产区域大体以重庆万州为界，万州以上主要生产的就是川式榨菜。浙式榨菜，即盐脱水榨菜，其关键工艺是盐脱水，其主产地是浙江。

（三）按加工厂家划分，可分为不同的各厂家榨菜。历史上有多少家榨菜加工厂家或企业，就有多少家榨菜。就涪陵榨菜而言，1898～1949年，年产1000坛以上的榨菜企业有荣生昌、道生恒、欧秉胜、骆培之、公和兴、程汉章、同德祥、复兴胜、永和长、怡享永、易绍祥、宗银祥、茂记、袁家胜、泰和隆、辛玉珊、瑞记、亚美、吉泰长、三义公、侯双和、况林樵、怡园、同庆昌、春记、易永胜、何森隆、隆和、文奉堂、华大、怡民、复园、森茂、李宪章、信义公司、信义公、济美、其中、合生、老同兴、杨海清、唐觉怡、民生公司、军委会后勤部等46家。中华人民共和国成立后，相继创办了诸多国营、乡、镇、村、组菜厂和私营菜厂，主要有涪陵、石板滩、黄旗、蔺市、清溪、石沱、镇安、凉塘、南沱、珍溪、沙溪沟、永安、焦岩、袁家溪、韩家沱、百汇、渠溪、鹤凤滩、北岩寺、安镇、龙驹、两汇、马武、仁义、北拱、双河、大石鼓、永义、四合、开平、金银、义和、百胜、大渡口、中峰、酒井、火麻岗、深沱、纯子溪、范家嘴、酒店、大柏树、大山、致韩、石龙、百花、增福、惠民、五马、蒲江、均田坝、梓里、天台、麻辣溪、河岸、坝上、贯子寺等菜厂。改革开放以后，国营、乡镇榨菜厂家先后联合走集团化经营之路，主要有涪陵榨菜集团有限公司、涪陵市榨菜精加工厂、川陵食品有限责任公司、乐味食品有限公司、佳福食品有限公司、新盛罐头食品有限公司、丰都榨菜集团公司等。当今涪陵区榨菜企业中，有国家级龙头企业两家，即重庆市涪陵榨菜集团股份有限公司、重庆市涪陵辣妹子集团有限公司；有重庆市级龙头企业14家，它们分别是重庆市涪陵区洪丽食品有限责任公司、重庆市涪陵区紫竹食品有限公司、重庆市涪陵区渝杨榨菜（集团）有限公司、重庆市涪陵宝巍食品有限公司、重庆市涪陵区国色食品有限公司、重庆市涪陵区志贤食品有限公司、重庆市涪陵瑞星食品有限公司、重庆市涪陵区浩阳食品有限公司、重庆市涪陵区绿洲食品有限公司、重庆市剑盛食品有限公司、重庆涪陵红日升榨菜食品有限责任公司、涪陵天然食品有限责任公司、重庆市涪陵区桂怡食品有限公司、重庆市涪陵绿陵实业有限公司；有涪陵区级龙头企业3家，即重庆市涪陵区大石鼓食品有限公司、重庆市涪陵祥通食品有限责任公司、重庆川马食品有限公司。

（四）按产品品牌，可分为不同的品牌榨菜。历史上有多少种榨菜加工的品牌，就有多少种榨菜。就涪陵榨菜而言，1898～1949年，年产1000坛以上的榨菜企业就有荣生昌、道生恒、欧秉胜、骆培之、公和兴、程汉章、同德祥、复兴胜、永和长、怡享永、易绍祥、宗银祥、茂记、袁家胜、泰和隆、辛玉珊、瑞记、亚美、吉泰长、三义公、侯双和、况林樵、怡园、同庆昌、春记、易永胜、何森隆、隆和、文奉堂、华大、怡民、复园、森茂、李宪章、信义公司、信义公、济美、其中、合生、老同兴、杨海清、唐觉怡、民生公司、军委会后勤部等46家。由于当时公司名称即品牌，所以这46家榨菜企业也就是46种榨菜品牌。改革开放以后，各企业开始注重榨菜加工品牌，并多注册为商标。目前，涪陵榨菜的注册商标有涪陵榨菜、青菜头、乌江、健牌、福州、双鹊、石鱼、松屏、黔水、鉴鱼、浮云、龙驹、南方、涪孚、天涪、陵江、川马、川陵、川涪、龙飞、河岸、涪纯、水溪、巴都、涪仙、天富、川东、涪龙、川、申陵、涪永、江碛、渝陵、女君、绿色圈、弘川、涪胜、亚龙、涪特、顺仙、桂楼、蜀陵、鑫鼎、美林、岳氏、口口香、亚星、发源、涪渝、中涪、涪都、天子、华涪、蜀威、永柱、川香、细毛、川陵、玉鹅、步步高、路路通、枳城、辣妹子、聚康等。目前，涪陵榨菜有中国驰名商标4个，即涪陵榨菜、乌江（图形）、餐餐想、辣妹子；有重庆著名商标22个，它们分别是涪陵榨菜、乌江（图形）、辣妹子、茉莉花、川陵、志贤、渝杨、浩阳、餐餐想、涪枳、Fuling Zhacai、乌江、虎皮、凤娃、川马、杨渝、小字辈、渝盛、八缸、涪厨娘、大地通、全家欢；有涪陵知名商标37个，分别是涪陵榨菜、乌江（图形）、辣妹子、茉莉花、三笑、川陵、亚龙、志贤、杨渝、浩阳、餐餐想、涪枳、Fuling Zhacai、乌江、虎皮、凤娃、川马、渝杨、渝盛、八缸、太极、成红、奇均、涪陵青菜头、仙妹子、黔水、天喜、涪厨娘、川东、渝新、涪积、健、红橙、红昇、小字辈、渝杨（图）、大地通。

（五）按产品形态分，有全形（整形）、片形、丝状、丁状、颗粒、酱态等不同形态的榨菜产品。如涪陵辣妹子集团有限公司生产的辣妹子牌榨菜，有全形、菜丝、菜片、菜丁、粹米等。涪陵榨菜集团有限公司生产的乌江牌榨菜，有全形、菜丝、菜片、菜丁、粹米、菜酱等。

（六）按产成品标准分，有半成品榨菜、成品榨菜。

（七）按加工深度分，有初级加工、中度加工和深度加工榨菜。

（八）按产品性质分，有纯榨菜产品、混装榨菜产品和榨菜副产物产品等。如榨菜肉丝、木耳榨菜、榨菜牛肉酱等。

（九）按味型分，有原味、麻辣、清香、香甜和其他味型的榨菜。如乌江牌榨菜就有美味、麻辣、五香、甜香、原汁、姜汁、蒜汁、葱油、海鲜、怪味、低盐等系列，品种繁多。又如涪陵辣妹子集团有限公司生产的辣妹子牌榨菜，其味型有麻辣、鲜香、五香、甜酸等。

（十）按含盐量分，有高盐、中盐、低盐榨菜等。

（十一）按包装分，有裸装榨菜、坛装榨菜、塑料袋装榨菜、塑料桶装榨菜、玻璃瓶装榨菜、罐头装榨菜等。如涪陵榨菜集团股份有限公司生产的乌江牌榨菜，其包装有三大系列，其一传统全形（坛装）榨菜；其二是铝箔袋装、透明袋装精致方便榨菜；其三是瓶装、手提纸盒装、紫砂罐与木制盒套装高档榨菜。重庆国光绿色食品有限公司生产的巴都牌榨菜有真空铝箔袋装中档榨菜和真空玻璃瓶装、听装高档榨菜。涪陵辣妹子集团有限公司生产的辣妹子牌榨菜有塑料桶装全形盐渍榨菜；镀铝袋装、铝箔袋装、透明袋装中低盐方便榨菜；瓶装红油榨菜丝、手提盒装及彩箱包装低盐高档榨菜三大系列。

（十二）按适用人群分，有儿童榨菜、寿星榨菜等。

（十三）按销售范围，可分为内销菜和外销菜。外销菜即出口菜，如涪陵乐味食品有限公司生产的“云峰”牌全形（坛装）榨菜，无化学防腐剂，具有营养丰富、鲜香可口、耐储存、耐烹调等多种特点，是佐餐、调味之佳品，深受外商的赞誉。故该公司与日本桃屋、新新株式会社等签订了长期购销合同，其产品全部出口日本。

七、食俗

随着榨菜的发展，随之也形成了一些与榨菜有关的食俗，这些食俗在榨菜原产地和榨菜销售地均存在。由于各地的地理环境、文化差异、食品口味各有不同，因此，其食俗也各有不同。有人曾经归纳总结中国各地食俗的《三字经》，经云：涮北京、包天津、甜上海、烫重庆、鲜广东、麻四川、辣湖南、美云南、酸贵州、酥西藏、奶内蒙、荤青海、壮宁夏、醋山西、泡陕西、葱山东、拉甘肃、炖东北、稀河南、烙河北、罐江西、馊湖北、汃福建、爽江苏、浓浙江、香安徽、嫩广西、淡海南、烤新疆。“一方水土养一方人”，正是各自不同的“一方水土”造就了丰富灿烂的中国饮食及其风俗文化。当然，涪陵榨菜作为“五特”的产物，其食俗造就的饮食文化也不例外。

在涪陵，民间有“好看不过素打扮，好吃不过咸菜饭”的谚语，反映了涪陵人民对泡菜、咸菜等高度重视，以致在涪陵民间有以品菜论持家的风俗。对此，蒲国树在《涪陵风情话菜乡——榨菜民俗琐谈》中有极为详细的描述：涪陵人爱吃爱品爱做咸菜，一般人家都储存有好几种咸菜，四季不缺。一些比较讲究的富裕人家，多达一二十种咸菜，菜坛可摆满一间屋，排列有序，称之为“咸菜屋”。储存咸菜的土陶坛有大小“自钵水瓮菜坛”、“扑菜钵”等，仿佛进入陶器时代的陈列室。咸菜分三大类：泡咸菜（即泡菜）、干咸菜、其他（豆豉、豆腐肉、胡豆瓣、海椒、糟海椒、红苕丝、芋头丝等）。泡菜一年四季可做，唯干咸菜多在春天制作。干咸菜主要以青菜和青菜头为原料，其中青菜头咸菜是备受重视的一种，制作十分讲究。干咸菜的种类有块块儿咸菜（又名mai mai儿菜咸菜，即家制榨菜）、节节咸菜（又名匙匙儿咸菜，以青菜叶柄腌制）、丝丝儿咸菜（以青菜的茎腌制）、盐菜尖儿（以茎瘤芥菜尖腌制，主要供煮汤）、水盐菜（以茎瘤芥的叶腌制，供蒸烧白用）。其中块块咸菜有麻辣、香甜、五香等品种。每到春天各家妯娌、婆媳和邻居之间都在暗中比赛，看谁做的咸菜品种多，刀工好，味道香。涪陵人待贵客以至办宴席，咸菜总是上桌的最后一道菜，必须用漂亮的盘碟盛装。盘中咸菜七八种以至十余种，摆出“喜”和“寿”、蝴蝶等图案和花样，块块咸菜总是处于显著地位。咸菜虽上席晚，但最能引起客人的兴趣。开初，客人们总是盯住最好的块块咸菜，十分文雅地拈一点儿在口中慢慢咀嚼，细细品味，若味道好，会当场喜形于色，一边称赞，一边吃个痛快。谁家的咸菜做得好，受到好评，这家的家庭主妇就会被认为有操持、有教养，在家和出门都会脸上有光，格外受到人们尊重。若谁家咸菜做得不好，样数不多，甚至端不出咸菜来，人们便会私下议论：“某家堂客懒，没得操持，穷得咸菜芽芽儿都没得，可怜可怜！”以做咸菜论持家，以品咸菜论人品，可见涪陵人对咸菜的重视，这也显示出古朴、敦厚的巴国遗风。

在北京，人们喜食榨菜鱼。2005年11月26日《中国食品报》第三版《麻辣香脆的涪陵榨菜鱼》一文介绍说，涪陵榨菜鱼在川、湘、鄂等地名声很大，最近北京城也开始流行起来。这种鱼“味入口中，麻、辣、香、嫩的感觉令人精神大振”。

在上海，人们喜食榨菜肉松。台湾著名作家龙应台在《上海的一日》[①] 中描述说：“这一天，我从里弄出来，在巷口‘永和豆浆’买了个粢饭团——包了肉松榨菜的，边走边吃。”

在南洋，人们喜以榨菜侑茶。民国版《涪陵县续修涪州志》记载：“近代邱氏贩菜到上海，行销及海外”，“五香榨菜，南人以侑茶”。用榨菜以侑茶，成为流行时尚。

① 龙应台，《上海的一日》，《文汇报》，1998年2月28日第8版。

在日本，榨菜被称为“最美的食品”，更将其用于醒酒，将其称为“酒之友”。日本从中国进口榨菜极多，甚至在涪陵合资创办榨菜加工企业，直接运销日本，也许与此不无关系。

总之，涪陵榨菜的食俗颇多，尚需我们进行深入的清理、系统的挖掘，以便作更为系统、全面的研究。

第九章

涪陵榨菜非物质文化

涪陵榨菜非物质文化，亦即精神文化。前面章节对涪陵榨菜非物质文化已有所论及，这里主要研究涪陵榨菜的文化生态、语汇文化、文学艺术、民间艺术、民俗文化和非物质文化遗产抢救与保护。

第一节　涪陵榨菜的文化生态

一、文化生态的含义

从语源学看，在西方学界，“生态”一词源于古希腊文，原意是指“住所”或“栖息地”。1866 年，德国生物学家 E. 海克尔（Ernst Haeckel）最早提出了“生态学”的概念，并作为人类研究动植物及其环境之间、动物与植物之间及其对生态系统的影响的一门学科。1895 年，日本东京帝国大学三好学把“ecology”一词译为“生态学”，后经武汉大学张挺介绍到我国。1935 年，英国生态学家阿瑟·乔治·坦斯利爵士（Sir Arthur George Tansley）受丹麦植物学家叶夫根·尼温（Eugenius Warming）的影响，首次提出“生态系统”的概念，认为“生态系统是一个‘系统的’整体。这个系统不仅包括有机复合体，而且包括形成环境的整个物理因子复合体……这种系统是地球表面上自然界的基本单位，它们有各种大小和种类”。

在中国传统文化中，“生态”一词主要包括以下含义：第一，显露美好的姿态。南朝梁简文帝《筝赋》云：“丹荑成叶，翠阴如黛。佳人采掇，动容生态。”第二，生动的意态。唐杜甫《晓发公安》诗云：“邻鸡野哭如昨日，物色生态能几时。”明刘基《解语花·咏柳》词云：“依依旖旎、嫋嫋娟娟，生态真无比。”第三，生物的生理特性和生活习性。秦牧的《艺海拾贝·虾趣》曰："我曾经把一只虾养活了一个多月，观察过虾的生态。”可见，中西方对“生态”一词之含义，并不完全对等。

学术界一般认为，“生态”一词主要是指生物的生活状态，即生物在一定的自然环境下生存和发展的状态，包括生物的生理特性和生活习性。“生态”一词本系生物科学用语，随着科学的发展，特别是文理渗透和跨学科研究的发展，“生态”被引进到社会科学领域，并创造出“社会生态”、“政治生态”、“文化生态”等术语，以区别于“生物生态”、“环境生态”等。一般认为，“文化生态”主要有三层含义：第一，广义是指人类在社会历史实践中所创造的物质财富和精神财富所显露的美好的姿态或生动的意态；第二，狭义是指社会的意识形态以及与之相适应的制度和组织机构；第三，泛指人类在社会历史实践中所创造的物质财富和精神财富的状况和环境。

在联合国教科文组织颁布的《保护非物质文化遗产公约》中提出了非物质文化遗产“文化场所”的概念，主要是指文化发生和存在的“文化场域”或“文化空间”，这种“文化场域”或“文化空间”具有特定性和唯一性，当然随着现代科技的发展，也可能存在相似性。作为世界著名的三大名腌菜之一，涪陵榨菜有着特定的文化空间，也有其特定的文化生态。

二、涪陵榨菜文化生态的特殊性

“一方水土一方特产”。涪陵榨菜作为世界著名的特产，有着特定的自然文化生态。这种特定性与茎瘤芥的发育条件、涪陵地域的特定自然条件、涪陵榨菜的加工环境和涪陵榨菜的原产地有着极为密切的关系①。

（一）茎瘤芥的发育条件。茎瘤芥是喜温湿气候、微酸性土壤的作物，一般在冬季4°~10℃时，茎部膨大。低于4℃时则会受到抑制、停止生长；到-4℃时，则会因气温过低而死亡；高于15℃时，则茎部不膨大，造成先期抽薹，只长茎叶，而不长瘤。现将榨菜加工的青菜头品质要求整理如表9-1。

① 参见杜全模《榨菜加工及操作技术培训讲义》（内部连续性资料），2000年。

表9-1　青菜头（茎瘤芥）质量标准表

序号	项目	标准
1	色泽	呈青绿色或淡青色
2	滋味	具有青菜头固有的滋味
3	外观	剔尽菜匙、无鹦哥嘴、无黑斑、烂点、老菜、箭杆等。圆球形或椭圆球形。
4	质地	肉质肥厚、嫩脆。无黄空、白空、黑心
5	卫生	表面洁净、无杂质、无泥沙等
6	含水量	92%～95%

（二）涪陵地域的特定自然条件。榨菜是在涪陵这一特定自然条件下，经历代涪陵人民的长期选育从大叶芥菜中转化而来。

1. 土壤条件。涪陵地区的岩石体（土壤母岩）主要由浅色砂岩和红色泥岩组成，这些岩层暴露地表后，容易受到分解和溶蚀，富含各种矿物质和多种元素，如氮、磷、钾、钙、镁、硫等。得天独厚的涪陵青菜头产区，特别是李渡—蔺市小区和珍溪—江北小区，恰恰具有上述优势土层，并有丰富的地下水资源，能够提供青菜头生长所需的营养物质和微量元素，有利于青菜头生长，故这里成了涪陵榨菜最好的产区。

2. 气候条件。涪陵地处北纬29°21′～30°021′，东经106°56′～107°43′，属中亚热带季风气候，总特点是四季分明、热量充足、降水丰沛、季风影响突出。四季特点为：春早，常有“倒春寒”；夏长，炎热、旱涝交错、伏旱频繁；秋短，凉爽而多绵雨；冬迟，无严寒，雨水少，常有冬干。

涪陵积温较高，日平均气温都在0℃以上，不存在终日冰冻现象。全年云雾多、日照少，是全国日照低值中心之一，全年日照仅1248小时，冬季仅112小时。全年日照比湖北少500～1000小时，比拉萨少1700多小时。冬季降水少，湿度大、霜期短，一般仅降水56.7毫米，占全年降水量1000毫米的5%。冬季湿度一般在80%以上。霜期一般为41天，而沿江河谷、丘陵地带仅30～40天。这种气候条件极有利于青菜头生长。

3. 播种条件。涪陵榨菜在白露（9月上旬）开始播种。从播种子叶出土到种子成熟需要220～230天，出苗到菜头成熟约160～170天，现蕾到种子成熟约50～60天。

秧苗期的气温需要15℃以上，涪陵立冬以前旬平均气温正在15℃以上，有利于秧苗的叶片生长，为茎部膨大积累养分创造条件。在10月下旬，涪陵旬平均气温逐渐下降到15℃左右，这时茎部开始逐渐膨大。涪陵冬季旬平均气温6℃～10℃，昼夜温差小，仅4℃～6℃。白天气温不高，日照少，叶片接受的阳光少，制造的养分也就少。夜晚气温不低，茎瘤积累的物质也就少，这样茎瘤的膨大只能缓慢进行。瘤膨大始期到二月上旬收获，茎瘤的膨大需要100天左右，这是茎瘤芥膨大的最长期，在其他地方是不行的。茎瘤的缓慢膨大有利于茎瘤的营养积累，组织结构紧密，含水量少。

（三）涪陵榨菜的加工工艺。涪陵榨菜之所以优质于其他榨菜，这与涪陵榨菜的加工工艺有着密切的关系。对茎瘤芥进行加工，其核心就是控制水分、促进营养成分转化。其中，对水分的控制更是涪陵榨菜嫩脆的重要原因。水分是茎瘤芥中的主要成分，其含量视品种及收获期而有差异，一般在93%～95%。含水量的多少，对鲜菜及以后加工的产品品质都有重大关系，也对加工贮藏带来一定困难。在榨菜加工过程中，如何控制水分、促进营养成分转化是我们研究的主要问题。

榨菜嫩脆与外界条件关系密切，在加工中主要取决于风脱水及其腌制工艺的掌握，风脱水，可以充分利用长江的河风对茎瘤芥进行风干作用，让茎瘤芥逐渐脱水、风干，并为后续加工创造条件，是“涪陵榨菜”的基本特色。因其如此，风脱水成为涪陵榨菜的核心工艺，并与浙式榨菜相区别。

三、涪陵榨菜的原产地保护

涪陵榨菜驰名世界，涪陵是榨菜的原产地，这与涪陵地域的文化生态密切相关。

（一）原产地保护的含义。1999年8月17日，国家质量技术监督局发布第6号局长令《原产地域产品保护规定》。根据《规定》，原产地域产品是指产地特定原材料，按照传统工艺在特定地域生产的，质量、特色或者声誉本质上区别于其他产地产品，并经审核批准以原产地域命名的产品。原产地域产品保护属政府行为，由地方政府组织当地质监、行业管理部门、行业协会和生产者代表成立申报机构进行申报，报国家质检总局批准后向社会公布，获得保护。对产品或服务来源地做出明确标记，即为原产地标记。原产地标记（标志）保护属企业行为，由企业申请在产品包装上使用。申请出境货物使用原产地标记，需向企业所在地检验检疫机构提出申请，获准后申请人可在产品上使用。原产地标记（标志）地域产品，国家质检总局向全国公告和向世贸组织相关缔约成员国通报。

（二）榨菜原产地之争。2003 年 8 月 28 日，浙江余姚向国家质检总局提出原产地标记保护申请，并通过形式审查和现场实地审查，开始为期 3 个月的公示。这一消息在互联网上发布，多家报刊进行炒作。2003 年 9 月初，涪陵榨菜（集团）有限公司得知此情后，即以《浙江抢注“榨菜原产地”保护》为题将信息上报涪陵区政府，称有媒体以余姚为“榨菜之乡”混淆视听，余姚申请原产地标记注册，将对正宗“榨菜之乡”的涪陵区榨菜产业构成威胁。涪陵区府办以《政务要情》第 114 期转发此信息，引起中共涪陵区委、涪陵区人民政府领导高度重视。涪陵区委办、涪陵区府办多次召集涪陵区质监局、涪陵区商委、涪陵区榨菜管理办公室、涪陵榨菜集团公司等有关部门及单位专题研究，明确由涪陵区质监局牵头，组织筹备申报涪陵榨菜原产地域产品和原产地标记保护工作。由此，引发涪陵与浙江之间的“榨菜原产地”之争。

（三）涪陵是榨菜的原产地。在榨菜发展史上，涪陵是榨菜的原产地，毋庸置疑。对此，《关于对涪陵榨菜实行原产地域产品保护的报告》[①]（以下简称《涪陵榨菜原产地保护报告》）进行了详细论证。具体地说，涪陵是榨菜的原产地，理由如下：

1. 茎瘤芥分化形成于涪陵，且优质于其他地区。榨菜加工原料茎瘤芥在 18 世纪中叶形成于川东沿江丘陵地区的涪陵。涪陵地区农科所与重庆市农科所合作研究，在《西南农业学报》1992 年第 3 期发表《中国芥菜起源探讨》[②] 一文，明确中国是芥菜的原生起源中心或起源中心之一，中国西北地区是中国芥菜的起源地。芥菜在 1500 年前由中原地区传入四川盆地后逐渐演化发展，四川盆地成为芥菜的次生起源及多样化中心。18 世纪中叶前在川东长江流域特别是川东长江沿岸河谷地带分化形成茎瘤芥。据《中国芥菜》[③] 称：“榨菜的原料茎瘤芥起源于四川，加工技术亦从四川始。”当时涪陵属四川省管辖，而四川的榨菜产区主要是涪陵。其他地区的榨菜原料种子均来源于涪陵。1981～1995 年，即国家“六五”至“八五”期间，涪陵农科所在全国范围内先后 3 次专门对芥菜、茎瘤芥种质资源进行搜集、整理并对其开展特征、特性的鉴定研究。目前，该所保存有中国芥菜种质资源 1000 余份，其中茎瘤芥品种资源材料 150 多份。这

---

① 涪陵榨菜原产地域产品保护办公室，《关于对涪陵榨菜实行原产地域产品保护的报告》，2013 年 12 月 22 日。

② 涪陵地区农科所、重庆市农科所，《中国芥菜起源探讨》，《西南农业学报》，1992 年第 3 期。

③ 刘佩英主编《中国芥菜》，中国农业出版社，1996 年，第 4 页。

些材料绝大部分为涪陵、丰都、长寿、万州等茎瘤芥主产区地方品种，也有浙江、湖南等地的品种。追根溯源，外地品种都是几十年或十几年前从川东引进过去的。如浙江的品种，是20世纪30年代从涪陵引入浙江海宁、余姚等地，经过多年变异、淘汰和选择，形成适合浙江生态环境条件的品种类型。

中国榨菜起源于涪陵，后传到浙江省、湖北省、湖南省、广西壮族自治区、河南省等省（区），但真正形成榨菜的规模化者，仅有以涪陵为中心的渝东地区和浙江省的钱塘湾周围地区，其他省份所产榨菜（茎瘤芥）只是作鲜食或作泡菜、咸菜之用，仅有极少部分用于加工。同时，涪陵地域的茎瘤芥远远优质于其他地域。据杜全模研究，在中国的其他产区，茎瘤芥的播种期和生育期由于受当地气候条件的限制而有差异。如浙江的茎瘤芥是10月播种，次年2月其茎部开始膨大，4月初开始收获，膨大期仅55天。由于在其茎部膨大期，浙江地区气温高，昼夜温差大，降水量多，茎部的膨大急速、猛长，这样的茎瘤长出后，营养成分低、含水量高、组织结构松弛、空心率高。两相比较，涪陵所产茎瘤芥含水量为92%～95%，浙江为94%～96%，浙江所产茎瘤芥含水量比涪陵高2～3个百分点，营养成分比涪陵低30%～40%。因此，涪陵茎瘤芥的品质优于浙江。

又据《涪陵榨菜原产地保护报告》，第一，浙江所产茎瘤芥在含水量方面比涪陵高2%～4%，干物质含量涪陵所产茎瘤芥比浙江高6%～8%，即营养成分要高30%～50%；第二，涪陵所产茎瘤芥空心率少，故其加工产品优于浙江榨菜；第三，涪陵所产茎瘤芥组织结构紧密，故其加工产品嫩脆度好，优于浙江榨菜。见表9－2。

表9－2　涪陵、浙江茎瘤芥品质对比表

项目	涪陵产茎瘤芥	浙江产茎瘤芥
含水量	92%～95%	94%～96%
空心率	<5%	60%～90%
组织结构	紧密	松弛

2. 涪陵榨菜加工工艺源于涪陵。清光绪二十四年（1898年）邓炳成将青菜头（茎瘤芥）进行风晾腌制成咸菜，榨菜试制成功。次年进行批量加工，由于其加工过程必须采用木榨压榨除去卤水，故取名为“榨菜”，榨菜的商品名称由此得名。其后，涪陵榨菜加工技术外传于其他省内产区（丰都、长寿、巴南等地）和其他省份。

事实上，浙式榨菜也渊源于涪陵榨菜加工工艺。涪陵产青菜头是2月收获，系早春季节。这时涪陵雨量少，据记载涪陵1~2月的月平均降雨量仅为15~18毫米，是全年的最低点，仅为全年平均降水量1072毫米的1.5%。加之日照少、风多，有利于青菜头的风脱水。而浙江青菜头收获季节是4月，为清明时节，值春和景明，日照强、雨水多，不能进行青菜头风脱水，浙江人只好根据当地情况研究出盐脱水加工工艺。

涪陵榨菜加工必须经过风脱水，使青菜头在自然风的作用下进行脱水、萎缩，除去50%~60%的水分后，再加盐腌制，故营养物质流失少。而浙江榨菜由于青菜头收获时气温升高，值多雨季节，青菜头不能风干脱水，只能加盐腌制脱水，即采用脱水加工工艺。用盐的高渗透压除去青菜头内的水分。这样营养物质就随着盐脱水而流失，故浙江榨菜的营养成分远远不及涪陵榨菜。风味较差，只能靠添加辅料来调其风味。故浙江榨菜的风味不及涪陵榨菜风味好。

由于榨菜存在浙式与川式加工的差异，因此，榨菜产品的标准各有不同。见表9-3、9-4。

表9-3　涪陵榨菜与浙江榨菜坛装（半成品）产品标准差异表

项目		涪陵榨菜要求		浙江榨菜要求	
加工工艺		经风干脱水，腌制工艺加工制成的榨菜		不经风干脱水，直接腌制工艺加工制成的榨菜	
感官特性	组织形态	一级	二级	一级	二级
		菜块呈圆球形或扁圆球形全形菜，肉质肥厚嫩脆。空心菜、棉花包（表面柔软实则较硬并呈白色）、硬壳菜以个算，总计不得超过5%。	菜块呈圆球形或扁圆球形，无无瘤长形菜；允许有切块菜，肉质肥厚嫩脆。空心菜、棉花包（表面柔软实则较硬并呈白色）、硬壳菜以个算，总计不得超过8%。	菜块呈圆球形或扁圆球形，有瘤长形菜不得超过20%，切块菜为肥大茎的上中部，菜块肉质肥厚。白空心菜、老筋、硬壳菜以个算，总计不得超过8%。	菜块呈圆球形或扁圆球形，有瘤长形菜不得超过50%，切块菜为肥大茎的中下部，菜块肉质肥厚。黄心空心菜、老筋、硬壳菜以个算，总计不得超过10%。

续表

项目		涪陵榨菜要求		浙江榨菜要求	
加工工艺		经风干脱水，腌制工艺加工制成的榨菜		不经风干脱水，直接腌制工艺加工制成的榨菜	
	块重	50～175克，超重175克的大块菜不得超过10%，不足50克小块菜不得超过2%。	40克以上，不足40克的小块菜不得超过2%	40～175克，超重150克的大块菜不得超过10%，不足40克小块菜不得超过2%。	30克以上，不足30克的小块菜不得超过2%。
	含水量	≤76.0%	≤78.0%	≤80.0%	
	含盐量	≤15.0%	≤14.00%	≤14.0%	
	总酸度	0.45%～0.70%		0.45%～0.90%	

表9－4　方便榨菜理化指标差异表

项目	涪陵榨菜要求			浙江榨菜要求	
	低盐菜	中盐菜	高盐菜	低盐菜	中盐菜
含水量	≤76.0%	74.0～82.0	70.0～74.0	≤85.0	78.0～82.0
含盐量	≤76.0%	8.00～12.00	12.0～15.00	≤9.00	9.00～14.00
总酸度	0.4－0.9				

从食用品质上来讲，涪陵榨菜和浙江榨菜也存在极大差异。涪陵所产榨菜由于其原料好，加工工艺采用风脱水加工，营养成分流失少，组织结构嫩脆，榨菜的风味佳，同时具有特殊的久贮不腐、下锅不软的特色，故涪陵榨菜除一般用作普通食用外，还可作为炒、蒸、煮、熬汤之用。而浙江榨菜由于其原料品质差，加工工艺又是采用盐脱水加工，营养成分流失多，只能靠辅料添加来增其风味，而不是榨菜本身的风味。再加之组织结构松弛，所以所产榨菜只能作普通咸菜食用，不能下锅煮、炒，更不能做熬汤、蒸菜调味之用。这是涪陵榨菜与浙江榨菜品质上的根本差异。

3. 得天独厚的自然条件造就涪陵榨菜的独特性。这种条件包括涪陵特殊的土壤条件和气候条件等。

4. 涪陵的特殊地位。在榨菜发展史上，涪陵有着极为重要的地位，这是其他任何区域所无法比拟的。1898年，涪陵榨菜在涪陵问世；20世纪50年代，涪陵榨菜成为中国三大出口榨菜之一，并上升为国家二级战略物资；1970 年，参加法国举行的世界酱香菜评比会，涪陵榨菜与德国甜酸甘蓝、欧洲酸黄瓜并称世界三大名腌菜；1980 年，最先注册商标的“乌江牌”涪陵榨菜，获国家产品质量银质奖，是迄今为止我国酱腌菜的最高奖；1995 年首届中国特产之乡组委会命名涪陵区（原涪陵市）为“中国榨菜之乡”；2000 年 4 月，“涪陵榨菜”获准注册为证明商标；1998 年国家修订榨菜行业标准时，特将原“川式榨菜”修订为“涪式榨菜”，进一步明确了涪陵榨菜在榨菜行业中的地位；1998 年，涪陵举办涪陵榨菜文化节，得到社会各界认可；2003 年 3 月，涪陵区被国家授予“全国果疏十强区（市、县)”称号。

（四）涪陵榨菜原产地保护。2003 年 10 月 16 日，涪陵区质监局向重庆市质监局发文请示，申请成立涪陵榨菜原产地域产品保护办公室。18 日，重庆市质监局批复同意成立该办公室。20 日，涪陵区质监局、涪陵区商委、涪陵区榨菜管理办公室联合成立以涪陵区质监局局长周建国为组长，涪陵区商委副主任尼亚非、涪陵区榨菜管理办公室主任张源发为副组长，殷尚树、袁永昌、汤勇为成员的涪陵榨菜原产地域产品保护工作领导小组，领导小组下设办公室于质监局，殷尚树兼办公室主任，负责申报的日常工作。31 日，涪陵区人民政府区长黄仕焱、副区长罗清泉再次召开区质监局、商委、榨菜办、工商分局、榨菜集团公司负责人会议，听取榨菜原产地域产品和原产地标记保护申报工作进展情况，进一步部署申报工作，落实经费。11 月 2 日，重庆市质监局到涪指导涪陵榨菜原产地域产品和原产地标记保护申报工作，对申报材料提出修改意见。区质监局、榨菜办、榨菜集团公司等单位，组织有关专家和工作人员对申报材料进行修改、补充和完善。25 日，申报文本上报国家质量监督检验检疫总局。12 月 2 日，涪陵区人民政府副区长罗清泉带领区榨菜办副主任曾广山、榨菜集团公司总经理周斌全一行，专程到国家质检总局汇报涪陵榨菜原产地域产品和原产地标记保护申报工作情况，并请求尽快将涪陵榨菜“乌江”牌、“健”牌进行原产地标记公示、注册。9 日，涪陵区人民政府成立以区长黄仕焱为组长，区人大常委会副主任喻扬华、副区长罗清泉、区政协副主席伍国福为副组长，区府办、商委、质监局、出入境检验检疫局、工商分局、榨菜办、榨菜集团公司负责人为成员的涪陵榨菜原产地域产品保护申报工作领导小组，领导小组下设办公室于质监局，由区质监局局长周建国兼任办公室主任，具体负责申报工作。2004 年 10 月 25 日，涪陵榨菜原产地域产品保护在北京顺利通过国家质量监督检验检疫总局组织的专家会审查。在向全国公示后，2004 年 12 月 13 日，国家质量监督检验检疫总局发布2004年第178号公告，对涪陵榨菜实施原产地域保护。自公告发布之日起，全国各地质量技术监督部门开始对涪陵榨菜实施原产地域产品保护措施。

2003年9月，涪陵榨菜（集团）有限公司组织筹备向国家申报涪陵榨菜“乌江”牌、“健”牌原产地标记保护工作。在重庆市质监局、重庆市出入境检验检疫局及涪陵区质监局指导下，申报材料经多次修改、补充和完善，于11月初上报国家质量监督检验检疫总局。11月21～22日，国家质量监督检验检疫总局和重庆市出入境检验检疫局联合组成专家评审组9人专程赶赴涪陵，对“乌江”牌、“健”牌榨菜在工艺、地理、文化等标准上严格审核。经审核，涪陵榨菜“乌江”牌、“健”牌完全符合原产地标记保护注册及申报条件，顺利通过注册评审。随后，国家质量监督检验检疫总局在全国公告后无异议。2004年2月23日，国家质量监督检验检疫总局正式对涪陵榨菜“乌江”牌、“健”牌原产地标记保护予以注册。这是涪陵榨菜生产企业首家获得的原产地标记保护注册。3月19日，国家质检总局常务副局长葛志荣、国家质检总局通关司副司长高建华等一行，在重庆市政协副主席夏培度、重庆市市长助理项玉章、重庆市出入境检验检疫局局长刘式尧等陪同下莅临涪陵，专程为涪陵榨菜（集团）有限公司颁发“乌江”牌、“健”牌榨菜原产地标记保护注册证书。

（五）涪陵榨菜原产地保护地域的确定。涪陵的榨菜产区原主要分布在长江沿线河谷及半丘陵地带的各个乡、镇、街道办事处。一般在海拔600米以下的地区种植。随着三峡工程的修建，库区蓄水，沿江减少约4万亩榨菜地，为保证榨菜产量，满足市场需求，增加后山农民收入，在选育新的品种、探索新的栽培方法上已取得成功，榨菜的种植已向中后山、坪上发展，在海拔700米左右的中后山、坪上地带建立了新的种植区域，同时为生产绿色食品新增了原料基地。

涪陵地处三峡库区腹地，重庆市中部，地跨北纬29°21′～30°01′、东经106°56′～107°43′。东邻丰都县，南接武隆县、南川市，西连巴南区、垫江县。区境东西宽74.5公里，南北长70.8公里，面积2946平方公里。因此，上述地域被确定为涪陵榨菜原产地保护地域。

涪陵榨菜原产地域产品和原产地标记保护申报核准注册，是涪陵区经济生活中的一件大事，有利于保护好涪陵人民百年铸就的共有知识产权和涪陵榨菜这一闻名于世的地方土特产品，进一步扩大涪陵榨菜的知名度。对于提高涪陵榨菜产品质量、拓展销售市场，提高品牌效益，促进涪陵经济持续、快速、健康发展，具有十分重要的意义。

第二节　涪陵榨菜的语汇文化

涪陵榨菜历经100多年的发展，形成了一个以涪陵榨菜为连接点的榨菜语汇文化丛。

一、语汇与文化丛的含义

语汇，又叫词汇，是词语的总汇，即语言符号的聚合体。语言符号包括语素、词和固定短语。语汇所指范围有大有小，最大范围是指一种语言系统中的全部词语，也可指一种语言或方言中某个历史时期的词语的聚合体，有时还指某个作家、某部作品、某个学科或某种性质的词语的聚合体。从语汇学来说，涪陵榨菜语汇属于“某种性质的词语的聚合体”。

文化丛是相关文化元素按照内在的功能逻辑进行整合的产物，相关的文化元素相互结合而形成的功能单位被称为文化丛，这种文化丛在时空中可以作为一个单位存在并发挥作用。每一种文化丛均有其核心元素。榨菜语汇文化丛核心元素的连接点就是“榨菜”。

二、涪陵榨菜的语汇群及其分类

涪陵榨菜历经100多年的发展，形成了一个以涪陵榨菜为连接点的榨菜语汇文化丛，或者说使涪陵榨菜拥有了一个庞大的与榨菜相关的“语汇群”或“术语群”。如芥菜、茎瘤芥、榨菜、榨菜帮、榨菜业、榨菜管理、榨菜品牌、榨菜商标、榨菜文化等。遗憾的是，目前对榨菜的“语汇群”、“术语群”、“文化丛”尚缺乏全面而深刻的研究。、

如果深入研究榨菜的“语汇群”、“术语群”、“文化丛”，可以发现它还包括若干不同系列的“术语群”。当然，这也可以说是榨菜语汇的不同分类所造成的。大体而言，榨菜语汇群有如下一些类别：

（一）芥菜术语群：榨菜原料茎瘤芥属于芥菜类，以芥菜为总名，其下又有根用芥菜、茎用芥菜、叶用芥菜、薹用芥菜、子用芥菜的不同。且每种芥菜尚有不同的名称。参见表9－5。

表9-5 芥菜类正名、别称表①

正名	别称
根用芥菜	根芥菜、芥菜头、大头菜、疙瘩菜、咸疙瘩；大头芥、本大头菜、土大头、根芥、芥头、头菜、大芥、生芥、大根芥、芥菜疙瘩、芥菜疙瘩头、芥疙瘩、辣疙瘩、圪瘩头、圪瘩、圪答、圪垯、圪塔、圪疸、冲菜、玉根、芜菁型大根
茎用芥菜	茎芥菜、鲜榨菜、菜头、芥菜头、茎芥；青菜头、肉芥菜、春菜头、菜头菜、头菜、棒菜、棒笋、青菜、笔架菜、香炉菜、狮头菜、露酒壶、榨菜、榨菜毛、榨菜；羊角菜、棱角菜、菱角菜、笋形菜、笋子菜、羊角青菜、莴笋苦菜
叶用芥菜	叶芥菜、芥菜、雪里蕻、青菜、花边；芥菜缨、芥菜英、毛芥菜、叶芥、春菜、夏菜、冬菜、辣菜、腊菜、苦菜、盖菜、春不老，排菜、雪里红、雪菜、桄榔芥菜；大叶芥菜、大叶芥、盖菜、黄芥、皱叶芥、长年菜、光郎菜、桄榔芥菜、青菜、大头青菜；卷心芥菜、卷心芥；长柄芥菜、长柄芥；瘤叶芥菜、瘤叶芥、瘤芥菜、瘤芥、包包青菜、包包菜、苞苞菜、耳朵菜、弥陀菜；分蘖芥菜、分蘖芥、排菜、披菜、九头芥、九心芥、雪里蕻、雪里红、雪菜、春不老；包心芥菜、结球芥菜、结球芥、卷心芥菜、包心刈菜、包心芥；花叶芥菜、花叶芥、金丝芥、银丝芥、凤尾芥、鸡尾芥、鸡冠芥、鸡啄芥、鸡脚芥、长尾芥、千筋芥、佛手芥、碎叶芥、小叶芥；紫叶芥菜、紫叶芥
薹用芥菜	薹芥菜、薹芥、芥菜薹；芥薹、盖菜薹、辣菜薹、天菜、梅菜、菜脑、芥菜头尾
子用芥菜	子芥菜、芥菜子；芥子、芥菜籽、籽用芥菜、籽芥菜、油芥菜、辣菜子、辣菜籽、蛮油菜、辣油菜、大油菜、芥末菜、黄芥子、芥菜型油菜、芥子菜

（二）茎瘤芥加工类别术语群：茎瘤芥不仅可以直接食用，而且可以加工。而加工无论是在不同地域，还是在同一地域都可能存在因加工工艺的不同，从而产生不同的术语。如咸菜、风菜、腌菜、泡菜等。

（三）茎瘤芥品种术语群：茎瘤芥是榨菜加工的原料，而茎瘤芥存在不同的品种资源，且随着现代科技的发展，还有不同的新品种选育出来。每一种茎瘤芥均有自己的名称，有些还有别称和他称，这些名称就构成为茎瘤芥品种术语群。目前，茎瘤芥品种术语群主要有：猪脑壳菜、香炉菜、菱角菜、羊角菜、笋子菜、包包菜、奶奶菜、指拇菜、犁头菜、鸡啄菜、凤尾菜、蝴蝶菜、枇杷叶、河菜、山菜、三转子、鹅公包、白大叶、草腰子、细匙草腰子、小花叶、柿饼菜、皱叶羊角菜、短秆蔓青菜、蔺氏草腰子、三层楼、露酒壶、63001、永

① 张平真主编《中国蔬菜名称考释》，北京燕山出版社，2006年，第408~409页。

安小叶、涪丰14、涪杂1号、涪杂2号、涪杂3号、涪杂4号、涪杂5号、涪杂6号、涪杂7号、涪杂8号等。

（四）榨菜加工类别术语群：在榨菜发展史上，榨菜主要分为两大系列，即川式榨菜和浙式榨菜。川式榨菜，1998年后被修定为涪式榨菜，其主要工艺是风脱水，又称为风脱水榨菜；浙式榨菜，其主要工艺是盐脱水，又称为盐脱水榨菜。《中华人民共和国供销合作行业标准》（GH/T1011－1998）曰：涪式榨菜，“经风干脱水，腌制工艺加工制成的榨菜。”浙式榨菜，“不经风干脱水，直接腌制加工制成的榨菜。”

（五）榨菜加工术语群：无论是涪式榨菜，还是浙式榨菜。在从茎瘤芥到榨菜半成品、成品的过程中，均有一道道工序，即榨菜加工工艺，因此，也就存在特定的术语，从而成为榨菜加工术语群。

涪陵榨菜，经过近120年的发展，已经形成了成熟的榨菜加工工艺。坛装涪陵榨菜的工艺主要有：剥菜、穿菜、上架、下架、三腌三榨、起池、修剪、剔筋、淘洗、配料、装坛等工艺。参见图7－1风脱水初加工、坛装榨菜工艺流程图。方便涪陵榨菜的主要工艺有：原料选择，剥皮穿串，搭架晾菜，初腌，复腌，修剪砍筋，下池贮藏，筛选分离，脱盐处理，切分，淘洗，脱水，拌料，计量装袋，脱气密封，杀菌检验，装箱，打包入库等工艺。参见图6－2袋装方便榨菜工艺流程图。

（六）榨菜企业术语群：在榨菜发展史上，曾经产生过众多的榨菜企业，每个企业均有自己的名称。不仅如此，有时一个榨菜企业在不同的历史时期还有不同的名称，如涪陵榨菜集团有限公司。就榨菜企业术语群而言，在新中国成立前，其企业名称，多以人名及其人名构成为企业名。如欧秉胜、骆培之、程汉章、袁家胜、辛玉珊、况林樵、况凌霄、鑫记（韩鑫武）、侯双和、茂记（张茂云）、易永胜、瑞记（江瑞林）、春记（邓春山）、何森隆、文奉堂、李宪章、杨海清、唐觉怡等，也有很多榨菜企业名称为创办者所定，主要有荣生昌、道生恒、公和兴、聚裕通、同德祥、复兴胜、永和长、怡亨永、宗银祥、亚美、怡园、同庆昌、吉泰长、三义公、聚义长、德厚生、信义、聚裕通、三江实业社、吉泰长、隆和、华大、怡民、复园、森茂、信义公司、信义公、海北桂、济美、其中、合生、老同兴、民生公司等。新中国成立后，到1985年以前，无论国营榨菜企业，还是集体榨菜企业，均以“地名＋厂”命名。主要有涪陵菜厂、石板滩菜厂、黄旗菜厂、蔺氏菜厂、清溪菜厂、李渡菜厂、石沱菜厂、镇安菜厂、凉塘菜厂、南沱菜厂、珍溪菜厂、沙溪沟菜厂、永安菜厂、焦岩菜厂、袁家溪菜厂、韩家沱菜厂、百汇菜厂、渠溪菜厂、鹤凤滩菜厂、北岩寺菜厂、安镇菜厂、龙驹菜厂、两汇菜厂、马武菜厂、仁义菜厂、北拱菜厂、双河菜厂、大石鼓菜厂、永义菜厂、四合菜厂、开平菜厂、金银菜厂、义和菜厂、百胜菜厂、大渡口菜厂、中峰菜厂、酒井菜厂、火麻岗菜厂、深沱菜厂、纯子溪菜厂、范家嘴菜厂、酒店菜厂、大柏菜厂、大山菜厂、致韩菜厂、石龙菜厂、百花菜厂、增福菜厂、惠民菜厂、五马菜厂、蒲江菜厂、均田坝菜厂、梓里菜厂、天台菜厂、麻辣溪菜厂、河岸菜厂、坝上菜厂、贯子寺菜厂等。1985 年以后，榨菜企业向公司化、集团化发展，涪陵榨菜企业主要有：涪陵榨菜集团股份有限公司、涪陵辣妹子集团有限公司、重庆国光绿色食品有限公司、涪陵区洪丽食品有限责任公司、涪陵区紫竹食品有限公司、涪陵区渝杨榨菜（集团）有限公司、涪陵宝巍食品有限公司、涪陵区国色食品有限公司、涪陵区志贤食品有限公司、涪陵瑞星食品有限公司、涪陵区浩阳食品有限公司、涪陵区绿洲食品有限公司、重庆市剑盛食品有限公司、涪陵红日升榨菜食品有限责任公司、涪陵天然食品有限责任公司、涪陵区桂怡食品有限公司、涪陵绿陵实业有限公司、涪陵区大石鼓食品有限公司、涪陵祥通食品有限责任公司、重庆川马食品有限公司等。如果按照榨菜企业的性质来划分的话，也就必然存在相应的榨菜企业术语群，如公立榨菜企业、私营榨菜企业、军管榨菜企业、国营榨菜企业、集体榨菜企业、社队榨菜企业、独资榨菜企业、合资榨菜企业、中外合资榨菜企业等。在历史上，出现过多少家榨菜企业，就有多少家榨菜企业名称。参见第二章涪陵榨菜企业文化。

（七）榨菜管理术语群：涪陵榨菜的发展也有赖于对涪陵榨菜的管理，因此，很自然地就产生了涪陵榨菜管理术语群。如榨菜帮、涪陵榨菜同业公会、涪陵菜业公会、涪陵榨菜工作组、涪陵榨菜管理办公室、字号、囤户、包袱客、种户、辛力、三益居、德胜源、榨菜反瞒运动、反菜头、挨打菜、榨菜工作会议、榨菜检验委员会、榨菜标准等术语。

（八）榨菜营销术语群：涪陵榨菜的发展离不开涪陵榨菜的市场开拓，因此，涪陵榨菜营销术语群应运而生。如走水字号、囤户、辛力、榨菜生产合作联社、下江菜、地球牌榨菜、鑫和商行、协茂商行、盈丰商行、永生商行、和昌商行、立生商行、李保森商行、乾大昌货栈、荣生昌、世博会成品、交易会产品等。

（九）榨菜品牌术语群：涪陵榨菜历经 100 多年的发展，榨菜品牌林立。这种品牌甚至远比榨菜企业还要多，因为有的企业不止一个品牌。考校涪陵榨菜

100多年发展的品牌，在中华人民共和国成立以前，主要是以榨菜企业名称为榨菜品牌名称，参见涪陵榨菜企业术语群。但有些外销菜则有明确的榨菜品牌名称，如上海鑫和商行以精选涪陵榨菜打“大地牌”商标远销国外而闻名。新中国成立后，到1985年以前，总体上也是榨菜企业称呼榨菜品牌。涪陵榨菜真正具有品牌是从1980年6月15日，涪陵县土产公司申报的“乌江牌榨菜”获中华人民共和国国家工商行政管理局商标局批准注册（注册号137962）开始。1981年7月19日，涪陵县珍溪榨菜厂生产的“乌江牌榨菜”，被全国榨菜优质产品鉴评会评为第一名。9月25日在全国第二次优质产品授奖大会上，被授予银质奖。这是全国酱腌菜行业的第一块，也是含金量最高的质量名牌。从此，涪陵榨菜的品牌发展进入到一个新时代，榨菜品牌不断催生。涪陵榨菜的品牌主要有：乌江牌、“健”牌、辣妹子牌、涪州牌、鉴鱼牌、巴都牌、川陵牌、亚龙牌、古桥牌、路路通牌、餐餐想牌、水溪牌等。需要注意的是“涪陵”地域、“涪陵榨菜”、青菜头等还成为整体性品牌。

（十）榨菜商标术语群：总体上，在20世纪80年代以前，涪陵榨菜除外销菜外，基本上没有独立的商标。1980年6月15日，涪陵县土产公司申报的“乌江牌榨菜”获中华人民共和国国家工商行政管理局商标局批准注册。此后，涪陵榨菜商标受到各个榨菜企业的高度关注，涪陵榨菜商标迅速发展。曾经申报注册的榨菜商标主要有：乌江、“健”牌、辣妹子、巴都、德丰、云峰、白龟、雾峰、邱家、名山、黔水、杨渝、渝杨、渝新、涪沃、神猫、川涪、鉴鱼、涪州、渝剑、渝盛、驰福、涪枳、枳涪、渝香、口口香、明松、华富、渝川、正乾、博风、仙妹子、细毛、双川卜、奇均、浩阳、红昇、懒妹子、茉莉花、渝雄、蓝象、味漫漫、遨东、弘川、剑龙、甘竹、吉丰、金凤、招友、大板、北山、华涪、祥通、双乐、民兴、吉祥、周川、星月妹、翠丝、富利、绿强、东泉、水溪、涪仙、飞洋、效渝、出发点、绿洲、涪佳、98、川马、涪渝、小字辈、進旭、灵芝、洪丽、餐餐想、业昌、袁红、桂滋、长华隆、凤娃子、成红、耕牛、川东、涪客多、志贤、新华联、川香、渝江、佳事乐、永柱、盐妞、川峡、好伴侣、南方、雨光、心禧红、隆太、角八、华穗、新生、丽香园、正林、川牌、游辣子、桂怡、木鱼、枳风、联谊、桃红、禾承祥、圣文、金鑫、子山、涪跃、涪蓉、建超、彩鑫、长寿、洁佳、前秀、渝虹、建昌、东鸿、山参、柏陵、佳亨、川仙、文梁、菜源等。需要注意的是“涪陵榨菜”、“Fuling”等还成为整体性品牌。

（十一）榨菜产品术语群：涪陵榨菜的历史，是一部新产品不断开发的历史。由于各个厂家竞相开发新产品，因此，榨菜产品术语群远比榨菜企业、榨菜品牌、榨菜商标术语群要多。因而榨菜产品术语群至为广博。大体而言，主要有如下七类：其一，按榨菜生产企业厂家划分，20世纪50年代前，企业名称即产品名称，20世纪50~70年代，多以厂家名称命名；20世纪80年代后多以企业商标注册名称命名，同时，每个企业生产的榨菜亦非单一产品。其二，按榨菜形状分，有榨菜丝、榨菜片、榨菜丁、榨菜条、榨菜碎米、榨菜粒等术语。其三，按榨菜等级划分，有大块菜、小块菜、一级菜、二级菜、三级菜等术语。其四，按榨菜加工工艺划分，有涪式榨菜、浙式榨菜、川式榨菜、四川榨菜、涪陵榨菜、浙江榨菜、风脱水榨菜、盐脱水榨菜等术语。其五，按消费地域划分，有爽口榨菜、下江菜等术语；其六，按榨菜包装划分，有裸装榨菜、坛装榨菜、全形榨菜、塑料袋榨菜、玻璃瓶榨菜、陶瓷杯榨菜、瓶装榨菜、罐装榨菜、听装榨菜、礼盒榨菜、高档礼盒榨菜、方便榨菜等术语；其七，按是否出口，有出口菜、内销菜、外销菜等术语；其八，按榨菜附属物划分，有榨菜酱油、开胃菜头、满堂红调味辣、水豆豉、红油竹笋、虎皮碎椒、四川泡菜、翡翠泡椒、乌江牌麻辣萝卜、乌江牌香辣萝卜、乌江牌香辣盐菜、乌江牌榨菜酱油、太极榨菜酱油、乌江牌新一代“橄榄菜”、“浩阳”牌香辣盐菜等术语。其九，按使用领域划分，有军用榨菜、航空榨菜、旅游榨菜、儿童榨菜、保健榨菜、寿星榨菜等术语。

（十二）榨菜科研术语群：涪陵榨菜的发展离不开科技的支撑，毕竟科学技术是第一生产力。因此，榨菜品种资源的改良、榨菜病虫害的防治、榨菜加工工艺的改革、榨菜加工器具的革新、榨菜新产品的开发……随处均能见到榨菜科研的影响，由此也就存在诸多的榨菜科研术语，如蔺市草腰子、63001、永安小叶、涪丰14、涪杂1号、榨菜六改栽培技术、榨菜早晚季栽培技术、榨菜病毒病防治、榨菜机具改革等。

（十三）榨菜文化术语群：涪陵榨菜历经近120年的积淀，文化底蕴深厚，有关涪陵榨菜文化的术语极多，最为直接的就有玩菜龙、踩池号子、涪陵榨菜志、涪陵榨菜文化节、涪陵榨菜文化专题研讨会、涪陵榨菜原产地保护、涪陵榨菜民俗博物馆、《榨菜诗文汇辑》、《榨菜美食食谱》、《邱家大院》、《神秘的竹耳环》等。

三、涪陵榨菜语汇举要

研究涪陵榨菜语汇，关键在于这些语汇的含义及其价值，其含义或模糊，或精准，都反映了一地的民风民俗，体现了一地民众的思维方式和精神价值，凝聚着数代人的努力与心血，甚至见证者历史的风云变幻。

（一）榨菜。何谓榨菜？人们在对之进行定义时，“榨菜”却成为一个歧义之词，各家均有解说。《中华人民共和国供销合作行业标准》（CH/T1011－2007）没有对“榨菜”术语进行解释，但有对“涪式榨菜”、“浙式榨菜”的解释。涪式榨菜是“经风干脱水、腌制、压榨等工艺制成的榨菜”。浙式榨菜是“经盐脱水、腌制、压榨等工艺制成的榨菜”。如果剔除涪式榨菜与浙式榨菜“如何脱水”的区别，则榨菜是“经脱水、腌制、压榨等工艺制成的”一种菜品。《中华人民共和国供销合作行业标准·方便榨菜》（GH/T1012－2007）也没有对“榨菜”术语进行解释，但有对“涪式方便榨菜”、“浙式方便榨菜”的解释，涪式方便榨菜是“经风干脱水、腌制、压榨、淘洗、切分、脱盐、调味、分装、密封、杀菌等工艺制成的榨菜”。浙式方便榨菜是“经盐脱水、腌制、压榨、淘洗、切分、脱盐、调味、分装、密封、杀菌等工艺制成的榨菜”。如果剔除涪式榨菜与浙式榨菜“如何脱水”的区别，则方便榨菜是“经风干脱水、腌制、压榨、淘洗、切分、脱盐、调味、分装、密封、杀菌等工艺制成的”一种菜品。这里除增加了部分工艺流程以外，其实质没有多大的变化。蒲国树在《咸菜一盘有学问——榨菜·青菜头·茎瘤芥》[①] 一文中认为“榨菜”是以一种名叫茎瘤芥的蔬菜作物的瘤茎为原料，经过特殊腌制加工而制成的腌菜食品。百度百科榨菜词条的解释为“榨菜，被子植物门，双子叶植物纲的一科。多为草本植物。榨菜是芥菜中的一类，一般都是指叶用芥菜一类，如九头芥、雪里蕻、猪血芥、豆腐皮芥等。榨菜是一种半干态非发酵性咸菜，以茎用芥菜为原料腌制而成，是中国名特产品之一，与欧洲酸菜、日本酱菜并称世界三大名腌菜”。对于百度百科的解释，何侍昌等在《榨菜产业经济学研究》专著中认为，该解释有“一个缺点，两个不准确和一个错误”。“一个缺点”是没有指出原创者和原产地。“两个不准确”：其一是对榨菜原料青菜头的植物学分类不准确。其二是“世界名腌菜”没有“日本酱菜”。“一个错误”：即对榨菜是“非发酵性咸菜”的定性错误。因此，他们将其定义为榨菜（Tuber mustard）是中国涪陵技工邓炳成原创、工商业主邱寿安命名开发，以茎用芥菜的变种茎瘤芥的瘤茎（青菜头）为原料，利用食盐的高渗透压作用、微生物的发酵作用、蛋白质的分解以及其他一系列的生物化学作用，生产出具有鲜香嫩脆，风味独特的特

① 蔺同《咸菜一盘有学问——榨菜·青菜头·茎瘤芥》，《三峡纵横》，1997年第2期。

点和营养保健功能，与德国甜酸甘蓝、法国酸黄瓜齐名的世界名腌菜。并特别强调此种定义有如下好处：第一，客观地反映了榨菜是中国涪陵原创的世界名牌。第二，根据芥菜的科学分类，青菜头是茎用芥菜的变种茎瘤芥的瘤茎。第三，客观地确认了技术工人和开发商的重要地位与作用。第四，纠正了“榨菜是一种半干态非发酵性咸菜”的错误定性，明确了榨菜“嫩脆鲜香，独特风味”的真正原因，就是“利用食盐的高渗透压作用、微生物的发酵作用、蛋白质的分解以及其他一系列的生物化学作用”发酵的结果。第五，明确了榨菜不仅仅是“咸菜”，还是“有益于健康的营养保健食品”，为我国榨菜产业的发展指明了前景和方向。

（二）涪陵榨菜。榨菜起源于涪陵，很自然地被称为“涪陵榨菜”。但涪陵榨菜经过近120年的发展，“涪陵榨菜”也成为一个多义词。就目前所见，“涪陵榨菜”的含义主要有以下几种：第一，指涪陵地域生产、加工的榨菜。第二，代指四川榨菜。四川榨菜的主产地和重要产区主要是涪陵，因此，涪陵榨菜代指四川榨菜。第三，涪陵榨菜是与浙江榨菜并存的中国两大榨菜类别之一。2007年以前，中国榨菜的两大系列是四川榨菜和浙江榨菜；2007年后，中国榨菜的两大系列被更改为涪式榨菜和浙式榨菜。涪陵榨菜成为涪式榨菜的代表。第四，涪陵榨菜成为万县以上地域榨菜的总称，以风脱水为主要工艺；万县以下地域以盐脱水为主要工艺。第五，涪陵榨菜是被国家认定的证明商标。2000年4月21日，“涪陵榨菜”证明商标经国家工商行政管理局商标局核准注册，注册证第1389000号，商品分类第29类，重庆市涪陵区榨菜管理办公室是“涪陵榨菜”证明商标注册人，享有“涪陵榨菜”标志商标专用权，有效期10年，从2001年1月1日起正式使用，受法律保护。与此相关，“Fuling”商标也得到认定。第六，涪陵榨菜是涪陵榨菜企业使用“涪陵榨菜”的证明标志。2001年，涪陵地域的许多榨菜加工企业通过审定，被认定批准使用“涪陵榨菜”证明商标。

（三）青菜头。青菜头，又称“菜头”、“菜脑壳”，涪陵榨菜加工的原料茎瘤芥的俗称。可是，青菜头也是一个有争议的术语。第一，《中华人民共和国供销合作行业标准》（CH/T1011－2007）将榨菜加工的原料称为“青菜头，茎瘤芥的瘤茎”。这就告诉我们，榨菜加工的原料只不过是茎瘤芥的瘤茎部分。第二，涪陵地域将榨菜加工的原料称为青菜头，所以《涪陵年鉴》2001～2014年各卷均称之为“青菜头”。如“青菜头种植面积”、“青菜头产量”等。第三，随着榨菜副产品的开发利用，整个“青菜头”均成为开发利用的对象。

（四）茎瘤芥。茎瘤芥，芥菜的一种类型，系涪陵榨菜加工原料（俗名青菜头）的学名。因茎瘤芥在 18 世纪分化形成，故学界对之进行了长期的研究。1936 年，园艺学家毛宗良按国际惯例给“榨菜”作拉丁文命名，其命名是：Brassica juncea coss Var Tsatsai Mao，意为“芸薹属芥种菜变种——榨菜”。1942 年，农学家曾勉和李曙轩教授就按国际惯例给“榨菜”也作过拉丁文命名，其命名是：BrasSiCa juncea coss Var tumida Tsen et Lee。到 20 世纪 80 年代中期，在系统地对芥菜进行科学分类的基础上，正式确定“榨菜”的植物学名称为“茎瘤芥”（Var. tumida Tsen et Lee），拉丁文命名仍沿用早年曾、李教授的命名形式（缩写）。

第三节　涪陵榨菜文学

文学是以语言文字为工具，形象化地反映客观现实、表现作家心灵世界的艺术，包括诗歌、散文、小说、剧本、寓言、童话等，是文化的重要表现形式，以不同的形式即体裁，表现内心情感，再现一定时期和一定地域的社会生活。

一、民间传说

世间美好事物，常常有美好文化与之相生相绕，榨菜亦然。以中国榨菜之乡——涪陵为例，从榨菜原料青菜头来历、特性，榨菜起源等开始，美好传说便源远相伴，自虚处折射出榨菜产业发展的传奇历程。榨菜原料在涪陵最早俗名“包包菜”，因加工食用中所利用的对象主要为其乳状突起发育、清脆、肥嫩的茎部，所以又被称为“青菜头”。根据涪陵民间文学协会黄节厚先生多年的搜集整理以及其他相关记载，关于青菜头及榨菜的传说，大体有以下一些故事：

（一）“诸葛菜”的传说。汉献帝建安十九年（214 年），刘备令诸葛亮、张飞、赵云率兵由荆州西上，进攻益州（今四川成都），一路争战，直达江州（今重庆）。蜀相诸葛亮，率军征战时，经过长途跋涉，驻守涪州，由于多日缺乏蔬菜，将士们患上了营养不良症，许多士兵面黄肌瘦，步履艰难。在吃了涪州人民供应的咸菜后，其症状明显消除。诸葛亮发现了涪州咸菜的奇特功效，深为感动，为了感谢涪州人民的深情厚谊，他就动员将士们在涪州江北的一座无名小山上，广泛种植腌制咸菜的青菜头，获得了大丰收。以后人们就将这座无名小山命名为“葛亮山”，将诸葛亮率领大家所种的菜命名为“诸葛菜”。有人认为，这种菜就是当今赫赫有名的涪陵榨菜的“前生”。

（二）唐朝涪州天子殿聚云寺住持高僧创制榨菜。传说，唐代贞观年间(627～649年)，涪州古刹聚云寺内，有一位住持高僧，活了一百多岁，仍然耳聪目明，经常念佛，坚持坐禅。有天晚上，这位高僧正在静心打坐，忽然远远看到了一个妙龄美丽的仙人，驾着祥云，徐徐自天而降，着地以后，飞快来到聚云寺禅堂。仙人彬彬有礼，不疾不徐，走到高僧面前，高兴而又爽朗地对高僧说：“天子要见你。”高僧闻言，既惊又喜，随口便问：“天子在哪里?”仙人说：“你紧跟我走就知道了。”高僧跟随仙人，慢慢悠悠，不知不觉地就进入了豁然开朗的天庭。只见天宫之中，金碧辉煌，空旷无比；奇花异卉，芳香扑鼻；仙乐仙舞，煞是迷人。高僧来到金銮殿，小心翼翼，屏住呼吸，毕恭毕敬，拜谒天子。施完法礼之后，天子见他年迈，招呼他一旁坐下，然后庄严降旨：“念尔自幼学佛，一贯诚心诚意。今命神农与尔一同返寺，继续修炼，偕众僧躬耕学圃，御赐神农菜种，冀妥为珍藏，携回精心播植，定获硕果。法旨。”高僧领旨之后，伴随神农一道，顺利回到聚云寺菜园边，只见神农挥手一指，原先种在地里的大头菜（蔓菁）统统都变了：茎部长出了许多青绿色的、肉头肥厚的脆嫩苞块，菜叶也变得更青、更肥、更大了。高僧满怀喜悦，只顾看菜，不知神农什么时候已经离开了聚云寺。一阵凉风吹来，高僧被吹醒了，醒来之后，才知道上述情况，是自己做的一个美梦。

第二天清早，高僧健步来到寺旁的菜园一看，果然看到他原来种的大头菜，全部变了样。你说它是什么菜，都不太像，因为每棵菜都长了一个青黝黝的菜脑壳，僧人们异口同声地称它为“青菜头”。又因为它是神农来帮助栽培成功的，所以有人便称它为“神农菜”。由于涪陵得天独厚，自从有了这种独特的青菜头种子，青菜头发展非常迅速，为腌制榨菜提供了充足的优质原料。

（三）晚清时期涪陵富商邱某雇人创制涪陵榨菜。相传清朝道光年间，有邱正富者，世居忠州（今重庆市忠县），家世小康；终日鸡鸭鱼肉、膏粱厚味，致使食欲减退，身体渐渐消瘦，心中郁闷，愁烦不安。一天夜晚，他迷迷糊糊入睡，见一鹤发童颜老道走来，给他看相，说他是有福之人，并面授机宜，言道：“涪州（今重庆市涪陵区）天子殿包包菜泡菜最能送食，施主何不一试?”邱正富南柯一梦醒来，一切都记得明明白白，但又半信半疑。最后想来想去，还是决定在上九会时（正月初九）去涪州天子殿晋香。

晋香后，他有幸尝到老和尚招待远道而来香客的斋饭。桌上摆出好几种香脆的咸菜，其中一种是泡菜，颜色青生生的，入口生津，又嫩又脆，特别送食。

饭毕，他找到长老，问泡菜为何种菜做成？长老回答系本地包包菜泡制，后又带他去寺后菜园看包包菜。邱恳求给点儿种子带回忠州栽种，长老吩咐小和尚去拈一小勺种子给他，并教其如何栽种，如何做泡菜和咸菜。邱正富回家后，让长工在自家的菜园里种植，果然长出了包包菜，制出的泡菜虽不及天子殿的嫩脆，但还是好吃。他的食欲开始好起来，精神状态一天比一天好，于是精心留种，待第二年再种。奇怪的是情况变了，那菜长不出包包了，当然包包菜泡菜、咸菜都吃不成了。邱正富以为自己心不诚，长老使了法，又去天子殿晋香，并献上一大笔善资。他再次从天子殿讨回种子，头年灵验，种到第二年又变了。邱正富觉得神奇，又一心想吃包包菜，遂到涪州天子殿以东洗墨溪买下一些土地，举家迁涪。从此，年年有包包菜的泡菜、咸菜供其享用。他最后活到93岁，无疾而终。

（四）邱寿安创制榨菜的传说[①]。清光绪六处［年］（1880年）涪州城有邱姓者，曰寿安。家六口，祖辈皆以工商为主，且兼有薄田拴［有错误］数亩在城西南叫花岩后。土地均租以佃户耕种，只是待秋收后方去乡下收些租粮，若遇荒年歉收，寿安则酌情减之或免之。因此，佃户多定年租，世人对寿安亦时有好评。

寿安一生善结交，善动脑，家教甚严，内外事务均以己做主，霆[②]安信奉天主教（当时天主教已传至涪州），故时而去教堂诵经，时而邀神文（作者注：当为“父”）至宅讲解《圣经》。日久，寿安则与神父结友，来往俞［愈］勤。且不时还相互赠予些许礼品。

翌日，英国神父复至，且随身携来花卉一缸［盆］。进得门后，便直言道：邱先生，此花吾诚心赠送与汝，请收下。寿安谢过收下后细观之。此花似菊而小，似梅稍大，株高盈尺余，花色金黄，叶椭圆产［形］，锐尖，色翠绿，煞是好看。寿安赞不绝口，向神父道：此花乃何名？神父道曰：此花乃“西洋梅菊”，它独产於［于］大不列颠。吾亦乃友人赠，今年华[③]遂转赠于汝。此花春、夏、秋三季均能陆续盛放，且三季花色各异，春紫，夏绿，秋黄，故仿[④]已秋季乃金黄，往后冬季则休眠也。到时则应移入室内，少施水，次年春移出，

① 涪陵粮油航运公司赵志宵，《榨菜的传说》，《涪陵特色文化研究论文辑》，第三辑，第116～122页。该文有很多错误，今以标明，以便于人们进行深入研究。

② 作者注：从上下文看，当为“寿”。

③ 作者注：依据文意，当为“花开”。

④ 作者注：有歧义。

慎记。寿安点头道：君之语吾牢记也。

次年，寿安将“西洋梅菊”移出户外，置花台旁。孟春见嫩芽出。至仲春蕾出，季春则花放。花果紫色。寿安喜。此后，寿安常去花台观察。至夏，寿安忽见缸内有嫩芽从土中出。初误以为“西洋梅菊”，数日后渐长，欲去之，但又不忍。暗思，待其稍长，到时辨清究竟为何物，那是再将其拔去不迟，思至此，故留之。寿安每日勤视，见此物生长甚速。数日后，盈尺，叶似扇面稍小，地面上部且有一怪状之疙瘩形成，色如翡翠，叶亦绿色，全株茂盛，大有反客欺主之势。寿安风[1]此，奇之，终不识，故不忍去之，数曰［日］后长之更速，见下部之疙瘩四周长出奇形怪状，形若妇人奶头状。由于寿安不能识，急唤来农夫辨认，来者均摇头道：此物不曾风过。寿安见此物生长之速，若留缸内，终于“西洋梅菊”不利，思虑再三，终将此物小心移出缸外，国另栽于花台土中，细心养护，以待日后观察究竟为何物。

翌日，英［国］神父至，入门尚未落座，寿安即携手将其邀至花台旁，问曰：“汝赠之花缸内，两月前伸［生］出一幼苗，长势速，众人均不识，吾欲去之，但又顾及汝赠珍品，不忍去之。后留缸”内观察发现地上根部长如人奶关之疙瘩，但长势更速，吾恐对梅菊不利，故移栽至花台室地，待汝前来指教，汝今年的甚佳，汝道此物究竟为何物？神父当时亦是左观右看，只是摇头，口中答道：既未见过此物，亦不曾听说过此物之名。寿安接话道：汝赠吾之花乃大不列颠所产，此物想必亦为大不列颠来。神父仍是摇头，然后开口问道：汝中华地产物博，或许他处产之。种子由风［风］飘来亦是可能。寿安亦是摇头。二人沉默良久，神父发话道：如今暂且休管何物，汝且顺其自然让其生长。今后若有种子，汝可将其收获，来年仍按今年出苗之时稍早播种，然后再仔细观察，不知可否？寿安听言，点头道：吾亦有此意。但至今不明此物竟[2]物，是花否，是果否，是药否？继而又道：吾等人众对此物皆以为奇，今日汝既来此，不如吾二人共同在此与此物予以命名，往后出便于称呼，汝看如何？神父开口道：还是汝先道出吧。寿安见神父谦虚开口道：此物地面根部有数凸起，且状似人奶，今欲称“奶树”如何？神父曰：此物纯原天生，实乃神赐，其植株矮小，且为肉质，不能称树。它与菜相似，不如就称“神奶菜”如何？寿安听言，击掌道：妙，妙极，此名既有意思又好听，就定为“神奶菜”吧。此后，众人

---

① 作者注“风”字难解。

② 作者注：意义不明。

则称此物为“神奶菜”了。

神父离去数日，此菜越长，地上之球状大如拳，初无枝，叶茂，阔如扇子，岁暮不枯。直至次年仲春，见中央伸出枝来。又数日后竟开金黄小花，伞形花序。复数日结果，果乃夹果形，每果有籽数粒，状似粟米，全株结籽数千。待至季春后果实成熟，夹果爆裂，下部球状之根渐已腐烂。寿安小心将种子收起，贮存玻璃瓶中，欲来年下地育种。

其年仲秋，寿安去花台观花，但见原“神奶菜”地下有无数幼苗破土出。高呸及寸，仅能辨见两辩［瓣］乳叶尔，分不清究竟为何苗。寿安联想此处曾种过“神奶菜”，故断为此苗。往后经数日之观察发现，原乳叶两辩［瓣］均已枯黄，中心且伸出绿色嫩叶。稍后数日能依稀辨出“神奶菜”叶之状。寿安喜，随即回房告戒［诫］家人，分别告戒［诫］小儿，往后不准去花台玩耍，后至季秋时节，寿安见昔已长至五寸余，只风幼苗簇拥，密不透风，寿安欲拔去多余，但欲弃之又觉可惜，暗思，何不将其多余小心[①]起，移栽至花台空地，思量至此，即转身回房，手持花锄，将多余之花昔［悉］拔起，逐一栽下。往后还浇水施肥，寿安所移栽之苗，尽数存活，由于小水肥充足，此菜长势旺盛，偌大一个化，几乎全是“神奶菜”。又数日后，寿安经观察发现，凡经移栽后之“神奶菜”较之未移栽之菜长势大有区别。原地之菜不但叶小，且根茎大如茶杯。但移栽后之菜不但菜叶大如葵扇，而且根茎大如碗口。此时寿安方才明白，此物必须移栽后方能多收。

岁末，寿安复来花台，见此物长势喜人。但又沉思，此物虽长势好，形状亦奇。不知到底有何用。思来想去，最后想到，外观似菜，既似菜，想必可食，可又一想，万一有毒岂不将人毒倒，但立即又想到神父［农］尝百草济世活人，流芳千古。吾何不小心先尝少许，尝其何味，有道是，甜能生津，淡能利水，苦能降火，淡能止泻，辛能通关，麻味则毒草。思量至此，于是则俯身用手将其中一株连根拔起，先指甲掐下少许，此时见此物水份［分］甚，复投以口尝之，但觉味淡，微苦，味后约甜。寿安沉思，此物若是熟后食之，不知味又如何。但恐毒，良久，寿安将此物携回，取刀去掉根部木质，并将其全株坎［砍］为细碎，拌上玉米粉，投鹅舍中，续食三日。鹅五只，未见异常。寿安喜，复去花台伐回两株，去其叶，将其疙瘩切成小块投[②]内，清水烹煮食之。寿安发

① 作者注，有缺字。
② 作者注：有缺字。

觉，水分甚，易熟，味淡。后配以调味蘸食味尚可。寿安素有便秘之疾。次日方觉便畅。寿安乐，后常食之。往后又改作切片煎炒更觉有味，家人亦随食之，皆称可口。寿安暗思，此菜既能食，来年决心种进地里。

寿安之“神奶菜”长势旺，故将其暂留土中，随食随伐。不觉上元已过，土中之物，球部越是长大。此时伐回之菜，剖后发现，内部或已成空心，寿安联想去年之种菜。留地日久便已溃烂，所以寿安明白，凡岁首已过同，立春前后则应按时采伐，雨水节后则会中空，春分时节则会自行溃烂。

寿安经两年的亲手种植后已初知其规律，白露前后必须播种育苗，苗至六寸即须移栽。立春后，雨水前必须按时采伐。往后第三年，寿安即扩种至地，同时告与佃户，如何播种，如何管理，如何采收等艺。自移栽后，经月余，菜渐长，下部已结成球状，佃农见之觉奇，问及寿安：此为何物。寿安答曰：此乃神物，可疗疾，消胀通便，好处不可胜数。

转眼又是过年，正月立春后，寿安令其收菜，且亲临现场指挥，当日采收完毕，运往家中数担，堆放天井中。寿安见此偌大一堆，初喜，继愁。喜是获丰收，愁是见此菜足有数千斤。存放家中不能当主食，运去市上生卖，别人从未见过此物，不知如何卖出，存放日久还会腐烂。寿安只身独坐檐下沉思。良久，忽忆起乡下农户萝卜丰作，食不及，则用篾条穿上掛［挂］檐下通风处晾干后做成“罗卜［萝卜］干”，吾今何不仿效为之。于是即起身唤来长工，今［令］其急去砍来毛竹，化［划］作篾条。长工去，寿安复令其余长工与及［其］家中人员均持刀前来天井，剥去“神奶菜”根部硬皮，准备穿菜。稍后，篾条已备成，邱氏全家上下共拾［十］来人逐［遂］分别行动起来。寿安思量，为了便于晾干，便令其家人将菜一剖两开后，再用篾条穿上，众人则按此而为，三日方才全部结束。

一月后，寿安令其众人将晾干之菜取下洗尽，以刀切片罗［萝］卜干之作法。加入调味佐料及盐，倾斗［倒］框内拌和均匀，最后装入陶器缸内，上面以干菜叶封口扎紧，存放于阴凉干燥处。数日后，打开观察，寿安但觉香味扑鼻，以手取尝之，味香，色泽尚可，不脆，约韧，寿安沉思良久乃明，知其风晾时日已过，故不脆，如此又试作一岁。

翌年，新菜采收临近，寿安元时不为此动脑，暗思今岁菜收后，不如将其用盐水直接浸泡，做成泡菜后，必定嫩脆。思量至此，寿安便亲处［自］去陶窑老板处，定制了若干泡菜坛。转眼采收时节至，寿安万事俱备，佃农、长工齐动，一日全部采回。次日号令宅内众人，有条不紊，分工而作。经七天的辛勤劳作，终于将三千多斤菜尽数处理，泡菜坛足足摆满两大间屋。

数日后，寿安独自打开菜坛，取出少许尝之，嫩脆可口，霆安［寿安］喜，当日则令取出少许去市上试销之。泡菜上市，人皆为奇，免费尝之，尝者可口，逐［遂］争相购买。须庾［臾］，卖的［得］精光。次日，寿安令数人，分别设摊多多上市，由于昨日试售，有已购之客之传导，故形成哄抡［抢］之状，不到午时则尽数卖完。连续三天均是如此。寿安喜，暗思，今秋播时，应将所留之种尽数播完。时至立秋，寿安令其所有佃家均均①应将地备好，不得种植它物，全都留作栽植“神奶菜”。各佃农听令寿安，当年即在寿安的亲自指导下，遍种“神奶菜”。

转眼又是岁暮，寿安常去田间视察，见菜地绿油一片，长势喜人，心中暗想，明春菜收，产量不下数万，如此数量，室内加工如何得以进行，单是生菜堆放已是不等。想至此，寿安反倒有些犯难。心想泡菜虽是畅销，但那［哪］有这许多泡菜坛，看来此做法已是不行。接下又想，不如又做成淹［腌］菜，但是那［哪］有这么多的地方来进行晾晒，左思右想，都不能想出好的办法来。可是离采收时节近在咫尺，到底怎样办，到时若不采收，留在地里季节一过，菜会自行腐烂，既是［使］按时采回，堆放日时一久，没有通风晾晒亦会霉烂，急的［得］寿安寝食难安。家中夫人亦在埋怨，本来自这生意作的［得］上好，硬是要到乡下来做什么菜，这次的菜，少说也有万斤，不把菜搞烂才怪。寿安不予理采［睬］，当时有儿子邱仁良在旁，当即劝住其母，转身对爹爹道：爹爹，儿有一想法，不知行否？寿安问儿道：儿有何计，快些说来。仁良答道：如今最大的难度是菜收回无法晾干，儿想用木头杆子捆绑成剪刀架形状，立成一组，可根据菜的数量而定可立数组，间距以一丈左右为宜，可去竹器老板处购些船上拉船髂的篾纤藤来纵向联结起来形成一巨形网，形若长龙，然后可将穿好之菜，逐一掛［挂］于其上，四周见外均可通风，较之原晾掛［挂］檐下效果更佳。寿安闻言，约约点头且开口道：如今只好试试罢了。于是寿安次日早起即先去河边竹器老板处订购纤藤，然后又去乡下找陶窖老板定制菜坛三佰［百］只。寿安返家稍微松了一口气。

光阴似箭，目下近已年关，寿安已备齐物料，首先第一部［步］工作是将菜架搭好，究竟怎样作，寿安心中无数。当日即呼来仁良，令其明日去荒坡上现场指挥，一切按儿所思而为，人手不足，可顾［雇］短工，年起务必搭好。

① 作者注，多一“均”字。

仁良信心古［十］足，领命而去。不到三日，仁良已将菜［菜］架搭高完毕。寿安现场观看，口称虽好，但是能否承重，仁良开口道：爹爹放心。仁良为了让爹放心，当即唤来数人爬上菜架用力摇动，可是菜架未动分毫。寿安现场目睹，得以证实，民［心］中大喜。暗想，吾有此儿，往后诸事可放心也。

正月初三立春，初八日寿安顾［雇］邻近农夫抓紧采收。改［该］回之菜不再运至家。只是就近运至荒坡之菜架旁，同时大量顾［雇］请妇女儿童来菜架下现场剥菜、穿菜，工资按计量而计算。当时自愿前来参加做工人数不下五拾［十］，往日平静之荒坡，顿时却热闹起来，不到拾［十］日，寿安的三万多斤菜早已完整晾晒于架上。往后数日，寿安每日均现场观察风晾脱水情况。（寿安已吸取上次风晾脱水过甚之教训，故不可疏［舒］忽大意）晾晒已是八天，寿安以手试之，但觉可以，当晚即令人通知顾［雇］工，次日辰时开始将菜卸下运回。寿安早已备好巨形木桶数只（每只容量3000斤）一字摆弄。众人一层菜后一层盐，如此一层复一层，而且有人在用力踩压紧，直至盛满确认压紧后，此项工作则算完成，菜盐比例约为10∶1。最后用芦苇遮盖让盐浸上五天后再进行转桶翻池。此项工作需两人半日方能完成。等待五日转桶时，工人们需先将桶内盐渍之菜逐一捞起，另入它桶，捞到桶底时菜之水分被盐浸出留在桶底足有200斤之多。此水由于不洁，寿安故令去之，如此甲桶转于乙桶中时，仍然有人在上踩压，同时仍然添加少量的盐，菜盐比例约为40∶1，待整桶踩满时，此项工作又算完成。原来盛满的10桶菜，经如此翻转压紧后，已不到八桶。又三五日后，再从新捞起，堆放在清洁的三合土地上（当时尚无①水泥）让其自然将多余之水流去。经过如此堆放一心②昼夜后，第三天就转入斗框中，请来邻近农户每人手持剪刀抽去原剥皮时没有去尽之茎，剪去采回时因疏忽而留于菜头上的残叶之柄。此项工作完成后，即是置斗框中加入五香花椒、辣椒等佐料进行拌和，待确认均匀后方可装入陶制坛内。

装坛时，就在拌和之斗框旁，地下挖一尺许小坑，形戎［成］坛下部之状，菜的③坛则置一④其中不会摇动，工人们一将菜投入，用专用工具用力夯筑。待至菜满时，寿安见有水溢出，且量不小。寿安思量，若是让水流去，吾菜中之佐料亦随之流掉，今后之菜味岂能保证，寿安即呼停下，众人立即停止。当即

① 作者注：缺“无”字。

② 作者注：多“心”字。

③ 作者注：多“的”字。

④ 作者注：多“一”字。

寿边［安］令其曷［暂］歇息。自己却沉思，然后能在拌和佐料之前，先将多余之水分去掉该有多好，左思右想不得其法。后来想到，装入坛时，工人们用力夯压则会出水，吾不如亦来想法压去多余之水。但是，菜有万斤，如此量大，一般办法是不可能的。寿安见日已过正午，遂令工人暂且收工回家吃饭去吧。众人离去后，寿安仍留原处苦想。后来寿安目光扫过，看见檐下有一石磨，此时灵感突发，联想到过年推磨，磨汤元［圆］后，水分不去，若要当日能够吃到汤元［圆］时，则将口袋系上口，置磨上，用上礅压榨，当即水出长流，吾今之菜何不以此一试，菜虽多，吾可多加石於［于］上，道理则一。于是寿安即起身来到厨房，见众人已饭毕，寿安则开口安排众人，先去将左厢房内原置于地上乘凉的巨石一块抬来，另处找几打麻袋，顺便找些木板，稍后吾自有用处，汝等快去。寿安匆匆吃罢饭，立即来至现场，令人先将菜盛麻袋内封好口后，平置三袋于石板上，上面再平铺木板，然后令众人搬些石头压上。此时寿安见有水流了，但待水流尽，必须等待多时，意想多加石块于上，但又实在烦琐，故只能暂且为之，稍后仁良至，观此效率不高，而且盐水遍流满地，实为不取。当即与父言：儿有一计，爹准满意。寿安道：儿既有策，快些献来。仁良道：儿之想法是以爹现今为基础只是稍加改进即可。寿安道：儿且少卖关子，快直道出。仁良道：爹爹现今立即令人去找一巨形木棒来，但定要粗大方牢不然会折，然后将此巨石板下垫上两块条石，木棒由中间通过，上面则依是菜袋木板，再上面又是一根巨形木棒，两木棒之首端先以篾绳根固定系牢，尾端用绳掛［挂］一筐兜，逐一放入石块，如此压榨力过千斤，另外去找个石匠来，将石板四周凿一小槽，到时可用容器将流出之盐水收集，也许有用，而且地下四周不会水湿，爹爹认为如何。寿安听言，六［立］即令人去将院后先前建房余下作房柱之木材搬来，须臾，各样齐备，按此法度之，果然甚佳，榨出之菜经装坛验之，不再出水。寿安连夜将石槽凿好，往后传下实用数拾［十］年。寿安闲下［暇］向仁良道：儿子何处习得此法。仁良道：儿以往去豆腐店玩耍时，见过此法。只是他榨豆腐干，规模、力度较小，吾家规模大些而已，原理却是一样。寿安点头称是。仁良开口复向爹爹道：往后凡渍菜之盐水及榨出之盐水千万不可弃之。孩儿曾尝过盐水，味虽咸，但还有甘甜味。寿安道：那初次渍出之水，实是太脏，不能留。仁良开口道：古人书有记载“化腐朽为神奇”，人道蜂蜜为上等补品，可是爹爹知道否，蜂蜜酿成之前，蜜蜂必去粪缸采集其中少许汁，或许为菌，绝对不能缺，若缺此则蜜酿不成。寿安道：依儿见如何处之。仁良答道：先将数次盐水先集中盛入巨形木人［桶］，存放数日，待泥沙等杂物沉入底后，再将上部出。黄豆汁汁可熬成酱油，难道菜汁不能熬。起初，可先少熬作为实验，若味佳则可续熬。味不行，则放弃。寿安点头应允。菜仍然在压榨，拌和，装坛正常的进行着。五日后发现，盛菜上之麻袋，却一条接着一条的被榨破。寿安细心检视发明［现］，麻袋由于成天浸湿在盐水中，再经重力挤压，故不能承受，所以破烂。此工序不能停下，在没想出新的办法之前仍然只有购买打袋照常进行。寿安又是螟［冥］思苦想，但不得法。又五日后，新袋又损，眼看就要停工。寿安忽想起眼前堆放着的购盐回来的篾篓包装，何不暂作代用亦可解去燃眉之急。于是寿安则令长工取过一试。经试用发现效果甚佳，拾［十］日不坏。寿安喜，往后则用篾篓盛菜压榨，废旧不用今还派上用场。

从那时起，因菜必压榨，往后故称此菜为“榨菜”。在地里生长的“神奶菜”全株连叶及头均为青色，故人们又称为“青菜头”。榨菜后流出之盐水汁，经加入香料等熬出之汁液，色呈酱色，故称“榨菜酱油”。

寿安之“神奶菜”经数年的试制及陆续改建［进］，其品味质量皆有所提高，直至民国初年，寿安去世时此菜在川内较大城市销售。特别是渝洲［州］、万洲［州］市民更是喜爱。寿安去世后，仁良子承父业，为了扩展销售面，仁良还亲自将榨菜运去长江中游宜昌、沙市、汉口进行展销。从那时起，仁良则以“涪州邱氏榨菜”为其品牌。当时去推销时，是将榨菜用刀砍为细碎粒状，用油纸色［包］好，外套红纸，标上品名，以数仟［千］包运抵中游各市，分别去市内之茶房、酒肆，敲锣打鼓，免费赠送品尝，然后征其意见。当时由于湖北下江之人，不善辣味，均道：味尚佳，则太辣。仁良方才明白，由于地域不同，食味各异，故返涪后，次年加工之榨菜则分别制作“川味”与“下江味”。起初加工“下江味”时，由于没有辣椒加入，其菜色较之“川味”暗淡，不鲜。仁良后来反复思虑，如何能将“下江味”制作成既不辛辣，色泽又鲜丽呢？后经打听，方知贵州沿河有一种辣椒色泽鲜红，味不辛辣。所以往后则每年在贵州定购一批回，以专做“下江味”榨菜之用。后来仁良见榨菜销路广，所以又在叫花岩附近租地，扩大种植面积，然后又参［在］自己土地上新建房屋（此房即今红光桥邱家院子）扩大生产量。由于产量提高后，仁良又顺江而下，去九江、安庆等地扩展，后来还打入了洞庭湖内，销至湖南。此段时间是邱家榨菜之鼎盛时期。

后来仁良去世，寿安之孙德洲承祖业。此时由于战乱，管理松懈，长工泄密（原邱氏制作榨菜技术工艺及调味配方秘不外传，长工为终身制，包括娶妻、生子)，故邱氏之菜种亦未能控制，逐［遂］流入民间。初及涪州地区，后至全县，各处广植“青菜头”，地方绅士、财主加工开厂，高薪聘请加工技师（原邱氏长工，已做技师)，数年后，榨菜作坊遍及涪州，直至新中国成立后，政府开设菜厂，榨菜几乎布及全川。后来改革开放，其榨菜种植及加工，几乎漫布半个南中国。销路几乎遍布全球。

现今我神洲［州］之榨菜，历经百年有余，产地甚广，总言之，仍以涪洲［州］榨菜为优。今世人虽有榨菜美食享用，却无知此菜之来历，今榨菜实为发之“神奶菜”，世人知之甚少，故今提之。寿安已故百年，但他给吾中华民族留下的却是财富，是文化，是不可磨灭的巨大贡献。吾辈应勿忘榨菜之久邱寿安矣。

（五）黄彩创制涪陵榨菜的传说。据老一辈人回忆，听说前清年间，涪州城西大河边叫花岩那个地方，住得有两家穷人。一家姓黄，一家姓邱。黄家有个独女叫黄彩，邱家有个独儿叫邱田。他们两家都是靠做苦工、办小菜维持生活。黄彩和邱田从小就聪明能干，他们两家关系很好，谁家有困难，就互相帮助，生活还勉强过得去。可是有一年遭遇天旱，又遭官兵侵扰，他们两人的父母都先后死去，只剩下这一对孤苦的青年男女，由于生活失去了支撑，他们俩就结成了夫妻，组成了新的家庭。男的在外帮工，女的在家办菜。黄彩办的菜好得很，丰收时，鲜菜吃不完，她就把它腌起来，放些佐料，用坛子装起，在缺菜的季节，仍然不缺菜，真是既方便又好吃。

有几回，邱黄氏家来了客人，她没有什么好东西招待，就把腌制好了的咸菜取出来凑合。客人们闻到这菜的香味，都要问是啥子菜？邱黄氏说：“是青菜做的咸菜。”“为啥格外香呢？”客人问。她说：“因为我加了些五香面。”客人们都异口同声地称赞“五香菜硬是香”！同时还夸她是办菜能手。

黄彩会做五香菜的名声，很快就传开了。离叫花岩不远处，有一家富实郎，要办生期酒，派人来“请”黄彩帮他家主人做120大碗五香菜招待宾客。黄彩问好久时间要？富实郎回话，要求十天之内就要。黄彩说：“时间这么紧，肯定做不出来。”马上就拒绝了富实郎的要求。哪知富实郎心太狠，达不到要求，就采取报复手段，逼着黄彩的丈夫邱田还债。邱田一时还不起，富实郎就派家丁把他抓走了。黄彩呼天抢地，跑到富实郎家去说情，并答应马上想办法还债，要求富实郎把丈夫放回来。富实郎板起面孔，恶狠狠地说：“光还清债还不行，还要按时做出五香菜，才能把邱田放回去，不然的话，那就是赶鸭子上楼——办不到!”

黄彩为了救丈夫，只好硬着头皮答应，只要把邱田放回来，一定想法按时做出五香菜给富实郎家办席。这样，邱田才得放了回来。

可是，困难又来了。做五香菜，要经过许多道工序，每道工序之间，有的不能连贯，要有足够的时间，才能做成咸菜，咸菜做成之后，还要进行精加工，配好各种香料，才能做成可口的五香菜。十天时间无论如何也完不成。怎么办呢？为了解决这个困难，黄彩和邱田夫妇，晚上都没有睡着，都在想办法。想呀想呀，黄彩忽然想起过年推汤圆的办法：汤圆一下子干不了，就用布口袋装起，用石磨一榨，把水榨干了，马上就可以煮汤圆来吃。黄彩说："鲜青菜头的水分，一下子不得干，可不可以像榨汤圆那样，很快把它榨干，如果能快点儿榨去鲜菜水分，那就缩短了风脱水的时间……"邱田也认为黄彩这个办法想得好。于是他们俩天不亮就起床，采来青菜头，准备好口袋和磨子，抓紧进行试验。哪知，头一回榨轻了，水分不干，不好；二一回榨重了，把菜头榨坏了，也不行。又经过多次试验，仍然效果不佳。邱田几乎失去了信心，想另找办法。而黄彩却冷静思索，查找失败的原因。结果她发现，放不放盐是个关键，在开榨以前适当放些盐巴，鲜菜头就好收拾了。功夫不负苦心人，由于摸到了鲜菜头的特性，大大缩短了平时加工风脱水所需的时间，紧赶慢赶，终于提前把五香菜赶制出来了。

赶制五香菜的试验成功以后，邱田高兴地对黄彩说："这菜是你想办法榨出来的，应该感谢你。"黄彩说："你也一起劳累了几天几夜，贡献不小。要是不赶紧榨出菜来，你还要被抓去关起哩!"

从此以后，"五香榨菜"的名字，就由涪陵传了出来，并早已传遍全中国、全世界。官方修订的《续修涪州志·风物志》中，最早记载了"（涪州）青菜有苞有苔，盐腌名五香榨菜"。可见涪陵榨菜的正式产生，至今至少已有百年以上的历史。

（六）"砂锅糊涂鸭"的传说。砂锅糊涂鸭，其原料有"涪州榨菜（25克)"，其"制作"也提到有"榨菜"、"榨菜片"等，这个菜起源于民间传说。有个糊涂厨师贪杯之后烂醉如泥，醉昏倒地。等到厨师酒醒，开饭时间快到，方慌忙动手，糊里糊涂做出了一道糊涂鸭。主人吃后竟大加赞扬，从此糊涂鸭在乡间流传开来。参见邓开荣编写《重庆乡土菜》① 第53～54页。

（七）"荷叶包烧鱼"的传说。荷叶包烧鱼，其原料有"涪陵榨菜（50

① 邓开荣，《重庆乡土菜》，重庆出版社，2002年。

克)”，其“制作”提到有“榨菜”，这是一款流传于涪陵、丰都的民间菜。相传当年刘伯承在丰都打败了北洋军阀的进攻，在一农户家召开军事会议，老农将从河沟捕得的鲜鱼破腹洗净后，鱼腹内塞泡菜，用荷叶包裹好，放入柴灶内烤熟，招待打了胜仗的“少年军神”刘伯承。后代厨师根据传说，将此菜加以改进推出，受到食家的广泛好评。参见邓开荣编写《重庆乡土菜》[①] 第72～74页。

（八）“玩菜龙”的传说。玩菜龙，其起源说法有两种：一说为菜农庆贺榨菜丰收的娱乐形式；一说系涪陵城人们为祈祷龙王沱中的蔡龙王下雨以保佑风调雨顺而作。

二、小说

涪陵榨菜历来是小说家的重要素材。他们或深入涪陵地域采风，如1998年3月25日至4月3日，重庆市作协副主席余德庄带领重庆市作家赴三峡库区采风团涪陵分团一行15人到涪陵采风，就曾到涪陵榨菜集团公司等地采访。他们或直接以涪陵榨菜文化为创作素材，1998年3月中旬至5月下旬，涪陵区对1996～1997年面世的、申报第六届“乌江文艺奖”的40多件作品进行评选，共评出获奖作品18件，其中吴建国的长篇小说《邱家大院》（四川人民出版社，1999年）荣获特别奖。

三、诗歌

涪陵榨菜是诗家咏赞的对象，由此产生了很多咏赞涪陵榨菜的诗词歌赋。

1997年，为庆祝涪陵榨菜百年华诞，涪陵榨菜（集团）公司、涪陵市枳城区晚情诗社联合编印了《榨菜诗文汇辑》。该书收载诗文200余首（篇），系榨菜文化史上问世的首部诗文集。诗歌：《汇辑》收录有陈长军的《涪陵榨菜百年颂》、童敏的《榨菜谣》、向瑞玺的《乌江榨菜礼赞》、李逐现的《榨菜销售员宣言》、冉从文的《涪陵即咏（外二首）［〈涪陵榨菜世纪香〉、〈效益手中拿〉]》、蒲国树的《乌江榨菜十二品》与《“乌江”吟》、杨通才的《祝涪陵榨菜百年十四韵》、王克生的《巴乡特产五洲香（二首）》、周子瑜的《赞榨菜故乡——涪陵市（外三首）［〈涪陵榨菜三题〉]》、秦继尧的《腌尊上品誉寰中（外二首）[〈菜浑身都是宝〉〈骤雨打新荷·百年庆——兴旺繁荣勿忘总设计师

① 邓开荣，《重庆乡土菜》，重庆出版社，2002年。

邓小平〉]》、汤裕的《百胜菜农夺丰年（五首)》、谭干的《清馨榨菜满涪州》、黄节厚的《赞金奖乌江牌涪陵榨菜（外四首）[其一《在宴请日本桃屋株式会社榨菜电影摄制组会上口占助兴》、其二《参加榨菜电视连续剧〈荣生茂风云〉拍摄随赋》、夏家绪的《涪陵“榨菜之乡”交易会（外九首)》、熊炬的《在美国食涪陵榨菜有感（外一首)》、徐希明的《一生奉献全无悔》、戴祖文的《一盘榨菜赛山珍（外一首)》、郭占奇的《竹技词（七首)》、徐如恩的《一坛榨菜注亲情（外一首）[《切磋磨琢可争先》]》、刘德胜的《堪称味苑一枝花（二首)》、张鸿宾的《乌江牌榨菜列头名（外二首）[〈榨菜之乡二首〉]》、赵继清的《独特名优代代传（四首)》、邹甚切的《一年一度榨菜香》、梁明炎的《短歌一曲赞“乌江”（外五首）[〈夸情妹〉〈九二年车过百胜〉〈涪陵风情画〉〈涪陵人民夸榨菜〉、〈榨菜酱油最鲜香〉]》、曾持平的《咏涪陵榨菜（三首)》、金家富的《下邱家院感怀》、张超的《涪陵榨菜远流长》、王敦文的《榨菜谣（外一首）[〈精制榨菜酱油出国门〉]》、陈纪芳《榨菜飘香誉枳城》、徐永德的《忆榨菜丰收季节（二首)》、田齐的《乌江牌更鲜妍（四首)》、陈懋章的《榨菜之歌[〈环球食客翘手夸〉、〈榨菜走俏〉、〈种菜头〉、〈晾菜头〉、〈点我所爱〉、〈乌江牌榨菜〉、〈十里菜架〉、〈吃榨菜〉、〈榨菜打假〉]》、李建威的《年年高唱丰收乐（外四首）[〈借风脱水〉、〈赞不绝口〉、〈榨菜之乡〉、〈百年纪念〉]》、王宗藩的《咏榨菜诞辰百周年（外一首）[〈访涪陵乌江牌榨菜国家奖获得者——李中华〉，包括〈受命〉、〈敬业〉、〈依旧〉]》、谭淑贵的《特产百年喜》、陶代仁的《涪陵榨菜有七绝（四首)》、王世君的《涪陵榨菜巴江情（外二首）[〈竹枝词（二首)〉]》、周彬的《一入嘴开口味开》、刘汉瑶的《榨菜美（外二首）[〈涪陵榨菜嫩脆鲜香〉、〈菜农忙〉]》、李丞丕的《涪陵榨菜》、戴家琮的《竹枝词（十二首)》、黎萝的《奉和〈“乌江”吟〉十一韵》、李玉舒的《南乡子·岭上望涪州（外七首)》之《莫负先辈创业辛》、《竹枝词（四首）[〈榨菜酱油〉、〈剔菜筋〉、〈榨菜恋情〉、〈酸菜颠〉]》、《美声传百载（二首)》等人的诗歌。如陈长军的《涪陵榨菜百年颂》云：一百年艰苦创业，榨菜之乡隆奉献，一百年名播万邦，锦绣中华增辉光。一百年上下求索，造就巴乡一株菜，一百年秋露冬霜，凝成榨菜万里香。一百年市场开拓，闯几多漩流滩险，一百年风霄激荡，抻出个世纪辉煌。一百年激流勇进，涪州大地金龙飞，一百年乘风破浪，乌江品牌美名扬。一百年历史回顾，继承传统创名牌，一百年前程展望，乌江集团争领航。从各个不同侧面咏赞涪陵榨菜的历史发展。

另外，伊言有《榨菜之乡》组诗，包括《榨菜之乡》、《风脱水》、《榨菜百年》三个部分。2007 年，涪陵区榨菜管理办公室与涪陵榨菜（集团）有限公司筹划联合举办涪陵榨菜书法作品比赛，将《涪陵榨菜百年颂》、《榨菜之乡颂歌》等 20 多幅优秀书法作品向涪陵人民展示。

2014 年，邓成彬作词、陈家全作曲的《妈妈的榨菜》，入选 2014 年度首届“我为涪陵写首歌”原创推广作品。2015 年，获重庆市委宣传部文艺作品资助项目、重庆市第二届“美丽乡村”原创歌曲表演大赛二等奖。

2016 年，孟少伟作词、陈家全作曲的《菜香的味》，孟少伟作词、李毅作曲的《乡愁》在 2016《我为涪陵写首歌》活动中均被评为优秀作品，同时被武陵山乡大型原创歌舞《天上有座武陵山》（原名《醉美武陵，多彩记忆》）所采用。

词：《汇辑》收录有黄节厚的《赞金奖乌江牌涪陵榨菜（外四首）》之《调寄长相思》、《钗头凤 · 涪陵榨菜》、夏家绪的《涪陵“榨菜之乡”交易会（外九首）》之《江南春 · 创百载》、张季农的《忆江南 · 为涪陵榨菜问世百年作（八首）》、李正鹄的《蝶恋花 · 弥佛莲台座满地（外一首）》及《卜算子 · 飞雪迎春来》、孟滋敏的《蝶恋花 · 江岸披霜呈稔岁》、郑意的《鹧鸪天 · 何处飘来异样香（三首）》、戴祖文的《一盘榨菜赛山珍（外一首）》之《榨菜铭》、李玉舒的《南乡子 · 岭上望涪州（外七首）》等人创作的词。

辞赋：《汇辑》收录有陶懋勋的《榨菜赋》、杨通才的《腌菜王记》。其中，陶懋勋《榨菜赋》云：四川涪陵，物华天宝，榨菜之乡，名声远噪，与世界三大腌菜齐名，为我国三大名菜之一。嫩脆鲜香，独具丽质；蒸煮炒煎，各有所适。佐餐而胃口大开，侑酒而长鲸海吸。巨富豪门，陋巷棚壁；户贮家藏，登堂入室。有益营养，方便携行；高贵礼品，乡土浓情。/学名茎瘤芥，俗称青菜头，涪陵之气候土壤，培植而品质独优。白露播种，寒露移栽，霜冻雪压，突角肥薹。收获悬挂，日晒风干，剥皮去屑，加盐渍腌。池沤槽榨，作料和修，青虹镨杂，色泽斑斓，分门别类，装襞盛坛。卤水别有所用，熬成榨菜酱油，调味独具一格，沾染朵颐爽喉。品位既高，顾客不少，四季常青，产销走俏，农村老妇，世代祖传，小家碧玉，风味领先。提篮背篓，少女联翩，卖钱购物，脂粉裙衫，更买柴而后米，亦沽酒而裹盐。余款累积，致富万千，生财有道，世代相沿，八十年首，有邱寿安，规模经营，名幕出川。自发源而导流，竞跨海而扬帆，藐涓涓之细水，开公私之银山。/生之者多，食之者众，众口不同，各得其用。若夫华堂高宴，贵客丑门，驼峰熊掌，海味山珍，即妖心而腻。厌单著而沾唇。榨菜肉丝，别有韵味；榨菜肉汤，清炖杂烩。激食欲之骤增，乃鼓腹而大蚌。则有故人久别，痛饮三杯，食具鸡黍，果摘杨梅，盘飧无兼味，榨菜新坛开。面轩外之场圃，盼庭柯之榆槐，慢尝细品，畅叙情怀，沧海事罢，白日西颓，佳味难得，何日再来？更有衡门高士，饮食箪瓢，庖无肥肉，衣敝锦袍，榨菜佐膳，美味佳肴。耻追膘而逐臭，视富贵如鸿毛。咬得菜根，百事可为；耐得贫贱，清名永标。至于西山农户，播谷种瓜，谷雨催耕，清明采茶，芒种插禾，立秋收稼。农事繁忙，人无闲暇，腊肉不烧，肥鸡不杀，新腌榨薹，清香麻辣，下饭伴酒，两可俱佳。午饭野餐，细丝入口和汤嚼；暮归共酌，碎片堆盘随手抓。如此种种，语焉难详，宜乎推广，遍及城乡，土特名产，创利家邦。银牌金奖，灿烂辉煌。/改革开放，百业俱兴，迁幽谷于乔木，沐生意于阳春，弘扬旧绩，再展新程。乘直辖之东风，鹏飞万里；浇高峡之湖水特色长青。

又杨通才《腌菜王记》云：黔水北汇长江，汁甘若乳；涪邑带居亚热。紫壤超凡。阳气三连，灵光养生万物：月阴六断，精华繁育奇种。有十字花科芸薹野生芥者，历年千百，涅辗转，栖迟金土，化曰茎瘤。迭经邦漠奉朝，周煌训主，茎芥之族，螽斯蛰蛰。凛寒遍野碧畴，春立珠鳞山架。迨于邱氏名腌竟成。此则涪陵榨菜之童稚期也。/已而八年东倭肆虐，三年石城泛腐，人经丧乱，物痛流离，民无温饱之望，野无嘉禾之征。然而，荔园妃影，风韵古城长留；菜坊叨存，百代过客为证。寒凝大地，春花必发；新华隆诞，云开日丽。菜随粮茂，财以政兴。尤幸东方老人，时空洞察；披荆斩棘，革故鼎新。致使，天道清明，地安宁，人道兴神，三才一体，混合乾坤。彼岸无狂飚之险，极品有可达之期。斯芥也，苗壮三秋，株全数九，夺农暇以欣荣，让黍稷而繁茂。质赖科研登极，量扶青云直上。名牌层出，夺桂“乌江”。/碧玉雕成，鲜株熟也；玛瑙晶莹，物象透也；营养异常，氨基酸也；绿色食品，维生素也。其形若何？狮头丰乳；其色若何？彩染高林；其香若何？兰芷蕙菊；其味若何？舌撼醇芳。品列山珍无愧，质比海鲜尤强。詹厨点首，易牙惊徨。榨菜之乡，三腌之王。坛封罐储，盒盛包装；近售京港，远销重洋。百年之绩，改革之光；国中唯一，世界无双。于是，昂首歌曰：国运昌隆百运昌，茎瘤腌芥菜中王。“乌江”夺彩飞金凤，夏土流丹寄热肠。千古雄文歌胆剑，一湾春水润渝疆。邓公若问人间事，万里荒原尽小康。

对联：《汇辑》收录有不少有关涪陵榨菜的对联。其中，陶懋勋一副、谭淑贵二副、秦继尧三副、朱治昭五副、黄节厚一副、周彬一副、又村（蒲国树）四副。今选录对联一副，文云：乌江滚滚，扬子滔滔，万里洪流绕古邑。波涌浪翻，两江天堑飞长虹。西拱巴渝，东屏夔万，昔阻山区多困守。幸土励椅，民风敦厚，勤劳生生活布衣暖。根瘤芥苦育奇种，制腌菜香传世界。节俭持身志逐贫，勘能刨业自增富。兴家庭工贸，添集市名优，先辈经营多惨淡。承先启后，菜业兴隆，黎庶千家争富裕。/鹅岭巍巍，松屏迭迭，千寻绝峰峙雄关。云蒸霞蔚，三峡平湖拥翠黛。北耸铁框，南倚武陵，今欣雄镇起宏图。逢多边开放，众志驱贫，媲美山珍菜根香。青菜头崛起名牌，膺金奖誉驰环球。菜根常嚼人长寿，苦叶甜心志更高。趁改革新潮，增涪城风韵，今朝规划抓科研。继往开来，市场丰茂，大潮百业竞辉煌。

2012年，中国人民政治协商会议重庆市涪陵区委员会编著的《涪陵榨菜之文化记忆》[①] 收录的“诗词文赋”有杨通才的《腌菜王记》、陶懋勋的《榨菜赋》、含山的《辣妹子赋》、黄节厚的《钗头凤·涪陵榨菜》、李玉舒的《南乡子·岭上望涪州》、李正鹄的《词二首》、况东权的《咏涪陵》、熊炬的《诗二首》、戴家宗的《竹枝词（十二首)》、弦心的《七律．涪陵榨菜》、蒲国树的《“乌江吟”（十首)》、伊言的《榨菜之乡（组诗)》、姚彬的《风脱水榨菜》、况莉的《菜乡故事》、马建的《那一些残存在记忆里的风韵（组诗)》、吴途斌的《榨菜里的乡愁》、爱儿的《榨菜，最深情的表白》、邹明欣的《映像榨菜》、李仓满的《菜苗与爱情》、聂焱的《榨菜之乡·2009年春（组诗)》。

四、剧本

在涪陵榨菜文化方面，还有不少与涪陵榨菜相关的剧本。

1992年，张家恕、杨爱平创作了《神奇的竹耳环》剧本，这是有关涪陵榨菜的第一个剧本，该剧本文本参见《涪陵榨菜之文化记忆》。该剧描写为抢夺涪陵榨菜加工秘方而发生的悲壮、曲折、缠绵而寓意深刻的故事。

1996年，涪陵又创作了《荣生茂风云》剧本，该剧以涪陵榨菜兴衰史为主题。

1998年，涪陵榨菜集团公司创作了《榨菜》剧本，这是有关涪陵榨菜的又一个剧本。该剧本包括有缘起、工艺、发展三篇。缘起篇是《邱寿安与榨菜创始》，主要讲述榨菜创始鼻祖邱寿安与榨菜发展的故事。其内涵包括场景一：初尝腌制；场景二：初识美味；场景三：榨菜得名；场景四：试销宜昌；场景五：

---

① 中国人民政治协商会议重庆市涪陵区委员会编，《涪陵榨菜之文化记忆》，重庆出版社，2012年。

营销上海。工艺篇是《榨菜的制作》，主要讲述榨菜的制作工艺与流程。其内涵包括：第一，加工原材料；第二，六大工艺变革；第三，工艺流程。特别介绍了乌江榨菜“三腌三榨”核心工艺，即第一，“三清三洗”：一清一洗，翡翠洗；二清二洗，去盐霜；三清三洗，黄玉洗；第二，“三腌三榨”：一腌一榨，榨龙骨；二腌二榨，榨龙髓；三腌三榨，榨龙涎。发展篇是《繁盛的榨菜贸易》，主要讲述榨菜行业的繁盛发展。主要内容包括：第一，技术外传；第二，产量与市场。

2010年，培贵创作了《飘香·涪陵记忆》剧本，该剧本文本参见《涪陵榨菜之文化记忆》。以涪陵四大地域特色文化之一的榨菜文化为内容，以彩云（传说中原名为黄彩，因善腌制五香榨菜而在民间广为流传）与江生的爱情为线，以“青菜籽”为脉，根据青菜头种植和榨菜生产制作工艺流程，选取最具艺术表现力的细节，提炼舞蹈语汇，创编成章，以舞蹈为珠，珠联成篇，展开了一幅涪陵榨菜文化生动而绚丽的艺术画卷。

五、主持词

2010年4月25日，《中华情·走进世界榨菜之乡涪陵》文艺晚会在涪陵体育场开幕。为此，蒲国树创作主持词，词云：

杂花生树时节
万紫千红虎春
我们走进　世界榨菜之乡涪陵
涪陵　两千多年前
神秘的巴国故都
涪陵　中国儒家哲学
程朱理学的发祥之地
这里还有
世界最古老的科学水文站
白鹤梁题刻　水下碑林
这些不可移动的文物
都是地球北纬三十度线上的奇观　奇妙如神
中国长江三峡探秘寻幽的旅游胜景
这里不但有可供徜徉的碧水青山　人杰地灵
还有可供品尝的美味佳肴　榨菜山珍

百多年前　它已走出国门
然后飘洋过海　闻名环宇
被誉为世界三大名菜
成为调和众口调和百味的美食佳品
榨菜原料　中国名特蔬菜
特产渝东涪陵上下沿江丘陵
菜农巧借冬闲水土光热之能
种青菜苗壮生长营养丰富碧绿翠莹
雨水开春时节收获成熟的嫩茎
将它挂上菜架
巧借春天和风吹拂　自然脱水
运用特殊的传统工艺
制成涪陵榨菜
那个风味之妙　香气迷人
榨菜　自然生化加工
产品不用加热不多耗能
榨菜是低碳经济
榨菜是绿色食品
佐餐生津开胃
体健神清
百年以前　涪陵榨菜不过是农家一碟佐餐小菜
近百年来　涪陵榨菜变成现代产业　致富工程
聪慧勤劳的涪陵人民
抓住百年产业不放
为世界餐桌奉献美味　不辞艰辛
传承巴族文化的刚健兼容
理学文化的务本开新
做出了涪陵榨菜文化的神魂
青菜一棵　生趣无穷
咸菜一盘　博大精深
涪陵榨菜　鲜香嫩脆
榨菜宏业　价值纷呈

旅游世界带上几包涪陵榨菜吧
千里万里清香　天上地下健胃开脾
它还是一种
天然的——晕海宁。

第四节　涪陵榨菜的民间艺术

艺术是指用形象来反映现实但比现实有典型性的社会意识形态，包括文学、书法、绘画、雕塑、建筑、音乐、舞蹈、戏剧、电影、曲艺等。

一、民间音乐

涪陵榨菜受到文化艺术工作者的高度关注。在涪陵榨菜的传统民俗文化中，榨菜踩池号子是涪陵沿江一带腌制青菜头季节菜工踩池歌唱的一种劳动号子。其歌唱方式是：随着踩池节奏，一人领唱，众人合唱。其曲调结构比较简单，由上、下句起落组成。唱词由领唱按传统唱词或即兴创作，合唱则是在“嘿啦啦呀左哟”、“喂儿那也喂左呢”的号子声中帮腔呼应。号子高亢、轻快、流畅，与涪陵“翻杈歌”类似[①]。

1983 年，《中国民间音乐（歌曲）集成本 · 涪陵市卷》[②] 收录有黄家崎演唱、黄传喜采录、况幸福记谱的清溪龙驹公社菜场的《莲花调》（榨菜调），黄家喻演唱、黄传喜采录、况幸福记谱的清溪龙驹公社的《榨菜号子》（踩池号），冉志民演唱、黄传喜采录、况幸福记谱的清溪龙驹公社的《榨菜号子》，王国光 1981 年为四川省涪陵地区首届乌江音乐会所做的词曲《榨菜》，佚名的《榨菜号子》（踩池号）。

1998 年，涪陵榨菜集团公司编辑了《榨菜诗文汇辑》收录有况守愚的金钱板唱词《庆祝榨菜百周年》，词云：榨菜原本土特产，如今鸡毛飞上天。卫星电视也露面，涪陵榨菜美名传。榨菜历史颇久远，开创早在光绪年间。创始之人

---

① 参见涪陵辞典编纂委员会编，《涪陵辞典》，重庆出版社，第 432 页；曾超《试论涪陵榨菜文化的构成》，《西南农业大学学报》，2003 年 4 期；傅启敏，《涪陵榨菜旅游品牌培育》，《西南农业大学学报》，2004 年第 3 期。

② 涪陵市民间音乐（歌曲）采集组编印，《中国民间音乐（歌曲）集成本 · 涪陵市卷》，1983 年 12 月，油印本。

啥名姓？名字就叫邱寿安。邱氏祖辈务农产，男耕女织乐田园。菜根香来布衣暖，自食其乐苦中甜。生活安定要求发展，他去到宜昌开酱园。雇请技师当采办，资中人邓炳臣为他帮长年。戊戌年大制青菜头腌菜，邓炳成捎两坛去供主人尝鲜。邱寿安待客请尝土产，客人们吃得笑语欢天。邱寿安一听客人称赞，心中就在打算盘。青菜头不过咸菜一碗，时来运转要赚大钱。第二年回到涪陵试着干，取个名叫榨菜，一下试制八十坛。运到宜昌试试看，结果是一抢而空赚了几千（元）。邱寿安从此悄悄生产，把产量搞到千多坛。邱寿安做生意很有远见，又派弟邱翰章上海试探。山货出川搭榨菜，要让那更多人尝鲜。邱翰章敢想又敢干，登广告送样品逢人宣传。客人们品尝后都有好感，百把坛没多久全部卖完。从此后榨菜市场打开局面，行销川鄂江汉上海滩。仿造榨菜遍及邻近州县，销量年年往上翻。民国初期市场好看，上海年销十万坛。还转销南洋和欧美，国内畅销更是不待言。世界上三大名菜也入选，中国榨菜可算状元。涪陵榨菜碧如玉，吃起嫩脆又香鲜。卫生部门进行检验，它含有多种营养成分不简单。原来坛装笨重容易破烂，现改成小包装轻巧美观。不只是运销食用都方便，馈赠亲友也人人喜欢。各处的展销都去参展，榨菜的金杯银奖说不完。李鹏总理乔石委员长都称赞，涪陵榨菜不简单。不特办菜的人有钱赚，带动许多行业都赚钱。办榨菜农村脱贫致富好门路，办榨菜涪陵食品工业半边天。而今涪陵年产榨菜四百多万担，国内外市场广阔前程无边。世界名牌应该大发展，振兴经济努力开财源。九七年香港回归了，今年又是榨菜诞生百周年。可算得喜事重重一连串，应当热热闹闹庆贺一番！收录还有王珏光的《涪陵榨菜硬是香》唱词，文云：涪陵榨菜硬是香，荤炒肉丝衰熬汤。包你送饭梭得快，好比放船下宜昌。嫩咸麻辣鲜又脆，胃口大开好加钢。五洲四海都说妙，宝贝出在我家乡。

1998 年 11 月 8 日，涪陵榨菜诞辰 100 周年文化节在涪陵体育场开幕。期间，组委会邀请数位当红歌星倾情演出，其中中国著名女高音歌唱家宋祖英演唱了歌曲《辣妹子》。期间，还举办了阵容浩大的“榨菜杯”歌咏比赛。

二、民间舞蹈

涪陵榨菜文化还充分反映在舞蹈艺术之中。在涪陵榨菜的传统民俗文化中，玩菜龙是涪陵本土独具一格的龙灯形式。玩菜龙，主要流传于涪陵沿江一带农村，颇具地方特色，已有百余年历史。其起源说法有两种：一说为菜农庆贺榨菜丰收的娱乐形式；一说系涪陵城人们为祈祷龙王沱中的蔡龙王下雨以保佑风调雨顺而作。20 世纪 30 年代涪陵城郊龙志乡（今涪陵城东郊）的菜农常在春节扎菜龙上街，参加元宵节的龙灯会。菜龙的扎制，一般长 7～9 洞（节），龙头用纸糊，龙眼用橘子做，龙身扎上菜头、菜叶、莲花白、胡萝卜等，龙宝用大橙子制作。玩龙人着黄衣、绿裤，扎花腰带，头戴菜头扎成的帽子，脚穿草鞋，头上辮子用胡萝卜做成，用海椒作耳环。玩菜龙的场面很大，两面大锣和蟒号在前面开路，后面是执事队伍，菜龙后面是彩旗和菜头、萝卜、白菜、南瓜等灯具组成的排灯队，最后压阵的是执甘蔗颠颠的响篙队和耍锣鼓队。舞菜龙的程序主要有“龙抬头”、“观音坐莲台”、“水波浪”、“拜四方”、“卧龙”等。此外，还有两人玩的小菜龙，将菜叶、菜头扎在板凳上做成，与大菜龙配合，条数不限，其玩的花样有“旋转翻身”、“摆八字”、“穿娘肚”、“跳龙背”等。玩菜龙的锣鼓伴奏一般用耍锣鼓曲牌①。

1994 年 4 月，《榨菜之乡的笑声》获第二届中国民族歌舞周二等奖。为此，黄节厚还专门写了《观舞蹈〈榨菜之乡的笑声〉·调寄长相思》，诗云：天青青，水粼粼，榨菜之乡锦乡陈。悦目更倾心。弦歌精，舞姿新，演罢人人有笑声。夜阑闻余音。

2009 年，闫子乐编导了舞蹈《盛世开坛》，参加了 2009 年涪陵区春节团拜会演出。演出单位是涪陵辣妹子集团、涪陵区歌舞剧团。

2009 年，《菜乡春早》获 2009 年涪陵区城乡文化互动精品节目展演一等奖。演出单位是珍溪镇，编导是孟少伟。

2010 年，涪陵的文艺工作者更是精心打造了大型情景舞蹈诗《飘香·涪陵记忆》，该剧由涪陵区文化广电新闻出版局、长江师范学院联合打造，涪陵区歌舞剧团、长江师范学院音乐学院为剧目演出单位。独家赞助单位为重庆市涪陵辣妹子集团有限公司。该剧创意策划聂焱、洪兰，编剧培贵，总导演闫子乐，民俗顾问万绍碧、石卫华，音乐总监张永安，执行导演牟才彬、夏祥文，音乐助理陈封冰，舞美设计吴嘉林、吴曦。该剧对涪陵榨菜文化进行艺术演绎，是为新中国成立 60 周年的献礼之作，是第二届中国重庆文化艺术节十大精品剧目之一。《飘香》的剧目结构是：序/传说·祈福；第一场/彩云·五香；第二场/乡情·谣曲；第三场/枳韵·踏歌；第四场/开坛·乐舞；尾声/传奇·飘香。剧

① 参见涪陵辞典编纂委员会编，《涪陵辞典》，重庆出版社，第435 页；曾超《试论涪陵榨菜文化的构成》，《西南农业大学学报》，2003 年 4 期；傅启敏，《涪陵榨菜旅游品牌培育》，《西南农业大学学报》，2004 年 3 期。

目以传说为序，以传奇为尾声，表现榨菜文化的历史沉淀及文化蕴涵，以及一方水土养一方文化的不可替代的神秘感。其余各场根据榨菜生长、收获、制作等工艺流程，发掘、选取最具舞蹈表现力的细节，创作、编导舞蹈，在涪陵民俗民间文化背景下予以呈现。《飘香》力图以涪陵四大文化中的榨菜文化为内容，以极具涪陵区域特色的民俗民间文化为元素，以舞台艺术的形式打造、演绎和展示榨菜文化——这一国家级的非物质文化遗产。2010 年4 月，《飘香》参加央视“中华情”演出。2010 年 10 月，《飘香》参加上海世博会演出。2011 年 12 月，《飘香》参加重庆园博会演出。2012 年 1 月，《飘香》随“巴渝风情”中国重庆艺术团赴非洲访问演出。

2009 年，重庆市辣妹子集团有限公司出资，并以辣妹子名义演出的大型舞蹈《盛世开坛》成为 2009 年涪陵春节文艺晚会的灵魂节目。

三、影视艺术

（一）摄影。涪陵榨菜一直以来就是摄影艺术的重要素材，并产生了不少优秀的摄影作品。

2005 年，熊蜀黔、高建设主编的《涪陵图志》[①] 收录与涪陵榨菜有关的图片有：“2002 年大年初一，朱镕基同志在涪陵清溪平原村查看青菜头生长情况”、“榨菜之乡的希望”、“榨菜之乡的传说”、“1998 年涪陵举行首届榨菜文化节”、“杨汝岱‘极品榨菜’（题词）”、“蒲海清‘哪里有人类哪里就有涪陵榨菜’（题词）”、“舞蹈‘榨菜之乡的笑声’获中国第二届民族歌舞展演银奖”、“以榨菜文化为底蕴的京歌表演‘三峡儿女竞风流’在全国比赛中荣获金奖”、“邱家榨菜舞龙队”、“榨菜新品”、“现代化榨菜生产基地”、“韩家沱农村庭院榨菜加工作坊”、“菜乡飘九州”、“邱家大院遗址”、“男女老少齐上阵，抢收青菜头”、“满载而归”、“让长江的风自然风干，是涪陵榨菜的特有工序”、“又到了青菜头的收获时节，菜乡人又绽开了笑容”、“老人们忙着制作家用一年的‘丝丝咸菜’”、“剥菜忙”等。

2011 年 4 月 23 日，涪陵区委宣传部、涪陵区文广新局主办，重庆市辣妹子集团有限公司与涪陵区文联等联合举办“找寻涪陵记忆——‘盛世开坛杯’涪陵传统手工榨菜风情摄影大赛”揭晓。从 1000 余幅作品中评选出获奖作品 110 余幅，其中刘宏柏拍摄的《世家》获纪实类一等奖，周铁军拍摄的《印象风脱

---

① 熊蜀黔、高建设主编，《涪陵图志》，重庆出版社，2005 年。

水》获创意类一等奖。

2012年，《涪陵榨菜之文化记忆》收录照片有：1. 吴陵提供的照片：（1）1998年4月，时任中共中央总书记、国家主席江泽民，国务院副总理温家宝视察太极集团国光绿色食品有限公司；（2）1991年11月，时任全国人大常委会委员长乔石视察涪陵榨菜生产；（3）1998年2月，时任国务院副总理吴邦国视察涪陵榨菜生产；（4）1998年10月，时任全国人大常委会委员长李鹏视察涪陵榨菜产业；（5）1998年10月，时任全国人大常委会委员长李鹏为涪陵榨菜题词；（6）2002年2月，时任国务院总理朱镕基、国家计委主任曾培炎视察涪陵榨菜原料基地。2. 冉从文摄《春意正浓》、《坛装榨菜》、《老家的菜地》、《农家榨菜香》、《现代真空拌料》。3. 扁担摄《坛诱》。4. 原动力摄《绿之云》。5. 颜智华摄《山水涪陵》、《冬天的印象与记忆》。6. 线线摄《菜瀑・妹妹》。7. 再见摄《早春》。8. 老树皮摄《干龙坝纪事》。9. 樊荣摄《童年》。10. 高路摄《菜乡二月》。11. 周铁军摄《青涩的记忆》、《江风》、《风脱水系列之一、之二、之三、之四》。12. 杨润瑜摄《雕琢》、《春晖》、《涪陵榨菜传统制作技艺组照之一、之二、之三》、《菜乡行》。13. 云・木屋摄《拌香》。14. 捧个人场摄《母亲》。15. 百川摄《其味无穷》。16. 杨远强摄《菜乡岁月》。17. 维宁摄《迟迟吾行》、《菜乡舞步》。18. 胡建忠摄《山地上》、《尝新》、《榨菜制种系列之二、之三》、《窗》、《春之诗眼》。19. 张永亨摄《原野》、《百年沉香》。20. 鱼儿摄《农家新咸菜》、《农家老咸菜》。21. 李夏摄《农家榨菜香》。22. 承之行者摄《菜乡人家》、《榨菜之乡的堂客们》。23. 高建设摄《满眼春色遍野香》、《开幕式》、《2005年"乌江涪陵榨菜杯"榨菜美食烹饪大赛开幕式》、《〈飘香・涪陵记忆〉剧照》。24. 柔剑摄《江城飘香》、《暮归》。25. 西行者摄《馨香飞舞》。26. 周兴鱼摄《春色》。27. 麻老虎摄《岁月悠悠》。28. 肖玉钢摄《同乐》。29. 老摄鬼摄《山风》。30. 舒黎曦摄《丰收》。31. 自由之鹰摄《屋檐下的故事》。32. 青稞摄《嫁》。33. 张琰摄《秀色无边》。34. 光影福临摄《往事》。35. 李强摄《装坛》、《〈飘香・涪陵记忆〉剧照》。36. 愚人码头摄《春的旋律》、《午后》。37. 巴江情摄《中国涪陵榨菜文化节暨酱腌菜调味品展销会开幕式》。38. 金山归翁摄《春浓菜乡》、《榨菜之乡的男人们》。39. 老木子摄《收菜时节》。

此外，涪陵有摄影协会每年均会拍摄一些有关涪陵榨菜的摄影图片。

（二）电视传媒。涪陵榨菜早在1978年就登上了影视艺术舞台。1978年5月5~15日，四川峨眉电影制片厂在韩家沱菜厂摄制科教片《榨菜气动自控装坛机》，后编入《科技新花》第十号在全国放映。《涪陵市志》①“大事记”云：5月5～15日，峨眉电影制片厂在韩家沱菜厂摄制科教片《榨菜气动自控装坛机》，后编入《科技新花》第十号映出。

1992年，四川省涪陵市人民政府、四川电视台、四川省引进经济技术中心、西安电影制片厂联合摄制了以“涪陵榨菜”为主题的上、中、下3集电视剧《乌江潮》，导演樊明仁。该剧原名《榨菜魂》、《神奇的竹耳环》，最后定名为《乌江潮》。其故事梗概是：土匪头子巴地蛇为抢夺榨菜秘方，派兵包围榨菜发明人邱某住宅。邱某拿出一对形如太极图的里面珍藏榨菜加工秘方的竹耳环，交给女儿碧云及其恋人福来各一只，嘱其逃命。邱某父子随之惨遭毒手。碧云与福来逃至江边，又遭贪心的县知事拦劫，二人于是天各一方，后历经种种磨难和酸甜苦辣。50年后，他们再次重逢，又使那对竹耳环得以完璧于涪州故里。这是一个悲壮、曲折、缠绵而寓意深刻的故事。1992年10月，四川电视台播出了此剧。

1996年2月，涪陵地区行署邀请四川峨眉电影制片厂来涪陵拍摄了以涪陵榨菜兴衰史为主题的18集电视连续剧《荣生茂风云》，后在四川电视台播出。通过拍摄电视剧，宣传了涪陵榨菜的百年传奇。

1998年，为庆贺涪陵榨菜诞生100周年，又摄制了电视专题片《三峡明珠——涪陵》、《榨菜之源　香飘百年》。在中央电视台第四、第七套节目中播放。

1998年9月27～30日，中央电视台来涪拍摄榨菜文化节主题歌《古老的希望城》MTV片。这是涪陵的第一张MTV片。

2007年3月，涪陵榨菜集团公司利用榨菜中的“女儿红”——“沉香榨菜”上市发布暨经销权拍卖的时机，在品牌营销机构的策划下，请来乌江榨菜集团形象代言人、影视明星张铁林现场助阵。

又辣妹子集团把涪陵八景与榨菜相结合，生产“八景礼品榨菜”以及借助强势媒体打造的“盛世开坛”系列，大大提升了榨菜的文化品位。

四、绘画雕塑

涪陵榨菜还成为绘画雕塑的重要素材。

① 《涪陵市志》编纂委员会编，《涪陵市志》“大事记”，四川人民出版社，1995年，第75页。

在绘画方面，1998 年，涪陵榨菜（集团）有限公司编印制作了画册《三峡明珠——涪陵》1 万册。同时创作了《涪陵榨菜历史文化系列连环画》之一《乌江牌巴国青菜头故事》，总计 16 页；之二《榨菜创始的故事》，总计 12 页；之三《泡菜鱼头的故事》，总计 12 页；之四《天子殿神菜故事》，总计 16 页；之五《咸菜豆花饭故事》，总计 16 页。巴渝风情丛书“乌江牌榨菜食品系列”之《榨菜豆花饭传奇》、《虎皮碎椒》、《奇妙的辣椒》等。涪陵榨菜集团公司还有《榨菜工艺画》、《壁画》等。

1998 年，涪陵榨菜文化节后，组委会发行了《100 周年榨菜文化节纪念邮册》。

2006 年，涪陵辣妹子集团有限公司将涪陵的“八景”（即松屏列翠、黔水澄清、群猪夜吼、白鹤时鸣、鉴湖渔笛、铁柜樵歌、桂楼秋月、荔圃春风）名胜景观图案印制在“辣妹子”牌榨菜的外包装盒上，将涪陵榨菜文化与旅游文化融入一体，探索榨菜文化与理学文化及相关文化的联系，推动了涪陵榨菜文化的延伸和发展。

2007 年，西南民族大学艺术学院李智伟在《美术观察》第 12 期发表了绘画作品《榨菜姑娘》。

在雕塑方面，1999 年 9 月 29 日，涪陵广场文化艺术墙竣工揭幕。该墙长 81.6 米，以白鹤梁题刻为主线，以巴文化、榨菜文化等为依托，充分展示涪陵历史文化特色。该墙是涪陵城首座艺术墙。2002 年，涪陵榨菜（集团）有限公司在李渡工业园区修建了榨菜陈列馆，首次展示了涪陵榨菜的种植、加工、销售以及榨菜文化的历史发展过程。

第五节　涪陵榨菜的民俗文化

民俗文化是指一个民族或一个社会群体在长期的生产实践和社会生活中逐渐形成并世代相传、较为稳定的文化事项，可以简单概括为民间流行的风尚、习俗。

一、涪陵地域的榨菜文化民俗

（一）做咸菜比赛。涪陵人爱吃爱品爱做咸菜，一般人家都储存有好几种咸菜，四季不缺。一些比较讲究的富裕人家，多达一二十种咸菜，菜坛可摆满一间屋，排列有序，称之为“咸菜屋”。储存咸菜的土陶坛有大小“自钵水瓮菜坛”，“扑菜钵”等，仿佛进入陶器时代的陈列室。咸菜分三大类：泡咸菜（即泡菜）、干咸菜、其他（豆豉、豆腐肉、胡豆瓣、海椒、糟海椒、红苕丝、芋头丝等）。泡菜一年四季可做，唯干咸菜多在春天制作。干咸菜主要以青菜和青菜头为原料，其中青菜头咸菜是备受重视的一种，制作十分讲究。干咸菜的种类有块块儿咸菜（又名 mai mai 儿菜咸菜，即家制榨菜）、节节咸菜（又名匙匙儿咸菜，以青菜叶柄腌制）、丝丝儿咸菜（以青菜的茎腌制）、盐菜尖儿（以茎瘤芥颠腌制，主要供煮汤）、水盐菜（以青菜的叶腌制，供蒸烧白用）。其中块块咸菜有麻辣、香甜、五香等品种。每到春天各家妯娌、婆媳和邻居之间都在暗中比赛，看谁做的咸菜品种多、刀工好、味道香。

（二）品菜论持家。涪陵人待贵客以至办宴席，咸菜总是上桌的最后一道菜，必须用漂亮的盘碟盛装。盘中咸菜七八种以至十余种，摆出“喜”、“寿”、蝴蝶等图案和花样，块块咸菜总是处于显著地位。咸菜虽上席晚，但最能引起客人的兴趣。开初，客人们总是盯住最好的块块咸菜，十分文雅地拈一点儿在口中慢慢咀嚼，细细品味，若味道好，会当场喜形于色，一边称赞，一边吃个痛快。谁家的咸菜做得好，受到好评，这家的家庭主妇就会被认为有操持、有教养，在家和出门都会脸上有光，格外受到人们尊重。若谁家咸菜做得不好，样数不多，甚至端不出咸菜来，人们便会私下议论：“某家堂客懒，没得操持，穷得咸菜芽芽儿都没得，可怜可怜！”以做咸菜论持家，以品咸菜论人品①。

（三）民谚。在涪陵民间，有许多关于涪陵榨菜的民间谚语。如“涪陵榨菜，菜中之帅”、“涪陵榨菜，人人喜爱”、“涪陵名吃三件宝，榨菜、潞酒、油醪糟”、“好看不过素打扮，好吃不过咸菜饭”等。

另外，还有唱踩池号子、玩菜龙等民间习俗。

二、非涪陵地域的榨菜民俗文化

在北京，人们喜食榨菜鱼。2005 年 11 月 26 日《中国食品报》第三版有人以“麻辣香脆的涪陵榨菜鱼”为题撰文介绍说，涪陵榨菜鱼在川、湘、鄂等地名声很大，最近北京城也开始流行起来。这种鱼“味入口中，麻、辣、香、嫩的感觉令人精神大振”。

① 参见涪陵辞典编纂委员会编，《涪陵辞典》，重庆出版社，第 566 ~ 567 页。

在上海，人们喜食榨菜肉松。台湾著名作家龙应台在《上海的一日》[①] 中描述说："这一天，我从里弄出来，在巷口'永和豆浆'买了个粢饭团——包了肉松榨菜的，边走边吃。"

在南洋，人们喜以榨菜侑茶。民国版《涪陵县续修涪州志》云："近代邱氏贩菜到上海，行销及海外"，"五香榨菜，南人以侑茶"。用榨菜以侑茶，成为流行时尚。

在日本，榨菜被称为"最美的食品"，更将其用于醒酒，将其称为"酒之友"。日本从中国进口榨菜极多，甚至在涪陵合资创办榨菜加工企业，直接运销日本，也许与此不无关系。

第六节　涪陵榨菜的非物质文化遗产抢救与保护

涪陵榨菜历经近120年的发展，积淀了丰厚的非物质文化遗产，但面临着传承无人、濒临失传的困境。

一、涪陵榨菜非物质文化抢救与保护

早在20世纪70代，涪陵榨菜文化即受到关注。1979年5月10日，《人民中国》记者沈大兴到涪陵采访，后撰成《中国榨菜之乡——涪陵访问记》，刊于同年《人民中国》日文版第8期。

1980年10月下旬，中央电视台《长江》电视片中日联合摄制组到涪陵拍摄《榨菜之乡》和涪陵外景。涪陵县土产公司榨菜技师何裕文、县文化馆干部蒲国树向日方编导介绍榨菜和涪陵历史情况。

1992年4月，涪陵市（县级）邀请四川电视台、西安电影制片厂联合摄制了以涪陵榨菜为主题的上、中、下3集电视剧《乌江潮》（原名《神奇的竹耳环》），该剧描写以"抢夺珍藏涪陵榨菜加工秘方的竹耳环"为题材而发生的一个悲壮、曲折、缠绵而寓意深刻的故事，曾在四川电视台播出。

1996年2月，涪陵地区行署邀请四川峨眉电影制片厂来涪陵拍摄了以涪陵榨菜兴衰史为主题的18集电视连续剧《荣生茂风云》，在四川电视台播出。

1998年11月8～11日，涪陵榨菜诞生100周年，涪陵区人民政府举办首届

---

① 龙应台，《上海的一日》，《文汇报》，1998年2月28日第八版。

“重庆市涪陵榨菜文化节”。目的是向世人展示涪陵榨菜之乡独具魅力的历史、地理、人文环境，依托榨菜这一特色优势资源，推出内涵丰富、无形资产巨大的榨菜文化，为涪陵榨菜正本清源，扩大“榨菜之乡”的知名度，树立榨菜产业的名牌形象，推动涪陵区域经济发展。榨菜文化节由涪陵区人民政府主办，由区委宣传部、区财贸办公室、区榨菜管理办公室、宏声集团、太极集团、榨菜集团等单位和企业协办。1998 年 10 月，全国人大常委会委员长李鹏特为涪陵榨菜文化节题词：“榨菜之源　香飘百年”。这是对涪陵榨菜的高度评价和肯定，也是对涪陵榨菜产业发展的极大鼓舞。榨菜文化节的主要活动内容包括：第一，宣传活动。编印制作画册《三峡明珠——涪陵》1 万册；摄制电视专题片《三峡明珠——涪陵》、《榨菜之源　香飘百年》，在中央电视台第四、第七套节目中播放；在北京钓鱼台国宾馆举办新闻发布会；电台、电视台广告宣传，发布榨菜文化节信息；组织新闻采访团到涪陵采访，举行记者招待会；报刊宣传，《中国特产报》于 1998 年 10 月 29 日以专刊全面介绍了涪陵榨菜的悠久历史和发展现状，展示了涪陵的经济社会成就；设立榨菜文化节倒计时显示牌。第二，文化活动。举办阵容浩大的“榨菜怀”歌咏比赛；组织丰富多彩的方队游乐活动暨开幕式；安排高质量、高规格的文艺演出和体育比赛。第三，招商引资和经贸活动。举办“涪陵榨菜百年历史展览”，从历史的角度证实了中国榨菜起源于涪陵；举办涪陵重点企业展示暨商品展销会；举行重大经贸合同签字仪式。第四，研讨论坛会。举办榨菜文化专题研讨会；特产经济专家论坛会。

1998 年，涪陵区榨菜管理办公室会同涪陵榨菜（集团）有限公司组织人员编写《榨菜美食荟萃》食谱丛书，食谱以榨菜为主要原料，分凉菜、热菜（晕、素）、面食三个种类共 80 余个菜品，并印刷 5000 册对外发送，现涪陵各大餐饮行业均按《榨菜美食荟萃》推出了各式各样的榨菜菜品，让人们一饱口福。

2002 年，涪陵榨菜（集团）有限公司在李渡工业园区修建榨菜陈列馆，首次展示涪陵榨菜的种植、加工、销售以及榨菜文化的历史发展过程。

2003 年 10 月 16 日，涪陵区质监局向重庆市质监局发文请示，申请成立涪陵榨菜原产地域产品保护办公室。2004 年 10 月 25 日，涪陵榨菜原产地域产品保护在北京顺利通过国家质量监督检验检疫总局组织的专家会审查。在向全国公示后，2004 年 12 月 13 日，国家质量监督检验检疫总局发布 2004 年第 178 号公告，对涪陵榨菜实施原产地域保护。自公告发布之日起，全国各地质量技术监督部门开始对涪陵榨菜实施原产地域产品保护措施。

2005 年 12 月 23 日至 2006 年 1 月 1 日，由涪陵区商委、区榨菜办、涪陵榨菜（集团）有限公司共同举办“2005‘乌江涪陵榨菜杯’榨菜美食烹饪大赛”，全区各饮食服务行业的厨师参加了烹饪大赛，并评出奖项颁奖。同时，大赛期间有14家榨菜生产企业的18件商标品牌的榨菜被大会组委会评为“涪陵人民最喜爱和放心的榨菜”。

2006年6月29日，由涪陵区商委、区民政局、区工商分局、区工商联、区榨菜办和饮食服务行业协会各成员单位在太极大酒店召开了“打造涪陵榨菜美食之乡”研讨会，就打造涪陵榨菜美食之乡的相关问题展开了讨论，与会单位发表了各自的意见和建议，这对推动涪陵榨菜美食之乡建设起到积极的作用。

2006年，涪陵辣妹子集团有限公司将涪陵的“八景”（即松屏列翠、黔水澄清、群猪夜吼、白鹤时鸣、鉴湖渔笛、铁柜樵歌、桂楼秋月、荔圃春风）名胜景观图案印制在“辣妹子”牌榨菜的外包装盒上，将涪陵榨菜文化与旅游文化融入一体，探索榨菜文化与理学文化及相关文化的联系，推动了涪陵榨菜文化的延伸和发展。

涪陵宝巍食品有限公司利用数年钻研榨菜腌榨古法，结合现代食品制作工艺成功开发出“八缸提鲜榨菜”，大打“还原1898原始工艺”、“百年传统工艺+百年传统工具”的传统文化牌，主张向世人展示中华儿女的智慧，不让涪陵人民的百年骄傲沉睡博物馆里，以期重振老牌榨菜企业雄风。

2007年，涪陵区榨菜管理办公室与涪陵榨菜（集团）有限公司联合筹划举办涪陵榨菜书法作品比赛，将《涪陵榨菜百年颂》、《榨菜之乡颂歌》等20多幅优秀书法作品向涪陵人民展示。

2008年6月，自涪陵榨菜传统制作技艺被国务院列入第二批国家级非物质文化遗产代表性项目名录（国发〔2008〕19号），重庆市文化广播电视局（渝文广发〔2009〕48号）授予万绍碧、杜全模、向瑞玺、赵平为涪陵榨菜传统制作技艺的市级非物质文化遗产项目代表性传承人：

万绍碧，女，1963年7月生，重庆市涪陵区人，在职硕士研究生，1980年参加工作，先后在涪陵县珍溪榨菜厂、涪陵市精制榨菜厂、涪陵榨菜集团公司海椒香料厂、涪陵辣妹子集团有限公司任工人、化验检测员、厂长、总经理等职。全国“三八红旗手”、“全国劳动模范”。先后组织研究涪陵榨菜“中盐产品生产工艺技术”、“低盐产品生产工艺技术”、“榨菜低盐微生物纯种发酵技术”、“榨菜附作物（香干菜）加工技术”、“榨菜腌制液回收利用调味液产品加工技术”等，是全国榨菜行业标准B/T1011、B/T1012的制订人之一，获国家专利发明两项。1995年创建了重庆市涪陵辣妹子集团有限公司。2012年6月，重庆市涪陵辣妹子集团有限公司被重庆市文化广播电视局命名为重庆市非物质文化遗产“涪陵榨菜传统制作技艺”生产性保护示范基地（渝文广发〔2012〕137 号）。

杜全模，男，1943 年 11 月生，重庆市涪陵区人，高级工程师，1963 年参加工作，先后当过榨菜工人、业务员，涪陵榨菜科研所研究室主任、副所长，涪陵榨菜集团公司生产技术副总经理，枳城区榨菜办任副主任，涪陵区榨菜办质管科副科长，2002 年 12 月退休。2016 年 9 月因病去世。20 世纪 70 年代末，参与完成的“榨菜六改栽培技术推广应用项目”获四川省科技成果二等奖。1982 年主持研究四川榨菜包装改革获得成功，先后获涪陵地区科技进步三等奖、四川省星火科技成果二等奖。1985 年撰写的《四川榨菜加工基本原理及生产应用》在《中国酿造》上发表。1986 年撰写的《四川榨菜盐、酸、水变化对蛋白质转化率关系》在《中国调味品》上发表。1996 年主持完成的“低盐榨菜研究”项目获涪陵区科技成果二等奖。1986 年主持起草涪陵地区第一个《方便榨菜标准》。1998 年负责起草国家榨菜和方便榨菜标准。2004 年起草重庆市榨菜调味液标准。2005 年起草国家《涪陵榨菜原产地域保护标准》。编撰有《涪陵榨菜栽培技术》、《涪陵榨菜资源普查及区域规划》、《涪陵榨菜加工技术》、《涪陵榨菜续志》、《涪陵榨菜原产地域保护》等教材、书籍。长期从事榨菜技术人员授课培训工作。

向瑞玺，男，1951 年 4 月生，重庆市涪陵区人，大专文化，食品工程师，1977 年参加工作，先后在涪陵榨菜科研所、涪陵榨菜机具厂、涪陵区供销社从事榨菜机械设计、榨菜罐头生产技术工作，长期担任涪陵区财委综合科科长兼涪陵区榨菜办副主任，涪陵榨菜集团公司副总经理、党委副书记、党委书记、监事会主席、纪委书记、工会主席等职务。国家科技部科技二传手、涪陵区科技拔尖人才。1978 年参与榨菜“气动装坛机”的部分设计工作，获四川省科技成果二等奖。1979 ~ 1981 年参加了榨菜起池机、榨菜淘洗机、榨菜踩池机的设计工作。1996 ~ 1997 年主持了低盐无防腐剂榨菜生产工艺的研究，获涪陵市（地级）科技成果一等奖。1998 ~ 2000 年主持和参与了中盐无防腐剂榨菜生产工艺的研究。2003 ~ 2005 年主持并参与榨菜酱油新工艺和榨菜酱油生产线的研究，实现了榨菜酱油清洁化、自动化生产。2006 主持了榨菜酱油国家行业标准的制定工作，解决了制约榨菜行业发展的防腐保鲜、工业化生产等许多技术难题，使涪陵榨菜传统工艺得以保持和发扬。

赵平，男，1966 年 1 月生，四川省宜宾人，大专文化，食品工程师，1986

年参加工作，先后在涪陵市罐头厂、涪陵榨菜集团公司任工人、车间主任、副厂长、总经理助理、副总经理。1991 年在《四川食品工业科技》上发表了《整形袋装榨菜的开发》的论文，在同行业中率先开发应用了透明袋装榨菜，全面取代了坛装榨菜，推进了榨菜行业的发展。1997 年参加研究的（主研之一）“榨菜软罐头生产工艺”获涪陵市科技进步一等奖，主要研究杀菌技术、脱盐技术和配料技术。2002 年参加研究的（主研之一）“中盐榨菜工艺研究”获涪陵区科技进步二等奖，主要研究杀菌技术、脱盐技术和配料技术。2003 年“采用新工艺生产中盐榨菜新产品”获重庆市优秀新产品二等奖。1998 年参加了榨菜标准从国家标准转为行业标准的修订工作，是全国榨菜行业标准的起草人之一。该标准现已经成为榨菜行业的指导性标准。利用科研成果抓工艺技术改革，率先在榨菜行业全面取消防腐剂，开辟了榨菜行业的绿色健康之路。开发的口口脆、儿童榨菜、精品榨菜、美味菜片、泡菜、低盐无防腐剂榨菜、榨菜香辣酱等一系列高中档产品，丰富了榨菜产品的品种结构，提升了产品形象。

二、涪陵榨菜非物质文化遗产的可持续发展

2007 年 6 月 10 日，重庆市人民政府将《涪陵榨菜传统手工制作技艺》列为重庆市第一批省级非物质文化遗产保护名录。

2008 年 6 月，国务院将“涪陵榨菜传统手工制作技艺”列入第二批国家级非物质文化遗产代表性项目保护名录（国发〔2008〕19 号）。

2009 年，重庆市辣妹子集团有限公司开始着手建立涪陵榨菜民俗文化馆。

2012 年 4 月，重庆市辣妹子集团有限公司在重庆国际旅游节期间于涪陵广场举办传统手工榨菜制作体验活动。

2012 年 6 月，重庆市文化广播电视局命名重庆市辣妹子集团有限公司为涪陵榨菜传统制作技艺生产性保护示范基地（渝文广发〔2012〕137 号）。

2012 年，中国人民政治协商会议重庆市涪陵区委员会编，徐志红主编的《涪陵榨菜之文化记忆》由重庆出版社出版。该书除“榨菜文化概述”外，分为“飘香的土地”、“绵延的文明”、“艺术的风韵”三个部分。其中“绵延的文明”又有“非遗传奇”、“产业风华”、“科技之光”、“文化节会”四个板块，“艺术的风韵”有“影视作品”、“舞台艺术”、“诗文歌赋”三个板块。该书较为全面地反映了涪陵榨菜非物质文化遗产。

2014 年 12 月，涪陵辣妹子集团有限公司发起成立了涪陵榨菜传统制作技艺保护传承研究会，对保护非物质文化遗产，传承榨菜文化，拓宽涪陵榨菜品牌知名度产生了积极影响。

2014年11月至2015年4月，涪陵区开展了由区委宣传部、区文化委主办，涪陵区非物质文化遗产研究保护中心、涪陵辣妹子集团承办的涪陵区“记住乡愁”——寻访“涪陵榨菜传统制作技艺”十大民间艺人活动，对各乡镇街道选送的22件涪陵传统榨菜制作成品，采取只编号不记名，以色泽、香气、味道、口感、形状、工艺为标准，综合评选出最佳10件榨菜成品，吴兴碧、田茂全、洪军、杨觉淑、张开华、杨淑兰、雷昌贞、汪兰、罗明奎、王远书获涪陵榨菜传统制作技艺十大民间艺人称号。2015年5月20日，在涪陵电视台演播大厅召开“寻找涪陵记忆——涪陵榨菜十大民间艺人表彰会”，涪陵区委常委、副区长刘康中，区委常委、宣传部部长田景斌，区政府副区长徐瑛出席颁奖仪式。重庆涪陵辣妹子集团分别给他们颁发了生产技术顾问聘书，他们将长期担任国家级非物质文化遗产代表性项目（涪陵榨菜传统制作技艺）的保护单位——辣妹子集团的榨菜生产技术顾问。

2014年，涪陵区旅游局牵头打造涪陵1898榨菜文化小镇。该项目位于涪陵区江北街道韩家村和二渡村，占地面积380亩，计划投资6.3亿元，建设榨菜博物馆、榨菜文化广场、榨菜非遗传承保护中心、非遗文化活态展示街区、美食街区、文化休闲娱乐区、旅游观光服务综合区，由重庆市辣妹子集团公司组建的重庆万正实业有限公司具体实施。项目建成后，对促进涪陵榨菜一、二、三产业融合发展，加快推进涪陵榨菜产业转型升级，提升涪陵榨菜产业的综合竞争力，具有十分重要意义。

第十章

涪陵榨菜文化精神

涪陵榨菜之所以成为涪陵百年特色产业，成为惠及涪乡、泽及世界的名腌菜品牌，源于涪陵榨菜文化精神的强大动力。涪陵榨菜文化精神是涪陵榨菜人心血和智慧的结晶，凝聚着涪陵榨菜近120年发展之魂，反映了榨菜人的理想追求，展示了榨菜人的精神风范。

第一节　文化精神与涪陵榨菜文化精神

一、文化精神的含义

文化精神，英文名称 Ethos，本是一种文化学术语，又被称为“民族精神”、“国魂”，延及民族、国家之下而成为行业文化精神、产业文化精神、企业文化精神、单位文化精神等。

何谓文化精神？目前尚无统一的公认的定义。许多著名的文学家、哲学家、社会学家、人类学家等均有自己的文化精神定义①。在西方，德国哲学大师黑格尔强调文化精神“构成了一个民族意识的其他种种形式的基础和内容”，它表现在各个民族的宗教、政体、伦理、立法、风俗、科学、技术、艺术等各个方面②。社会学家 K. 杨认为每个社会都建筑在那些使他们最不同于其他社会的文化模式的一种“文化精神”或“社会特性”上。人类学家 G. 戈尔瑞称文化精神是“一个社会群体的各种行为观念和目的的总和”。美国著名人类学家 R. 本

---

① 马传松、曾超主编《中国传统文化与现代化》，重庆出版社，2000年，第365~368页。

② ［英］汤因比，《历史哲学》，三联书店，1956年，第95、第104页。

尼迪克特主张文化精神是一种内在的文化品质，即其基本的、整合的价值系统。C·克拉克洪特别强调文化精神是“一种有显著支配力的全貌”，“这个全貌构成了该文化的整合原则”。R·雷德菲尔德认为文化精神就是“文化模式的规范特色”。美国人类学家A·L·克鲁伯主张“文化精神是用客观的方式表现出来的主观价值系统”，“包括文化的发展取向及其追寻的、珍视的、认可的、终究有些成就的事物。”①

在我国，对文化精神或民族精神也有不同的定义，但更多地习惯于“民族精神”的提法。“民族精神，总的说来就是指导一个民族延续发展、不断前进的精粹思想。”“民族精神是某一民族历史地形成的民族文化在其心理—价值层次的积淀、结晶、浓缩。它既包括该民族积极向上的心理状态，也包括那些消极落后的精神状态。”“民族精神就是各民族历史地形成的体现民族生存规律，反映民族根本性格，具有积极进步作用的全民族的主体意识和主导精神，包括优秀的民族文化传统和健康的民族心理素质两个方面。”② 民族精神“是在民族的延续发展过程中逐渐形成、不断丰富、日趋成熟的精神。虽然民族精神在不同的历史阶段表现为不同的时代精神，但又是贯穿于民族延续发展的历史长河过程中的一种带持久性、长期性的精神。”③ 甚至还有学者对“民族精神”进行了两种不尽相同的具体厘定，“民族精神是一个民族在长期共同生活和社会实践中逐渐形成的，为本民族大多数成员所认同和追求的思想体系，它包括以国家学说为代表的社会观；以伦理道德学说为代表的价值观；以自然观、方法论、认识论为代表的哲学观。民族精神通过语言、文学艺术、社会风尚、生活习俗、宗教信仰等方面表现出民族成员所特有的共同心理素质，从而成为与另一个民族群体相区分的标准之一。”“民族精神是民族文化的主体精神，是整个民族文化的灵魂和升华，它集中表现了一个民族在一定的客观自然环境和社会历史条件下构建自己生活的独特方式，反映了一个民族的独特性格和风貌。民族精神是贯串于整个民族文化之中的‘主心骨’，是民族文化的主体化，民族文化是民族精神的对象化；它们二者呈现‘全息映照’的对应状态。”④

可见，文化精神的定义林林总总，难以定论。我认为文化精神是人类对其自身的历史创造活动及其成果（文化）进行深层反思和高度升华的产物，是民

① 覃光广、冯利、陈朴主编《文化辞典》，中央民族学院出版社，1988年，第156页。
② 卢少华《民族精神的科学界定及其意义》，《学术研究》，1995年第5期。
③ 方立天《民族精神的界定与中华民族精神的内涵》，《哲学研究》，1991年第11期。
④ 参见肖君和《华魂》第二卷《中华民族精神》，黑龙江教育出版社，1993年，第5页。

族精神的重要体现和构成，它与历史运行相结合成为历史传统，与民族特质结合成为民族精神，与时代风云结合成为时代精神，与具体万相（产业、行业、企业、部门等）结合成为相应的文化精神（如企业精神、行业风貌、大学精神等）。

二、涪陵榨菜文化精神

涪陵榨菜文化起源于种植加工茎瘤芥的农耕生活，孕育于手工作坊的榨菜生产，积淀于百年中国的曲折发展，具有动态发展、日渐丰富的过程性特征，具有诚信至善、精益求精的精神内核。

涪陵榨菜文化精神的定义。关于涪陵榨菜文化精神，目前尚无定义。基于对文化精神的考察和涪陵榨菜文化的意蕴，将涪陵榨菜文化精神定义为涪陵榨菜人在长期的榨菜种植、生产、加工、运输、销售过程中所形成的思想观念和价值追求，是农耕文明的产物，是工艺文化的结晶，是商业文明的积淀，是民俗生活的呈现，体现了精益求精的工艺追求，蕴含着开拓包容的民族情怀，彰显了诚信至善的传统美德。其本质是传承枳巴千年文化，秉承风脱工艺文明，彰显百年产业风采，引领世界腌菜品牌；内核是诚信至善，精益求精。

显而易见，涪陵榨菜文化源于涪陵人民栽培、种植、腌制榨菜的农耕生活，随着不同历史时期的经济社会发展和影响因素逐步形成、传承至今，属动态的过程性产物。渊源于种植加工芥菜的农耕生活，孕育于手工作坊的商品生产，积淀于百年中国的曲折发展。"诚信至善"反映了涪陵榨菜人"先做人，后做事"的优秀品德，反映了涪陵榨菜人不为利益所驱动，始终保持做"良心菜"的传统美德。"精益求精"反映了涪陵榨菜的辉煌，是改进生产制作工艺，不断开拓创新，推动产业发展的终极关怀，反映了涪陵人民在榨菜品质的追求上，坚持"没有最好，只有更好"的精神，因此，科学准确地理解涪陵榨菜文化精神，必须把握以下四点：

1. 科学地认识涪陵榨菜文化精神和中国民族精神、中华文化精神的辩证关系。中国民族精神、中华文化精神是中华民族、中国文化的基本精神，它站在民族、国家和历史发展的层面，具有一种统揽、包容的属性，是各种文化及其精神的综合与凝练。对于涪陵榨菜文化精神来说，一方面，它离不开中国民族精神、中华文化精神的引导这个"大熔炉"；另一方面又对中华民族精神和中国传统文化精神有所贡献。

2. 科学地认识涪陵榨菜文化精神与巴蜀文化精神的辩证关系。在学术界，有人曾将中国文化划分为 8 大文化圈，其中巴蜀文化圈即为其一。随着四川、重庆行政区划的调整，无论巴蜀文化有怎样的称呼（巴蜀文化、巴文化、蜀文化、巴渝文化、渝派文化等），但作为一种文化圈，自然有其基本的文化特质，必然也有其基本的文化精神。对涪陵榨菜文化精神来说，它一方面同样离不开巴蜀文化精神的"熔炉"；另一方面又必定对巴蜀文化及其精神有所贡献。涪陵榨菜创生过程中的邓炳成及资中大头菜加工技术就充分体现了这一点。

3. 科学地认识涪陵榨菜文化精神和涪陵文化精神的辩证关系。自新石器时代以来，涪陵就有人类在此生息繁衍，创造了悠久深厚的涪陵历史，生成了内涵丰富的涪陵文化，其中，最有特色的是枳巴文化、理学文化、白鹤梁文化和榨菜文化。由此，涪陵必然有自己特定的文化特质和文化精神，涪陵榨菜也必然受其影响。涪陵榨菜能够在涪陵产生、发展，本身就是"特"的产物。

4. 科学地认识涪陵榨菜文化精神的属性。涪陵榨菜文化精神具有各种各样的属性。站在民族、国家的角度，它受中华民族精神和中国文化精神的牵引，也就是说涪陵榨菜，是涪陵人民的，也是中国人民的，传统的风脱水加工工艺是中华民族工业技术的一部分；站在地域的角度，它是一种地域文化精神，涪陵榨菜文化精神是巴蜀文化精神、涪陵文化精神的具体体现；站在产业的角度，它是一种产业文化精神，涪陵榨菜作为名特产品，涪陵榨菜产业作为特色农业产业，"涪陵榨菜"获国家地理标志、涪陵区获中国榨菜之乡称号等，彰显了百年榨菜产业风采；从历史发展的角度看，在涪陵榨菜近 120 年的曲折发展中，从乡间家庭食用的小菜，到世界三大名腌菜之一的美食，从不同时期的企业发展、产业转型，说明涪陵榨菜具有时代性的韵味；从人的角度进行思考，涪陵榨菜人勤劳朴实、憨厚忠诚、开拓开放、精益求精，体现出一种人性的精神；从其丰富的内涵看，引领世界腌菜品牌的涪陵榨菜精神文化、制度文化和物质文化，是涪陵榨菜企业文化精神的理想和追求。

三、涪陵榨菜文化精神的功能

文化精神作为一个民族、一个国家、一个产业、一个部门的生产、生活实践经验的结晶，作为一种长期的、持久的精神，必然对其生存发展、自立自强、自尊自信有重大影响，对提高人的素质、规范人的行为、推动社会进步有着重要的作用。具体地讲，它主要具有支撑、凝聚、教育、激励、导向和资源六大功能。同样，涪陵榨菜文化精神凝聚着榨菜近 120 年发展之魂，作为榨菜人心血和智慧的结晶，反映了榨菜人的理想追求，展示了榨菜人的精神风范，至今仍然具有深刻的现实价值。

（一）支撑功能。“一个民族或一个国家的社会文化体系不管怎样庞大、复杂，总有它基本的文化精神及其历史个性，正是这种文化精神才赋予了一个国民的文化性格，而且才使他们保持了民族的独立和国家的特色。”① 一个民族站立起来，挺立起来，要生存下去，发展下去，必须有一种精神支撑起来，从而更好地把握现实，预测未来，保持民族的独立和国家的特色，所以，中共中央原总书记江泽民同志特别强调“不能设想，一个没有强大精神支柱的民族，可以自立于世界民族之林”。同样，榨菜文化精神虽然只是一种行业精神和企业精神，但它反映了榨菜人的理想抱负、价值观念、心理心态、精神气质等，一旦形成，就会成为一种历史传统，深深地、全面地影响着广大榨菜人，成为涪陵榨菜发展的强大精神支柱。

涪陵榨菜作为中国优秀品牌、三大出口菜之一、世界三大名腌菜之一，走过了彪炳日月的近120年历程，但荣誉属于过去，现实不容乐观，未来尚待努力，要生存下去，发展下去，再造世界辉煌，没有榨菜文化精神的强大支柱，没有广大榨菜人的积极参与，奋力拼搏，不断创造，理想便会成为镜中花，水中月。只有榨菜文化精神，才能使涪陵榨菜拥有其历史的个性和传统特产的品格，将榨菜与腌菜、泡菜、咸菜等加以区别，从而，保持榨菜人的独立和榨菜丰富的个性。总之，是榨菜文化精神支撑起涪陵榨菜业发展的巍巍大厦。

（二）凝聚功能。文化精神是一种将全体成员凝聚在一起的黏合剂，甚至可以说是把广大成员集合为一个整体的凝聚力，这说明文化精神有着强大的凝聚功能，涪陵榨菜文化精神亦是如此。

榨菜文化精神作为一种行业精神和企业精神，以它作为共同的文化背景所塑造、陶冶而成的人生态度、情感方式、思维方式、致思途径和价值观念等诸方面所组成的有机的整体，就成为团结广大榨菜人，维系榨菜人整体的重要精神纽带，有效地发挥维护团结性、整体性的作用。正如美国哈佛大学教授特伦斯·狄尔所言，在企业文化以及企业凝聚力中，企业精神或企业的价值被视为最重要的组成，企业精神是企业价值的集中体现，是企业文化的基础，是企业追求成功的精神动力，它为职工提供努力的方向以及日常行为的规范，使企业的成员同心同德，向前奋斗②。行业与企业，其理当同，这样就形成了一种共

---

① 司马云杰《文化社会学》，山东人民出版社，1987年，第501页。

② ［美］特伦斯·狄尔《塑造企业文化》，广东人民出版社，1991年。

识：榨菜厂家就是榨菜人生存生活、发挥聪明才智的广阔基地，公司及行业的生存就是榨菜人的生存，因此，行业兴，企业兴则榨菜人兴，行业衰，企业衰则榨菜人亦衰。这样，这种共识就像一面旗帜，好比数人并驾的一辆战车，就会把广大榨菜人的意愿、利益紧密地统一起来，沟通上下左右的感情，少一点儿相互埋怨和指责，多一点儿相互谅解和支持，协调合作，共同推动着榨菜产业、榨菜企业的生存和发展①。

（三）导向功能。文化精神具有一种导向功能，其关键在于其深层的文化运行机制，它可以调节、协调广大社会成员的利益关系，其一是它折射出社会发展过程中的深层利益关系，正确处理个人利益与民族利益、国家利益、集体利益之间的关系，从而维持社会系统的稳定、有序、和谐发展；其二是它敏锐地反馈出社会生活变革的深层根源，使社会成员认识到自我完善和创新是社会充满生机与活力的动力，从而推动社会的发展与进步。涪陵榨菜文化精神同样如此。

榨菜文化精神是榨菜文化价值体系的方向，是广大榨菜人努力的方向和日常行为规范。榨菜人的远大理想，就是实业兴菜，榨菜裕民，再创涪陵榨菜发展的世纪辉煌。其特点就在于群体共同性的特点，它要求广大榨菜人必须具备榨菜产业意识、榨菜企业意识，为了榨菜的发展，企业的生存，为了群体的利益，就应当自觉地调控个人的行为，将产业、企业的整体价值目标、共同价值要求转化为个人自觉的行动，甚至个人的无私奉献，从而实现个体目标与整体追求的有机契合。由此可见，榨菜文化精神实质有着强烈的导向功能。

（四）教育功能。榨菜文化精神是在长期的生产和生活实践中培育起来的，它一旦转化为某种意识形态，就会保持相对的独立性，成为榨菜文化价值体系的模式，发挥生活教科书、哲学教科书、精神教科书的作用，为广大榨菜人提供营养丰富的精神食粮，教育和感染广大榨菜人。

美国人类学家鲁思·本尼迪克特指出："生长于任何社会的绝大部分个人，不管其制度的特异性如何，总是毫无疑问地认定了社会指定的行为"，"大多数人由于天赋的巨大可塑性，而被塑造成了他们文化所要求的那种形式。在社会塑造力量的作用下，他们完全可以得到改造，不管是（美国）西北岸所要求的自我参照的幻想，还是我们文明中所推崇的财产积累，它们都可以塑造人的天

① 参见梁自洁《中国精神》，济南出版社，1990年，第290页。

性，无论如何，芸芸大众都十分轻易地接受了呈现在他们面前的形式。"① 这就是说，涪陵榨菜文化精神不管是成为“自我参照的幻想”，还是成为“我们文明中所推崇的财产积累”，都可以起到教育人的作用，即“塑造人的天性”，绝大部分的榨菜人总是在社会塑造力量的作用下得到了改造，接受了社会认定的行为，接受了呈现在他们面前的形式，表现为榨菜产业的行业规范和职业道德，表现为与榨菜企业相适应的岗位责任制、目标价值要求和严谨的生产工作秩序，表现为榨菜文化赋予的文化品格，使其真正成为标准的榨菜人，整合进整体榨菜人群落之中。

（五）激励功能。中华民族精神是“中华民族文化中固有的，并且持续不断的历史传统，应该是中华民族中具有维系、协调和推动作用的精神力量。这种历史传统和精神活力正代表着中华民族整体的精神风貌和精神特征，其主要内容则是中华民族共同的价值理想、价值目标、价值实现的方式与道路，中华民族共同的价值观念”。② 这虽是就整个中华民族精神而言，但对涪陵榨菜文化精神同样适用。

榨菜文化精神虽然是一种产业精神和企业精神，但它反映了榨菜人的精神风貌和精神特征，渗透着榨菜人共同的价值观念，为榨菜的发展提供了方向、目标和模式及其动力。由于它体现和反映着广大榨菜人的意志、愿望尤其是利益，就一定能够激励和鼓舞广大榨菜人，为实现共同目标而积极探索，不断进取，努力奋斗。这样，榨菜文化精神作为一种历史传统和活的动力，就借助广大榨菜人的思想、言论和行为被倾泻出来，发挥出来，从而推动着榨菜产业发展，体现出强大的激励功能。

（六）资源功能。涪陵榨菜文化精神具有文化生产力和文化资源的功能。在国际经济的现代格局中，各个国家在21世纪的角逐被归结为“文化力”的较量，因为“文化是明天的经济”。贾春峰曾在《市场经济与文化发展散论》一文中归纳过现代经济发展的根本趋势：其一是经济与文化的“一体化”发展；其二是智力将取代传统的经济发展趋势；其三是生产的工艺流程对劳动者的素质要求越来越高。因此，无论从哪方面来说，都必须高度重视智力因素、人才培养和教育发展，高度重视科技实力和“文化力”的增长。由此，亦可窥出文化力在未来经济增长中的巨大作用。

---

① ［美］鲁思·本尼迪克特《文化模式》，浙江人民出版社，1987年，第241页。

② 刘文英《关于中华民族精神的几个问题》，《哲学研究》，1991年第11期。

榨菜文化精神作为涪陵榨菜人的意识凝聚和升华，是广大榨菜人创造的产物。由于它具有的巨大的凝聚力量、动员力量、鼓舞力量和推动力量，故必然会成为涪陵榨菜发展的未来的文化生产力，深深地影响着广大榨菜人的言论和行为。更何况涪陵榨菜经过数代榨菜人的积极开拓，早已成为优质的传统经济文化品牌，成为中国著名的名优特新产品，位居中国三大出口菜、世界三大名腌菜的榜首，这本身就是一笔丰厚的文化遗产，是一笔弥足珍贵的文化资源，将在涪陵榨菜的未来发展中发挥积极的资源功能。

既然榨菜文化精神是榨菜人理想智慧的结晶，既然它具有支撑、凝聚、导向、教育和资源功能，因此，我们必须珍视、继承，并将其发扬光大。

著名的现代化研究专家英格尔斯曾讲过“在整个国家向现代化发展的进展中，人是一个基本的因素。一个国家，只有它的人民是现代人，它的国民从心理和行为上都转变为现代的人格，它的现代政治、经济和文化管理机构中的工作人员都获得了某种与现代化发展相适应的现代性，这样的国家才可真正称之为现代化的国家。否则，高速稳定的经济发展和有效管理，都不会得以实现。即使经济已开始起飞，也不会持续长久”。“人的现代化是国家现代化必不可少的因素，它并不是现代化过程结束后的副产品，而是现代化制度与经济赖以长期发展并取得成功的先决条件。”①

这虽是从国家、民族来说的，但对榨菜产业、榨菜企业、榨菜人来说同样适用。当代，涪陵榨菜的发展虽有令人欣慰的一面，但同时也应看到榨菜业界群雄逐鹿的现实，再加之浙江榨菜的挑战和冲击，如何更好地适应市场经济机制，如何保持发展势头并创造未来的辉煌，就成为摆在榨菜人面前的一个严峻问题，其关键就在于人的现代化，即当代榨菜人要在继承、弘扬榨菜文化精神的同时，努力发展和提高与市场经济体制相适应的素质，积极投身于榨菜业发展的伟大实践中，自强不息，锐意进取，不断创造，方能赢得榨菜业的辉煌未来。

第二节　涪陵榨菜文化精神的主要内涵

灿烂的涪陵榨菜文化，不仅是涪陵榨菜人的宝贵成果，而且借助于这些文

① ［美］英格尔斯著，殷陆君译《人的现代化》，四川人民出版社，1985 年，第 298 页。

化揭示其文化精神的内涵，可以反映榨菜人的理想抱负、精神风貌与价值观念。

一、珍生尚生的生存意识

中华民族历来珍视生命，重视生存，强调发展，追求进步，为征服自然，改造社会，珍生、重生、尚生之说不断，不仅丰富了中国的思想文化宝库，而且体现出与时俱进的崇尚“生”的元观念[①]。涪陵人包括榨菜人作为中华民族构成的一分子，很自然地继承了这种崇生、尚生的强烈生存意识，涪陵榨菜文化也必然会反映出这种意识。

涪陵榨菜具有强烈的生存意识，这可以从以下几个方面进行考察。

（一）涪陵榨菜的问世处于中国近代化的进程中，是为反对西方列强的经济侵略和商品奴役而诞生的。我国著名美学家、哲学家宗白华曾说：“一个民族在危险困难的时候，如果失去了民族自信力，失去了为民族求生存的勇气和努力，这个民族就失去了生存的能力，一定得到悲惨不幸的效果。反之，一个民族处在重大压迫危险的环境中，如果仍能为民族生存而奋斗，来充实自己，来纠正自己，来勉励自己，大家很坚强刻苦地努力，在伟大的牺牲与代价之下，一定可以得到很光荣的成功。”[②] 中华民族在由古代向近代社会的转型期里，由于当时清潮封建君主专制的僵化封闭，未能有效把握中国与世界的融合趋势，实现二者的成功接轨，结果西方列强凭借其船坚炮利和商品倾销，对中国进行军事侵略和商品奴役，肆虐神州大地。他们依据一系列不平等条约，割我土地，掠我资源，掳我人民，中华民族危机日甚一日，灾难日重一日，境况堪忧。陈天华在《猛回头》和《警世钟》二书中对这种情形就进行了描述：“俄罗斯，自北方，包我三面；英吉利，假通商，毒汁中藏：法兰西，占广州，窥视黔桂：德意志，胶州领，虎视东方；新日本，取台海，再图福建；美利坚，也想要，割土分疆。这中国，那一点，我还有份；这朝廷，原是个，名存实亡。”又说“痛只痛，因通商，民穷财尽；痛只痛，失矿权，莫保糟糠；痛只痛，办教案，人命如草；痛只痛，修铁路；人扼我吭；痛只痛，在租界，时遭凌践：痛只痛，出外洋，日苦深汤”。因此，“你道今日中国还是满洲政府的吗？早已是各国的了！那财政权，铁路权，用人权，一概拱手送与洋人。”

在这种情况下，如何“救国保种”、“救亡图存”成为中华民族思考的核心

① 宋天《关于中华民族精神问题的研讨综述》，《哲学研究》，1991 年第 10 期。

② 何新《东方的复兴》第 1 卷，黑龙江教育出版社，1990 年，第 452 页。

和亟需解决的问题。日益严重的民族生存危机，既深深地刺痛了中国人的心，也迫使中华民族奋起抗争，于是许多人在各自不同的领域进行着振兴中华，复兴民族的伟大实践。在经济实业界，它们满怀实业救国之志，纷纷投资建厂、创办实业，以期改变受欺于贫穷的难堪现实，力图开发民族资源，创造民族品牌，抗御西方的商品倾销、奴役和侵略，实现民族工业的振兴，推动民族工业的发展，故实业救国、兴国就不仅是经济实业界人士的最高理想，而且成为一种影响深远的爱国思潮。

涪陵榨菜就是在这种风云变幻中，在这种爱国思潮影响下，在涪陵这块神奇的土地上问世的。如果说没有强烈的生存意识、实业兴国意识，它能够问世发展以至延续于今吗？

（二）强烈的商品意识。涪陵榨菜既然顺应了商品世界化潮流，既然是为反对西方列强运用商品塑造世界面貌，既然是商人邱寿安出于商业利润目的开发创造出来的一种产品和商品，因此，其必然反映和体现出强烈的商品意识。涪陵榨菜自问世以来，立即投放市场，迅速开辟、拓展市场，成为一种畅销商品。涪陵榨菜品牌的创造、销售量的增加、销售市场的拓展、销售网络的形成和扩大就是最好的说明和例证。

自1898年涪陵榨菜诞生并投放市场以来，不仅成为中华民族的著名品牌，而且经过榨菜人的卓越努力，不断向商品世界化转化，成为我国著名的出口商品，成为世界著名商品和世界三大名腌菜之一。新中国成立以后，党和国家以及各级政府大力扶持发展榨菜业，积极支持出口创汇，培育世界品牌。那么，试问如果没有强烈的商品意识，涪陵榨菜哪会有今天的辉煌和成就。同时，涪陵榨菜作为榨菜人的生存工具和利器，试问如果没有强烈的生存意识，又焉能将榨菜由产品转化为商品，并进一步成为中国乃至世界著名商品。

1983年，涪陵榨菜由国家统一调拨的二类物资降为自由经营的三类物质，榨菜营销也由计划经济体制向市场经济机制转向，榨菜经营多元化格局形成。涪陵榨菜面临浙江榨菜的强劲挑战，生存问题再次凸现于榨菜人的面前。如果没有强烈的商品意识，将榨菜产品转化为商品，岂能充分适应激烈的市场竞争。商场如战场，涪陵榨菜要在全国乃至世界上立于不败之地，首先就必须具有强烈的商品意识。

（三）强烈的发展观念。先有生存，后有发展，故生存是发展的前提基础，发展是生存的逻辑归属。因此，在强烈的生存意识里孕育着发展观念。

涪陵榨菜问世以后，榨菜人不断推陈出新，积极作为，推动和促进榨菜业的发展，创造榨菜的辉煌。因此，榨菜商品的问世到榨菜产业化是一种发展，同样，榨菜由涪陵地域性产品，到中国著名特产，再到世界性商品，则更是一种发展。至于榨菜种植面积的扩大，榨菜加工产量的提高，榨菜销路的日渐拓展等，无一不体现出发展的意蕴。而榨菜品种的改良，栽培技术的推广，加工工艺的日趋成熟，新产品的不断开发，质量的不断提高，无一不是榨菜业的发展。

发展是当今社会一大主题。世界要发展，中国要发展，同样，涪陵榨菜也需要发展。只有发展才有出路，僵化保守，故步自封，骄傲自满，甚至狂妄自大就等于死亡。有鉴于此，以涪陵榨菜集团为领头雁的涪陵榨菜业界肩负历史重任，积极把榨菜产业化作为解决沿江农业发展和农村社会问题的一条根本出路，作为加快企业现代化进程的一项全局性、战略性举措，大力实施推行榨菜产业化战略。强调“我们要把榨菜产业化作为一次重大的历史性机遇。增强紧迫感和使命感，努力加快发展步伐”，要求“各部门、各厂都要坚持从实际出发，解放思想，更新观念，大胆试，大胆闯，不争论，重实干，把推进榨菜产业化作为突破口，带动沿江农业和农村经济快速发展”，带动广大农村农民脱贫致富，实现涪陵榨菜的可持续发展。

近代以来，世界联系日益密切，谁无视世界性联系，谁就会被历史所遗弃。因此，中国的发展离不开世界，同样，涪陵榨菜的发展也离不开世界。涪陵榨菜问世以后，即很快打入国内国际市场。20 世纪二三十年代，上海的鑫和、永生、立生、协茂、李保森等以外销涪陵榨菜而久享盛名，地球牌涪陵榨菜更是寰宇尽知。新中国成立以后涪陵榨菜首推出口和军需，20 世纪八九十年代又获国际酿造优质产品称号，并在海外屡屡获奖，得到了世界人民的喜爱和肯定，从而奠定了涪陵榨菜为中国三大出口菜、世界三大名腌菜之一的名牌商品地位。荣誉属于过去，未来征途漫漫，利用好涪陵榨菜名牌资源，巩固好涪陵榨菜的世界性商品地位，积极参与国际竞争，涪陵榨菜才会有进一步发展和未来辉煌。

二、注重“内功”的质量意识

质量不仅是商品的信誉，更是商品的生命。涪陵榨菜要求得生存和发展，进军国际市场，谱写未来乐章，树立名牌形象，固然有赖于商品宣传和广告效应，但更关键的是强化“内功”，以质取胜。

涪陵榨菜在近 120 年发展历程中，尽管曲折坎坷，困难重重，但从总体上讲，不仅解决了生存问题，而且得到一次次发展，成为中国民族工业发展的一个缩影，成为世界商业史上一大奇迹，而今正在走的榨菜产业化之路，足以证明榨菜人的质量意识。

涪陵榨菜具有强烈的质量意识，主要表现在：

（一）特别注重榨菜掌脉师、技师的作用和价值。涪陵榨菜尤其在早期，其质量及标准完全由榨菜掌脉师主宰和控制着，从某种程度上讲，没有榨菜掌脉师就没有榨菜。正因为如此，涪陵人特别强调邓炳成在榨菜史上的地位，称其为涪陵榨菜的第一掌脉师，对榨菜的问世和发展做出了不可磨灭的贡献。谁拥有优秀的掌脉师，谁就能加工出优质的榨菜产品来，谁就能提高榨菜市场占有率。在涪陵大批的榨菜掌脉师或技师中，邓炳成是榨菜技师的始祖，骆兴合、谭治合、张汉之则分别是第一、第二、第三个仿制榨菜的著名掌脉师。同时，张汉之还是教授徒弟最多的掌脉师。其他著名的榨菜掌脉师或技师有张子成、张云生、陈德祥、陈茂胜、陈德顺、周绍坤、周海清、张惠廷、陈子元、张合清、张顺武、赵国太、郭友昭、苏金成、苏金和、高仕清、张官品、吴国春、向森木、姜寿建、张德音、谢安品、况伯勋、蒋绍武、胡全中、袁树清、向奎云、任万福、胡光华、况世发、曾元和、刘树槐、金绍华、白永兴、邓思福、兰永胜、兰云胜、刘家吉、汪光明、周玉亨、杨定荣、彭增祥、苏海清、李安荣、李在容、曾洪昌、赵忠凡、陈忠志、彭洪兴、湛银禄、王华均、张玉振、向忠荣、张廷栋、刘仲伦等。注重技师就是注重质量，如此众多的榨菜掌脉师或技师，充分说明了涪陵榨菜人对质量问题的高度重视。

（二）注重产品的工艺操作。在20世纪30年代初，榨菜产品的生产，从原料到成品一般要经过选择菜头、菜头切块、搭菜架、穿菜、晾菜、第一次盐腌、第二次盐腌、淘洗、榨除盐液、挑菜筋、第三次盐腌并加辣椒香料、装坛、封口13道工序，其后逐渐定型化为选菜、穿菜、晾菜、下架、腌制、修剪、淘洗、拌料、装坛、封口10道工序。每道工序均有一定的操作规程和质量标准。以剥菜为例，要求每个菜头以剥净老皮，抽净硬筋，不损伤青皮为标准。划块时要求老嫩兼顾，青白齐全，成圆形或椭圆形，块头大小基本均匀，保持块重五两左右，轻重相差不大，整齐美观。每个菜头5～7刀剥完，不准撕大菜皮，以免伤肉过多，然后根据菜形和体重进行划块，掌握七两以下不划，七两以上划两块或三块，一般长圆菜头划滚刀块，圆形或扁圆形对开。又如修剪，要达到无飞皮、虚边、菜匙，抽去硬筋，剪净黑斑、烂点，但不能撕去青皮或乱剪伤肉。总之，注重榨菜加工工艺的操作规程和方法就是注重质量。

（三）注重产品的质量标准。1973年以前，产品等级的质量鉴别，以眼观、手摸、鼻嗅、口尝等方法进行。一级菜的标准是干湿合度，咸淡适口，无泥沙污物，修剪光滑，大小均匀，辣椒面鲜红细腻、鲜香、嫩脆、细嚼咸而不苦，回味返甜；二级菜的标准是修剪光滑，大小不够均匀，其余与一级相同；三级菜的标准是颜色、修剪、干湿度较差，其余与一级相同。1974 年以后，产品等级的质量标准又有所改变。在内外贸榨菜标准施行以后，更对外贸出口菜的色泽、块形、菜块表里、质地与口味、水分、含盐量、总酸量、清洗等制定质量要求，对陶坛、坛篓、容量、装坛、封口、坛外标准等规定包装要求；对内销一、二、三级菜的色泽、香气、滋味、块形、块重、卫生等感观指标，水分、含盐量、总酸量、砷、铅等理化指标，大病菌等微生物指标，陶坛等包装指标及注册商标、厂名、品名、皮重、净重、出厂日期等标志和运物、贮存均有明确详尽的规定。同时，榨菜内外销榨菜标准的颁布，更使榨菜经营有法可依，有法必依，违法必究，表明涪陵榨菜走上了质量标准化的道路。

（四）注重产品的质量定级和评优。涪陵榨菜的质检定级包括感官检验（取样、样品处理、水分测定、食盐测定、总酸量测定）、等级评定（块形与块重、肉质与内部一般缺陷、水分、食盐含量、总酸量）、出厂检验等，每样均有详细明白的质量指标要求；对优质产品的评比，其参加评比的条件、抽取样品、鉴评方式、评分标准（色泽、香气、滋味、块形、质地、卫生、水分、食盐含量、总酸量、坛篓、标记、口皮菜、卤汁）、评选优胜等也有明确的规定，要求水湿生拌不评一级，选块误差不评一级，有腐粉的不定一级，等级菜内不允许有严重棉花包（表面柔软实则较硬并呈白色），淘洗必须干净，黑斑、烂点、老筋、菜匙必须修剪干净，带酸味的菜和严重棉花包一律不定级，海椒面未放足的要返工加料后再定级，水不计重，每坛保持两斤水以内者为合格，必须保持副产品的传统规格，这些质量评检定级的原则也是涪陵榨菜人注重质量的表现。

（五）注重工艺的改进和质量的提高。创新是人类特有的认识能力和实践能力，是人类主观能动性的高级表现，是推动民族进步和社会发展的不竭动力。一个民族要想走在时代前列，就一刻也不能没有创新思维，一刻也不能停止各种创新。榨菜问世以后，榨菜人对榨菜加工工艺的探索就从未停止。1912 年，创造集中搭菜架法，将菜头去叶，用竹丝穿串上架，利用河风吹干，然后于篾筐中加盐，加香料装坛，即为成品，成为榨菜工艺的第一次改进。1928 年，创造了排块穿串和二道腌制法。1931 年，出现榨菜剪去飞皮、菜匙、抽尽老筋的修剪砍筋工序。1934 年，创造瓦盖封口法。1935 年，用川西辣椒取代川东辣椒，成为榨菜发展史上第五次工艺改革。新中国成立后，榨菜加工工艺更是得到了长足的发展，如 1974 年，整形分级，以块定级，对长形菜、畸形菜、划块菜（下半截）、白空花、黄空花、抓烂菜、糖心菜、棉花包（表面柔软实则较硬并呈白色）、软白头（带青皮）、光白头、通身老筋菜、硬头、小单个青菜头、水湿生拌的菜块、超重块的处理均有明确的规定，从而使菜形更加美观，质量更有保证。

在榨菜工艺改进的同时，产品质量也不断提高。1937 年，根据国内外市场需要，对菜块进行修剪砍筋，这便是产品质量标准改革的开始。1935 年，洛碛聚裕通菜厂创造大小块两个等级划分法，成为榨菜产品质量的一次重大改革。1953 年，在保证产品外形美观的同时，改进产品颜色，使用的拌料海椒，要求去蒂去籽，用炕房烘烤，石磨推细，以 64 眼的箩底过筛，使椒面色泽更加鲜红细腻，产品呈樱桃色，非常美观。

（六）强调以质走天下。榨菜内销外贸标准的制定和颁布，为榨菜人提高产品质量提供了坚实的法律依据，各厂家纷纷深入学习，用法律武装自己，如涪陵榨菜集团有限公司生产的“乌江”牌榨菜尽管行情较好，但他们丝毫没有放松产品质量。为提高公司员工的产品质量意识，特邀西南农大、农科院等高校专家教授作专题讲座，让广大干部职工学习《榨菜标准》、《食品卫生法》等法律法规，自觉履行《质量责任制》和《质量管理办法》，落实产品质量与职工工资、工厂效益挂钩制度，牢固树立质量是企业的生命线意识。

同时，为了保护广大消费者的利益，抵制假冒伪劣，维护榨菜的声誉，榨菜人还以简明扼要、通俗易懂的形式宣传榨菜产品质量知识，提高人们对榨菜真伪的辨别力。“看”，看包装上的生产日期是否明显可见，边封热合是否平整严密，是否有条码标记，否则便是劣质榨菜；“摸”，拿在手中探摸，手感抽空是否完全，内装物是否紧缩，如有松散的感觉，便是劣质榨菜；“闻”，即打开袋子闻是否有香气，如有异味，便是劣质榨菜；“观”，即将榨菜侧入盘中，观其色泽是否均匀，应无黑疤烂点；“尝”，即质量好的榨菜呷在口中立即会有生津鲜美的口感，咀嚼时很清脆，带有“嚓嚓”的声音；“炒或煮”，即优质的榨菜经高温炒，煮后其脆度仍然很好，特别是做汤时很鲜。从另一个侧面亦反映了榨菜人强烈的质量意识，反映了榨菜人至善的“良心”和“责任”。

由于涪陵榨菜人强烈的质量意识，强调“内功”，注重品质，因此，榨菜人塑造乌江、辣妹子等诸多品牌，牢固树立名牌形象，尤其是乌江牌榨菜更是艺压群芳，独占鳌头，自 1981 年获全国酱腌菜唯一一块质量名牌以来，其荣誉纷至沓来，不胜枚举，或是金奖、银奖，或是优秀、优质、优胜产品，或者是名牌产品、名优产品、名优特新产品、国际名牌酿造品，或者称优秀商标、著名商标，或者称最喜爱商品。如此众多的荣誉，如果没有强烈的质量意识，又怎能创造出世界名牌？怎能展现名牌的魅力呢？因此，质量意识必然衍化出名牌意识，产生名牌效应，名牌就成为质量意识的逻辑发展和产物。

三、注重开发的科技意识

涪陵榨菜声名显赫，能够经受住血与火的洗礼，创造出世纪辉煌，辉日月，耀中华，傲环宇，与榨菜人不断地推陈出新，积极开发，注重科技等有着极为密切的联系，可以说，榨菜百年发展的历程就是一个利用科技不断创新、创造的过程。

涪陵地域最早的居民是古巴人，他们创造了极为灿烂的涪陵巴文化。1972年，在涪陵小田溪巴王墓群中就出土了不少精美的巴文化遗物，其中虎纽于就是巴人的典型特色文物之一。《国语·晋语》称“是故代备钟鼓，声其罪也：战以于，丁宁，敬其民也”，于是铜制的打击乐器，在春秋时代开始出现在中原地区，起初用于军事号令，这种军阵乐器，十分适合巴人崇力尚武的民族秉性，所以在引进以后，不但广泛使用，而且沿袭了很长一段时期，中原各国反而逐渐丧失，成为巴人巴地的特产，于是巴文化说明了巴人有着开放的博大胸襟，善于“拿来”的引进观念，善于创新的创新意识，这种创新意识对榨菜人及其所创造的榨菜文化均有着深刻的影响。

在由涪陵泡菜向涪陵榨菜的转化过程中，就是因为涪陵人敢于拿来，善于吸纳，精于创新，才突破了质量关、工艺关，从而化腐朽为神奇，创造出了涪陵榨菜。

榨菜问世以后，为更好地适应市场要求，榨菜人并未满足于现状，而是着力于未来，不断地探索、创新，不断地开拓、前进，因此，无论是品种的改良和优化，或是栽培技术的总结和推广，无论是工艺的改进，或是质量的提高，无论是传统风味的保持，或是新口味的研制，无论是传统品牌的继承和保护，或是新产品的创新与开发，均体现出强烈的创新意识和未来观念。

涪陵人注重科技的传统可追溯到古巴人时期。在《周礼·考工记》中，曾经总结了我国古代冶炼青铜的经验，将武器制造中铜锡合金的比例定在五比一左右，即铜占83.33%，锡占16.67%。根据现代科学实验的结果，青铜中锡的成分占17%～20%时，质地最为坚韧，因此，《考工记》的记载，是完全符合实际的。而据成都某研究所对涪陵小田溪墓葬出土铜器进行分析，一件矛铜占

82.11%，锡占15%，铅占1.5%；一柄剑铜占80.21%，锡占14.67%，铅占1.28%，基本上接近《考工记》的标准。可见在战国时代，巴人工匠在掌握青铜器合金的比例方面，已经体现出与中原先进地区的一致性，说明古巴人对科技的高度重视，科技意识十分强烈。

在涪陵城北江中的一道长达1600米的天然石梁上，镌刻着自唐以来的长达1200余年的163段文字石刻，这就是被人们称为长江中最古老的水文站、长江水文资料的宝库、世界第一古代水文站、世界水文史奇迹的白鹤梁题刻。这一则则题刻充分反映了当时涪州人民的科技精神，引起了我国乃至世界学人的高度关注。丁祖春、王熙祥说："石鱼出水兆丰年，也确有它一定的科学性。根据有关部门对近百年来长江干流实测水文记录的分析，长江枯水、洪水年份出现，大约每10年为一个周期，作为最低水位标志的石鱼出现的年份，实际上就是枯水阶段最终一年，此后的水位，一般会逐年增高。因此，长江出现的最低水位，可以预料当年仲春以后，水位必然比往年同期有所提高，但又不会马上出现洪水年。这种水位的变化，很大程度上是反映在降水量的增加上，而降雨量的增加无疑是农业丰收的有利条件。新中国成立以来，已有了三次，即1953年、1963年、1973年石鱼出水，当年的降雨量的确较充足，农业也获丰收。由此看来，石鱼题刻，在某种程度上也是历史上长江上游农业丰收的记录。"①

从古巴人的铜锡合金比例的掌握，到白鹤梁题刻的科技价值，我们发现，注重科技是涪陵人的一种传统，一种精神，这种传统和精神亦深深地反映在榨菜人及其文化上，体现出历史发展的一脉传承。

榨菜人注重科技，注重开发。具有强烈的科技精神，主要表现在：

（一）注重科技生产力的作用。科学技术作为第一生产力的作用已为人们广泛认识，科技就意味着效益的观念更是深入人心，所以，现在很多厂家纷纷设立科研机构，修建专家楼，知识分子楼，奖励有突出贡献的科研人员，提高和激发科研人员的积极性、主动性和创造精神。同时加大科技投入，保证科研课题的正常开展，如涪陵榨菜集团有限公司仅1997年1～10月就投入科研技改资金300多万元，开发形成批量生产的新品种18个，完成8000吨产量，6400万元产值，不仅创造了规模效益，而且成为传统土特产品行业的佼佼者。

① 参见丁祖春、王熙祥《涪陵白鹤梁石鱼和题刻研究》，《四川文物》，1985年第2期；曾超《石鱼出水的文化意蕴》，《涪陵教育学院学报》，1997年第1期；曾超《试论白鹤梁石鱼文化的科技理性精神》，《重庆三峡学院学报》，2001年第6期。

（二）科研课题极为广泛。新中国成立以来，涪陵榨菜业界先后开展蔬菜的综合加工试验，榨菜热风脱水试验，榨菜机具改革，韩家沱菜厂加工生产线的研究，榨菜包装研究，榨菜腌制工艺研究，排风扇脱水的试验，栽培技术的研究，榨菜栽培中的土肥试验，节能研究，方便榨菜生产线研究等，取得了许多科研成果。尽管有些成果出于多方面的原因未得到推广，但大量的科研成果被转化为直接的生产力，推动了榨菜业的发展。

例如，1981 年下半年，省地集中有关单位协作攻关，解决软包装榨菜在常温条件下的“胖袋”等技术难题。次年试制生产，投放市场，运输、经销、携带、食用极为方便，深受经销单位和广大消费者欢迎。榨菜软包装改革研究的成功，不仅给涪陵榨菜注入新的活力，而且为其发展开辟了无限美好的前景，从而成为榨菜加工史上的一次大革命。1982 年建设第一条方便榨菜生产线，当年产量为 38 吨，次年，在北岩寺建成国营榨菜精加工厂 1 个，年产量 400 吨，至 1990 年小包装方便榨菜厂家增至 28 个，年产小包装方便榨菜 1. 67 万吨，依据当年物价测算，每加工小包装榨菜 1 吨就可新增利润 150 元，全年榨菜新增加利润 250. 5 万元，这就是科研、生产力与产值之间关系最能令人信服的例证和说明。

（三）注重新产品的开发。注重科技固然可以表现在科学化管理，有序化经营，标准化生产方面，但最关键的还是表现在新产品的开发上。这既可以是榨菜原料品种的培育，也可以是新产品的开发。从榨菜原料品种来说，20 世纪 30 年代初，人们普遍认为草腰子为最佳种，羊角种、猪脑壳种、犁头菜也是良种。20 世纪 50 年代，培育出了草腰子、三层楼、小枇杷叶、鹅公包、露酒壶等优良品种，蔺市草腰子、三层楼成为推广的良种，鹅公包、小枇杷叶为保留的地方品种，露酒壶、白大叶属于被淘汰的品种。为什么会有这种变化呢？其关键就在于科研的深入和人们认识的深化。1959 年，涪陵地区成立农科所后，一直将茎瘤芥的良种培育作为重点研究项目，60 年代，农科所与西南农学院、重庆市农科所等单位通力合作，在涪陵搜集了 40 余个地方品种，整理出典型品种 27 个，对其经济性状、含水量、空心率、耐病毒能力、成熟类型等进行了全面鉴定。1965 年在涪陵县龙门公社胜利二队发现了良种蔺市草腰子，然后将其迅速推广到各地，从而为榨菜的生产加工提供了优质的原料。

就新产品开发而言，涪陵榨菜百年也是新产品不断开发的百年，早期是笼统地称为涪陵榨菜，或者说四川榨菜，主要表现为坛装榨菜，而如今则是涪陵榨菜的细化，仅包装就有坛装、罐装、袋装、铁听装、薄膜装和礼品装等；早期是每坛约折合25千克，如今则有100克、500克、2500克、5000克和10千克装等不等的重量，早期虽也有不同风味，但尚未细加区分，如今则是各种口味均有，呈现出系列化倾向，如美味、鲜味、甜酸、麻辣、爽口、五香、蒜味、姜汁、清香、原汁等味型：早期虽也有榨菜的综合加工利用，但尚不够全面，而今则榨菜碎米、甜酸菜心、口口脆菜心、盐香菜尖、榨菜酸菜、榨菜酱油、各种泡菜均成为榨菜品种的有机构成。

由于各厂家注重科技，强化科研，加大经费投入，积极进行新产品开发，因此新产品层出不穷，为提高产品的市场竞争力起到了积极的作用。

（四）走科技兴菜，实业裕民之路。实业救国兴国一直是榨菜人的理想追求，将这种理想付诸实践，那就是科技兴菜，运用科技的力量推动榨菜业的发展，实现民族工业的复兴。

救国先救民，富国先富民。20世纪二三十年代，榨菜业的兴起，直接使涪陵诸多农民得到实惠。改革开放以后，菜农的生产积极性被充分地激发出来，菜农积极投身于榨菜事业，生产和生活条件得到了巨大的改善。目前，抓好榨菜产业，不仅涉及长江两岸一百余万农民脱贫致富，而且涉及7万多榨菜职工的就业生存，因此，大力实施榨菜产业化战略，按照“小食品，大市场”的构想，以提高榨菜业经济效益为中心，以沿江菜农为大生产基地，以加工大户为基础，狠抓服务体系建设，增加科技投入，逐步与广大菜农形成利益共同体，实现贸工农、产供销一体化经营，建立榨菜种植业、加工业有机结合的高效榨菜产业化体系，走科技致富，产业光荣的道路，为大面积、系列化应用先进的科学技术提供了载体，有力地推动了榨菜科技的进步，促进榨菜业可持续发展。

四、协力同心的和合精神

中华民族是一个和合性极强的民族。蔡元培先生就认为“中华民族，富有中和性”，周来祥也指出“中和主义是中国传统文化思想的根本精神”，“‘和’是一个大概念，是中国传统文化的根本精神，它几乎涵盖一切。”涪陵人也极为重视和合精神，其和合思维的模式，是善于把握“天人合一”的契机。涪陵人与中华民族在精神上的共通性和一致性，在榨菜文化中亦有广泛深刻的体现。

（一）榨菜发展是一项重和合的系统工程。恩格斯说：“历史是这样创造的，最终的结果是许多单个人的意志的相互冲突中产生的，而其中每一个意志又是由于许多的生活条件，才能成为它所成为的那样，这样就有无数相互交错的力量，有无数个力的平行四边形，而因此就产生了一个总的结果，即历史事变，这个结果又可以看作一个作为整体的不自觉地和自由地起着作用的历史的产物”，社会各种人“虽然都达不到自己的愿望，而是成为一个总的平均数，一个总的合力，然而从这一事实中决不能做出结论说，这些意志等于零，相反地，每个意志都合力有所贡献，因而是包括在这个合力里面的”。根据历史合力的学说，涪陵榨菜是怎样被创造出来呢？是怎样得到发展的呢？

涪陵榨菜人作为一个整体，由领导者、管理者、种植者、加工者、运输者、销售者、科技开发者及其他人员等不同群落或集群所构成，尽管每种人都有自己的意志、愿望和利益要求，从而形成各自不同且相互冲突的力，但他们均同属于榨菜人，有着榨菜人的本质要求，那就是共同谱写榨菜发展的乐章，促进榨菜业的发展，造就榨菜发展的辉煌。因此，每种人都必须对此做出贡献，即促使榨菜问世和发展的“合力”，这就要求密切合作，以和为贵。具体而言，榨菜领导者、管理者等分别从政策、管理、种植、加工运销、销售、开发等诸环节上，协力同心，精诚团结，和合创业，领导者制定有利于榨菜发展的政策，管理者编织理想的蓝图，种植者提供优质的原料，加工者制作上乘的产品，运物者将产品转销各地，销售者将产品商品化，开发者根据市场行情研制新产品，其他人员则在各自岗位上为榨菜发展尽职尽力。由此可见涪陵榨菜实乃一项和合工程与系统工程，任何一个环节出现问题都必将影响其发展。

（二）涪陵榨菜是协力攻关的产物，涪陵榨菜不仅是人与人，集群与集群的合力作用的结果，而且是单位之间、企业之间、地域之间协作攻关的产物。在这方面，其例子可谓数不胜数。蔺市草腰子的发现和鉴定就来源于涪陵地区农科所和西南农学院、重庆市农科所等单位的通力合作，榨菜软包装试验研究的成功则因为涪陵地区外贸局、西南农学院食品学系和韩家沱菜厂的协力攻关，低盐榨菜的研究则是涪陵市榨菜公司、市精制榨菜厂、市科委、西南农学院食品学系及有关单位的密切合作，寿星榨菜、儿童开胃榨菜则是涪陵榨菜集团有限公司与四川省第二人民医院同心协力的成果……这些都是协力攻关的实例，这说明协力攻关也是和合精神的一种表现。

（三）涪陵榨菜是团结的结果。团结就是力量。只有团结，才能上下齐心，左右聚力；才能共用一股气，拧成一条绳，汇聚一种力，开创一条路。榨菜，是用体力榨出来的菜，它的特点是季节性强，加工时间紧迫，劳动力需要量多，劳动强度大，易致工人未老体衰，严重影响了工人的身体健康，因此，实现榨菜加工机械化一直是榨菜工人的一大心愿。于是在涪陵兴起了轰轰烈烈的榨菜机具革新运动，最终实现了“三机一化”、“五机一化”目标。榨菜机具改革的成功得益于全国供销合作总社、涪陵地区土产站、韩家沱菜厂及各级党政部门和兄弟单位的紧密合作；得益于支部亲自抓，领导带头干，群众抢着为；得益于苦干加巧干，不怕疲劳，连续作战的艰苦创业、团结办事精神。俗话说“和能生财”，榨菜机具改革的成功，不仅减轻了工人的劳动强度，改善了卫生条件，促进了身体健康，而且提高了工作效率，确保了榨菜质量，提高了经济效益，走上了榨菜机械化生产之路。

当然，涪陵榨菜文化精神的内容极为丰富，其他诸如脚踏实地的务实精神，实干兴邦的爱国情怀，诚实正直的信义精神，吸取借鉴的开放精神，自强不息的进取精神，或在前面已有涉及，或其本身就是前述内容的体现，这里我们只好留给读者，去慢慢地品味吧！

参考文献

一、著述类

［1］刘佩瑛．中国芥菜［M］．北京：中国农业出版社．1995.

［2］何侍昌、李乾德、汤鹏主．榨菜产业经济学研究［M］．北京：中国经济出版社．2014.

［3］张平真．中国蔬菜名称考释［M］．北京：北京燕山出版社．2006.

［4］曾超、蒲国树、黎文远．涪陵榨菜百年［M］．内部资料．1998.

［5］四川省涪陵市志编纂委员会．涪陵市志［M］．成都：四川人民出版社．1995.

［6］涪陵市枳城区榨菜管理办公室．涪陵市榨菜志续志［M］．内部资料．1998.

［7］曾超．枳巴文化研究［M］．北京：中国戏剧出版社．2014.

［8］陈熙桦．四川名菜制作［M］．呼和浩特：内蒙古人民出版社．2006.

［9］重庆市饮食服务公司革命委员会．重庆菜谱［Z］．内部资料．1974.

［10］张富儒．川菜烹饪事典［M］．重庆：重庆出版社．1985.

［11］玉柱、玉清、笑霞．各地风味小吃［M］．北京：海洋出版社．1990.

［12］张燮明．川菜大全家庭泡菜［M］．重庆：重庆出版社．1988.

［13］邓开荣．重庆乡土菜［M］．重庆：重庆出版社．2002.

［14］侯汉初．川菜宴席大全［M］．成都：四川科学技术出版社．1987.

［15］张继业．高血压病门诊［M］．杭州：浙江科技出版社．1996.

［16］杜全模．榨菜加工及操作技术培训讲义［Z］．内部资料．2000.

［17］中国人民政治协商会议重庆市涪陵区委员会．涪陵榨菜之文化记忆［M］．重庆：重庆出版社．2012.

［18］涪陵辞典编纂委员会．涪陵辞典［M］．重庆：重庆出版社．2003.

［19］涪陵市民间音乐（歌曲）采集组．中国民间音乐（歌曲）集成本（涪陵市卷）［Z］．内部资料．1983.

［20］熊蜀黔、高建设．涪陵图志［M］．重庆：重庆出版社．2005.

［21］马传松、曾超．中国传统文化与现代化［M］．重庆：重庆出版社．2000.

[22] [英] 汤因比. 历史哲学 [M]. 上海：三联书店. 1956.

[23] 覃光广等. 文化辞典 [M]. 北京：中央民族学院出版社. 1988.

[24] 肖君和. 华魂第二卷中华民族精神 [M]. 哈尔滨：黑龙江教育出版社. 1993.

[25] 司马云杰. 文化社会学 [M]. 济南：山东人民出版社. 1987.

[26] 梁自洁. 中国精神 [M]. 济南：济南出版社. 1990.

[27] [美] 鲁思·本尼迪克特. 文化模式 [M]. 杭州：浙江人民出版社. 1987.

[28] [美] 英格尔斯著. 殷陆君译. 人的现代化 [M]. 成都：四川人民出版社. 1985.

[29] 何新. 东方的复兴 (1) [M]. 哈尔滨：黑龙江教育出版社. 1990.

[30] 何裕文等. 涪陵榨菜历史志 [M]. 内部资料. 1984.

[31] 中国长江三峡大辞典编委会. 中国长江三峡大辞典 [M]. 武汉：湖北少年儿童出版社. 1995.

[32] 涪陵榨菜（集团）有限公司，涪陵市枳城区晚情诗社. 榨菜诗文汇辑 [M]. 内部资料. 1997.

[33] 施纪云. 涪陵县续修涪州志 [M]. 民国十七年（1928 年）本.

[34] 涪陵乡土知识读本编委会. 涪陵乡土知识读本 [M]. 重庆：重庆出版社. 2009.

[35] 马培汶. 历史文化名人与涪陵 [M]. 重庆：重庆出版社. 2006.

[36] 巴声，黄秀陵. 历代名人与涪陵 [M]. 北京：中国文史出版社. 2005.

[37] 重庆市涪陵区人民政府办公室. 涪陵年鉴 2002 ~ 2015 [M]. 内部资料. 2003 ~ 2016.

[38] 中华全国供销合作总社. 中华人民共和国供销合作行业标准 GH/T1012 – 1998 方便榨菜，GH/T1011 – 2007 代替 GH/T1011 – 1998，榨菜，GH/T1012 – 2007 代替 GH/T1012 – 1998，方便榨菜 [S]. 1998 年 11 月 9 日，2007 年 9 月 21 日.

[39] 涪陵榨菜原产地域产品保护办公室. 关于涪陵榨菜实行原产地域产品保护的报告 [M]. 内部资料. 2003.

[40] 重庆市涪陵辣妹子集团有限公司. 涪陵榨菜传统制作技艺 [M]. 内部资料. 2007.

[41] 涪陵榨菜（集团）有限公司，涪州宾馆餐饮部. 榨菜美食荟萃 [M]. 内部资料. 1998.

[42] 浙江海宁市志办、斜桥镇政府、海宁蔬菜厂. 斜桥榨菜 [M]. 内部资料. 1991.

二、论文类

[1] 曾超. 试论涪陵榨菜文化的构成 [J]. 西南农业大学学报. 2003 (4).

[2] 涪陵地区农科所，重庆市农科所. 中国芥菜起源探讨 [J]. 西南农业学报. 1992 (3).

[3] 沈兴大．中国榨菜之乡——涪陵访问记［J］．人民中国．1979（12）．

[4] 曾超．涪陵榨菜中的枳巴文化因素［J］．四川三峡学院学报．1999（5）．

[5] 杜全模．四川榨菜加工的基本原理及其在生产上的应用［J］．调味副食品科技．1984（1）．

[6] 曾超．涪陵榨菜的根气神魂［J］．涪州论坛．1998（1）．

[7] 曾超．试论枳巴文化对涪陵榨菜文化的影响［J］．三峡新论．1999（3~4）．

[8] 曾超．试论白鹤梁石鱼文化的科技理性精神［J］．重庆三峡学院学报．2001（6）．

[9] 丁祖春、王熙祥．涪陵白鹤梁石鱼和题刻研究［J］．四川文物．1985（2）．

[10] 曾超．石鱼出水的文化意蕴［J］．涪陵教育学院学报．1997（1）．

[11] 蔺同．榨菜起源——从神秘的传说谈起［J］．三峡纵横，1997（1）．

[12] 蔺同．咸菜一盘有学问——榨菜·青菜头·茎瘤芥［J］．三峡纵横，1997（2）．

[13] 蔺同．天时地利育特产——涪陵榨菜的“五个特”［J］．三峡纵横，1997（4）．

[14] 蔺同．一荣俱荣百业旺——榨菜业与致富工程［J］．三峡纵横，1997（5）．

[15] 蔺同．涪陵风情话菜乡——榨菜民俗琐谈［J］．三峡纵横，1998（1）．

[16] 蔺同．一菜百味任君爱——榨菜吃法和用途种种［J］．三峡纵横，1997（6）．

[17] 蔺同．好吃不过咸菜饭——榨菜与健康长寿［J］．三峡纵横，1997（6）．

[18] 蔺同．无限风光乌江牌——涪陵榨菜名牌古今［J］．三峡纵横，1997（2）．

[19] 蔺同．百年难逢金满斗——榨菜业的历史机遇［J］．三峡纵横，1998（4）．

[20] 蔺同．为看为尝千里来——涪陵榨菜与旅游业［J］．三峡纵横，1998（3）．

[21] 蔺同．竹耳环里藏玄妙——涪陵榨菜的神秘文化色彩［J］．三峡纵横，1998（1）．

[22] 蒲国树．涪陵榨菜业百年辉煌与展望［J］．涪陵榨菜（集团）有限公司，涪陵市枳城区晚情诗社．榨菜诗文汇辑．内部资料．1997.

[23] 重庆涪陵榨菜文化节组委会办公室．涪陵榨菜百年大事记［M］．内部资料．1998.

[24] 蒲国树．特色产业　百年飘香——涪陵榨菜的十大优势［J］．涪陵榨菜（集团）有限公司，涪陵市枳城区晚情诗社．榨菜诗文汇辑．内部资料．1997.

[25] 冉从文．涪陵榨菜包装的演变［J］．涪陵榨菜（集团）有限公司，涪陵市枳城区晚情诗社．榨菜诗文汇辑．内部资料．1997.

[26] 赵志宵．榨菜的传说［J］．涪陵特色文化研究论文辑第三辑．

[27] 蒋乃珺．榨菜是天然“乘晕宁”［N］．生命时报．2008-10-04.

[28] 健脑一二三之二［N］．参考消息．1999-10-06.

[29] 龙应台. 上海的一日 [N]. 文汇报. 1998-02-28.

[30] 傅启敏. 涪陵榨菜旅游品牌培育 [J]. 西南农业大学学报. 2004 (3).

[31] 卢少华. 民族精神的科学界定及其意义 [J]. 学术研究. 1995 (5).

[32] 方立天. 民族精神的界定与中华民族精神的内涵 [J]. 哲学研究. 1991 (11)

[33] 刘文英. 关于中华民族精神的几个问题 [J]. 哲学研究. 1991 (11).

[34] 宋天. 关于中华民族精神问题的研讨综述 [J]. 哲学研究. 1991 (10).

[35] 何裕文. 涪陵榨菜 [M]. 中国人民政治协商会议四川省涪陵市委员会文史资料研究委员会. 涪陵文史资料选辑第三辑.

后　记

《涪陵榨菜文化研究》既是重庆市社科基金资助项目（项目编号：2015YBJJ037），也是重庆市涪陵区人民政府重点委托研究项目（委托编号：FLZDKT2015001）的最终研究成果。

勤劳睿智的涪陵人民不仅孕育了鲜嫩香脆、人见人爱的涪陵榨菜，同时也孕育了浓郁醇厚、韵味悠长的榨菜文化。早在100多年前，涪陵榨菜就已经走出国门，享誉全球；而涪陵榨菜文化广泛存在于榨菜产区，杂存于众多文化形式之中。为做好涪陵榨菜文化研究，作者先后3次深入榨菜发源地涪陵区红光桥社区邱寿安故居，实地走访邱寿安第五代孙邱家信及其街坊邻居102人次，与涪陵区沿江、坪上、后山乡镇榨菜种植户、半成品加工户、成品加工企业、产品经销商217名代表座谈交流309人次，深入涪陵榨菜办、涪陵榨菜集团、渝东南农科院等13个榨菜管理、经营和科研单位考察访谈，与榨菜科研专家、经营管理人员、生产一线工人讨论交流107人次。通过走访调研、专家咨询、座谈交流、文献查阅等方式，反复求证，数易其稿，最终形成《涪陵榨菜文化研究》书稿。因此，从某种意义上说，《涪陵榨菜文化研究》是涪陵人集体智慧的结晶。

《涪陵榨菜文化研究》一书从文献收集、社会调查，到调研论证、文本撰写，得到了有关领导、专家、朋友和企业的大力支持和无私帮助。

时任涪陵区委常委、宣传部长，现任涪陵区委常委、涪陵新城区党工委书记田景斌；时任涪陵区政府副区长、现任涪陵区人大常委会副主任黄华等领导，不仅代表区委区政府下达委托任务，指出研究方向，而且亲自主持调研、座谈会，了解进展情况，解决调研难题，提炼榨菜文化精华。现任涪陵区委常委、宣传部长徐瑛对本书的出版给予了极大的支持。

涪陵区委办副主任左清华、涪陵区政府办副主任况守明、涪陵区榨菜办主任曹永刚、涪陵区农委副主任魏建林、涪陵区商务局副局长江明书等同志，多次协调榨菜有关单位，参与调研、配合研究、提供文献。

涪陵榨菜集团公司总经理赵平、涪陵辣妹子集团公司董事长万绍碧、涪陵渝杨榨菜集团公司董事长杨成文、涪陵洪丽食品公司董事长李成洪、涪陵宝巍食品公司董事长况守孝等企业老总，不但主动提供调研便利条件，而且积极参与座谈交流，为涪陵榨菜文化研究建言献策。

长江师范学院教授曾超、李良品、彭福荣、王希辉、熊正贤，涪陵区委党校教授李乾德，渝东南农科院研究员范永红、涪陵区榨菜办副主任汤勇等专家，不仅与我共同研讨、敲定撰写大纲，而且通读初稿，逐章审查，提出了很多突出、深化主题的真知灼见。

涪陵区委宣传部副部长聂心灿，涪陵区地方志办科长冉瑞、涪陵区榨菜办科长彭彪、谭莊、刘晓敏，渝东南农科院副研究员沈进娟，涪陵榨菜集团公司冉丛文等同志，无私地将自己多年的研究成果、作品提供给我参考、采用。

涪陵凯思广告公司经理刘继秀，涪陵区龙桥工业园区党工委副书记王林林、涪陵区社科联干部任庭葶等同志在书稿打印、校对等方面付出了辛勤劳动。还有一些不知名的默默无闻的提供支持和帮助的朋友，在此，一并表示诚挚的谢意！

同时，在研究撰写过程中，参阅、吸收了大量公开和未公开的研究成果，有的已经注明，有的难以注明，在此一并表示衷心感谢！

《涪陵榨菜文化研究》一书是一部具有原创新、系统性、理论性和科学性特点的学术著作。由于涪陵榨菜自 1898 年问世至今近 120 年，时间长、跨度大、内容多、涉及面广，且文献散、资料乱、方言多，加之笔者学识有限，因此，疏漏甚至错误之处在所难免，恳请读者批评、指正。

2017 年 2 月 17 日